面向"十二五"高职高专土木与建筑规划教材

# 建筑给水排水工程

王 荣 主 编

杨 欣 张 萍 魏 钢 副主编

U0364261

清华大学出版社

北 京

## 内 容 简 介

本书系统地介绍了建筑内部生活给水、消防给水、生活排水、屋面雨水排水、热水和饮水供应、建筑中水、居住小区给水排水,以及特殊用途建筑给水排水工程的基本理论、设计原则、设计计算方法及工程实例等方面的知识和技术,参照最新的规范,加入了典型的案例。

本书注重工学结合,强调对学生实际应用能力的培养,为帮助学生更好地学习,针对各章节的难点、重点内容相应地提出学习要点及目标,指明核心概念,进行引导案例,特别是为了提高学生的综合能力,在相关章节后面都配套设置了相应的实训模块。各部分内容完整、精练,图文并茂,便于学习。

本书除适用于高职高专院校的给排水工程技术、供热通风与空调工程技术、建筑设备工程技术等专业外,还可作为建设单位工程管理人员、技术人员和教学、科研、施工人员的参考用书。

**图书在版编目(CIP)数据**

建筑给水排水工程/王荣主编. --北京:清华大学出版社,2013(2017.7重印)
(面向"十二五"高职高专土木与建筑规划教材)
ISBN 978-7-302-32804-9

Ⅰ. ①建…　Ⅱ. ①王…　Ⅲ. ①建筑—给水工程—高等职业教育—教材 ②建筑—排水工程—高等职业教育—教材　Ⅳ. ①TU82

中国版本图书馆 CIP 数据核字(2013)第 136162 号

责任编辑:桑任松
封面设计:刘孝琼
责任校对:周剑云
责任印制:刘海龙

出版发行:清华大学出版社
　　　网　　址:http://www.tup.com.cn,http://www.wqbook.com
　　　地　　址:北京清华大学学研大厦 A 座　　　邮　　编:100084
　　　社 总 机:010-62770175　　　邮　　购:010-62786544
　　　投稿与读者服务:010-62776969,c-service@tup.tsinghua.edu.cn
　　　质 量 反 馈:010-62772015,zhiliang@tup.tsinghua.edu.cn
　　　课 件 下 载:http://www.tup.com.cn,010-62791865
印 装 者:北京嘉实印刷有限公司
经　　销:全国新华书店
开　　本:185mm×260mm　　　印　张:21　　　字　数:508 千字
版　　次:2013 年 9 月第 1 版　　　印　　次:2017 年 7 月第 2 次印刷
印　　数:3001~4000
定　　价:39.00 元

产品编号:046106-01

　　"建筑给水排水工程"课程是高职高专教育土建类专业的一门主要专业课程。本书根据职业岗位群的需求和毕业生可持续发展的要求构建专业教学内容，突出本课程的职业定向性，使学生获得建筑给水排水工程的专业知识、技能，满足职业岗位的需求。本书注重知识和技能的结合，专业知识强调针对性和实用性，突出技术应用能力的培养，增强案例教学和实训内容，培养学生综合运用知识和技能的能力。

　　本书以国家最新颁布的设计规范、施工验收规范、最新的国家制图标准、新材料、新设备、新工艺等为依据进行编写。

　　本书系统地介绍了建筑给排水基本规定、建筑给水系统、建筑消防系统、建筑内部热水和饮水供应系统、建筑排水系统、特殊用途建筑给排水、建筑中水系统和居住小区给排水等内容。本书注重工学结合，强调对学生实际应用能力的培养，为帮助学生更好地学习，针对各章节的难点、重点内容相应提出学习要点及目标，指明核心概念，进行引导案例，特别是为了提高学生的综合能力，在相关章节后面都配套设置了相应的实训模块。各部分内容完整、精练，图文并茂，便于学习。

　　本书适用于给水排水工程技术、供热通风与空调工程技术、建筑设备工程技术等相关专业的教学用书，也可作为建设单位工程管理人员、技术人员和教学、科研、施工人员的参考书。

　　本书由王荣任主编，杨欣、张萍和魏钢任副主编。具体编写分工如下：甘肃建筑职业技术学院的王荣编写第 2 章和第 8 章，杨欣编写第 3 章和第 6 章，张萍编写第 1 章、第 4 章、第 7 章和第 9 章，魏钢编写第 5 章。

　　由于编者水平有限，书中难免有不足之处，恳请读者批评指正。


编　者

Contents 目录

# 第1章 建筑给水排水基本规定

【学习要点及目标】

◆ 掌握建筑给水排水设计、安装的基本规范。
◆ 掌握建筑给水排水设计、安装的一般规定。

【核心概念】

工程建设国家标准、工程建设建设部标准、中国工程建设标准化协会标准和一般规定

【引言】

随着我国社会经济的快速发展，我国的建筑技术水平得以快速提高，我国建筑给水排水技术在技术的先进性、可靠性、安全性、经济性及实用性等方面作了大量的探索研究，取得了很多新的成果和设计新思想，适应了建筑产品的多功能化、宜人化发展的需求，同时在建筑节能、节水和环境保护等方面获得了技术上的创新性改进，在建筑内部给水排水系统与建筑外部给水排水系统的对接和与相关专业技术的衔接上进行了设计理念的更新。这些新技术、新设计思想不断地融入建筑给水排水工程设计标准、规范及一般规定中，为了使相关专业能够更好地学习建筑给水排水工程技术，本章将对设计标准、规范及一般规定进行系统的介绍。

# 1.1 建筑给水排水工程设计标准、规范的应用

(1) 建筑给水排水工程设计必须遵守国家颁布的现行设计标准和规范。常用的工程建设国家标谁、住建部标准如表 1-1 所示。常用的工程建设标准化协会标准如表 1-2 所示。

表 1-1 工程建设国家标准、住建部标准

| 标准规范编号 | 标准规范名称 |
| --- | --- |
| GB 50015—2003(2009 年版) | 建筑给水排水设计规范 |
| GB 5749—2006 | 生活饮用水卫生标准 |
| GB 8978—2002 | 污水综合排放标准 |
| GB 50038—2005 | 人民防空地下室设计规范 |
| GB 50045—95 (2005 年版) | 高层民用建筑设计防火规范 |
| GB 50151—2010 | 低倍数泡沫灭火系统设计规范 |
| GB 50370—2005 | 气体灭火系统设计规范 |
| GB 50196—93 (2002 年版) | 高倍数、中倍数泡沫灭火系统设计规范 |
| GB 50219—95 | 水喷雾灭火系统设计规范 |
| GB 50001—2010 | 房屋建筑制图统一标准 |
| GB 50013—2006 | 室外给水设计规范 |
| GB 50014—2006 (2011 年版) | 室外排水设计规范 |
| GB 50016—2006 | 建筑设计防火规范 |
| GB 50025—2004 | 湿陷性黄土地区建筑规范 |
| GB 50067—1997 | 汽车库、修车库、停车场设计防火规范 |
| GB 50084—2001 (2005 年版) | 自动喷水灭火系统设计规范 |
| GB 50096—2011 | 住宅建筑设计规范 |
| GB 50098—2009 | 人民防空工程设计防火规范 |
| GB/T 50102—2003 | 工业循环水冷却设计规范 |
| GB/T 50106—2010 | 给水排水制图标准 |
| GBJ 110—1987 | 卤代烷 1211 灭火系统设计规范 |
| GBJ 125—1989 | 给水排水设计基本术语标准 |
| GB 50140—2005 | 建筑灭火器配置设计规范 |

续表

| 标准规范编号 | 标准规范名称 |
|---|---|
| GB 50141—2008 | 给水排水构筑物工程施工及验收规范 |
| JGG 35—1987 | 建筑气象参数标准 |
| JGJ 62—1990 | 旅馆建筑设计规范 |
| JGJ 67—2006 | 办公建筑设计规范 |
| CJJ 10—86 | 供水管井设计、施工及验收规范 |
| CJJ/T 29—2010 | 建筑排水塑料管道工程技术规程 |
| CJ 48—1999 | 生活杂用水水质标准 |
| GB 50032—2003 | 室外给水排水和燃气热力工程抗震设计规范 |
| GBZ 1—2010 | 工业企业设计卫生标准 |
| GB 12941—1991 | 景观娱乐用水水质标准 |

表1-2　中国工程建设标准化协会标准

| 标准规范编号 | 标准规范名称 |
|---|---|
| CECS07:2004 | 医院污水处理设计规范 |
| CECS14:2002 | 游泳池和水上游乐园给水排水设计规程 |
| CECS17:2000 | 室外硬聚氯乙烯给水管道工程设计规程 |
| CECS18:1990 | 室外硬聚氯乙烯给水管道工程施工及验收规程 |
| GB 50336—2002 | 建筑中水设计规范 |
| CECS41:2004 | 建筑给水硬聚氯乙烯管道设计与施工验收规程 |
| CECS57:94 | 居住小区给水排水设计规范 |
| CECS59:94 | 水泵隔振技术规程 |
| CECS60:94 | 半即热式水加热器热水供应设计规程 |
| CECS79:2011 | 特殊单立管排水系统技术规程 |

(2) 工程设计中如遇到特殊情况不能按条文规定执行时,应事先经设计单位与有关单位研究批准后,方允许不按照规定条文办理。

(3) 国外的设计标准、规范,只能作为设计参考资料使用,设计人员无须受其条文的约束。

当上述(2)、(3)中的标准、规范有矛盾时,应按第11.1条规定的标准、规范的条文办理。

# 1.2 建筑给水排水工程一般规定

给水排水工程设计必须符合工程建设的总体规划，并充分考虑协作和分期建设的可能，但应与主体专业相适应。对扩建、改建的工程，应从实际出发，充分发挥原设施的效能。当有特殊要求和规定时，设计还应执行当地有关部门的规定。

工程预留发展，凡主管部门有正式规定者，按规定执行；无明确规定者，设计只考虑有发展、扩建的可能性，工程设计中不得提前占用土地、加大安全或备用系数，或降低流速、扩大工程规模。

设计应结合工程特点和实际情况，尽量采用成熟的新工艺、新技术、新设备、新材料，以节约建设费用和劳动力，提高经济效益，加快工程建设速度。

设计必须贯彻节约能源、节约用水和综合利用的原则，大力采用和推广循环水系统、重复利用水系统、装设节能配件和计量仪表。

设计过程中应主动与其他专业配合协作，认真贯彻技术先进、经济合理、适用安全、操作简单和维修方便的原则。

设计时必须认真收集设计基础资料，并进行深入的分析和研究，从而确定设计中所要采用的数据。

在施工过程中应与施工单位和建设单位积极配合，做好设计变更记录。

凡由设备厂商分包的中水处理、污水处理、特殊消防等工程，设计人员应配合建设单位做好如下工作。

(1) 对设备厂商进行技术、信誉方面的调查。

(2) 按照有关规范、标准要求提出验收指标。

(3) 了解设备厂商采用的工艺流程与基本技术数据。

(4) 协助设备厂商做好与土建及其他专业的协调配合工作。

(5) 要求设备厂商提供关键设备需备用的易损件。

(6) 要求设备厂商负责设计、安装、调试、培训和验收的全过程。

# 第2章 建筑内部给水系统

## 【学习要点及目标】

- ◆ 了解给水系统的分类与组成。
- ◆ 掌握给水方式及分区的原则。
- ◆ 熟悉给水管材、附件、水表、给水增压与调节设备，并能正确选用。
- ◆ 理解给水管道的布置、敷设与防护的方法。
- ◆ 掌握给水水质安全防护措施。
- ◆ 掌握用水量、给水设计秒流量、管网水力计算方法。
- ◆ 能进行给水平面图、系统图的绘制。
- ◆ 能进行多层住宅给水系统设计计算。

## 【核心概念】

给水系统、给水方式、用水定额、给水设计秒流量、给水当量、给水系统所需水压

## 【引言】

随着人们生活水平的日益提高，对建筑给水系统的要求也越来越高。所谓建筑给水系统就是通过建筑物内外部给水管道系统及附属设施，将符合水质、水量和水压要求的水安全可靠地提供给各种用水设备，以满足用户的需要。建筑给水系统包括小区给水与建筑内部给水。本章我们主要学习建筑内部给水系统的相关知识。

# 2.1 建筑内部给水系统的分类和组成

建筑给水工程亦称室内给水工程，是建筑给水排水的重要内容。它的主要任务是根据用户用水量、水压和水质的要求，将水由城镇给水管网或自备水源给水管网引入室内，经配水管网送至生活、生产和消防用水设备的冷水供应系统中。

## 2.1.1 建筑内部给水系统的分类

建筑内部给水系统是建筑物内的所有给水设施的总体，按其用途不同基本上可分为以下三类。

### 1．生活给水系统

供给人们饮用、烹饪、盥洗、淋浴、冲洗卫生器具等生活上的用水的给水系统，称为生活给水系统。生活给水系统中与人体直接接触或饮用、淋浴等部分的水的水质必须达到国家标准中关于饮用水的水质要求；而其他如洗涤、冲洗卫生器具的生活用水，可以用非饮用水水质标准的水，在淡水资源缺乏的地区，更应积极采取这一措施。但通常为了节省投资、便于管理，将符合饮用水水质标准的水用于洗涤或冲洗卫生器具。

### 2．生产给水系统

供给生产设备冷却、原料加工、洗涤，以及各类产品制造过程中所需的生产用水的给水系统，统称为生产给水系统。由于生产用水对水质、水量、水压以及安全方面的要求不同，生产给水系统种类繁多，差异很大。

### 3．消防给水系统

为扑灭建筑物所发生的火灾，建筑物需专门设置可靠的给水系统，供给各类消防设备灭火用水，这一系统称为消防给水系统。消防用水对水质要求不高，但必须按照建筑防火规范保证有足够的水量与水压。消防给水系统通常与生活给水系统共用。

上述三类系统可独立设置，也可根据实际条件和需要相互组合。在选择给水系统时，应根据生活、生产、消防等各项对水质、水量和水压的要求，结合室外给水系统等综合因素，经过技术经济比较后确定。近年来，模糊综合评判法在各个领域多因素的综合评判方面已被广泛应用。具体可以组合成生活、消防给水系统；生产、消防给水系统；生活、生产给水系统；生活、生产、消防给水系统等共用给水系统。

根据供水用途的不同和系统功能的差异，有时将上述三类基本给水系统再划分为：饮用水给水系统、杂用水给水系统(中水系统)、消火栓给水系统、自动喷水灭火系统和循环或重复使用的生产给水系统、纯水给水系统等。

## 2.1.2 建筑内部给水系统的组成

通常情况下，建筑内部给水系统由水源、引入管、水表节点、建筑内水平干管、立管和支管、配水装置与附件、增压和贮水设备以及给水局部处理设施组成，如图 2-1 所示。注：图 2-1 中所示的生活给水与消防给水共用一根管道，但现行规范已经明确规定各自需要独立的管道系统。

## 1. 引入管

引入管又称进户管，是指室外给水接户管与建筑内部给水干管相连接的管段。当建筑组成一个小区时，引入管指总进水管。引入管一般埋地敷设，穿越建筑物外墙或基础。引入管受地面荷载、冰冻线的影响，一般埋设在室外地坪 0.7m 下。给水干管一般在室内地坪下 0.3～0.5m，引入管进入建筑后立即上返到给水干管埋没深度，以避免多开挖土方。

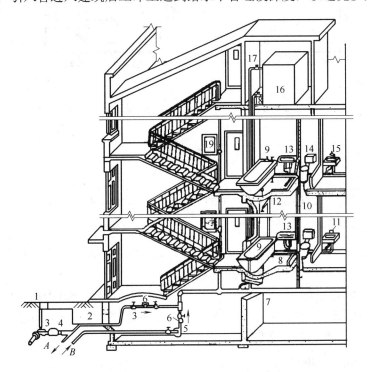

图 2-1　建筑内部给水系统组成

A—入贮水池；B—来自贮水池；1—阀门井；2—引入管；3—闸阀；4—水表；　5—水泵；
6—止回阀；7—干管；8—支管；9—浴盆；10—立管；11—水嘴；12—淋浴器；13—洗脸盆；
14—大便器；15—洗涤盆；16—水箱；17—进水管；18—出水管；19—消火栓

## 2. 水表节点

水表节点是指安装在引入管上的水表及其前后设置的阀门和泄水装置的总称，如图 2-2 所示。阀门用以关闭管网，以便修理和拆换水表；泄水装置为检修时放空管网、检测水表精度及测定进户点压力值；设置管道过滤器的目的是保证水表正常工作及其量测精度；水表用以计量建筑用水量。水表节点形式多样，选择时应按用户用水要求及所选择的水表型号等因素决定。

水表节点一般设在水表井中。温暖地区的水表节点一般设在室外，寒冷地区的水表节点宜设在不被冻结之处。

在非住宅建筑内部给水系统中，需计量水量的某些部位和设备的配水管上也要安装水表。住宅建筑每户住家均应安装分户水表。分户水表设在分户支管上，可只在表前设阀，以便局部关断水流。为了保证水表计量准确，在翼轮式水表与闸门间应有相当于水表直径8～10倍的直线段，其他水表约为300mm，以使水表前水流平稳。分户水表以前大都设在每户住家之内，现在则将分户水表集中设在户外(容易读取数据处)。

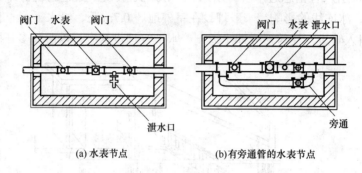

(a) 水表节点          (b) 有旁通管的水表节点

图 2-2　水表节点

### 3. 管道系统

管道系统是指建筑内部给水水平或垂直的干管、立管和支管等。

### 4. 给水附件

给水附件是指管路上的闸阀、止回阀等各式阀类及各式配水龙头、仪表等。在建筑给水系统中，按用途可以分为配水附件和控制附件。

配水附件即配水龙头，又称水嘴、水栓，是指向卫生器具或其他用水设备配水的管道附件。控制附件是管道系统中用于调节水量、水压，控制水流方向，以及关断水流，便于管道、仪表和设备检修的各类阀门。

### 5. 升(减)压和贮水设备

在室外给水管网压力不足或建筑内部对安全供水、水压稳定有要求时，需设置各种附属设备，如水箱、水泵、气压装置、水池等升压和贮水设备，以保证室内给水管网水压要求的附属装置。当某些部位水压太高时，需设置减压设备。

### 6. 室内消防设施

按照建筑物的防火要求及规定需要设置消防给水时，一般应设消火栓等消防设备；有特殊要求时，需另专门装设自动喷水灭火或水泵灭火设备等。建筑内部应根据《建筑设计防火规范》和《高层民用建筑设计防火规范》的规定进行设置。

### 7. 给水局部处理设施

当有些建筑对给水水质要求很高，超出我国现行生活饮用水卫生标准或由其他原因造成水质不能满足要求时，需要设置一些设备、构筑物等进行给水深度处理。

# 2.2　给　水　方　式

给水方式是指建筑内部给水系统的供水方案，是根据用户对水质、水量和水压的要求，考虑市政给水管网设置条件，对给水系统进行的设计实施方案。

## 2.2.1　建筑内部给水系统的给水方式

在设计初始阶段，必须先进行一定的室内供水压力估算和室外管道供水压力调查，通过估算出的水压，初步确定供水方案，以便为建筑、结构等专业的设计提供必要的设计数据。

生活饮用水管网的供水压力可根据建筑物的层数和管网阻力损失计算确定。普通住宅的生活饮用水管网的方法估计。

自室外地面算起的室内所需的最小保证压力值。对层高不超过 3.5m 的民用建筑，给水系统所需的压力可用以下经验法估算：1 层为 100kPa(10m)；2 层为 120kPa(12m)；3 层及以上每增加 1 层增加 40kPa(4m)。

估算值是指从室外地面算起的最小压力保证值，没有计入室外干管的埋深，也没有考虑消防用水，适用于房屋引入管、室内管路不太长和流出水头不太大的情况。当室内管道比较长，或层高超过 3.5m 时，应适当增加估算值。

### 1. 建筑内部给水方式选择的原则

建筑内部给水方式的选择应按以下原则进行。

(1) 在满足用户要求的前提下，应力求给水系统简单，管道长度短，以降低工程费用和运行管理费用。

(2) 应充分利用室外给水管网的水压直接供水，当室外给水管网的水压(或水量)不足时，应根据卫生安全、经济节能的原则选用贮水调节和加压供水方案。

(3) 根据建筑物用途、层数、使用要求、材料设备性能、维护管理、节约供水、能耗等因素综合确定。供水应安全可靠、管理维修方便。

(4) 不同使用性质或计费的给水系统，应在引入管道后分成各自独立的给水管网。

(5) 生产给水系统应优先设置循环给水系统或重复利用给水系统，并应充分利用其余压。

(6) 生产、生活和消防给水系统中的管道、配件和附件所承受的水压，均不得大于产品标准规定的允许工作压力。

(7) 卫生器具给水配件承受的最大工作压力不得大于 0.6MPa；居住建筑入户管道给水压力不应大于 0.35MPa。

(8) 对于建筑物内部的生活给水系统，当卫生器具给水系统配件处的静水压力超过规定时，宜采用减压限流措施。

### 2. 给水方式

给水方式又称供水方案，是根据用户对水质、水量、水压的要求，考虑市政给水管网设置条件，对给水系统进行的设计实施方案。

1) 直接给水方式

直接给水方式适用于室外管网水量和水压充足，能够全天候保证室内用户用水要求的地区，由室外给水管网直接供水。建筑物内部只设置给水管道系统，不设置加压及贮水设备，室内给水管道系统与室外供水管网直接相连，利用室外管网压力直接向室内给水系统供水。这是最为简单、经济的给水方式，如图2-3所示。这种给水方式的优点是给水系统简单，投资少，安装维修方便，充分利用室外管网水压，供水较为安全可靠；缺点是系统内部无贮备水量，当室外管网停水时，室内系统会立即断水。

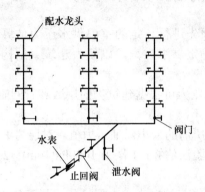

图 2-3 室外管网直接给水方式

2) 设水箱的给水方式

设水箱的给水方式宜在室外给水管网供水压力周期性不足时采用。建筑物内部设有管道系统和屋顶水箱(亦称高位水箱)，且室内给水系统与室外给水管网直接连接。低谷用水时，可利用室外给水管网水压直接供水并向水箱进水，水箱贮备水量；高峰用水时，室外管网水压不足，则由水箱向建筑内给水系统供水。为了防止水箱中的水回流至室外管网，在引入管上要设置止回阀，如图2-4所示。这种给水方式的优点是系统比较简单，投资较省；充分利用室外管网的压力供水，节省电耗；系统具有一定的贮备水量，供水的安全可靠性较好。其缺点是系统设置了高位水箱，增加了建筑物的结构荷载，并给建筑物的立面处理带来一定的困难。

在室外管网水压周期性不足的多层建筑中，也可以采用如图 2-5 所示的给水方式，即建筑物下面几层由室外管网直接供水，建筑物上面几层采用有水箱的给水方式，这样可以减小水箱的容积。

当室外给水管网水压偏高或不稳定时，为保证建筑内给水系统的良好工况或满足稳压供水的要求，也可以采用设水箱的给水方式。

3) 设水泵的给水方式

设水泵的给水方式宜在当一天内室外给水管网的水压大部分时间满足不了建筑内部给水管网所需的水压，而且建筑物内部用水量较大又较均匀时采用。工业企业、生产车间常采用设水泵的给水方式，根据生产用水的水量和水压，选用合适的水泵加压供水。对于一些民用建筑，住宅、高层建筑等用水量比较大，用水不均匀性又比较突出的建筑，或对建筑立面以及建筑外观要求比较高的建筑，不便在上部设置水箱，可采用设水泵的给水方式。

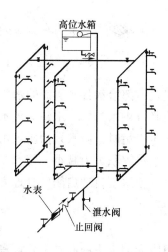

图 2-4　设水箱的给水方式

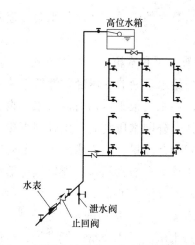

图 2-5　下层直接供水、上层设水箱的给水方式

　　建筑物内部设有给水管道系统及加压水泵,当室外管网水压经常不足时,利用水泵进行加压后向室内给水系统供水,如图 2-6 所示。当室外给水管网允许水泵直接吸水时,水泵宜直接从室外给水管网吸水,但室外给水管网的压力不得低于 100kPa(从地面算起)。水泵直接从室外给水管网吸水时,应绕水泵设旁通管,并在旁通管上设阀门,当室外给水管网水压较大时,可停泵直接向室内系统供水。在水泵出口和旁通管上应装设止回阀,以防止停泵时,室内给水系统中的水产生回流。

　　注意:对于设水泵的给水方式,当水泵直接从室外管网吸水而造成室外管网压力大幅度波动,影响其他用户用水时,则不允许水泵直接从室外管网吸水,而必须设置断流水池。图 2-7 所示为水泵从断流水池吸水示意图。断流水池可以兼作贮水池使用,从而增加了供水的安全性。当建筑物内用水量较为均匀时,可采用恒速水泵供水;当建筑物内用水量不均匀时,宜采用自动变频调速水泵供水,以提高水泵的运行效率,达到节能的目的。

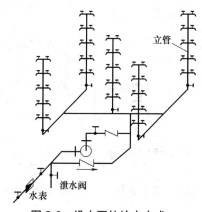

图 2-6　设水泵的给水方式

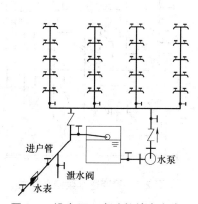

图 2-7　设水泵、水池的给水方式

　　图 2-8 所示为设变速水泵给水方式。变频调速水泵工作原理为:当给水系统中流量发生变化时,水泵扬程也随之发生变化,压力传感器不断向微机控制器输入水泵出水管的压力信号,如果测得的压力值大于设计给水量对应的压力值时,则微机控制器向变频调速器发

出降低电流频率的信号，从而使水泵转速降低，水泵出水量减少，水泵出水管压力下降，反之亦然。

4) 设置水泵和水箱联合给水方式

当室外给水管网的水压经常性低于或周期性低于建筑内部给水管网所需的水压，而且建筑物内部用水又很不均匀时，可采用设置水泵和水箱联合供水方式。水泵的吸水管直接与外网连接，外网水压高时，由外网直接供水；外网水压不足时，由水泵增压供水，并利用高位水箱调节流量。由于水泵可以及时向水箱充水，水箱容积大为减小，使水泵在高效率状态下工作。一般水箱采用浮球继电器等装置，还可以使水泵自动启闭，管理方便；技术上合理，而且供水可靠。

5) 水池、水泵、水箱联合供水方式

当外网水压低于或经常不能满足建筑内部给水管网所需的水压，而且不允许直接从外网抽水时，必须设置室内贮水池，外网的水送入水池，水泵能及时从贮水池中抽水，输送到室内管网和水箱。图2-9所示为建筑物底部的贮水池，也称为断流池，起室内与室外管网水断流的作用，水池安装浮球阀，控制外网进水。水泵从贮水池中抽水送往室内管网和水箱。这种供水方式的优点是：水池和水箱可以贮备一定的水量，一旦停水、停电时，可延时供水，供水可靠，水压稳定。其缺点是：不能利用外网压力，日常运行的能源消耗大，水泵噪声大，安装、维护较麻烦，投资大，水池占地面积大，水池防污染、防渗漏要求高。

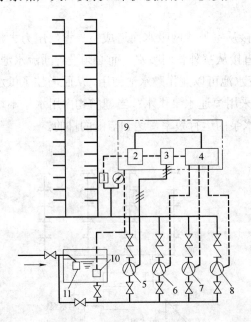

图2-8 设变速水泵给水方式

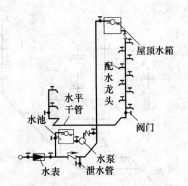

图2-9 设贮水池、水泵和水箱的给水方式

6) 气压给水方式

气压给水方式是指在给水系统中设置气压给水设备，利用该设备的气压水罐内气体的可压缩性，升压供水。气压水罐的作用相当于高位水箱，但其位置可根据需要设置在高处或低处。该给水方式宜在室外给水管网压力低于或经常不能满足建筑内给水管网所需的水

压、室内用水不均匀，且不宜设置高位水箱时采用，如图 2-10 所示。

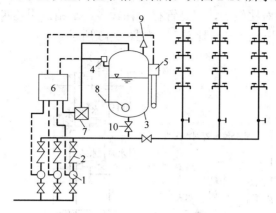

**图 2-10　气压水罐供水方式**

1—水泵；2—止回阀；3—气压水罐；4—压力信号；5—液位信号器；6—控制器；

7—补气装置；8—排气阀；9—安全阀；10—阀门

7) 分区给水方式

分区给水方式一般适用于高层建筑。高层建筑内所需的水压比较大，而卫生器具给水配件承受的最大工作压力不得大于 0.6MPa。故高层建筑应采用竖向分区供水方式，其主要目的是，避免用水器具处产生过大的静水头，造成管道及附件漏水、损坏、低层出流量大、产生噪声等。图 2-11 所示为分区给水方式，室外给水管网水压线以下楼层为低区，由室外管网直接供水，高区或上面几个区由水泵和水箱联合供水。合理确定给水系统竖向分区压力值，主要取决于以下几个因素：材料设备承压能力、建筑物的使用要求、维修管理能力等。

(1) 高层建筑生活给水系统应竖向分区，竖向分区应符合下列要求。

① 各分区最低卫生器具配水点处静水压不宜大于 0.45MPa，特殊情况下不宜大于 0.55MPa。

② 水压大于 0.35MPa 的入户管(或配水横管)，宜设减压或调压设施。

③ 各分区最不利配水点的水压应满足用水水压要求。

(2) 分区供水的形式有串联分区、并联分区。建筑高度不超过 100m 的建筑的生活给水系统，宜采用垂直分区并联供水或分区减压的供水方式；建筑高度超过 100m 的建筑的生活给水系统，宜采用垂直串联供水方式。

① 串联分区。

串联分区供水方式是各区都设有水泵、水箱，每区水泵从水箱抽水送到上一区的水箱，由水箱向各层供水，水泵和水箱设置在设备层里。其优点是：各区的水泵扬程和流量稳定，按照实际需要来设计，所以水泵的工作效率高，能耗低，管道的总需求量少，节约投资。其缺点是：设备层(技术层)的要求高；每区都有水泵、水箱；水泵噪声大；水箱要考虑防漏水；而且水泵分散设置，不便于集中管理；下层水箱容积大，结构负荷大；造价高；工作不可靠，上区用水受下区限制，如图 2-12 所示。

② 并联分区。

并联分区的供水方式是设置水箱和水泵，水箱设置在各区的顶部，水泵则集中设置在底层或地下室，便于集中管理和维护；各区为独立系统，各自运行，互不影响，供水比较安全可靠；能源消耗相对比较少，但是管材消耗较多，水箱占用建筑物上层使用面积，高区水泵和管道系统的承压能力要求比较高，如图 2-13 所示。

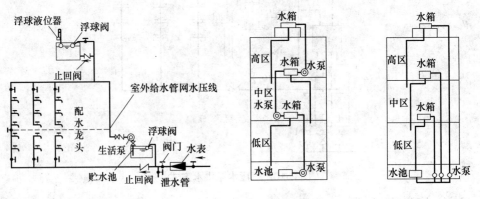

图 2-11　分区给水方式　　图 2-12　串联分区　　图 2-13　并联分区

③ 减压分区给水方式。

减压分区给水方式是利用减压阀或各区的减压水箱进行减压。水泵将水直接送入最上层的水箱，各区分别设置水箱，由上区的水箱向下区的水箱供水，利用水箱减压；或者在上下区之间设置减压阀，用减压阀代替水箱，起到减压的作用。向下区供水时，先通过干管上的减压阀减压，然后进入下一区的管网，依次向下区供水。这种给水方式的特点是：供水比较可靠，设备和管道系统简单，节约投资，维护管理方便。也可以采用沿垂直立管循序减压的给水方式，即减压阀设置在立管上，将立管分为不同的压力区域。采用减压阀减压，各区不再设置水箱，可提高建筑面积的利用率，且减压阀价格低，安装方便，使用可靠，但下区供水压力损失较大，水泵能源消耗较大。设计时一般生活给水系统采用可调式减压阀；消防给水系统采用比例式减压阀。图 2-14 所示为减压阀分区给水方式。

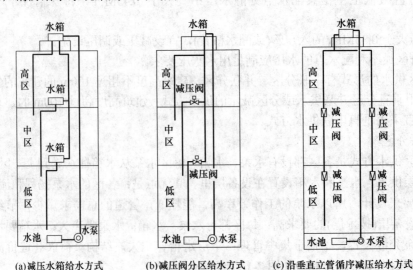

(a)减压水箱给水方式　　(b)减压阀分区给水方式　　(c)沿垂直立管循序减压给水方式

图 2-14　减压分区给水方式

8) 分质给水方式

分质给水方式即根据不同用途所需的不同水质，分别设置独立的给水系统，如图 2-15 所示。饮用水给水系统供饮用、烹饪、盥洗等生活用水，水质符合"生活饮用水卫生标准"。杂用水给水系统水质较差，仅符合"生活杂用水水质标准"，只能用于建筑内冲洗便器、绿化、洗车、扫除等用水。近年来为了确保水质，有些国家还采用了饮用水与盥洗、沐浴等生活用水分设两个独立管网的分质给水方式。生活用水均先入屋顶水箱，空气隔断后，再经管网供给各用水点，以防回流污染；饮用水则根据需要，深度处理达到直接饮用的要求，再进行输配。

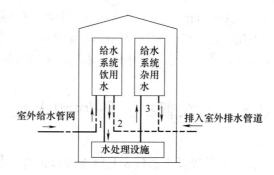

图 2-15　分质给水方式

1—生活废水；2—生活污水；3—杂用水

## 2.2.2　建筑内部给水系统管网的布置方式

建筑内部给水通过引入管引入室内以后，根据管网形式不同可以分为环状式和枝状式；根据横干管在建筑内部的位置不同，可以分为下行上给式、上行下给式和中分式。

### 1. 环状式给水方式

水平干管连成环状为水平环状式，立管连成环状为垂直环状式。在任何时间都不允许间断供水的建筑和设备，应采用环状管网，或者也可将两个引入管通过水平配水干管和配水立管相连通，组成贯通环状，双向供水，以确保某段管道出现问题时，仍能正常供水。一般大型公共建筑、高层建筑，或有特殊要求的设备，多采用环状式管网，消防管网均采用环状式。

### 2. 枝状式给水方式

在枝状式给水方式中，干管和立管都不必连成环状，当某段管道出现事故时，后面的系统无法正常供水。对于短时间间断供水影响不大的建筑，可以采用枝状管网，一般普通住宅建筑内给水管网多采用枝状管网。

### 3. 下行上给式给水方式

下行上给式是指水平配水干管在建筑物的下部，通过下面的干管向上供水。水平干管一般设置在地下室的天花板下面，如果没有地下室，可以设置在地沟里，或直接埋地。一

般民用建筑利用室外管网直接供水时，大都采用这种方式。

### 4. 上行下给式给水方式

上行下给式是指水平配水干管在建筑物的上部，一般设在房屋吊顶内、顶层天花板下，自上向下供水。一般有屋顶水箱的给水方式或下行布置有困难的情况时，采用这种方式。这种方式的缺点是：因横干管管径较大，且设置在上方，维修困难，施工要求高，一旦发生漏水，墙面、室内装修都会受到破坏，影响较大。

### 5. 中分式给水方式

水平配水干管敷设在建筑物中间的技术层内，或某一层的吊顶内，向上、下两个方向供水。适用于屋顶用于其他用途的建筑(如露天茶座、舞厅等)，或有中间技术层的建筑。管道布置在技术层内，便于安装、维修，但对于中间技术层，需要增加层高。

# 2.3   给水管材、附件和水表

给水系统是由管材管件、附件以及设备仪表共同连接而成的，正确选用管材、附件和设备仪表，对工程质量、工程造价和使用安全都会产生直接的影响。因此，要熟悉各种管材，正确选用各种附件和设备仪表，以便达到适用、经济、安全和美观的要求。

## 2.3.1   给水管材

根据制造工艺和材质的不同，管材有很多品种。按材质分为黑色金属管(钢管、铸铁管)、有色金属管(铜管、铝管)、非金属管(混凝土管、钢筋混凝土管、塑料管)和复合管(钢塑管、铝塑管)等。给水排水管道需要连接、分支、转弯、变径时，对不同管道就要采取不同材质的管件。管件根据材质不同，分为钢制管件、铸铁管件、铜制管件和塑料管件等。

黑色金属管包括碳素钢管和铸铁管。碳素钢管按制造方法分为无缝钢管、有缝钢管和铸造钢管等；非金属管包括混凝土管、钢筋混凝土管和塑料管等。在建筑给水中，非金属管的主流是塑料管。

### 1. 塑料管

塑料管是合成树脂加添加剂经熔融成型加工而成的制品。添加剂有增塑剂、稳定剂、填充剂、润滑剂、着色剂、紫外线吸收剂和改性剂等。

常用的塑料管有：硬聚氯乙烯管(UPVC)、聚丙烯管(PP)、聚丁烯管(PB)、高密度聚乙烯管(HDPE)、交联聚乙烯管(PEX)、丙烯腈-丁二烯-苯乙烯管(ABS)等。

塑料管的优点是：化学性能稳定，耐腐蚀，管壁光滑，水头损失小，重量轻，加工安装方便。其缺点是：强度较低，膨胀系数较大，易受温度影响。

1) 硬聚氯乙烯管

硬聚氯乙烯管的使用温度为 5～45℃，不适用于热水输送，常见的规格为 De20～De315。其优点是：耐腐蚀性好，抗衰老性强，黏结方便，价格低，产品规格全，质地坚硬，符合输送纯净饮用水标准。其缺点为：维修麻烦，无韧性，环境温度低于 5℃时易脆化，高于 45℃时易软化，长期使用会有 UPVC 单体和添加剂渗出。该管材为早期替代镀锌钢管的管材，现已不推广使用。硬聚氯乙烯管通常采用承插黏结，也可采用橡胶密封圈柔性连接、螺纹连接或法兰连接。

2) 聚丙烯管

普通聚丙烯材质耐低温性差，通过共聚合的方式可以使聚丙烯的性能得到改善。改性聚丙烯管有三种，即均聚聚丙烯(PP-H，一型)管、嵌段共聚聚丙烯(PP-B，二型)管、无规共聚聚丙烯(PP-R，三型)管。由于 PP-B、PP-R 的适用范围涵盖了 PP-H，故 PP-H 逐步退出了管材市场。PP-B、PP-R 的物理特性基本相似，应用范围也基本相同。

PP-R 管的优点是：强度高，韧性好，无毒，温度适应范围广(5～95℃)，耐腐蚀，抗老化，保温效果好，不结垢，沿程阻力小，施工安装方便等。目前国内 PP-R 管产品的规格为 De20～De110，广泛用于冷水、热水、纯净饮用水系统。管道之间采用热熔连接，管道与金属管件通过带金属嵌件的聚丙烯管件采用丝扣或法兰连接。

3) 聚丁烯管

聚丁烯管是用高分子树脂制成的高密度塑料管，管材质软、耐磨、耐热、抗冻、无毒无害、耐久性好、质量轻、施工安装简单，冷水管工作压力为 1.6～2.5MPa，热水管工作压力为 1.0MPa，能在-20～95℃之间安全使用，适用于冷、热水系统。聚丁烯管与管件的连接方式有三种方式，即铜接头夹紧式连接、热熔插接和电熔连接。

4) 聚乙烯管

聚乙烯管包括高密度聚乙烯管(HDPE)和低密度聚乙烯管(LDPE)。它的特点是：质量轻，韧性好，耐腐蚀，可盘绕，耐低温性能好，运输及施工方便，具有良好的柔性和抗蠕变性能，在建筑给水中得到广泛应用。聚乙烯管道的连接可采用电熔、热熔、橡胶圈柔性连接，工程上主要采用熔接。

5) 交联聚乙烯管

交联聚乙烯是通过化学方法使普通聚乙烯的线性分子结构改性成三维交联网状结构。交联聚乙烯管具有强度高、韧性好、抗老化(使用寿命达 50 年以上)，温度适应范围广(-70～110℃)、无毒、不滋生细菌、安装维修方便、价格适中等优点。目前国内 PEX 产品常用的规格为 De16～De63，主要用于建筑室内热水给水系统。管径小于或等于 25mm 的管道与管件采用卡套式连接，管径大于或等于 32mm 的管道与管件采用卡箍式连接。

6) 丙烯腈-丁二烯-苯乙烯管

ABS 管材是丙烯腈、丁二烯、苯乙烯的三元共聚物。丙烯腈提供了良好的耐蚀性和表面硬度，丁二烯作为一种橡胶体提供了韧性，苯乙烯提供了优良的加工性能，三者组合的结果使得 ABS 管强度大，韧性高，能承受冲击。ABS 管材的工作压力为 1.6MPa，常用规格为 De15～De300，使用温度为-40～60℃；热水管规格不全，使用温度在-40～95℃。管材的连接方式为黏结。

**2. 复合管**

1) 钢塑复合管

钢塑复合管是在钢管内壁衬(涂)一定厚度的塑料层复合而成的，依据复合管基材不同，可分为衬塑复合管和涂塑复合管两种。衬塑复合管是在传统的输水钢管内插入一根薄壁的 PVC 管，使两者紧密结合，就成了 PVC 衬塑复合管；涂塑复合管是以普通碳素钢管为基材，将高分子 PE 粉末熔融后均匀地涂敷在钢管内壁，经塑化后形成光滑、致密的塑料涂层。

钢塑复合管兼备了金属管材的强度高、耐高压、能承受较强的外来冲击力和塑料管材的耐腐蚀、不结垢、导热系数低、流体阻力小等优点。钢塑复合管可采用沟槽式、法兰式或螺纹式连接方式，同原有的镀锌管系统完全相容，应用方便，但需在工厂预制，不宜在施工现场切割。

2) 铝塑复合管(PE-A1-PE 或 PEX-A1-PEX)

铝塑复合管是通过挤出成型工艺而制造出的新型复合管材，它由聚乙烯层、胶合层、铝合金层、胶合层和聚乙烯层五层结构构成。铝塑复合管可以分为三种型号：A 型，耐温不大于 60℃；B 型，耐温不大于 95℃；C 型，输送燃气用。

管件连接主要采用厂家专用夹紧式铜接头和部分专用工具。铝塑复合管安装方便，暗装时可用弯管代替弯头。

几种常用的塑料管及复合给水管的物理性能、连接方式如表 2-1 所示。

表 2-1 常用塑料管及复合给水管的物理性能、连接方式表

| 项目＼管材 | PVC-U | PE-X | PP-R | PB | ABS | PAP (XPAP) | 钢塑复合管 |
|---|---|---|---|---|---|---|---|
| 材基名称 | 硬聚氯乙烯 | 交联聚乙烯 | 无规共聚聚乙烯 | 聚丁烯 | 丙烯氰-丁二烯-苯乙烯 | 聚乙烯或交联乙烯与铝管复合 | 聚氯乙烯或聚乙烯衬里钢管 |
| 密度/(kg/m³) | 1.5×10³ | 0.95×10³ | 0.9×10³ | 0.93×10³ | 1.02×10³ | | 7.85×10³ |
| 长期使用温度/℃ | ≤45 | ≤90 | ≤70 | ≤90 | ≤60 | ≤60 | ≤50 |
| 工作压力/MPa | 1.6 | 1.6(冷水) 1.0(热水) | 2.0(冷水) 1.0(热水) | 1.6~2.5(冷水) 1.0(热水) | 1.6 | 2.0~3.0 | 2.5 |
| 热膨胀系数 [mm/(m·℃)] | 0.07 | 0.15 | 0.11 | 0.13 | 0.11 | 0.025 | 0.014 |
| 导热率[W/(m·℃)] | 0.16 | 0.41 | 0.24 | 0.22 | 0.26 | 0.45 | 接近钢管 |
| 管道规格外径/mm | 20~315 | 14~63 | 20~110 | 20~63 | 15~300 | 14~32 | 15~150 |
| 寿命/年 | 50 | 50 | 50 | 50 | 50 | | 30 |
| 连接方式 | 承插黏结或胶圈连接 | 采用铜接头的夹紧式、卡套式连接 | 热熔式连接 | 热熔式、夹紧式连接 | 承插黏结或胶圈连接 | 夹紧式铜接头连接 | 沟槽式、法兰式或螺纹式连接 |

#### 3．钢管

1) 无缝钢管

按用途不同，无缝钢管分为普通无缝钢管和专用无缝钢管两种。其中普通无缝钢管又可按材质分为碳素钢管、优质碳素钢管、低合金钢管和合金钢管。常用的无缝钢管为碳素钢管，一般采用 10 号、20 号、35 号、45 号钢制造。按制造工艺不同，无缝钢管可以分为冷轧(拔)和热轧两种。冷轧管包括外径 5～200mm 的各种规格，单根长度为 1.5～9m；热轧管有外径 32～630mm 的各种规格，单根长度为 3～12.5m。

无缝钢管的管件不多，有无缝冲压弯头和无缝异径管两种，材质与相应的无缝钢管材质相同。无缝冲压弯头分为 90° 和 45° 两种角度。无缝异径管又称无缝大小头，分为同心大小头和偏心大小头两种。

无缝钢管的强度大，品种和规格较多，广泛应用于压力较高的工业管道工程，一般工作压力在 0.6MPa 以上、1.57MPa 以下的管路系统都采用无缝钢管，如热力管道、压缩空气管道、氧气管道和各种化工管道等。在民用安装工程中，无缝钢管一般用于采暖主干管道和煤气主干管道等，给水排水工程使用较少。在排水系统中，无缝钢管用于检修困难地方的管段、机器设备振动较大地方的管段及管道内压力较高的非腐蚀性排水管。无缝钢管因管壁较薄，通常采用焊接连接或法兰连接。

2) 焊接钢管

焊接钢管又称有缝钢管，分为水煤气钢管和卷板焊接钢管两种。

水煤气钢管由扁钢管坯卷成管线并沿缝焊接而成。普通钢管规定的水压试验压力为 2MPa，加厚钢管为 3MPa；焊接钢管按有无螺纹分为带螺纹(锥形或圆形螺纹)钢管和不带螺纹(光管)钢管两种；按壁厚不同分为普通钢管、加厚钢管和薄壁钢管三种；按表面处理的不同分为普通焊接钢管(黑铁管)和镀锌焊接钢管(白铁管)。其中镀锌钢管比普通焊接钢管重 3%～6%。镀锌焊接钢管又分为电镀锌和热浸锌两种。热浸锌焊接钢管广泛用于生活、消防给水管道和煤气管道，故又称为水煤气管。在排水系统中用作卫生器具排水支管及生产设备的非腐蚀性排水支管上管径小于或等于 50mm 的管道。普通焊接钢管规格标准如表 2-2 所示。

表 2-2　普通焊接钢管规格标准

| 公称直径/mm | 外径/mm | 普通焊接钢管质量/(kg·m⁻¹) | 镀锌焊接钢管质量/(kg·m⁻¹) |
|---|---|---|---|
| 15 | 21.25 | 1.26 | 1.34 |
| 20 | 26.25 | 1.63 | 1.73 |
| 25 | 33.5 | 2.42 | 2.57 |
| 32 | 42.25 | 3.13 | 3.32 |
| 40 | 48 | 3.84 | 4.07 |
| 50 | 60 | 4.88 | 5.17 |
| 70 | 75.5 | 6.64 | 7.04 |
| 80 | 88.5 | 8.34 | 8.84 |

续表

| 公称直径/mm | 外径/mm | 普通焊接钢管质量/(kg·m⁻¹) | 镀锌焊接钢管质量/(kg·m⁻¹) |
|---|---|---|---|
| 100 | 114 | 10.85 | 11.50 |
| 125 | 140 | 15.04 | 15.94 |
| 150 | 165 | 17.81 | 18.86 |

镀锌钢管强度高、抗振性能好，一度是我国生活饮用水采用的主要管材。长期使用证明，其内壁易生锈、结垢，滋生细菌、微生物等有害杂质，使自来水在输送途中造成"二次污染"。根据有关规定，我国从 2000 年 6 月 1 日起在城镇新建住宅生活给水系统中禁用镀锌钢管，并根据当地实际情况逐步限时禁用热浸锌管。目前镀锌钢管主要用于消防给水系统。

钢管的连接方法有螺纹连接、焊接、法兰连接和卡箍连接。

(1) 螺纹连接。

螺纹连接是利用配件进行连接。配件用可锻铸铁制成，抗蚀性及机械强度均较大，分镀锌和不镀锌两种，钢制配件较少。室内给水管道应用镀锌配件，镀锌钢管必须用螺纹连接，螺纹连接多用于明装管道。钢管的螺纹连接配件及连接方法如图 2-16 所示。

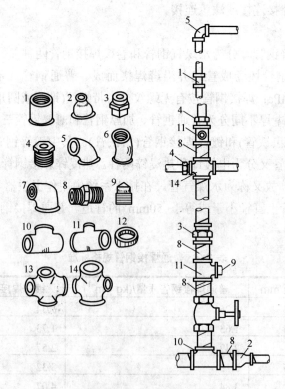

图 2-16　钢管螺纹连接配件及连接方法

1—管箍；2—异径管箍；3—活接头；4—补心；5—90°弯头；6—45°弯头；7—异径弯头；
8—外丝；9—堵头；10—等径三通；11—异径三通；12—根母；13—等径四通；14—异径四通

(2) 焊接。

焊接后的管道接头紧密、不漏水，施工迅速，不需要配件，但无法像螺纹连接那样方便拆卸。焊接只能用于非镀锌钢管，因为镀锌钢管焊接时锌层遭到破坏，会加速锈蚀，焊接多用于暗装管道。

(3) 法兰连接。

法兰连接一般在管径大于 DN50 的管道上，将法兰盘焊接或用螺纹连接在管端，再以螺栓连接。法兰连接一般用于闸阀、止回阀、水泵和水表等连接处，以及需要经常拆卸、检修的管段上。

(4) 卡箍连接。

对于较大管径用丝扣连接较困难，且不允许焊接时，一般采用卡箍连接。连接时两管口端应平整无缝隙，沟槽应均匀，卡紧螺栓后，管道应平直，卡箍安装方式应一致。卡箍连接常用的管件如图 2-17 所示。

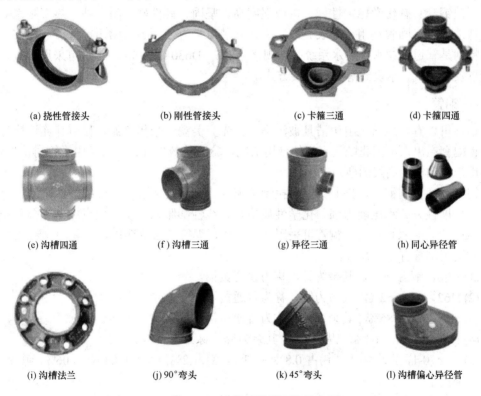

(a) 挠性管接头　(b) 刚性管接头　(c) 卡箍三通　(d) 卡箍四通

(e) 沟槽四通　(f) 沟槽三通　(g) 异径三通　(h) 同心异径管

(i) 沟槽法兰　(j) 90°弯头　(k) 45°弯头　(l) 沟槽偏心异径管

**图 2-17　卡箍链接常用管件**

3) 不锈钢管

耐空气、蒸汽、水等弱腐蚀介质和酸、碱、盐等化学浸蚀性介质腐蚀的钢，称为不锈钢，又称不锈耐酸钢。实际应用中，常将耐弱腐蚀介质腐蚀的钢称为不锈钢，而将耐化学介质腐蚀的钢称为耐酸钢。由于两者在化学成分上有差异，前者不一定耐化学介质腐蚀，而后者则一般具有不锈性。

不锈钢是在普通碳钢的基础上加入一组铬的质量分数大于 12%的合金元素的钢材，它在空气的作用下能保持金属光泽，也就是具有不生锈的特性。这是由于在这类钢中含有一定量的铬合金元素，能使钢材表面形成一层不溶解于某些介质的坚固的氧化薄膜(钝化膜)，使金属与外界隔离而不发生化学作用。在这类钢中，有些除含较多的铬(Cr)外，还匹配加入较多的其他合金元素，如镍(Ni)，使之在空气、水和蒸汽中都具有很好的化学稳定性，而且在许多种酸、碱、盐的水溶液中也有足够的稳定性，甚至在高温或低温环境中仍能保持其耐腐蚀的优点。

不锈钢通常按基体组织分为如下几种。

(1) 铁素体不锈钢：含铬 12%～30%，其耐蚀性、韧性和可焊性随含铬量的增加而提高，耐氯化物应力腐蚀性能优于其他种类不锈钢。

(2) 奥氏体不锈钢：含铬大于 18%，还含有 8%左右的镍及少量钼、钛、氮等元素，综合性能好，可耐多种介质腐蚀。

(3) 奥氏体-铁素体双相不锈钢：兼有奥氏体和铁素体不锈钢的优点，并具有超塑性。

(4) 马氏体不锈钢：强度高，但塑性和可焊性较差。

不锈钢管具有化学稳定性好、机械强度高、坚固、韧性好、耐腐蚀、热膨胀系数低、卫生性能好、可回收利用、外表亮丽大方、安装维护方便、经久耐用等优点，适用于建筑给水特别是管道直饮水及热水系统中，规格为 D6～D630×(1～50)。管道可采用焊接、螺纹连接以及卡压式、卡套式等多种连接方式。

### 4. 铜管

铜管可以有效地防止卫生洁具被污染，且光亮美观、豪华气派，目前其连接配件、阀门等也配套产出，根据我国几十年的使用情况，验证其效果优良，只是由于管材价格较高，现多用于宾馆等较高级的建筑之中。

铜管包括拉制铜管、挤制铜管、拉制黄铜管、挤制黄铜管，是传统的给水管材，具有耐温、延展性好、承压能力强、化学性质稳定、线性膨胀系数小等优点。铜管公称压力为 2.0MPa，冷、热水均适用。铜管可采用螺纹连接、焊接及法兰连接。

常用黄铜管有以下几种。

(1) H96，铜占 96%，其余为锌，称为普通黄铜。

(2) H62，铜占 62%，其余为锌，称为普通黄铜。

(3) H86，铜占 86%，其余为锌，称为普通黄铜。

(4) HSn62，铜占 62%，锡占 1%，其余为锌，称为锡黄铜。

(5) HSn70-1，铜占 70%，锡占 0.8%～1.3%，铝占 2%，砷占 0.03%～0.06%，其余为锌，称为加砷黄铜。

(6) HPb59，铜占 59%，铅占 0.8%～1.9%，其余为锌，称为铅黄铜。

(7) HFe59-1-1，铜占 59%，铝占 0.1%～0.5%，锰占 0.5%～0.8%，其余为锌，称为铁黄铜。

黄铜管又分为软(M)、半硬($Y_2$)、硬(Y)三种。

### 5. 给水铸铁管

给水铸铁管具有耐腐蚀性能强、使用寿命长、价格低等优点，适于埋地敷设。其缺点是性脆、重量大、长度小。我国生产的给水铸铁管有低压(0～0.5MPa)、普压(≤0.7MPa)和高压(≤1.0MPa)三种。建筑内部给水管道一般采用普压给水铸铁管。

离心球墨给水铸铁管是市政和居住小区目前常采用的新型给水管材，其用离心铸造工艺生产，材质为球墨铸铁。它具有铁的本质、钢的性能，强度高、韧性好、耐腐蚀，是传统铸铁管和普通钢管的更新换代产品。此外，离心球墨铸铁管机械性能好，内外镀锌处理后，内壁再衬水泥浆，外涂刷沥青防腐且涂层粘附牢固，并采用 T 型承插式柔性接口，胶圈密封，安装方便。表 2-3 所示为 K9 级 T 型接口离心球墨铸铁管规格，其标准有效长度为 6m。

给水铸铁管连接方法有：承插连接和法兰连接两种。承插连接可采用石棉水泥接口、胶圈接口、铅接口和膨胀水泥接口。在经常拆卸的部位应采用法兰接连，但法兰连接只用于明敷管道。离心球墨铸铁管采用的承插连接方式为胶圈接口。

表 2-3　T 型接口离心球墨铸铁管

| 公称直径 DN/mm | 外径/mm | 壁厚/mm | 每米重量/(kg/m) | 总重量近似值/kg |
| --- | --- | --- | --- | --- |
| 100 | 118 | 6 | 14.9 | 94 |
| 150 | 170 | 6 | 21.9 | 138 |
| 200 | 222 | 3 | 30.1 | 191 |

### 6．陶土管

陶土管又称缸瓦管，有涂釉和不涂釉两种。陶土管表面光滑、耐酸碱腐蚀，是良好的排水管材，但切割困难、强度低，运输安装过程耗损大，室内埋设覆土深度要求在 0.6m 以上，在荷载和振动不大的地方，可作为室外的排水管材。

### 7．石棉水泥管

石棉水泥管重量轻、不易腐蚀、表面光滑、容易割锯钻孔，但性脆强度低、抗冲击力差、容易破损，多作为屋面通气管、外排水雨水水落管之用。

## 2.3.2　建筑给水管材的选用

选用给水管材时，首先应了解各类管材的特性指标，如耐温耐压能力、线性膨胀系数、抗冲击能力、热传导系数及保温性能、管径范围和卫生性能等，然后根据建筑装饰标准、输送水的温度及水质要求、使用场合、敷设方式等进行技术经济比较后确定，需要遵循的原则是安全可靠、卫生环保、经济合理、水力条件好、便于施工维护。

安全可靠性是指管材本身的承压能力，包括管件连接的可靠性。要有足够的刚度和机械强度，做到在工作压力范围内不渗漏、不破裂；卫生环保要求管材的原材料、改性剂、助剂和添加剂等保证饮用水水质不受污染；管材内外表面光滑，水力条件好；容易加工，且有一定的耐腐蚀能力。在保证管材质量的前提下，尽可能选择价格低廉、货源充足、供货方便的管材。

埋地给水管道采用的管材应具有耐腐蚀和能承受相应地面荷载的能力，可采用塑料给水管、有衬里的铸铁给水管、经可靠防腐处理的钢管。室内的给水管道应选用耐腐蚀和安装连接方便、可靠的管材，可采用塑料给水管、塑料和金属复合管、铜管、不锈钢管及经可靠防腐处理的钢管。

无缝钢管、铜管、不锈钢管及其管件的规格通常用符号"D"表示外径，外径数字写于其后，再乘以壁厚。例如：D133×4 或 $\phi$133×4，即表示该管外径为 133mm、壁厚为 4mm。

镀锌钢管、铸铁管及其管件的规格通常用符号"DN"表示公称直径。公称直径是一种标准化直径，又叫名义直径，它既不是内径，也不是外径。例如 DN15、DN25 等。

钢筋混凝土管、陶土管、耐酸陶瓷管和缸瓦管的管径以内径 d 表示。

各种新型管材及其管件的规格通常用符号"De"表示公称外径。外径数字写于其后，再乘以壁厚。例如 PB 管的外径是 16mm，壁厚是 3mm，表示为 De16×3。

## 2.3.3 管道附件

管道附件是给水管网系统中起调节水量、水压，控制水流方向和通断水流等各类装置的总称。管道附件分为配水附件、控制附件和其他附件三类。

1) 配水附件

配水附件是指为各类卫生洁具或受水器分配或调节水流的各式水龙头(或阀件)，是使用最为频繁的管道附件，产品应符合节水、耐用、通断灵活和美观等要求。

(1) 旋启式水龙头：曾普遍用于洗涤盆、污水盆、盥洗槽等卫生器具的配水附件，由于密封橡胶垫磨损容易造成滴、漏现象，我国已明令限期禁用普通旋启式水龙头，以陶瓷心片水龙头代之。

(2) 陶瓷心片水龙头：采用精密的陶瓷片作为密封材料，由动片和定片组成，通过手柄的水平旋转或上下提压造成动片与定片的相对位移启闭水源，使用方便，但水流阻力较大。

(3) 旋塞式水龙头：手柄旋转 90° 即完全开启，可在短时间内获得较大流量，由于启闭迅速容易产生水击，一般设在开水间、浴池、洗衣房等压力不大的给水设备上。

(4) 混合水龙头：安装在洗面盆、浴盆等卫生器具上。通过控制冷、热水流量调节水温，作用相当于两个水龙头。使用时将手柄上下移动控制流量，左右偏转调节水温。

(5) 延时自闭水龙头：主要用于酒店及商场等公共场所的洗手间，使用时将按钮下压，每次开启持续一定时间后，靠水压力及弹簧的增压而自动关闭水流。

(6) 自动控制水龙头：根据光电效应、电容效应、电磁感应等原理自动控制水龙头的启闭，常用于建筑装饰标准较高的盥洗、淋浴、饮水等的水流控制。

2) 控制附件

控制附件是用于调节水量、水压、关断水流、控制水流方向和水位的各式阀门。控制附件应符合性能稳定、操作方便、便于自动控制、精度高等要求。常见的控制附件如图 2-18 所示。

(1) 闸阀：指关闭件(闸板)由阀杆带动，沿阀座密封面做升降运动的阀门，一般用于口径 DN≥70mm 的管路。闸阀具有流体阻力小、开闭所需外力较小、介质的流向不受限制等优点，但其外形尺寸和开启高度都较大，安装所需空间较大，水中有杂质落入阀座后阀不能关闭严密，关闭过程中密封面间的相对摩擦容易引起擦伤现象。当水流阻力要求较小时，可以采用闸阀。

(a) 明杆闸阀　　(b) 暗杆闸阀　　(c) 截止阀　　(d) 蝶阀　　(e) 球阀　　(f) 提升式旋塞阀

(g) 单杆节流阀　　(h) 紧急关闭阀　　(i) 安全阀　　(j) 浮球阀　　(k) 多功能阀　　(l) 泄压阀

(m) 旋启式止回阀　　(n) 升降式止回阀　　(o) 消声止回阀　　(p) 缓闭止回阀　　(q) 活塞式减压阀　　(r) 膜片式减压阀

**图 2-18　常见控制附件**

(2) 截止阀：指关闭件(阀瓣)由阀杆带动，沿阀座(密封面)轴线做升降运动的阀门。截止阀具有开启高度小、关闭严密、在开闭过程中密封面的摩擦力比闸阀小、耐磨等优点，但截止阀的水头损失较大，由于开闭力矩较大，结构长度较长，一般用于 DN≤200mm 的管道中。需调节流量、水压时，宜采用截止阀。

(3) 蝶阀：指启闭件(蝶板)绕固定轴旋转的阀门。蝶阀具有操作力矩小、开闭时间短、安装空间小、质量轻等优点；其主要缺点是蝶板占据一定的过水断面，增大水头损失，且易挂积杂物和纤维。

(4) 球阀：指启闭件(球体)绕垂直于通路的轴线旋转的阀门。在管路中用来切断、分配和改变介质的流动方向，适用于安装空间小的场所。球阀具有流体阻力小、结构简单、体积小、质量轻、开闭迅速等优点，但容易产生水击。

(5) 止回阀：指启闭件(阀瓣或阀心)借介质作用力自动阻止介质逆流的阀门，一般安装在引入管、密闭的水加热器或用水设备的进水管、水泵出水管、进出水管合用一条管道的水箱(塔、池)的出水管段上。根据启闭件动作方式的不同，止回阀可进一步分为旋启式止回阀、升降式止回阀、消声止回阀和缓闭止回阀等。

止回阀的开启压力与止回阀关闭状态时的密封性能有关，关闭状态密封性好的，开启压力就大，反之就小。开启压力一般大于开启后水流正常流动时的局部水头损失。

速闭消声止回阀和阻尼缓闭止回阀都有削弱停泵水锤的作用，但两者削弱停泵水锤的机理不同，一般速闭消声止回阀用于小口径水泵，阻尼缓闭止回阀用于大口径水泵。

止回阀的阀瓣或阀心在水流停止流动时应能在重力或弹簧力的作用下自行关闭，也就是说，重力或弹簧力的作用方向与阀瓣或阀心的关闭运动方向保持一致时才能使阀瓣或阀心关闭。一般来说，卧式升降式止回阀和阻尼缓闭止回阀只能安装在水平管上，立式升降式止回阀不能安装在水平管上，其他的止回阀均可安装在水平管或水流方向自下而上的立管上。水流方向自上而下的立管不应安装止回阀，因为其阀瓣不能自行关闭，起不到止回的作用。

(6) 减压阀：给水管网的压力高于配水点允许的最高使用压力时，应设置减压阀。给水系统中常用的减压阀有比例式减压阀和可调式减压阀两种。比例式减压阀用于阀后压力允许波动的场合，垂直安装，减压比不宜大于 3：1；可调式减压阀用于阀后压力要求稳定的场合，水平安装，阀前与阀后的最大压差不应大于 0.4MPa。

供水保证率要求高，停水会引起重大经济损失的给水管道上设置减压阀时，宜采用两个减压阀并联设置，一个使用一个备用，但不得设置旁通管。减压阀后配件处的最大压力应按减压阀失效的情况进行校核，其压力不应大于配水件的产品标准规定的试验压力；减压阀前宜设置管道过滤器。

(7) 安全阀：安全阀可以防止系统内压力超过预定的安全值，它利用介质本身的力量排出额定数量的流体，不需借助任何外力，当压力恢复正常后，阀门再行关闭并阻止介质继续流出。安全阀的泄流量很小，主要用于释放压力容器因超温而引起的超压。

(8) 泄压阀：泄压阀与水泵配套使用，主要安装在供水系统中的泄水旁路上，可保证供水系统的水压不超过主阀上导阀的设定值，确保供水管路、阀门及其他设备的安全。当给水管网存在短时超压工况，且短时超压会引起使用不安全时，应设置泄压阀。泄压阀的泄流量大，应连接管道排入非生活用水水池；当直接排放时，应有消能措施。

(9) 浮球阀：广泛用于水箱、水池、水塔的进水管路中，通过浮球的调节作用来维持水位。当充水到既定水位时，浮球随水位浮起，关闭进水口，防止流溢；当水位下降时，浮球下落，进水口开启。为保障进水的可靠性，一般采用两个浮球阀并联安装，浮球阀前应安装检修用的阀门。

(10) 多功能阀：兼有电动阀、止回阀和水锤消除器的功能，一般安装在口径较大的水泵的出水管路的水平管段上。

另外，还有紧急关闭阀，用于生活小区中消防用水与生活用水并联的供水系统中。当消防用水时，阀门自动紧急关闭，切断生活用水，保证消防用水；当消防结束时，阀门自动打开，恢复生活供水。

3) 其他附件

在给水系统中经常需要安装一些保障系统正常运行、延长设备使用寿命和改善系统工作性能的附件，如管道过滤器、倒流防止器、水锤消除器、排气阀、排泥阀、可曲挠橡胶接头、伸缩器等，如图 2-19 所示。

(1) 管道过滤器：用于除去液体中少量固体颗粒，安装在水泵吸水管、水加热器进水管、换热装置的循环冷却水进水管上，以及进水总表、住宅进户水表、减压阀、自动水位控制阀、温度调节阀等阀件前，可以使设备免受杂质的冲刷、磨损、淤积和堵塞，保证设备正常运行。

(2) 倒流防止器：由进口止回阀、自动漏水阀和出口止回阀组成，阀前水压不小于0.12MPa 才会保证水能正常流动。当管道出现倒流防止器出口端压力高于进口端压力时，只要止回阀无渗漏，泄水阀就不会打开泄水，管道中的水也不会出现倒流。当两个止回阀中有一个渗漏时，自动泄水阀就会泄水，以防止倒流现象的产生。

(3) 水锤消除器：在高层建筑物内用于消除因阀门或水泵快速开、闭所引起的管路中压力骤然升高的水锤危害，减少水锤压力对管路及设备的破坏，可安装在水平、垂直甚至倾斜的管路中。

(4) 排气阀：用来排除积聚在管中的空气，以提高管线的使用效率。自动排气阀一般设置在间歇性使用的给水管网末端和最高点、自动补气式气压给水系统配水管网的最高点、给水管网有明显起伏可能积聚空气的管段的峰点。

(5) 排泥阀：排泥阀又名盖阀。排泥阀是一种由液压源作执行机构的角式截止阀类阀门，通常成排地安装在沉淀池底部外侧壁，用以排除池底沉淀的泥砂和污物，常用于城市水厂、污水处理厂。排泥阀为角型结构，内部的尼龙强化橡胶隔膜，可供长期使用。

(6) 可曲挠橡胶接头：由织物增强的橡胶件与活接头或金属法兰组成。可曲挠橡胶接头的作用是隔振和降噪吸声，以及便于附件安装和拆卸。住宅每户给水支管宜装设一个家用可曲挠橡胶接头，克服因静压过高、水流速度过大而引起的管道接近共振的颤动和噪声。在减压阀前或后宜装设可曲挠橡胶接头，以利于减压阀安装和拆卸。

(7) 伸缩器：可在一定的范围内轴向伸缩，克服因管道对接不同轴而产生的偏移。

(a) 管道过滤器　　(b) 倒流防止器　　(c) 水锤消除器　　(d) 排气阀

(e) 排泥阀　　(f) 可曲挠橡胶接头　　(g) 伸缩器

图 2-19　给水系统常用的其他附件

## 2.3.4　水表

### 1．水表的类型

水表是一种计量用户用水量的仪表。建筑给水系统中广泛应用的是流速式水表。其计量用水量的原理是当管径一定时，通过水表的流量与水流速度成正比。水表计量的数值为累计值。

流速式水表按叶轮构造不同，分为旋翼式和螺翼式两类，如图 2-20 所示。其中，旋翼式水表的叶轮轴与水流方向垂直，水流阻力大，计量范围小，多为小口径水表，宜用于测量较小水流量。螺翼式水表的叶轮轴与水流方向平行，水流阻力小，多为大口径水表，宜用于测量较大水流量。

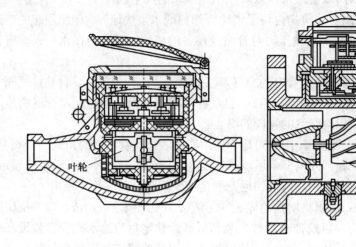

(a)旋翼式水表　　　　　　　　　　　(b)螺翼式水表

图 2-20　流速式水表构造

　　按计数机件所处状态的不同，流速式水表又分为湿式和干式两种。湿式水表的计数和表盘均浸没于水中，在计数盘上装有一块厚玻璃(或钢化玻璃)用以承受水压，具有结构简单、计量较准确、不易漏水等优点，应用较广泛。但如果水质浊度高，将降低水表精度，产生磨损而缩短水表寿命，因此湿式水表宜用在水中不含杂质的管道上。干式水表的计数机件用金属圆盘将水隔开，当水质浊度高时，会降低水表精度，产生磨损，降低水表使用寿命。

　　按水流方向不同，水表可分为立式和水平式两种；按适用介质温度不同，水表可分为冷水表和热水表两种。

　　随着现代技术的发展，远传式水表、IC 卡智能水表已经得到广泛应用。常用水表的类型如图 2-21 所示。水表的规格、性能如表 2-4 和表 2-5 所示。

(a) 旋翼式水表　　　(b) 螺翼式水表　　　(c) 远传式水表　　　(d)IC卡智能水表

图 2-21　常用水表类型

表 2-4　旋翼湿式水表技术数据

| 直径 /mm | 特性流量 /(m³/h) | 最大流量 /(m³/h) | 额定流量 /(m³/h) | 最小流量 /(m³/h) | 灵敏度≤ /(m³/h) | 最大示值 /m³ |
|---|---|---|---|---|---|---|
| 15 | 3 | 1.5 | 1.0 | 0.045 | 0.017 | 10³ |
| 20 | 5 | 2.5 | 1.6 | 0.075 | 0.025 | 10³ |

| 直径 /mm | 特性流量 /(m³/h) | 最大流量 /(m³/h) | 额定流量 /(m³/h) | 最小流量 /(m³/h) | 灵敏度≤ /(m³/h) | 最大示值 /m³ |
|---|---|---|---|---|---|---|
| 25 | 7 | 3.5 | 2.2 | 0.090 | 0.030 | $10^3$ |
| 32 | 10 | 5 | 3.2 | 0.120 | 0.040 | $10^3$ |
| 40 | 20 | 10 | 6.3 | 0.220 | 0.070 | $10^5$ |
| 50 | 30 | 15 | 10.0 | 0.400 | 0.090 | $10^5$ |
| 80 | 70 | 35 | 22.0 | 1.100 | 0.300 | $10^6$ |
| 100 | 100 | 50 | 32.0 | 1.400 | 0.400 | $10^6$ |
| 150 | 200 | 100 | 63.0 | 2.400 | 0.550 | $10^6$ |

表 2-5　水平螺翼式水表技术数据

| 直径 /mm | 流通能力 /(m³/h) | 最大流量 /(m³/h) | 额定流量 /(m³/h) | 最小流量 /(m³/h) | 最小示值 /m³ | 最大示值 /m³ |
|---|---|---|---|---|---|---|
| 80 | 65 | 100 | 60 | 3 | 0.1 | $10^5$ |
| 100 | 110 | 150 | 100 | 4.5 | 0.1 | $10^5$ |
| 150 | 270 | 300 | 200 | 7 | 0.1 | $10^5$ |
| 200 | 500 | 600 | 400 | 12 | 0.1 | $10^7$ |
| 250 | 800 | 950 | 450 | 20 | 0.1 | $10^7$ |
| 300 | | 1500 | 750 | 35 | 0.1 | $10^7$ |
| 400 | | 2800 | 1400 | 60 | | $10^7$ |

## 2. 水表的性能参数

(1) 流通能力：是指水流通过水表产生 10kPa 水头损失时的流量值。

(2) 特性流量：是指水流通过水表产生 100kPa 水头损失时的流量值，此值为水表的特性指标。根据水力学原理有如下关系：

$$H_B = \frac{Q_B^2}{K_B} \tag{2-1}$$

$$K_B = \frac{Q_t^2}{100} \tag{2-2}$$

式中：$H_B$——水流通过水表的水头损失，kPa；

$Q_B$——通过水表的流量，m³/h；

$K_B$——水表特性系数；

$Q_t$——水表特性流量，m³/h；

100——水表通过特性流量时的水头损失值，kPa。

对于螺翼式水表，根据式(2-2)及流通能力的定义，则有：

$$K_{\mathrm{B}} = \frac{Q_{\mathrm{L}}^2}{10} \tag{2-3}$$

式中：$Q_{\mathrm{L}}$——水表的流通能力，$m^3/h$；

$\quad\quad$ 10——水表通过流通能力时的水头损失值，kPa。

(3) 最大流量：只允许水表在短时间内承受的上限流量值。

(4) 额定流量：水表可以长时间正常运转的上限流量值。

(5) 最小流量：水表能够开始准确指示的流量值，是水表正常运转的下限值。

(6) 灵敏度：水表能够开始连续指示的流量。

### 3．流速式水表的选用

1) 水表类型的确定

选择水表类型时应当考虑的因素有：水温、工作压力、水量大小及其变化幅度、计量范围、管径、工作时间、单向或正逆向流动、水质等。一般管径≤50mm 时，应采用旋翼式水表；管径>50mm 时，应采用螺翼式水表；当流量变化幅度很大时，应采用复式水表(复式水表是旋翼式和螺翼式的组合形式)；计量热水时，宜采用热水水表。一般应优先采用湿式水表。

2) 水表口径的确定

一般以通过水表的设计流量 $Q_{\mathrm{g}}$≤水表的额定流量 $Q_{\mathrm{e}}$(或者以设计流量通过水表所产生的水头损失接近或不超过允许水头损失值)来确定水表的公称直径。

当用水量均匀时(如工业企业生活间、公共浴室、洗衣房等)，应按该系统的设计流量不超过水表的额定流量来确定水表口径；当用水不均匀(如住宅、集体宿舍、旅馆等)且高峰流量每昼夜不超过 3h 时，应按该系统的设计流量不超过水表的最大流量来确定水表口径，同时水表的水头损失不应超过允许值；当设计对象为生活(生产)、消防共用的给水系统时，选定水表时不包括消防流量，但应加上消防流量复核，使其总流量不超过水表的最大流量限值(水头损失必须不超过允许水头损失值)。按最大小时流量选用水表时的允许水头损失值如表 2-6 所示。

表 2-6　按最大小时流量选用水表时的允许水头损失值　　　　单位：kPa

| 表 型 | 正常用水时 | 消 防 时 |
|---|---|---|
| 旋翼式 | <25 | <50 |
| 螺翼式 | <13 | <30 |

水表选定后，可参照式(2-1)计算水表的水头损失。

【例 2-1】一住宅建筑的给水系统的总进水管及各分户支管均安装水表。经计算总水表通过的设计流量为 $50m^3/h$，分户支管通过水表的设计流量为 $3.2\ m^3/h$。试确定水表口径并计算水头损失。

【解】　总进水管上的设计流量为 $50m^3/h$。从表 2-5 中查得：DN80 的水平螺翼式水表，其额定流量为 $60\ m^3/h$，流通能力为 $65\ m^3/h$，按式(2-1)和式(2-3)计算水表水头损失为

$$H_{\mathrm{B}} = \frac{Q_{\mathrm{g}}^2}{\dfrac{Q_{\mathrm{L}}^2}{10}} = \frac{50^2 \times 10}{65^2} = 5.92\mathrm{kPa} < 13\mathrm{kPa}$$

由计算结果可知满足要求(此处暂未计入消防流量),故总水表口径定为 DN80。

各分户支管流量为 3.2m³/h,又因住宅用水不均匀性,按 $Q_{\mathrm{g}} < Q_{\mathrm{max}}$ 选定水表。从表 2-4 中查得,DN25 的旋翼湿式水表其最大流量为 3.5m³/h,特性流量 $Q_{\mathrm{t}}$ 为 7.0m³/h。据式(2-1) 和式(2-2)计算水表的水头损失为

$$H_{\mathrm{B}} = \frac{Q_{\mathrm{g}}^2}{\dfrac{Q_{\mathrm{t}}^2}{100}} = \frac{3.2^2 \times 100}{7.0^2} = 20.90\mathrm{kPa} < 25\mathrm{kPa}$$

由计算结果可知满足要求,故分户水表的口径确定为 DN25。

### 4．电控自动流量计(TM 卡智能水表)

随着科学技术的发展以及改变用水管理体制与提高节约用水意识,传统的"先用水后收费"用水体制和人工进户抄表、结算水费的繁杂方式,已不适应现代管理方式与生活方式,用新型的科学技术手段改变自来水供水管理体制的落后状况已经提上议事日程。因此,电磁流量计、远程计量仪、IC 卡水表等自动水表应运而生,TM 卡智能水表就是其中之一。

TM 卡智能水表内部置有微电脑测控系统,通过传感器检测水量,用 TM 卡传递水量数据,主要用来计量(定量)经自来水管道供给用户的饮用冷水,适于家庭使用。其主要技术参数如表 2-7 所示。

表 2-7 TM 卡智能水表性能技术参数

| 公称直径 /mm | 计量等级 | 过载流量 /(m³/h) | 常用流量 /(m³/h) | 分界流量 /(m³/h) | 最小流量 /(m³/h) | 水温/℃ | 最高水压 /MPa |
|---|---|---|---|---|---|---|---|
| 15 | A | 3 | 1.5 | 0.15 | 0.06 | ≤60 | 1.0 |

注：1. 示值误差限：以分界流量到过载流量为±2%；从最小流量到分界流量(不包括分界流量)为±5%。

2. 常用流量：在规定误差限内允许长期使用的流量。

TM 卡智能水表的外形尺寸如图 2-22 所示。

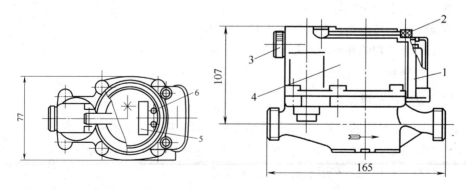

图 2-22 TM 卡智能水表外形尺寸

1—电池盒；2—防盗用螺钉；3—TM 卡密封盖；4—表体；5—计数显示；6—状态指示灯

TM 卡智能水表的安装位置要避免曝晒、冰冻、污染、水淹、砂石等杂物进入管道，水表要水平安装，字面朝上，水流方向应与表壳上的箭头一致。使用时，表内需装入 5 号锂电池 1 节(正常情况下可用 3～5 年)，用户持 TM 卡(有三重密码)先到供水管理部门购买一定的水量，将 TM 卡插入水表的读写口(将数据输入水表)即可用水。用户用去一部分水后，水表内存储器的用水余额自动减少，新输入的水量能与剩余水量自动相加。表面上有累计计数显示，供水部门和用户可核查用水总量。插卡后可显示剩余水量，当用水余额只有 $1m^3$ 时，TM 卡智能水表有提醒用户再次购水的功能。

TM 卡智能水表的特点和优越性是：将传统的先用水、后结算交费的用水方式改变为先预付水费、后限额用水的方式，使供水部分可提前收回资金，减少拖欠水费的损失；将传统的人工进户抄表、人工结算水费的方式改变为无需上门抄表、自动计费、主动交费的方式，减轻了供水部门工作人员的劳动强度；用户无需接待抄表人员，减少计量纠纷，还能提示人们节约用水，保护和利用好水资源；供水部分可实现计算机全面管理，提高了自动化程度，提高了工作效率。

# 2.4 建筑内部给水管道的布置与敷设

布置与敷设建筑内部的给水管道时，必须深入了解该建筑物的建筑和结构的设计情况、使用功能、其他建筑设备(电气、采暖、空调、通风、燃气、通信等)的设计方案，兼顾消防给水、热水供应、建筑中水、建筑排水等系统，进行综合考虑。

## 2.4.1 给水管道的布置

### 1. 给水管道布置的基本要求

建筑物内部给水管网的布置，应根据建筑物的性质、使用要求以及用水设备的位置等因素来确定，一般应符合以下基本要求。

(1) 保证最佳水力条件。

(2) 保证水质不被污染、安全供水和方便使用。

(3) 不影响建筑物的使用功能和美观。

(4) 利于检修和维护管理。

### 2. 给水管道的布置原则

为满足以上基本要求，室内给水管道的布置应尽量满足以下原则。

(1) 力求管线短而直，以求经济节约。短以节约管材，直以减小能量损失。

(2) 平面布置时尽量将有用水器具的房间相连靠拢。

(3) 室内管道应尽可能呈直线走向，与墙、梁、柱平行或垂直布置，美观且施工检修方便；对美观要求较高的建筑物，给水管道可在管槽、管井、管沟及吊顶内暗设。

(4) 主要管道应尽量靠近用水量最大的，或不容许间断供水的用水器具，以保证供水安全可靠，并尽量减少管道中的转输流量，尽量缩短大口径管道的长度。

(5) 工厂车间的给水管道架空布置时，应不妨碍生产操作及车间内的交通运输，不允许将管道布置在遇水可能引起爆炸、燃烧或损坏的原料、产品或设备上面；也应尽量不在设备上方通过，以避免管道因漏水引起破坏或危险；在管道直接埋设在地下时，应避免重压或震动；不允许管道穿越设备基础，特殊情况下，必须穿越设备基础时，应与有关专业协商处理。

(6) 为防止管道腐蚀，给水管道不得布置在风道、烟道、排水沟内，不允许穿大小便槽；当立管位于小便槽端部≤0.5m 时，在小便槽端部应有建筑隔断措施。

(7) 给水管道不得穿过变、配电室、电梯机房。

(8) 给水管道不宜穿过建筑物的伸缩缝或沉降缝，如必须穿过，应采取保护措施，如软接头法(使用橡胶管或波纹管)、丝扣弯头法、活动支架法等。

(9) 生活给水引入管与污水排出管管道外壁的水平净距不宜小于 1.0m。室内给水管与排水管之间的最小净距，平行埋设时，应为 0.5m；交叉埋设时，应为 0.15m，且给水管应在排水管的上面。埋地给水管道应避免布置在可能被重物压坏处，室外给水管道的覆土深度，应根据土壤冰冻深度、车辆荷载、管道材质及管道交叉等因素确定。管顶最小覆土深度不得小于土壤冰冻线以下 0.15m，行车道下的管线覆土深度不宜小于 0.7m；塑料给水管应远离热源，立管距灶边不得小于 0.4m，与供暖管道的净距不得小于 0.2m，且不得因热辐射使管外壁温度大于 40℃；塑料管与其他管道交叉敷设时，应采取保护措施或用金属套管保护，建筑物内塑料立管穿越楼板和屋面处应为固定支承点；塑料给水管直线长度大于 20m 时，应采取补偿管道胀缩的措施。

(10) 便于管道的安装与维修布置管道时，其周围要留有一定的空间，在管道井中布置管道时要排列有序，以满足安装维修的要求。需进入检修的管道井，其通道不宜小于0.6m。管道井每层都应设检修设施，每两层应有横向隔断。检修门宜开向走廊。给水管道与其他管道和建筑结构的最小净距应满足安装操作需要，且不宜小于 0.3m。

(11) 给水引入管应有不小于 0.3%的坡度坡向室外给水管网或坡向阀门井、水表井，以便检修时排放存水。泄水阀门井一般做法如图 2-23 所示。

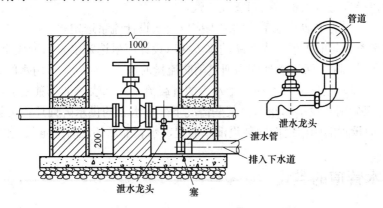

图 2-23　泄水阀门井

### 3. 引入管布置

给水引入管的布置，从配水平衡和供水可靠的角度考虑，宜从建筑物用水量最大处和不允许间断供水处引入。当建筑物内的卫生器具布置得比较均匀时，引水管一般在建筑物的中间引入，以尽量缩短管网向最不利点的输水长度，减少管网的水头损失；引入管一般设置一条；当建筑物不允许间断供水时，必须设置两条引入管，并且应从市政环状供水管网的不同侧的不同管段上引入，在室内连成环状或贯通枝状双向供水，如图 2-24(a)所示。如条件不允许，必须从同侧引入时，必须采取下列保证安全供水措施之一。

(1) 设贮水池或贮水箱。

(2) 有条件时，利用循环给水系统。

(3) 由环网的同侧引入，但两根引入管的间距不得小于 10m，并在接点间的室外给水管道上设置闸门，如图 2-24(b)所示。

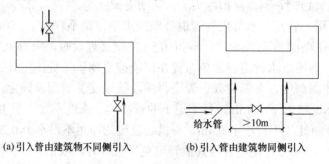

(a) 引入管由建筑物不同侧引入　　　　(b) 引入管由建筑物同侧引入

**图 2-24　引入管的引入方式**

### 4. 水表设置

建筑物的引入管、住宅的入户管以及公用建筑物内需计量水量的水管上均应设置水表。水表应装设在观察方便、不冻结、不被任何液体及杂质所淹没和不易受损坏的地方。住宅的分户水表宜相对集中读数，且宜设置于户外；对设置在户内的水表，宜采用远传水表或IC 卡水表等智能化水表。

水表口径的确定应符合以下规定。

(1) 水表口径宜与给水管道接口管径一致。

(2) 用水量均匀的生活给水系统的水表应以给水设计流量选定水表的常用流量。

(3) 用水量不均匀的生活给水系统的水表应以设计流量选定水表的过载流量。

(4) 在消防时，除生活用水外尚需通过消防流量的水表，应以生活用水的设计流量叠加消防流量进行校核，校核流量不应大于水表的过载流量。水表不能单独安装，水表前、后以及旁通管上应分别装设检修阀门。某些情况下，在水表的供水方向还应装设止回阀，在水表和水表后面设置的阀门之间应装设泄水装置，水表前后还应有一定长度的直管段。

## 2.4.2　给水管道的敷设

### 1. 给水管道的敷设方式

建筑内部给水管道的敷设根据美观、卫生方面的要求不同，可分为明装、暗装。

1) 明装

明装管道是指管道沿墙、梁、柱或沿天花板下等处暴露安装。明装管道造价低，安装、维修管理方便。其缺点是：管道表面容易积灰、结露等，影响环境卫生，影响房间美观。一般民用建筑和生产车间，或建筑标准不高的公共建筑等，如普通民用住宅、办公楼、教学楼等可采用明装。

2) 暗装

暗装管道是指管道隐蔽敷设，管道敷设在管沟、管槽、管井、专用的设备层内或敷设在地下室的顶板下、房间的吊顶中。管道采用暗装方式，卫生条件好、房间美观，但是造价高，施工要求高，一旦发生问题，维修管理不便。暗装适用于建筑标准比较高的宾馆、高层建筑，或由于生产工艺对室内洁净无尘要求比较高的情况，如电子元件车间，特殊药品、食品生产车间等。无论管道是明装还是暗装，应避免管道穿越梁、柱，更不能在梁或柱上凿孔。

给水水平干管宜敷设在地下室的技术层、吊顶或管沟内；立管和支管可设在管道井或管槽内。管道井的尺寸应根据管道的数量、管径大小、排列方式、维修条件，结合建筑的结构等合理确定。当需进入检修时，其通道宽度不宜小于 0.6m。管道井应每层设检修门，暗装在顶棚或管槽内的管道在阀门处应留有检修门。为了便于管道的安装和检修，管沟内的管道应尽量做单层布置。当采取双层或多层布置时，一般将管径较小、阀门较多的管道放在上层。管沟应有与管道相同的坡度和防水、排水设施。图 2-25 所示为管道检修井。

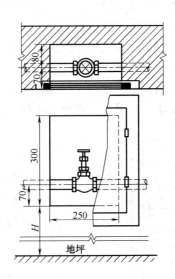

图 2-25　管道检修井

## 2. 给水管道的敷设要求

给水横管道在敷设时应设 0.002～0.005 的坡度坡向泄水装置。横管设坡度，一是便于维修时管道泄水，或管道安装完毕、清洗消毒时，便于排空残留的污水；二是便于管道排气，有利于水流通畅和消除水气噪声。

给水管道与排水管道或其他管道同沟敷设、共架敷设时，给水管宜敷设在排水管、冷冻管的上面或敷设在热水管、蒸汽管的下面。

给水管道与其他管道平行或交叉敷设时，管道外壁之间的距离应符合规范的有关要求。

给水管道埋地敷设时，覆土深度不小于 0.3m。

给水管道穿越建筑物楼板、墙或其他构筑物的墙壁时，应设防水套管。管道通过承重墙或基础时应预留洞口，且管顶上部的净空不得小于建筑物的沉降量，一般不小于 0.1m。

给水管道如采用塑料管道，在室内宜暗设，塑料管道耐腐蚀，但强度较差，明设时立管应设置在不易受撞击处，如不能避免，应在塑料管道外加保护措施。

敷设时应考虑给水管道的牢靠性，避免在使用过程中受到损坏。一般悬挂或贴近墙、柱、楼板下的横管和立管都必须用管卡、托架、吊环等固定或支撑，以防止管道受力移位、变形，引起漏水。

高层建筑中，管径超过 50mm 的立管，向水平方向转弯时，应在向上弯转的弯头下面设置支架或支墩。

高层建筑中，立管高度超过 30m 时，应设置补偿管道伸缩的补偿器。

### 3. 引入管的敷设

引入管的敷设要注意穿越基础的处理，室内、室外的埋深不同。室外部分的埋深，主要考虑防冻和防止地面荷载的破坏(如载重车等)，一般在冰冻线以下 200mm，其管顶覆土厚度不小于 0.7～1.0m；室内部分不应埋设太深，一般在管沟里，地面下不小于 0.3m，如直接埋地敷设，室内管道覆土深度一般为 0.30～0.40m，室外管道比室内管道埋深大得多，所以室外管道进入室内以后要抬高，然后埋地走管。

引入管进入室内，必须注意保护引入管不致因建筑物的沉降而受到破坏，一般有如图 2-26 所示的两种情况。引入管从建筑物的外墙基础下面通过时，管道应有混凝土基础固定管道；引入管穿过建筑物的外墙基础或穿过地下室的外墙墙壁进入室内时，引入管穿过外墙基础或穿过地下室墙壁的部分，应配合土建预留孔洞，管顶上部净空不得小于建筑

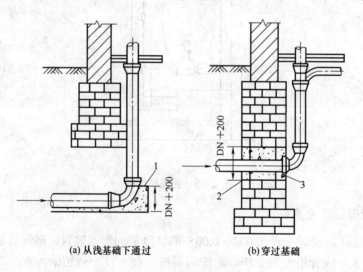

(a) 从浅基础下通过　　　　　　　　(b) 穿过基础

图 2-26　引入管进入建筑物

1—C5.5 混凝土支座；2—黏土；3—M5 水泥砂浆封口

物的沉降量，一般不小于 100mm，孔洞直径一般应大于引入管直径 200mm，当给水引入管管径小于或等于 100mm 时，预留孔洞尺寸为 300mm×200mm(长×宽)。而且管道应有套管，有严格防水要求的，应采用柔性防水套管连接。管道穿过孔洞安装好以后，用水泥砂浆堵塞，以保证墙壁的结构强度。

给水引入管应有不小于 0.003 的坡度坡向室外给水管网或坡向阀门井、水表井，以便检修时排放存水。水表节点一般是在室外水表井内，以保证水表不被冻坏，而且便于检修，便于查表。水表井的设计在设计手册中有标准图，应按照有关标准进行设计。

## 2.4.3　给水管道的防护

要使给水管道系统能在较长年限内正常工作，除了在日常加强维护管理外，在设计和施工过程中也需要采取防腐、防冻、防露和防漏等措施。

### 1．防腐

无论是明装管道还是暗装管道，除镀锌钢管、给水塑料管外，都必须做防腐处理。管道防腐最常用的是刷油法。具体做法是，明装管道表面除锈，露出金属光泽并使之干燥，刷防锈漆(如红丹防锈漆等)两道，然后刷面漆(如银粉)1~2 道，如果管道需要做标志时，可再刷调和漆或铅油；暗装管道除锈后，刷防锈漆两道；埋地钢管除锈后，刷冷底子油两道，再刷沥青胶(玛蹄脂)两遍。质量较高的防腐做法是做管道防腐层，层数 3~9 层不等，材料为冷底子油、沥青玛蹄脂、防水卷材等。对于埋地铸铁管，如果管材出厂时未涂油，敷设前在管外壁涂沥青两道防腐；明装部分可刷防锈漆两道和银粉两道。当通过管道内的水有腐蚀性时，应采用耐腐蚀管材或在管道内壁采取防腐措施。

### 2．防冻

管道保温防冻设置在室内温度低于零摄氏度的给水管道，例如敷设在不采暖房间的管道，以及安装在受室外冷空气影响的门厅、过道处的管道应考虑防冻问题。在管道安装完毕，经水压试验和管道外表面除锈并刷防腐漆后，应采取保温防冻措施。常用的保温方法有如下两种。

(1) 管道外包棉毡(指岩棉、超细玻璃棉、玻璃纤维和矿渣棉毡等)作保温层，再外包玻璃丝。

(2) 管道用保温瓦(由泡沫混凝土、硅藻土、水泥蛭石、泡沫塑料、岩棉、超细玻璃棉、玻璃纤维、矿渣棉和水泥膨胀珍珠岩等制成)作保温层，外包玻璃丝布保护层，表面刷调和漆，详见《给水排水标准图集》S159。

### 3．防露

在环境温度较高、空气湿度较大的房间(如厨房、洗衣房和某些生产车间等)或管道内水温低于室内温度时，管道和设备表面可能会产生凝结水，而引起管道和设备的腐蚀，影响使用和卫生，必须采取防结露措施，其做法一般与防冻的做法相同。

### 4．防漏

如果管道布置不当，或者管材质量和敷设施工质量低劣，都可能导致管道漏水，这不仅浪费水量，影响正常供水，严重时还会损坏建筑，特别是湿陷性黄土地区，埋地管漏水将会造成土壤湿陷，影响建筑基础的稳固性。防漏的办法有如下几种：一是避免将管道布置在易受外力损坏的位置，或采取必要且有效的保护措施，避免其直接承受外力；二是要健全管理制度，加强管材质量和施工质量的检查监督；三是在湿陷性黄土地区，可将埋地管道设在防水性能良好的检漏管沟内，一旦漏水，水可沿沟排至检漏井内，便于及时发现和检修(管径较小的管道，也可敷设在检漏套管内)。

### 5. 防振

当管道中水流速度过大，关闭水龙头、阀门时，易出现水击现象，会引起管道、附件的振动，不仅会损坏管道、附件，造成漏水，还会产生噪声。为防止管道的损坏和噪声的污染，在设计时应控制管道的水流速度，尽量减少使用电磁阀或速闭型阀门、龙头。住宅建筑进户支管阀门后，应装设一个家用可曲挠橡胶接头进行隔振，并可在管道支架、吊架内衬垫减振材料，以减小噪声的扩散。

### 6. 加固

室内给水管道由于受自重、温度及外力作用，会产生变形及位移而受到损坏。为此，必须将管道位置予以固定，在水平管道和垂直管道上应每隔适当距离装设支、吊架。

常用的支、吊架有钩钉、管卡、吊环及托架等。管径较小的管道上常采用管卡或钩钉，较大管径采用吊环或托架，如图 2-27 所示。

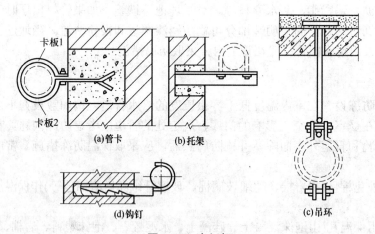

图 2-27　支托架

钢管水平安装时，活动支、吊架间距如表 2-8 所示。当楼层高度不超过 4m 时，在立管上每层设一个管卡，通常设在地面以上 1.5～1.8m 高度处。

表 2-8　水平钢管支吊架间距

| 管径/mm | | 15 | 20 | 25 | 32 | 40 | 50 | 70 | 80 | 100 | 125 | 150 |
|---|---|---|---|---|---|---|---|---|---|---|---|---|
| 支架最大间距/m | 保温 | 1.5 | 2 | 2 | 2.5 | 3 | 3 | 3.5 | 4 | 4.5 | 5 | 6 |
| | 不保温 | 2 | 2.5 | 3 | 3.5 | 4 | 4.5 | 5 | 5.5 | 6 | 6.5 | 7 |

# 2.5　水　质　防　护

一般来说，城市自来水管网中的水，其水质符合国家颁布的"生活饮用水卫生标准"中的各项指标。但是如果建筑内部自来水系统设计不当或施工安装不合理、维护不当，都有可能引起建筑内部自来水水质污染，直接危害人们的身体健康和生命安全。因此，必须加强水质防护，防止水质污染现象，确保安全供水。

## 2.5.1　水质污染现象

建筑内部给水系统发生的水质污染现象大致有以下几种。

### 1. 水体滞留变质

水在水箱、水池中停留时间过长(如贮水池(箱)容积过大，或池(箱)中水流组织不合理，形成了死角)，当水中的余氯量耗尽后，水中的有害微生物就会生长繁殖，造成水的腐败变质，污染水质。消防给水系统与生活给水系统共用水箱的，设计不当，消防用水大量贮存长期不用时，也有可能造成水体滞留变质。

### 2. 腐蚀污染水质

若管道材料、贮水箱(池)的制作材料、防腐涂料等含有害成分，选择不当时，有害成分可能会逐渐溶入水中，直接污染水质。金属管道内壁的氧化锈蚀亦直接污染水质。

### 3. 回流污染

回流污染即非饮用水或其他液体倒流入生活给水系统中。给水管道内因水压降低，可能会出现负压，如管道系统与使用过的废水、污水等相接触，就有可能在负压的作用下，将使用过的废水或污水吸入给水管道，造成回流污染。形成回流污染的原因有很多，如埋地管道或阀门等给水附件连接不够严密，平时出现渗漏，一旦系统用水量过大或断流，管道中就会出现负压，此时阀门井中的积水或地下水会通过渗漏处进入给水管道，造成回流污染。

出水口处的给水配件安装不当，也有可能引起回流污染，如图 2-28 所示。当管道系统的底部有大流量水通过，或出现事故，外网水压下降或外网断流时，位于高处的洗脸盆上的配水龙头处有可能出现负压，如配水龙头安装过低，而洗脸盆中恰好又有使用过的废水没有排放掉，当开启配水龙头时，污废水就会在负压的作用下，被吸入给水管道系统中，造成水质污染。又如，生活饮用水管道与大便器的冲洗管道直接连接，并使用普通阀门控制冲洗的，如管道系统因事故出现负压，此时开启阀门，大便器中的污水也会被抽吸，引起回流，造成给水管道系统的水质污染。

### 4. 混接污染

符合饮用水水质标准的给水管道系统与其他非饮用水管道直接连接时，或误与排水系统的管道连接，如非饮用水管道中的压力大于饮用水管道中的压力，而且连接管中的阀门密闭性较差或阀门损坏，非饮用水就会通过不能密闭的阀门渗入饮用水管道，从而污染了饮用水。例如某工厂生产用水取自自备水源，而以城市供水管网的水作为生产备用水源，两者直接连接，中间设置止回阀或闸阀。在这种情况下，当城市供水管网的压力低于生产用水管网压力时，非饮用水就有可能通过止回阀或闸阀渗入城市饮用水管道，污染水质，如图 2-29 所示。

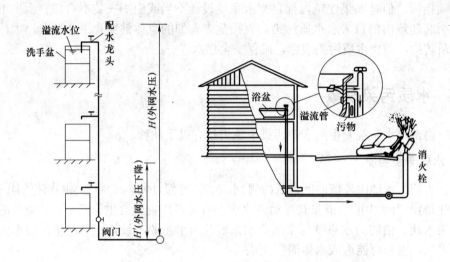

图 2-28　回流污染现象

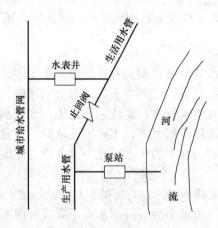

图 2-29　饮用水与非饮用水直接连接

### 5. 管道或构筑物渗漏污染水质

贮水构筑物或给水管道渗漏也常常引起水质污染现象，当水池、水箱、管道等出现渗漏，或止回阀、阀门等损坏失灵时，会引起水质污染；利用建筑物的本底结构作为水池池壁、水箱箱壁，当给水管道损坏，或贮水构筑物附近的排水管或化粪池损坏时，尤其是排水管道和化粪池距离给水管道比较近，而且位于给水管道和贮水构筑物的上方时，危害就更加严重了。一旦给水管道系统出现负压，污、废水就会通过渗漏的部位，被吸进给水管道系统中，从而造成水质污染。

### 6. 水池、水箱等贮水装置中的二次污染

当城市供水管网中的水压不能满足室内给水管网需要的水压时，一般需要在室内设置高位水箱，以调节水量、水压。室内高位水箱作为贮水、调压设备，具有供水安全可靠、压力稳定、系统简单、安装维护方便等优点，目前在许多高层建筑中被采用，应用比较广泛。但高位水箱作为二次供水设备，管理不当或设计不当，都有可能引起水质的二次污染。经水质抽样检验，高位水箱中水质问题比较严重，水样浑浊、细菌总数、大肠杆菌等指标严重超标，水中有漂浮物，水箱底部积存污物等，严重危害人们的身体健康。造成水箱二次污染的原因有很多，如水箱封闭不严，无盖或水箱盖破损，污染物进入水箱；水箱盖板未加锁，人为污染；水箱溢流管未加设防护装置，鼠类或其他小生物在配管或水箱中栖息或误入水中溺毙，污染水质；水箱长期不加以清洗，有害生物繁殖导致水变质等。

## 2.5.2　水质污染的防护措施

为确保用水安全、卫生，工程设计时对水质污染现象应给予足够的关注，采取有效措施，严格执行《建筑给水排水设计规范》(以下简称规范)中的有关规定，防止发生水质污染。

(1) 城市生活饮用水管道严禁与自备水源的供水管道直接连接。

在特殊情况下，必须以饮用水作为工业或其他用水的备用水源时，两种管道的连接处，过去常采取饮用水与非饮用水管道连接时的水质防护措施，如图2-30所示。

而新规范规定：无论自备水源水质是否符合或优于城市给水水质，城市自来水管道严禁与用户自备水源的供水管道直接连接。如果用户需要将城市给水作为自备水源的备用水或补充水时，只能将城市给水管道的水放入自备水源的贮水(或调节)池，经自备系统加压后使用，放水口与水池溢流水位之间必须具有有效的空气隔断。

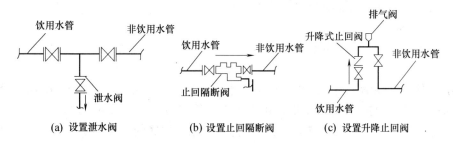

图2-30　饮用水与非饮用水管道连接时的水质防护措施

(2) 从生活饮用水给水管道上直接接出下列用水管道时，应在这些用水管道上设置管道倒流防止器或其他有效地防止倒流污染的装置。

① 单独接出消防用水管道时，在消防用水管道的起端设置；不含室外给水管道上接出的室外消火栓。

② 从城市给水管道上直接吸水的水泵，在其吸水管起端设置。

③ 当游泳池、水上游乐池、按摩池、水景观赏池、循环冷却水集水池等的充水或补水管道出口与溢流水位之间的空气间隙小于出口管径2.5倍时，在充(补)水管上设置。

④ 在由城市给水管直接向锅炉、热水机组、水加热器、气压水罐等有压容器或密闭容器注水的注水管上设置。

⑤ 垃圾处理站、动物养殖场(含动物园的饲养展览区)的冲洗管道及动物饮水管道的起端。

⑥ 绿地等自动喷灌系统中，当喷头为地下式或自动升降式时，其管道起端。

⑦ 从城市不同环网的不同管段接出引入管向居民小区供水，且小区供水管与城市给水管形成环状管网时，其引入管上(一般在总水表后)。

(3) 生活饮用水给水系统，应保证最不利配水点不产生"负压回流"现象，设计时应遵守以下规定。

① 给水管道的配水口不得被任何液体或杂质淹没。

② 给水管道的配水口应高出用水设备的溢流水位的最小空气间隙，不得小于配水出水口处给水管道管径的 2.5 倍(国际上惯用的数字)。此最小间隙又称为"空气隔断"，如图 2-31 所示。

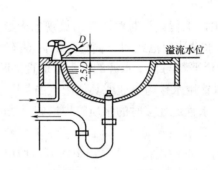

**图 2-31  洗脸盆出水口的空气隔断间隙**

③ 无条件设置空气隔断间隙的装置，如自闭式冲洗阀、接软管的洒水栓、化验龙头等，应安装真空破坏器。

④ 大便器(槽)和小便器(槽)冲洗水箱上的浮球阀出水口，高出溢流管的溢流口的距离不得小于 25mm。

(4) 居住小区生活、消防给水合用的贮水池，为保证消防用水平时不被动用，水又不会因停留时间过长而腐败变质，生活饮用水出水管的安装应遵守以下规定。

① 出水管管口宜伸入消防水位以下，并且距水池内底的距离不小于 150mm，以保证水流更新，避免存在死水区。

② 出水管在消防水位处开设进气孔，进气孔直径不小于 25mm，以防止产生虹吸现象，保证消防水量不被挪用。

(5) 严禁生活饮用水管道与大便器(槽)直接连接。

(6) 埋地式生活饮用水贮水池周围 10m 以内，不得有化粪池、污水处理构筑物、渗水井、垃圾堆放点等污染源；周围 2m 以内不得有污水管和污染物。当达不到此要求时，应采取防污染的措施。

(7) 生活用水池(箱)应与其他用水的水池(箱)分开设置。生活饮用水的水池、水箱，不得利用建筑物结构底板和墙壁作为水池或水箱的池(箱)底或池(箱)壁。

(8) 生活饮用水水池(箱)的构造和配管应符合下列规定。

① 人孔、通气管、溢流管应有防止昆虫爬入水池(箱)的措施。

② 进水管应在水池(箱)的溢流水位以上接入，当溢流水位确定有困难时，进水管口的最低点高出溢流边缘的高度等于进水管管径，但最小不应小于25mm，最大应不大于150mm。当进水管口为淹没出流时，管顶应钻孔，孔径不宜小于管径的1/5。孔上宜装设同径的吸气阀或其他能破坏管内产生真空的装置。对于不存在虹吸倒流的低位水池，其进水管不受本款限制，但进水管仍宜从最高水面以上进入水池。

③ 进出水管布置不得产生水流短路，必要时应设置导流装置。

④ 不得接纳消防管道试压水、泄压水等回流水或溢流水。

⑤ 泄空管和溢流管的出口，不得直接与排水构筑物或排水管道相连接，应采取间接排水的方式。

⑥ 水池(箱)材质、衬砌材料和内壁涂料不得影响水质。

(9) 当生活饮用水水池(箱)内的贮水在48h内不能得到更新时，应设置消毒处理装置。

(10) 在非饮用水管道上接出水嘴或取水短管时，应采取防止误饮误用的措施。

(11) 贮水池(箱)若需防腐，应采用无毒涂料；若采用玻璃钢制作时，应选用食品级玻璃钢为原料。其溢流管、排水管不能与污水管直接连接，均应有空气隔断装置。通气管和溢流管口要设铜丝或钢丝网罩，以防污物、蚊蝇等进入；贮水池(箱)要加强管理，池(箱)上加盖防护，池(箱)内定期清洗。饮用水在其中停留时间不能过长，否则应采取加氯等消毒措施。在生活(生产)、消防共用的水池(箱)中，为避免平时不能动用的消防用水长期滞留，影响水质，可采用生活(生产)用水从池(箱)底部虹吸出流，或池(箱)内设溢流墙(板)等措施，使消防用水不断更新，如图 2-32 所示。

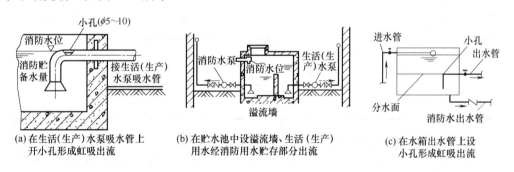

图 2-32　贮水池(箱)中消防贮水平时不被动用时水质防护措施

# 2.6　建筑内部给水系统的计算

建筑内部给水系统包括生活、生产和消防用水三部分。生产用水量有一定的规律，比较均匀，一般按消耗在单位产品上的水量或单位时间内消耗在生产设备上的水量进行计算。生活用水量受当地气候、生活习惯、建筑物使用性质、卫生器具和用水设备的完善程度、生活水平以及水价等很多因素的影响，故用水量不均匀。建筑内部用水量根据建设部颁布的用水定额进行计算。消防用水量的计算见本书第 3 章。

## 2.6.1 用水定额

用水定额是指用水对象单位时间内所需用水量的规定数值，是确定建筑物设计用水量的主要参数之一。其数值是在对各类用水对象的实际耗用水量进行多年实测的基础上，经过分析，并且考虑国家目前的经济状况以及发展趋势等综合因素而制定的，以作为工程设计时必须遵守的规范。合理选择用水定额关系到给水排水工程的规模和工程投资。

生活用水定额是为了满足人们日常生活需要的水量的规定值，一般以用水单位每日所消耗的水量表示。设计时，生活用水量根据规范中规定的用水定额、小时变化系数和用水单位数进行计算。各种不同类型建筑物的生活用水定额及小时变化系数，按我国现行《建筑给水排水设计规范》中的规定执行，如表 2-9～表 2-11 所示。

表 2-9　住宅最高日生活用水定额及小时变化系数

| 住宅类别 | | 卫生器具设置标准 | 生活用水定额 /(L/(人·d)) | 小时变化系数/$K_h$ |
|---|---|---|---|---|
| 普通住宅 | I | 有大便器、洗涤盆 | 85～150 | 3.0～2.5 |
| | II | 有大便器、洗脸盆、洗涤盆、洗衣机、热水器和沐浴设备 | 130～300 | 2.8～2.3 |
| | III | 有大便器、洗脸盆、洗涤盆、洗衣机、集中热水供应(或家用热水机组)和沐浴设备 | 180～320 | 2.5～2.0 |
| 别墅 | | 有大便器、洗脸盆、洗涤盆、洗衣机、洒水栓、家用热水机组和沐浴设备 | 200～350 | 2.3～1.8 |

注：1. 当地主管部门对住宅生活用水定额有具体规定的，应按当地规定执行。

　　2. 别墅用水定额中含庭院绿化用水和汽车抹车用水。

表 2-10　宿舍、旅馆和公共建筑生活用水定额及小时变化系数

| 序　号 | 建筑物名称 | 单　位 | 最高日生活用水定额/L | 使用时数/h | 小时变化系数/$K_h$ |
|---|---|---|---|---|---|
| 1 | 宿舍 | | | | |
| | I 类、II 类 | 每人每日 | 150～200 | 24 | 3.0～2.5 |
| | III 类、IV 类 | 每人每日 | 100～150 | 24 | 3.5～3.0 |
| 2 | 招待所、培训中心、普通旅馆 | | | | |
| | 设公用盥洗室 | 每人每日 | 50～100 | | |
| | 设公用盥洗室、淋浴室、 | 每人每日 | 80～130 | 24 | 3.0～2.5 |
| | 设公用盥洗室、淋浴室、洗衣室 | 每人每日 | 100～150 | | |
| | 设单独卫生间、公用洗衣室 | 每人每日 | 120～200 | | |
| 3 | 酒店式公寓 | 每人每日 | 200～300 | 24 | 2.5～2.0 |

续表

| 序 号 | 建筑物名称 | 单 位 | 最高日生活用水定额/L | 使用时数/h | 小时变化系数/$K_h$ |
|---|---|---|---|---|---|
| 4 | 宾馆客房<br>　旅客<br>　员工 | <br>每床位每日<br>每人每日 | <br>250～400<br>80～100 | 24 | 2.5～2.0 |
| 5 | 医院住院部<br>　设公用盥洗室<br>　设公用盥洗室、淋浴室<br>　设单独卫生间<br>　医务人员<br>　门诊部、诊疗所<br>　疗养院、休养所住房部 | <br>每床位每日<br>每床位每日<br>每床位每日<br>每人每班<br>每病人每次<br>每床位每日 | <br>100～200<br>150～250<br>250～400<br>150～250<br>10～15<br>200～300 | <br>24<br>24<br>24<br>8<br>8～12<br>24 | <br>2.5～2.0<br>2.5～2.0<br>2.5～2.0<br>2.0～1.5<br>1.5～1.2<br>2.0～1.5 |
| 6 | 养老院、托老所<br>　全托<br>　日托 | <br>每人每日<br>每人每日 | <br>100～150<br>50～80 | <br>24<br>10 | <br>2.5～2.0<br>2.0 |
| 7 | 幼儿园、托儿所<br>　有住宿<br>　无住宿 | <br>每儿童每日<br>每儿童每日 | <br>50～100<br>30～50 | <br>24<br>10 | <br>3.0～2.5<br>2.0 |
| 8 | 公共浴室<br>　淋浴<br>　浴盆、淋浴<br>　桑拿浴(淋浴、按摩池) | <br>每顾客每次<br>每顾客每次<br>每顾客每次 | <br>100<br>120～150<br>150～200 | <br>12<br>12<br>12 | <br><br>2.0～1.5 |
| 9 | 理发室、美容院 | 每顾客每次 | 40～100 | 12 | 2.0～1.5 |
| 10 | 洗衣房 | 每千克干衣 | 40～80 | 8 | 1.5～1.2 |
| 11 | 餐饮业<br>　中餐酒楼<br>　快餐店、职工及学生食堂<br>　酒吧、咖啡馆、茶座、卡拉OK房 | <br>每顾客每次<br>每顾客每次<br>每顾客每次 | <br>40～60<br>20～25<br>5～15 | <br>10～12<br>12～16<br>8～18 | <br><br>1.5～1.2 |
| 12 | 商场<br>　员工及顾客 | <br>每 m² 营业厅面积每日 | <br>5～8 | 12 | 1.5～1.2 |
| 13 | 图书馆 | 每人每次 | 5～10 | 8～10 | 1.5～1.2 |
| 14 | 书店 | 每 m² 营业厅面积每日 | 3～6 | 8～12 | 1.5～1.2 |
| 15 | 办公楼 | 每人每班 | 30～50 | 8～10 | 1.5～1.2 |
| 16 | 教学、实验楼<br>　中小学校<br>　高等院校 | <br>每学生每日<br>每学生每日 | <br>20～40<br>40～50 | <br>8～9<br>8～9 | <br>1.5～1.2<br>1.5～1.2 |
| 17 | 电影院、剧院 | 每观众每场 | 3～5 | 3 | 1.5～1.2 |

续表

| 序号 | 建筑物名称 | 单位 | 最高日生活用水定额/L | 使用时数/h | 小时变化系数/$K_h$ |
|---|---|---|---|---|---|
| 18 | 会展中心(博物馆、展览馆) | 每 $m^2$ 展厅面积每日 | 3~6 | 8~16 | 1.5~1.2 |
| 19 | 健身中心 | 每人每次 | 30~50 | 8~12 | 1.5~1.2 |
| 20 | 体育场(馆)<br>运动员淋浴<br>观众 | 每人每次<br>每人每场 | 30~40<br>3 | 4<br>4 | 3.0~2.0<br>1.2 |
| 21 | 会议厅 | 每座位每次 | 6~8 | 4 | 1.5~1.2 |
| 22 | 航站楼、客运站旅客,展览中心观众 | 每人次 | 3~6 | 8~16 | 1.5~1.2 |
| 23 | 菜市场地面冲洗及保鲜用水 | 每 $m^2$ 每日 | 10~20 | 8~10 | 2.5~2.0 |
| 24 | 停车库地面冲洗水 | 每 $m^2$ 每次 | 2~3 | 6~8 | 1.0 |

注: 1. 除养老院、托儿所、幼儿园的用水定额中含食堂用水外,其他均不含食堂用水。

2. 除注明外,均不含员工生活用水,员工用水定额为每人每班 40~60L。

3. 医疗建筑用水中已含医疗用水。

4. 空调用水应另计。

表 2-11  工业企业建筑生活、淋浴用水定额

| 生活用水定额/(L/(班·人)) | | 小时变化系数/$K_h$ | 附注 |
|---|---|---|---|
| 管理人员 | 40~60 | 1.5~2.5 | 每班工作时间以 8h 计 |
| 车间工人 | 30~50 | | |
| 工业企业建筑淋浴用水定额 | | | |
| 车间卫生特征 | | 每人每班淋浴用水定额/L | |
| 有毒物质 | 生产性粉尘 | 其他 | |
| 极易经皮肤吸收引起中毒的剧毒物质(如有机磷、三硝基甲苯、四乙基铅) | | 处理传染性材料、动物原料(如皮毛等) | 60 | 淋浴用水延续时间为 1h |
| 易经皮肤吸收或有恶臭的物质,或高毒物质(如丙烯腈、吡啶、苯酚等) | 严重污染全身或对皮肤有刺激的粉尘(如炭黑、玻璃棉等) | 高温作业、井下作业 | | |
| 其他毒物 | 一般粉尘(如棉尘) | 重作业 | | |
| 不接触有毒物质及粉尘、不污染或轻度污染身体(如仪表、金属冷加工、机械加工等) | | | 40 | |

汽车冲洗用水定额，根据车辆用途、道路路面等级和沾污情况，以及采用冲洗方法等确定，如表 2-12 所示。

表 2-12　汽车冲洗用水定额　　　　　　　　　单位：L/(辆·次)

| 冲洗方式 | 软管冲洗 | 高压水枪冲洗 | 循环用水冲洗 | 抹　车 |
|---|---|---|---|---|
| 轿　车 | 200～300 | 40～60 | 20～30 | 10～15 |
| 公共汽车<br>载重汽车 | 400～500 | 80～120 | 40～60 | 15～30 |

## 2.6.2　给水设计流量

### 1. 最高日用水量

建筑内生活用水的最高日用水量的计算公式如下。

$$Q_d = \frac{\sum m_i q_{di}}{1000} \tag{2-4}$$

式中：$Q_d$——最高日用水量，$\mathrm{m^3/d}$；

　　　$m_i$——用水单位数，人数、床位数等；

　　　$q_{di}$——最高日生活用水定额，L/(人·d)、L/(床·d)。

建筑物的最高日用水量 $Q_d$ (L/d)，即一年中最大日用水量，根据建筑物的不同性质，采用相应的用水量定额进行计算(见表 2-9～表 2-12)。

最高日用水量一般在确定贮水池(箱)容积、计算设计秒流量等过程中使用。

### 2. 最大小时用水量

根据最高日用水量可算出最大小时用水量，即

$$Q_h = \frac{Q_d}{T} K_h = Q_P K_h \tag{2-5}$$

$$K_h = \frac{Q_h}{Q_P} \tag{2-6}$$

式中：$Q_h$——最大小时用水量，L/h，即最高日用水时间内最大小时的用水量；

　　　$T$——建筑物内每日或每班的用水时间，h，由建筑物的性质决定。例如，住宅及一般建筑多为昼夜供水，$T = 24$；若工业企业为分班工作制，$T$ 为每班用水时间；旅馆等建筑若为定时供水，$T$ 为每日供水时间；

　　　$Q_P$——平均时用水量，又称平均小时用水量，为最高日生活用水量在给水时间内以小时计的平均值，L/h；

　　　$K_h$——小时变化系数，最大日中最大小时用水量与该日平均小时用水量之比。

最大小时用水量 $Q_h$ 用来设计厂区和居住区室外给水管道、水箱、贮水池容积，尚能满足要求，因为室外管网服务面积大，卫生器具数量及使用人数多，用水时间参差不一，用水不会太集中而显得比较均匀。对于单栋建筑物，由于用水的不均匀性较大，按室外给水

管网的设计计算方法的结果就难以满足使用要求，因此，对于建筑内部给水管道的计算，还需要建立设计流量的计算公式。

建筑内部给水系统的计算是在完成给水管线布置、绘出管道轴侧图后进行的。计算的目的是确定给水管网各管段的管径和给水系统所需的压力，复核室外给水管网的水压是否满足室内给水系统所需压力的要求。

**3.设计秒流量**

给水管道的设计流量是确定各管段管径、计算管路水头损失进而确定给水系统所需压力的主要依据。因此，设计流量的确定应符合建筑内的用水规律。建筑内的生活用水量在一定时间段(如1昼夜、1小时)里是不均匀的，为了使建筑内瞬时高峰的用水都能得到保证，其设计流量应为建筑内卫生器具配水最不利的情况组合出流时的瞬时高峰流量，此流量又称设计秒流量。

对于建筑内给水管道设计秒流量的确定方法，世界各国都作了大量的研究，归纳起来有三种：一是平方根法(计算结果偏小)；二是经验法(简捷方便，但不够精确)；三是概率法(理论方法正确，但需在合理地确定卫生器具设置定额、进行大量卫生器具使用频率实测工作的基础上，才能建立正确的公式)。目前，一些发达国家主要采用概率法建立设计秒流量公式，然后又结合一些经验数据，制成图表供设计使用，十分方便。我国现行《建筑给排水设计规范》对住宅的设计秒流量采用了以概率法为基础的计算方法，对用水分散型公共建筑采用平方根法计算，对公共浴室、食堂等用水密集型公共建筑和工、企卫生间采用经验法计算。

在设计秒流量的计算中，采用了卫生器具给水当量数的概念，以简化计算。卫生器具给水当量是将安装在污水盆上直径为15mm的球型阀配水龙头的额定流量0.2L/s作为一个给水当量，其他卫生器具的给水额定流量与它的比值，即为该卫生器具的给水当量。这样，便可把某一管段上不同类型卫生器具的流量换算成当量值，便于设计秒流量的计算。表2-13所示列出了各种卫生器具的给水额定流量、给水当量，以及所需的最低工作压力。

表2-13　卫生器具的给水定额流量、当量、连接管公称管径和最低工作压力

| 序号 | 给水配件名称 | 额定流量 /(L/s) | 当量 | 连接管公称管径/mm | 最低工作压力 /MPa |
|---|---|---|---|---|---|
| 1 | 洗涤盆、拖布盆、盥洗槽<br>　单阀水嘴<br>　单阀水嘴<br>　混合水嘴 | 0.15～0.20<br>0.30～0.40<br>0.15～0.20(0.14) | 0.75～1.00<br>1.50～2.00<br>0.75～1.00(0.70) | 15<br>20<br>15 | 0.050 |
| 2 | 洗脸盆<br>　单阀水嘴<br>　混合水嘴 | 0.15<br>0.15(0.10) | 0.75<br>0.75(0.50) | 15<br>15 | 0.050 |
| 3 | 洗手盆<br>　感应水嘴<br>　混合水嘴 | 0.10<br>0.15(0.10) | 0.50<br>0.75(0.50) | 15<br>15 | 0.050 |

续表

| 序号 | 给水配件名称 | 额定流量/(L/s) | 当量 | 连接管公称管径/mm | 最低工作压力/MPa |
|---|---|---|---|---|---|
| 4 | 浴盆 | | | | |
| | 单阀水嘴 | 0.20 | 1.00 | 15 | 0.050 |
| | 混合水嘴(含带淋浴转换器) | 0.24(0.20) | 1.20(1.00) | 15 | 0.050～0.070 |
| 5 | 淋浴器 | | | | |
| | 混合阀 | 0.15(0.10) | 0.75(0.50) | 15 | 0.050～0.100 |
| 6 | 大便器 | | | | |
| | 冲洗水箱浮球阀 | 0.10 | 0.50 | 15 | 0.020 |
| | 延时自闭式冲洗阀 | 1.20 | 6.00 | 25 | 0.100～0.150 |
| 7 | 小便器 | | | | |
| | 手动或自动自闭式冲洗阀 | 0.10 | 0.50 | 15 | 0.050 |
| | 自动冲洗水箱进水阀 | 0.10 | 0.50 | 15 | 0.020 |
| 8 | 小便槽穿孔冲洗管(每 m 长) | 0.05 | 0.25 | 15～20 | 0.015 |
| 9 | 净身盆冲洗水嘴 | 0.10(0.07) | 0.50(0.35) | 15 | 0.050 |
| 10 | 医院倒便器 | 0.20 | 1.00 | 15 | 0.050 |
| 11 | 实验室化验水嘴(鹅颈) | | | | |
| | 单联 | 0.07 | 0.35 | 15 | 0.020 |
| | 双联 | 0.15 | 0.75 | 15 | 0.020 |
| | 三联 | 0.20 | 1.00 | 15 | 0.020 |
| 12 | 饮水器喷嘴 | 0.05 | 0.25 | 15 | 0.050 |
| 13 | 洒水栓 | 0.40 | 2.00 | 20 | 0.050～0.100 |
| | | 0.70 | 3.50 | 25 | 0.050～0.100 |
| 14 | 室内地面冲洗水嘴 | 0.20 | 1.00 | 15 | 0.050 |
| 15 | 家用洗衣机水嘴 | 0.20 | 1.00 | 15 | 0.050 |

注：1. 表中括弧内的数值系在有热水供应时，单独计算冷水或热水时使用。

2. 当浴盆上附设淋浴器时，或混合水嘴有淋浴器转换开关时，其额定流量和当量只计水嘴，不计淋浴器，但水压应按淋浴器计。

3. 家用燃气热水器，所需水压按产品要求和热水供应系统最不利配水点所需工作压力确定。

4. 绿地的自动喷灌按产品要求设计。

5. 当卫生器具给水配件所需额定流量和最低工作压力有特殊要求时，其值应按产品要求确定。

(1) 住宅建筑生活给水管道的设计秒流量计算。住宅建筑的生活给水管道的设计秒流量按下列步骤和方法计算。

① 根据住宅配置的卫生器具给水当量、使用人数、用水定额、使用时数及小时变化系数，按式(2-8)计算出最大用水时卫生器具给水当量平均出流概率。

$$U_0 = \frac{q_0 m K_h}{0.2 N_g T \times 3600} \tag{2-7}$$

式中：$U_0$——生活给水管道最大用水时卫生器具给水当量平均出流概率，%；

$q_0$——最高用水日用水定额，按表 2-9 取用；

$m$——每户用水人数；

$K_h$——小时变化系数，按表 2-9 取用；

$N_g$——每户设置的卫生器具给水当量数；

$T$——用水时数，h；

0.2——一个卫生器具给水当量额定流量，L/s。

使用式(2-8)时，可能由于取值的不同，使 $U$ 值的计算值产生过大偏差，可参考表 2-14 所列出的住宅生活给水管道的最大用水时卫生器具平均出流概率参考值。

表 2-14　住宅的卫生器具给水当量最大用水时平均出流概率参考值/%

| 建筑物性质 | 普通住宅 | | | 别墅 |
|---|---|---|---|---|
| | Ⅰ型 | Ⅱ型 | Ⅲ型 | |
| $U_0$ 参考值 | 3.0～4.0 | 2.5～3.5 | 2.0～2.5 | 1.5～2.0 |

对于住宅建筑，由于户型标准的不同，会有不同的平均出流概率值 $U_0$，即当给水干管连接有两条或两条以上给水支管，而各个给水支管最大用水时卫生器具给水当量平均出流概率值 $U_0$ 具有不同的数值时，该给水干管的最大用水时卫生器具给水当量平均出流概率应按加权平均法进行计算，计算公式如下。

$$\overline{U_0} = \frac{\sum U_{0i} N_{gi}}{\sum N_{gi}} \tag{2-8}$$

式中：$U_0$——给水干管最大用水时卫生器具给水当量平均出流概率；

$U_{0i}$——支管的最高用水时卫生器具给水当量平均出流概率；

$N_{gi}$——相应支管的卫生器具给水当量总数。

上式只适用于枝状管道中，各支管的最大用水时发生在同一时段的给水管道。而对最大用水时并不发生在同一时段的给水管段，应将设计秒流量最小的支管的平均用水时、平均秒流量与设计秒流量大的支管的设计秒流量叠加成干管的设计秒流量。

② 根据计算管段上的卫生器具给水当量总数计算得出给水管段的卫生器具给水当量出流概率 $U$ 的公式如下。

$$U = \frac{1 + a_c (N_g - 1)^{0.49}}{\sqrt{N_g}} \tag{2-9}$$

式中：$U$——计算管段的卫生器具给水当量同时出流概率，%；

$a_c$——对应于不同 $U_0$ 的系数，查表 2-15 选用；

$N_g$——每户设置的卫生器具给水当量数。

表 2-15　给水管段卫生器具给水当量同时出流概率计算式中系数 $a_c$ 取值

| $U_0$ /% | 1.0 | 1.5 | 2.0 | 2.5 | 3.0 | 3.5 |
|---|---|---|---|---|---|---|
| $a_c$ | 0.00323 | 0.00697 | 0.01097 | 0.01512 | 0.01939 | 0.02374 |
| $U_0$ /% | 4.0 | 4.5 | 5.0 | 6.0 | 7.0 | 8.0 |
| $a_c$ | 0.02816 | 0.03263 | 0.03715 | 0.04629 | 0.05555 | 0.06489 |

③ 根据计算管段的卫生器具给水当量同时出流概率 $U$，按下式得出计算管段的设计秒流量值。

$$q_g = 0.2UN_g \tag{2-10}$$

式中    $q_g$ ——计算管段设计秒流量，L/s；

       $U$ ——计算管段的卫生器具给水当量同时出流概率，%；

       $N_g$ ——计算管段的卫生器具给水当量总数。

进行工程设计时，为了计算快捷、方便，可以在计算出 $U_0$ 后，根据计算管段的 $N_g$ 值查表 2-16(摘录)可直接查出设计秒流量。该表可用内插法。

当计算管段的卫生器具给水当量总数超过表 2-16 所示的最大值时，其流量应取最大用水时平均秒流量，即 $q_g = 0.2U_0N_g(\text{L/s})$。

表 2-16   给水管段设计秒流量计算表(摘录)       单位：$U$：%；$q_g$：L/s

| $U_0$<br>$N_g$ | 1.0 | | 1.5 | | 2.0 | | 2.5 | | 3.0 | |
|---|---|---|---|---|---|---|---|---|---|---|
| | $U$ | $q_g$ | $U$ | $q_g$ | $U$ | $q_g$ | $U$ | $q_g$ | $U$ | $q_g$ |
| 1 | 100.00 | 0.20 | 100.00 | 0.20 | 100.00 | 0.20 | 100.00 | 0.20 | 100.00 | 0.20 |
| 2 | 70.94 | 0.28 | 71.20 | 0.28 | 71.49 | 0.29 | 71.78 | 0.29 | 72.08 | 0.29 |
| 3 | 58.00 | 0.35 | 58.30 | 0.35 | 58.62 | 0.35 | 58.96 | 0.35 | 59.31 | 0.36 |
| 4 | 50.28 | 0.40 | 50.60 | 0.40 | 50.94 | 0.41 | 51.30 | 0.41 | 51.66 | 0.41 |
| 5 | 45.01 | 0.45 | 45.34 | 0.45 | 45.69 | 0.46 | 46.06 | 0.46 | 46.43 | 0.46 |
| 6 | 41.12 | 0.49 | 41.45 | 0.50 | 41.81 | 0.50 | 42.18 | 0.51 | 42.57 | 0.51 |
| 7 | 38.09 | 0.53 | 38.43 | 0.54 | 38.79 | 0.54 | 39.17 | 0.55 | 39.56 | 0.55 |
| 9 | 33.63 | 0.61 | 33.98 | 0.61 | 34.35 | 0.62 | 34.73 | 0.63 | 35.12 | 0.63 |
| 10 | 31.92 | 0.64 | 32.27 | 0.65 | 32.64 | 0.65 | 33.03 | 0.66 | 33.42 | 0.67 |
| 11 | 30.45 | 0.67 | 30.80 | 0.68 | 31.17 | 0.69 | 31.56 | 0.69 | 31.96 | 0.70 |
| 12 | 29.17 | 0.70 | 29.52 | 0.71 | 29.89 | 0.72 | 30.28 | 0.73 | 30.68 | 0.74 |
| 13 | 28.04 | 0.73 | 28.39 | 0.74 | 28.76 | 0.75 | 29.15 | 0.76 | 29.55 | 0.77 |
| 14 | 27.03 | 0.76 | 27.38 | 0.77 | 27.76 | 0.78 | 28.15 | 0.79 | 28.55 | 0.80 |
| 15 | 26.12 | 0.78 | 26.48 | 0.79 | 26.85 | 0.81 | 27.24 | 0.82 | 27.64 | 0.83 |
| 16 | 25.30 | 0.81 | 25.66 | 0.82 | 26.03 | 0.83 | 26.42 | 0.85 | 26.83 | 0.86 |
| 17 | 24.56 | 0.83 | 24.91 | 0.85 | 25.29 | 0.86 | 25.68 | 0.87 | 26.08 | 0.89 |
| 18 | 23.88 | 0.86 | 24.23 | 0.87 | 24.61 | 0.89 | 25.00 | 0.90 | 25.40 | 0.91 |

续表

| $U_0$ | 1.0 | | 1.5 | | 2.0 | | 2.5 | | 3.0 | |
|---|---|---|---|---|---|---|---|---|---|---|
| $N_g$ | $U$ | $q_g$ | $U$ | $q_g$ | $U$ | $q_g$ | $U$ | $q_g$ | $U$ | $q_g$ |
| 19 | 23.25 | 0.88 | 23.60 | 0.90 | 23.98 | 0.91 | 24.37 | 0.93 | 24.77 | 0.94 |
| 20 | 22.67 | 0.91 | 23.02 | 0.92 | 23.40 | 0.94 | 23.79 | 0.95 | 24.20 | 0.97 |
| 22 | 31.63 | 0.95 | 21.98 | 0.97 | 22.36 | 0.98 | 22.75 | 1.00 | 23.16 | 1.02 |
| 24 | 20.72 | 0.99 | 21.07 | 1.01 | 21.45 | 1.03 | 21.85 | 1.05 | 22.25 | 1.07 |
| 26 | 19.92 | 1.04 | 20.27 | 1.05 | 20.65 | 1.07 | 21.05 | 1.09 | 21.45 | 1.12 |
| 28 | 19.21 | 1.08 | 19.56 | 1.10 | 19.94 | 1.12 | 20.33 | 1.14 | 20.74 | 1.16 |
| 30 | 18.56 | 1.11 | 18.92 | 1.14 | 19.30 | 1.16 | 19.69 | 1.18 | 20.10 | 1.21 |
| 32 | 17.99 | 1.15 | 18.34 | 1.17 | 18.72 | 1.20 | 19.12 | 1.22 | 19.52 | 1.25 |
| 34 | 17.16 | 1.19 | 17.81 | 1.21 | 18.19 | 1.24 | 18.59 | 1.26 | 18.99 | 1.29 |
| 36 | 16.97 | 1.22 | 17.33 | 1.25 | 17.71 | 1.28 | 18.11 | 1.30 | 18.51 | 1.33 |
| 38 | 16.53 | 1.26 | 16.89 | 1.28 | 17.27 | 1.31 | 17.66 | 1.34 | 18.07 | 1.37 |
| 40 | 16.12 | 1.29 | 16.48 | 1.32 | 16.86 | 1.35 | 17.25 | 1.38 | 17.66 | 1.41 |
| 42 | 15.74 | 1.32 | 16.09 | 1.35 | 16.47 | 1.38 | 16.87 | 1.42 | 17.28 | 1.45 |
| 44 | 15.38 | 1.35 | 15.74 | 1.39 | 16.12 | 1.42 | 16.52 | 1.45 | 16.92 | 1.49 |
| 46 | 15.05 | 1.38 | 15.41 | 1.42 | 15.79 | 1.45 | 16.18 | 1.49 | 16.59 | 1.53 |
| 48 | 14.74 | 1.42 | 15.10 | 1.45 | 15.48 | 1.49 | 15.87 | 1.52 | 16.28 | 1.56 |
| 50 | 14.45 | 1.45 | 14.81 | 1.48 | 15.19 | 1.52 | 15.58 | 1.56 | 15.99 | 1.60 |
| 55 | 13.79 | 1.52 | 14.15 | 1.56 | 14.53 | 1.60 | 14.92 | 1.64 | 15.33 | 1.69 |
| 60 | 13.22 | 1.59 | 13.57 | 1.63 | 13.95 | 1.67 | 14.35 | 1.72 | 14.76 | 1.77 |
| 65 | 12.71 | 1.65 | 13.07 | 1.70 | 13.45 | 1.75 | 13.84 | 1.80 | 14.25 | 1.85 |
| 70 | 12.26 | 1.72 | 12.62 | 1.77 | 13.00 | 1.82 | 13.39 | 1.87 | 13.80 | 1.93 |
| 80 | 11.49 | 1.84 | 11.84 | 1.89 | 12.22 | 1.96 | 12.62 | 2.02 | 13.02 | 2.08 |
| 85 | 11.15 | 1.90 | 11.51 | 1.96 | 11.89 | 2.02 | 12.28 | 2.09 | 12.69 | 2.16 |
| 90 | 10.85 | 1.95 | 11.20 | 2.02 | 11.58 | 2.09 | 11.98 | 2.16 | 12.38 | 2.23 |
| 95 | 10.57 | 2.01 | 10.92 | 2.08 | 11.30 | 2.15 | 11.70 | 2.22 | 12.10 | 2.30 |
| 100 | 10.31 | 2.06 | 10.66 | 2.13 | 11.04 | 2.21 | 11.44 | 2.29 | 11.84 | 2.37 |
| 110 | 9.84 | 2.17 | 10.20 | 2.24 | 10.58 | 2.33 | 10.97 | 2.41 | 11.38 | 2.50 |

续表

| $U_0$ | 1.0 | | 1.5 | | 2.0 | | 2.5 | | 3.0 | |
|---|---|---|---|---|---|---|---|---|---|---|
| $N_g$ | $U$ | $q_g$ | $U$ | $q_g$ | $U$ | $q_g$ | $U$ | $q_g$ | $U$ | $q_g$ |
| 120 | 9.44 | 2.26 | 9.79 | 2.35 | 10.17 | 2.44 | 10.56 | 2.54 | 10.97 | 2.63 |
| 130 | 9.08 | 2.36 | 9.43 | 2.45 | 9.81 | 2.55 | 10.21 | 2.65 | 10.61 | 2.76 |
| 140 | 8.76 | 2.45 | 9.11 | 2.55 | 9.49 | 2.66 | 9.89 | 2.77 | 10.29 | 2.88 |
| 150 | 8.47 | 2.54 | 8.83 | 2.65 | 9.20 | 2.76 | 9.60 | 2.88 | 10.00 | 3.00 |
| 160 | 8.21 | 2.63 | 8.57 | 2.74 | 8.94 | 2.86 | 9.34 | 2.99 | 9.74 | 3.12 |
| 170 | 7.98 | 2.71 | 8.33 | 2.83 | 8.71 | 2.96 | 9.10 | 3.09 | 9.51 | 3.23 |
| 180 | 7.76 | 2.79 | 8.11 | 2.92 | 8.49 | 3.06 | 8.89 | 3.20 | 9.29 | 3.34 |
| 190 | 7.56 | 2.87 | 7.91 | 3.01 | 8.29 | 3.15 | 8.69 | 3.30 | 9.09 | 3.45 |
| 200 | 7.38 | 2.95 | 7.73 | 3.09 | 8.11 | 3.24 | 8.50 | 3.40 | 8.91 | 3.56 |
| 220 | 7.05 | 3.10 | 7.40 | 3.26 | 7.78 | 3.42 | 8.17 | 3.60 | 8.57 | 3.77 |
| 240 | 6.76 | 3.25 | 7.11 | 3.41 | 7.49 | 3.60 | 7.88 | 3.78 | 8.29 | 3.98 |
| 260 | 6.51 | 3.28 | 6.86 | 3.57 | 7.24 | 3.76 | 7.63 | 3.97 | 8.03 | 4.18 |
| 280 | 6.28 | 3.52 | 6.63 | 3.72 | 7.01 | 3.93 | 7.40 | 4.15 | 7.81 | 4.37 |
| 300 | 6.08 | 3.65 | 6.43 | 3.86 | 6.81 | 4.08 | 7.20 | 4.32 | 7.60 | 4.56 |

(2) 集体宿舍、旅馆、宾馆、医院、疗养院、幼儿园、养老院、办公楼、商场、客运站、会展中心、中小学教学楼和公共厕所等建筑的生活给水设计秒流量计算。该类建筑为用水分散型公共建筑，设计秒流量按下式计算：

$$q_g = \alpha \times 0.2\sqrt{N_g} \tag{2-11}$$

式中：$q_g$——计算管段中的设计秒流量，L/s；

　　　$N_g$——计算管段上的卫生器具当量总数；

　　　$\alpha$——根据建筑物用途而定的系数，按表 2-17 选用。

表 2-17　根据建筑物用途而定的系数值

| 建筑物名称 | $\alpha$ 值 | 建筑物名称 | $\alpha$ 值 |
|---|---|---|---|
| 幼儿园、托儿所、养老院 | 1.2 | 学校 | 1.8 |
| 门诊部、诊疗所 | 1.4 | 医院、疗养院、休养所 | 2.0 |
| 办公楼、商场 | 1.5 | 酒店式公寓 | 2.2 |
| 图书馆 | 1.6 | 宿舍(Ⅰ类、Ⅱ类)旅馆、招待所、宾馆 | 2.5 |
| 书店 | 1.7 | 客运站、航站楼、会展中心、公共厕所 | 3.0 |

当使用以上公式计算某一管段的设计秒流量时，如果计算管段上连接的卫生器具比较少，其计算结果有时会小于该计算管段上一个最大卫生器具的给水额定流量，此时应采用这个最大的卫生器具的给水额定流量作为设计秒流量；也可能会出现用公式计算的结果大

于该管段上所有卫生器具给水额定流量的累加值，此时应以该管段上卫生器具给水额定流量的累加值作为该管段的设计秒流量。大便器设置有延时自闭式冲洗阀时，大便器延时自闭式冲洗阀的给水当量均按 0.5 计，计算得到的 $q_g$ 附加上 1.20L/s 的流量后，为该管段给水设计秒流量，即

$$q_g = 0.2\alpha\sqrt{N_g} + 1.20 \qquad (2\text{-}12)$$

(3) 工业企业的生活间、公共浴室、职工食堂或营业餐厅的厨房、体育馆场馆运动员休息室、剧院化妆间、普通理化实验室等建筑的生活给水管道的设计秒流量计算。该类建筑为用水密集型建筑，设计秒流量按下式计算。

$$q_g = \sum q_0 N_0 b \qquad (2\text{-}13)$$

式中：$q_g$——计算管段中的设计秒流量，L/s；

$N_0$——同类型卫生器具数；

$q_0$——同一类型一个卫生器具给水额定流量，L/s，按表 2-13 或根据设计手册确定；

$b$——卫生器具的同时给水百分数，%，设计时按表 2-18～表 2-20 或按设计手册确定。

表 2-18　工业企业生活间、公共浴室、剧院化妆间、体育场馆运动员休息室
等卫生器具同时给水百分数

| 卫生器具名称 | 同时给水百分数/% | | | |
|---|---|---|---|---|
| | 工业企业生活间 | 公共浴室 | 剧院化妆间 | 体育场馆或运动员休息室 |
| 洗涤盆(池) | 33 | 15 | 15 | 15 |
| 洗手盆 | 50 | 50 | 50 | 70(50) |
| 洗脸盆、盥洗槽水嘴 | 60～100 | 60～100 | 50 | 80 |
| 浴盆 | — | 50 | — | — |
| 无间隔淋浴器 | 100 | 100 | — | 100 |
| 有间隔淋浴器 | 80 | 60～80 | 60～80 | 60～100 |
| 大便器冲洗水箱 | 30 | 20 | 50(20) | 70(20) |
| 大便器自闭式冲洗阀 | 2 | 2 | 10(2) | 5(2) |
| 小便器自闭式冲洗阀 | 10 | 10 | 50(10) | 70(10) |
| 小便器(槽)自动冲洗水箱 | 100 | 100 | 100 | 100 |
| 净身盆 | 33 | — | — | — |
| 饮水器 | 30～60 | 30 | 30 | 30 |
| 小卖部洗涤盆 | — | 50 | 50 | 50 |

注：1. 表中括号内的数值系电影院、剧院的化妆间及体育场馆的运动员休息室使用。

　　2. 健身中心的卫生间，可采用本表体育场馆运动员休息室的同时给水百分率。

表 2-19　职工食堂、营业餐馆厨房设备同时给水百分数

| 厨房设备名称 | 污水盆(池) | 洗涤盆(池) | 煮锅 | 生产性洗涤机 | 器皿洗涤机 | 开水器 | 蒸汽发生器 | 灶台水嘴 |
|---|---|---|---|---|---|---|---|---|
| 同时给水百分数/% | 50 | 70 | 60 | 40 | 90 | 50 | 100 | 30 |

注：职工或学生食堂的洗碗台水嘴，按 100%同时给水，但不与厨房用水叠加(不是同时使用)。

表 2-20　实验室化验水嘴同时给水百分数/%

| 化验水嘴名称 | 同时给水百分数/% | |
|---|---|---|
| | 科研教学实验室 | 生产实验室 |
| 单联化验水嘴 | 20 | 30 |
| 双联或三联化验水嘴 | 30 | 50 |

计算时应注意：如计算值小于该管段上一个最大卫生器具给水额定流量的情况，应采用一个最大的卫生器具给水额定流量作为设计秒流量，以保证该卫生器具正常用水。大便器设置有自闭式冲洗阀时，大便器自闭式冲洗阀应单列计算。当单列计算值小于 1.2L/s 时，以 1.2L/s 计；大于 1.2L/s 时，以计算值计。

# 2.7　给水管网水力计算

## 2.7.1　给水管网水力计算的任务

(1) 确定给水管道各管段的管径。
(2) 求出计算管路通过设计秒流量时各管段产生的水头损失。
(3) 确定室内管网所需水压。
(4) 复核室外给水管网水压是否满足系统最不利配水点所需要的水压。
(5) 选定加压装置所需扬程、安装位置和高位水箱设置高度。

## 2.7.2　确定给水管径

要进行计算，必须先了解管道布置、管段长度、管道材料、流量等，所以管道的计算是在完成管道布置、绘出管道系统轴侧图以后，根据水龙头等用水配件的布置、轴侧图中的管道位置、管轴线标高等进行计算。

在确定管径设计中，首先根据建筑物性质和卫生器具当量数来计算各管段的设计秒流量，根据流量计算公式，已知流速、流量，即可确定管径。

$$q_g = \frac{\pi d^2}{4} u \tag{2-14}$$

$$d = \sqrt{\frac{4q_g}{\pi u}} \tag{2-15}$$

式中：$q_g$——计算管段的设计秒流量，$m^3/s$；

$\quad\quad u$——计算管段内的流速，$m/s$；

$\quad\quad d$——计算管段的管径，$m$。

当管段的设计流量确定后，管段中水流速度的大小将直接影响到管网系统能否正常运行，以及技术、经济的合理性。因流速与管径成反比，与水头损失成正比，流速过小，管道材料等投资增大；流速过大，易产生水击，引起噪声，损坏管道及附件，同时因压力损失增大，造成水泵扬程和日常耗电等经常性费用增大。

在设计时应综合考虑以上因素，对管道中的水流速度必须控制在适当的范围内，即所谓的经济流速，使管网系统运行平稳且不浪费。生活给水管道的水流速度应按表 2-21 所示采用。住宅的入户管公称直径不宜小于 20mm。

表 2-21　不同材质管径流速控制范围

| 材　质 | 管径/mm | 流速/(m/s) |
|---|---|---|
| 铜管 | DN≤25 | 0.6～0.8 |
| | DN>25 | 0.8～1.5 |
| 薄壁不锈钢 | ≤25 | 0.8～1.0 |
| | >25 | 1.0～1.5 |
| PP-R | | 1.0～1.5 |
| PVC | ≤32 | ≤1.2 |
| | 40～75 | ≤1.5 |
| | ≥90 | ≤2.0 |
| 钢管 | 15～20 | ≤1.0 |
| | 25～40 | ≤1.2 |
| | 50～70 | ≤1.5 |
| | ≥80 | ≤1.8 |
| 复合管 | 参照其内衬材料的管道流速要求 | |

当建筑物建筑标准较高，有防噪音要求时，可适当降低水流速度，管径小于或等于 25mm 时，生活给水管道内的水流速度可采用 0.8～1.0m/s；接卫生器具的配水支管一般采用 0.6～1.0m/s；横向配水管，若管径超过 25mm，宜采用 0.8～1.2m/s；环形管、干管和立管宜采用 1.0～1.8m/s。

消火栓灭火系统给水管道，流速<2.5m/s。

自动喷水灭火系统给水管道，流速≤5.0m/s，但其配水支管在个别情况下流速可控制在 10m/s 以内。与消防合用的给水管网，消防时其管内流速应满足消防要求。

## 2.7.3　给水管网的水头损失计算

给水管网中的水头损失包括沿程水头损失、局部水头损失以及水表的水头损失等。

### 1. 沿程水头损失计算

沿程水头损失计算公式如下。

$$h_f = iL \tag{2-16}$$

式中：$h_f$——管段的沿程水头损失，kPa 或 mmH$_2$O；

　　　$i$——水力坡降，即管道单位长度水头损失，kPa/m；

　　　$L$——计算管段长度，m。

式(2-18)中的给水管道单位长度水头损失 $i$ 应按下式计算。

$$i = 105C_h^{-1.85} d_j^{-4.87} q_g^{1.85} L \tag{2-17}$$

式中：$d_j$——管段计算内径，m；

　　　$q_g$——给水管段设计流量，m$^3$/s；

　　　$C_h$——海澄·廉系数，按表 2-22 选用。

表 2-22　各种管材的海澄·威廉系数

| 管道类别 | 塑料管、内衬(涂)塑管 | 铜管、不锈钢管 | 衬水泥、树脂的铸铁管 | 普通钢管、铸铁管 |
|---|---|---|---|---|
| $C_h$ | 140 | 130 | 130 | 100 |

实际工程设计时，计算量比较大，一般不是使用以上公式逐段计算，而是直接使用根据上述公式编制而成的管道的水力计算表。如表 2-23 和表 2-24(摘录)所示，也可参见《给水排水设计手册》第 1 册和《建筑给水排水设计手册》，表中数据可供直接使用，即根据管段的设计秒流量 $q_g$ 和控制流速 $v$，在正常范围内，在不同材料管道的水力计算表或图中查出管径 $d$ 和单位长度的水头损失 $i$。

### 2. 局部水头损失计算

局部水头损失计算公式如下。

$$h_j = \sum \zeta \frac{u^2}{2g} \tag{2-18}$$

式中：$h_j$——管段的局部水头损失之和，kPa 或 mmH$_2$O；

　　　$\zeta$——管段局部阻力系数；

　　　$u$——沿流动方向局部零件下游的流速，m/s；

　　　$g$——重力加速度，m/s$^2$。

表 2-23　给水塑料管水力计算表(摘录)

单位：流量 $q_g$，L/s；DN，mm；$v$，m/s；$i$，kPa/m

| $q_g$ | DN15 $v$ | DN15 $i$ | DN20 $v$ | DN20 $i$ | DN25 $v$ | DN25 $i$ | DN32 $v$ | DN32 $i$ | DN40 $v$ | DN40 $i$ | DN50 $v$ | DN50 $i$ | DN70 $v$ | DN70 $i$ | DN80 $v$ | DN80 $i$ | DN100 $v$ | DN100 $i$ |
|---|---|---|---|---|---|---|---|---|---|---|---|---|---|---|---|---|---|---|
| 0.10 | 0.50 | 0.275 | 0.26 | 0.060 | | | | | | | | | | | | | | |
| 0.15 | 0.75 | 0.564 | 0.39 | 0.123 | | | | | | | | | | | | | | |
| 0.20 | 0.99 | 0.940 | 0.53 | 0.206 | 0.23 | 0.033 | 0.20 | 0.02 | | | | | | | | | | |
| 0.30 | 1.49 | 1.930 | 0.79 | 0.422 | 0.30 | 0.055 | 0.29 | 0.040 | 0.24 | 0.021 | | | | | | | | |
| 0.40 | 1.99 | 3.210 | 1.05 | 0.703 | 0.45 | 0.113 | 0.39 | 0.067 | 0.30 | 0.031 | | | | | | | | |
| 0.50 | 2.49 | 4.77 | 1.32 | 1.04 | 0.61 | 0.188 | 0.49 | 0.099 | 0.36 | 0.043 | | | | | | | | |
| 0.60 | 2.98 | 6.60 | 1.58 | 1.44 | 0.76 | 0.279 | 0.59 | 0.137 | 0.42 | 0.056 | 0.23 | 0.014 | | | | | | |
| 0.70 | | | 1.84 | 1.90 | 0.91 | 0.386 | 0.69 | 0.181 | 0.48 | 0.071 | 0.27 | 0.019 | | | | | | |
| 0.80 | | | 2.10 | 2.40 | 1.06 | 0.507 | 0.79 | 0.229 | 0.54 | 0.088 | 0.30 | 0.023 | | | | | | |
| 0.90 | | | 2.37 | 2.96 | 1.21 | 0.643 | 0.88 | 0.282 | 0.60 | 0.106 | 0.34 | 0.029 | 0.23 | 0.012 | | | | |
| 1.00 | | | | | 1.36 | 0.792 | 0.98 | 0.340 | 0.90 | 0.217 | 0.38 | 0.035 | 0.25 | 0.014 | | | | |
| 1.50 | | | | | 1.51 | 0.955 | 1.47 | 0.698 | 1.20 | 0.361 | 0.57 | 0.072 | 0.39 | 0.029 | 0.27 | 0.012 | | |
| 2.00 | | | | | 2.27 | 1.96 | 1.96 | 1.160 | 1.50 | 0.536 | 0.76 | 0.119 | 0.52 | 0.049 | 0.36 | 0.020 | 0.24 | 0.008 |
| 2.50 | | | | | | | 2.46 | 1.730 | 1.81 | 0.741 | 0.95 | 0.217 | 0.65 | 0.072 | 0.45 | 0.030 | 0.30 | 0.011 |
| 3.00 | | | | | | | | | 2.11 | 0.974 | 1.14 | 0.245 | 0.78 | 0.099 | 0.54 | 0.042 | 0.36 | 0.016 |
| 3.50 | | | | | | | | | 2.41 | 1.230 | 1.33 | 0.322 | 0.91 | 0.131 | 0.63 | 0.055 | 0.42 | 0.021 |
| 4.00 | | | | | | | | | 2.71 | 1.520 | 1.51 | 0.408 | 1.04 | 0.166 | 0.72 | 0.069 | 0.48 | 0.026 |
| 4.50 | | | | | | | | | | | 1.70 | 0.503 | 1.17 | 0.205 | 0.81 | 0.086 | 0.54 | 0.032 |
| 5.00 | | | | | | | | | | | 1.89 | 0.606 | 1.30 | 0.247 | 0.90 | 0.104 | 0.60 | 0.039 |
| 5.50 | | | | | | | | | | | 2.08 | 0.718 | 1.43 | 0.293 | 0.99 | 0.123 | 0.66 | 0.046 |
| 6.00 | | | | | | | | | | | 2.27 | 0.838 | 1.56 | 0.342 | 1.08 | 0.143 | 0.72 | 0.052 |
| 6.50 | | | | | | | | | | | | | 1.69 | 0.394 | 1.17 | 0.165 | 0.78 | 0.062 |
| 7.00 | | | | | | | | | | | | | 1.82 | 0.445 | 1.26 | 0.188 | 0.84 | 0.071 |
| 7.50 | | | | | | | | | | | | | 1.95 | 0.507 | 1.35 | 0.213 | 0.90 | 0.080 |
| 8.00 | | | | | | | | | | | | | 2.08 | 0.569 | 1.44 | 0.238 | 0.96 | 0.090 |
| 8.50 | | | | | | | | | | | | | 2.21 | 0.632 | 1.53 | 0.265 | 1.02 | 0.102 |
| 9.00 | | | | | | | | | | | | | 2.34 | 0.701 | 1.62 | 0.294 | 1.08 | 0.111 |
| 9.50 | | | | | | | | | | | | | 2.47 | 0.772 | 1.71 | 0.323 | 1.14 | 0.121 |
| 10.00 | | | | | | | | | | | | | | | 1.80 | 0.354 | 1.20 | 0.134 |

表 2-24　给水钢管(水煤气管)水力计算表(摘录)　　　单位：$q_g$，L/s；DN，mm；$v$，m/s；$i$，kPa/m

| $q_g$ | DN15 | | DN20 | | DN25 | | DN32 | | DN40 | | DN50 | | DN70 | | DN80 | | DN100 | |
|---|---|---|---|---|---|---|---|---|---|---|---|---|---|---|---|---|---|---|
| | $v$ | $i$ | $v$ | $i$ | $v$ | $i$ | $v$ | $i$ | $v$ | $i$ | $v$ | $i$ | $v$ | $i$ | $v$ | $i$ | $v$ | $i$ |
| 0.05 | 0.29 | 0.284 | | | | | | | | | | | | | | | | |
| 0.07 | 0.41 | 0.518 | 0.22 | 0.111 | | | | | | | | | | | | | | |
| 0.10 | 0.58 | 0.985 | 0.31 | 0.208 | | | | | | | | | | | | | | |
| 0.12 | 0.70 | 1.37 | 0.37 | 0.288 | 0.23 | 0.086 | | | | | | | | | | | | |
| 0.14 | 0.82 | 1.82 | 0.43 | 0.38 | 0.26 | 0.113 | | | | | | | | | | | | |
| 0.16 | 0.94 | 2.34 | 0.50 | 0.485 | 0.30 | 0.143 | | | | | | | | | | | | |
| 0.18 | 1.05 | 2.91 | 0.56 | 0.601 | 0.34 | 0.176 | | | | | | | | | | | | |
| 0.20 | 1.17 | 3.54 | 0.62 | 0.727 | 0.38 | 0.213 | 0.21 | 0.052 | | | | | | | | | | |
| 0.25 | 1.46 | 5.51 | 0.78 | 1.09 | 0.47 | 0.318 | 0.26 | 0.077 | 0.20 | 0.039 | | | | | | | | |
| 0.30 | 1.76 | 7.93 | 0.93 | 1.53 | 0.56 | 0.442 | 0.32 | 0.107 | 0.24 | 0.054 | | | | | | | | |
| 0.35 | | | 1.09 | 2.04 | 0.66 | 0.586 | 0.37 | 0.141 | 0.28 | 0.080 | | | | | | | | |
| 0.40 | | | 1.24 | 2.63 | 0.75 | 0.748 | 0.42 | 0.179 | 0.32 | 0.089 | | | | | | | | |
| 0.45 | | | 1.40 | 3.33 | 0.85 | 0.932 | 0.47 | 0.221 | 0.36 | 0.111 | 0.21 | 0.0312 | | | | | | |
| 0.50 | | | 1.55 | 4.11 | 0.94 | 1.13 | 0.53 | 0.267 | 0.40 | 0.134 | 0.23 | 0.0374 | | | | | | |
| 0.55 | | | 1.71 | 4.97 | 1.04 | 1.35 | 0.58 | 0.318 | 0.44 | 0.159 | 0.26 | 0.0444 | | | | | | |
| 0.60 | | | 1.86 | 5.91 | 1.13 | 1.59 | 0.63 | 0.373 | 0.48 | 0.184 | 0.28 | 0.0516 | | | | | | |
| 0.65 | | | 2.02 | 6.94 | 1.22 | 1.85 | 0.68 | 0.431 | 0.52 | 0.215 | 0.31 | 0.0597 | | | | | | |
| 0.70 | | | | | 1.32 | 2.14 | 0.74 | 0.495 | 0.56 | 0.246 | 0.33 | 0.0683 | 0.20 | 0.020 | | | | |
| 0.75 | | | | | 1.41 | 2.46 | 0.79 | 0.562 | 0.60 | 0.283 | 0.35 | 0.0770 | 0.21 | 0.023 | | | | |
| 0.80 | | | | | 1.51 | 2.79 | 0.84 | 0.632 | 0.64 | 0.314 | 0.38 | 0.0852 | 0.23 | 0.025 | | | | |
| 0.85 | | | | | 1.60 | 3.16 | 0.90 | 0.707 | 0.68 | 0.351 | 0.40 | 0.0963 | 0.24 | 0.028 | | | | |
| 0.90 | | | | | 1.69 | 3.54 | 0.95 | 0.787 | 0.72 | 0.390 | 0.42 | 0.107 | 0.25 | 0.0311 | | | | |
| 0.95 | | | | | 1.79 | 3.94 | 1.00 | 0.869 | 0.76 | 0.431 | 0.45 | 0.118 | 0.27 | 0.0342 | | | | |
| 1.00 | | | | | 1.88 | 4.37 | 1.05 | 0.957 | 0.80 | 0.473 | 0.47 | 0.129 | 0.28 | 0.0376 | 0.20 | 0.0164 | | |
| 1.10 | | | | | 2.07 | 5.28 | 1.16 | 1.14 | 0.87 | 0.564 | 0.52 | 0.153 | 0.31 | 0.0444 | 0.22 | 0.0195 | | |
| 1.20 | | | | | | | 1.27 | 1.35 | 0.95 | 0.663 | 0.56 | 0.18 | 0.34 | 0.0518 | 0.24 | 0.0227 | | |

续表

| $q_g$ | DN15 | | DN20 | | DN25 | | DN32 | | DN40 | | DN50 | | DN70 | | DN80 | | DN100 | |
|---|---|---|---|---|---|---|---|---|---|---|---|---|---|---|---|---|---|---|
| | v | i | v | i | v | i | v | i | v | i | v | i | v | i | v | i | v | i |
| 1.30 | | | | | | 1.37 | 1.59 | 1.03 | 0.769 | 0.61 | | 0.208 | 0.37 | 0.0599 | 0.26 | 0.0261 | | |
| 1.40 | | | | | | 1.48 | 1.84 | 1.11 | 0.884 | 0.66 | | 0.237 | 0.40 | 0.0683 | 0.28 | 0.0297 | | |
| 1.50 | | | | | | 1.58 | 2.11 | 1.19 | 1.01 | 0.71 | | 0.27 | 0.42 | 0.0772 | 0.30 | 0.0336 | | |
| 1.60 | | | | | | 1.69 | 2.40 | 1.27 | 1.14 | 0.75 | | 0.304 | 0.45 | 0.0870 | 0.32 | 0.0376 | | |
| 1.70 | | | | | | 1.79 | 2.71 | 1.35 | 1.29 | 0.80 | | 0.340 | 0.48 | 0.0969 | 0.34 | 0.0419 | | |
| 1.80 | | | | | | 1.90 | 3.04 | 1.43 | 1.44 | 0.85 | | 0.378 | 0.51 | 0.107 | 0.36 | 0.0466 | | |
| 1.90 | | | | | | 2.00 | 3.39 | 1.51 | 1.61 | 0.89 | | 0.418 | 0.54 | 0.119 | 0.38 | 0.0513 | | |
| 2.0 | | | | | | | | 1.59 | 1.78 | 0.94 | | 0.460 | 0.57 | 0.13 | 0.40 | 0.0562 | 0.23 | 0.0147 |
| 2.2 | | | | | | | | 1.75 | 2.16 | 1.04 | | 0.549 | 0.62 | 0.155 | 0.44 | 0.0666 | 0.25 | 0.0172 |
| 2.4 | | | | | | | | 1.91 | 2.56 | 1.13 | | 0.645 | 0.68 | 0.182 | 0.48 | 0.0779 | 0.28 | 0.0200 |
| 2.6 | | | | | | | | 2.07 | 3.01 | 1.22 | | 0.749 | 0.74 | 0.21 | 0.52 | 0.0903 | 0.30 | 0.0231 |
| 2.8 | | | | | | | | | | 1.32 | | 0.869 | 0.79 | 0.241 | 0.56 | 0.103 | 0.32 | 0.0263 |
| 3.0 | | | | | | | | | | | 1.41 | 0.998 | 0.85 | 0.274 | 0.60 | 0.117 | 0.35 | 0.0298 |
| 3.5 | | | | | | | | | | | 1.65 | 1.36 | 0.99 | 0.365 | 0.70 | 0.155 | 0.40 | 0.0393 |
| 4.0 | | | | | | | | | | | 1.88 | 1.77 | 1.13 | 0.468 | 0.81 | 0.198 | 0.46 | 0.0501 |
| 4.5 | | | | | | | | | | | 2.12 | 2.24 | 1.28 | 0.586 | 0.91 | 0.246 | 0.52 | 0.0620 |
| 5.0 | | | | | | | | | | | 2.35 | 2.77 | 1.42 | 0.723 | 1.01 | 0.30 | 0.58 | 0.0749 |
| 5.5 | | | | | | | | | | | 2.59 | 3.35 | 1.56 | 0.875 | 1.11 | 0.358 | 0.63 | 0.0892 |
| 6.0 | | | | | | | | | | | | | 1.70 | 1.04 | 1.21 | 0.421 | 0.69 | 0.105 |
| 6.5 | | | | | | | | | | | | | 1.84 | 1.22 | 1.31 | 0.494 | 0.75 | 0.121 |
| 7.0 | | | | | | | | | | | | | 1.99 | 1.42 | 1.41 | 0.573 | 0.81 | 0.139 |
| 7.5 | | | | | | | | | | | | | 2.13 | 1.63 | 1.51 | 0.657 | 0.87 | 0.158 |
| 8.0 | | | | | | | | | | | | | 2.27 | 1.85 | 1.61 | 0.748 | 0.92 | 0.178 |
| 8.5 | | | | | | | | | | | | | 2.41 | 2.09 | 1.71 | 0.844 | 0.98 | 0.199 |
| 9.0 | | | | | | | | | | | | | 2.55 | 2.34 | 1.81 | 0.946 | 1.04 | 0.221 |
| 9.5 | | | | | | | | | | | | | | | 1.91 | 1.05 | 1.10 | 0.245 |
| 10.0 | | | | | | | | | | | | | | | 2.01 | 1.17 | 1.15 | 0.269 |

由于室内给水管网中的局部配件比较多，如阀门、弯头、三通等，局部阻力系数各不相同，在实际工程设计时，将每一种局部水头损失折算成相应于沿程水头损失的当量长度进行计算，阀门和螺纹管件的摩阻损失的折算补偿长度可按表2-25所示数据进行计算。

表2-25　阀门和螺纹管件的摩阻损失的折算补偿长度

| 管件内径 /mm | 各种管件的折算管道长度/m | | | | | | | |
|---|---|---|---|---|---|---|---|---|
| | 90° 标准弯头 | 45° 标准弯头 | 标准三通90° 转角流 | 三 通直向流 | 闸板阀 | 球 阀 | 角 阀 |
| 9.5 | 0.3 | 0.2 | 0.5 | 0.1 | 0.1 | 2.4 | 1.2 |
| 12.7 | 0.6 | 0.4 | 0.9 | 0.2 | 0.1 | 4.6 | 2.4 |
| 19.1 | 0.8 | 0.5 | 1.2 | 0.2 | 0.2 | 6.1 | 3.6 |
| 25.4 | 0.9 | 0.5 | 1.5 | 0.3 | 0.2 | 7.6 | 4.6 |
| 31.8 | 1.2 | 0.7 | 1.8 | 0.4 | 0.2 | 10.6 | 5.5 |
| 38.1 | 1.5 | 0.9 | 2.1 | 0.5 | 0.3 | 13.7 | 6.7 |
| 50.8 | 2.1 | 1.2 | 3.0 | 0.6 | 0.4 | 16.7 | 8.5 |
| 63.5 | 2.4 | 1.5 | 3.6 | 0.8 | 0.5 | 19.8 | 10.3 |
| 76.2 | 3.0 | 1.8 | 4.6 | 0.9 | 0.6 | 24.3 | 12.2 |
| 101.6 | 4.3 | 2.4 | 6.4 | 1.2 | 0.8 | 38.0 | 16.7 |
| 127.0 | 5.2 | 3.0 | 7.6 | 1.5 | 1.0 | 42.6 | 21.3 |
| 152.4 | 6.1 | 3.5 | 9.1 | 1.8 | 1.2 | 50.2 | 24.3 |

注：本表的螺纹接口是指管件无凹口的螺纹。当管件为凹口螺纹或管件与管道为等径焊接时，其当量长度取本表值的一半。

当管道中管(配)件当量长度资料不足时，可以按管件的连接情况，按管网的沿程水头损失的百分数取值。

(1) 管(配)件内径与管道内径一致时，采用三通分水时，取 25%～30%；采用分水器分水时，取 15%～20%。

(2) 管(配)件内径比管道内径略大时，采用三通分水时，取 50%～60%；采用分水器分水时，取 30%～35%。

(3) 管(配)件内径比管道内径略小时，管(配)件的插口插入管口内连接，采用三通分水时，取 70%～80%；采用分水器分水时，取 35%～40%。

(4) 比例式减压阀的水头损失，阀后动水压宜按阀后静水压的 80%～90%计算。

(5) 管道过滤器的局部水头损失宜取 0.01MPa。

(6) 管道倒流防止器的局部水头损失宜取 0.025～0.04MPa。

### 3. 水表的水头损失

水表的局部水头损失应按选用产品所给定的压力损失值计算。在未确定具体产品时，可按下列情况选用：住宅进户管上的水表，宜取 0.01MPa；建筑物或小区引入管上的水表，

在生活用水工况时，宜取 0.03MPa；在校核消防工况时，宜取 0.05MPa。

一般情况下，室内给水管道中局部压力损失可以不进行详细计算，而根据经验采用沿程压力损失的百分数估算：生活给水管道取 25%～30%；生产给水管道取 20%；消火栓消防给水管段取 10%；生活、消防共用给水管道取 20%；生产、消防共用给水管道取 15%；生活、生产、消防共用给水管道取 20%。

## 2.7.4 建筑内部给水系统所需水压

建筑内部给水系统所需水压是根据卫生器具和用水设备用途要求而规定的，其配水装置单位时间的出水量为额定流量。各种配水装置为克服给水配件内摩阻、冲击及流速变化等阻力，而放出额定流量所需的最小静水压称为流出水头。要满足建筑内给水系统各配水点单位时间内使用所需的水量，给水系统的水压就应保证配水最不利点(通常位于系统的最高、最远处)具有足够的流出水头，如图 2-33 所示。

建筑物所需要的水压应按最不利点所需要的水压进行计算，其计算公式如下。

$$H = H_1 + H_2 + H_3 + H_4 + H_5 \tag{2-19}$$

式中：$H$——建筑内部给水系统所需的总水压(kPa 或 mH$_2$O)，自室外引入管起点轴线算起；

$H_1$——室内最不利配水点与室外引入管起点的标高差，m；

$H_2$——计算管路的水头损失，kPa 或 mH$_2$O；

$H_3$——水流通过水表的水头损失，kPa 或 mH$_2$O；

$H_4$——计算管路最不利配水点的流出水头，kPa 或 mH$_2$O；

$H_5$——富裕水头，kPa 或 mH$_2$O。

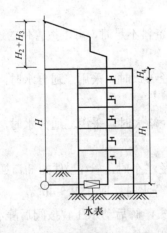

图 2-33 建筑内部给水系统所需的压力

流出水头也称为静水头，设计时按照"表 2-13 卫生器具的给水额定流量、当量、连接管公称管径和最低工作压力"中的数据选取。一般的卫生器具，流出水头为 1.5～5m(15～50kPa)，普通的水龙头可按 2m 计算，有些特殊设备，如医院的水疗台、按摩浴缸、冲浪浴缸等，要求流出水头高一些，按照设备的需要确定流出水头数值。

富裕水头是指为各种不可预见因素留有余地而予以考虑的水头，一般情况 $H_5$ 可按 2m 计。

## 2.7.5　水力计算的方法和步骤

给水管网的布置方式不同，其水力计算的方法和步骤亦有差别。现将常见的给水方式的水力计算方法和步骤归纳如下。

### 1．下行上给式水力计算的方法和步骤

(1) 根据建筑平面图，绘出给水管道平面布置图；估算给水系统所需压力，并根据市政管网提供的压力确定的给水方式，绘制出系统图。

(2) 根据给水系统图确定管网中最不利配水点(一般为距引入管起端最远最高，要求的流出压力最大的配水点)，再根据最不利配水点，选定最不利管路(通常为最不利配水点至引入管起端间的管路)作为计算管路。若在系统图中难以判定最不利配水点，则应同时选择几条计算管路，分别计算各条管路所需的压力，取计算结果最大的作为给水系统所需压力，并绘制计算简图。

(3) 从最不利配水点开始，按流量变化为节点进行管道编号，将计算管路划分成计算管段，标出两节点之间各管段管长，标注在计算简图上。

(4) 根据建筑物的类型及性质，正确地选用设计流量计算公式，并计算出各设计管段的给水设计流量。

(5) 根据各设计管段的设计流量和允许流速，查水力计算表确定出各管段的管径和管段单位长度的压力损失，并计算管段的沿程压力损失值。

(6) 计算管段的局部压力损失，以及管路的总压力损失。系统中设有水表时，还需选用水表，并计算水表压力损失值。

(7) 确定建筑物室内给水系统所需的总压力。

(8) 将室内管网所需的总压力 $H$ 与室外管网提供的压力 $H_0$ 相比较。当 $H<H_0$ 时，如果小得不多，系统管径可以不作调整；如果小得很多，为了充分利用室外管网水压，应在正常流速范围内，缩小某些管段的管径。当 $H>H_0$ 时，如果相差不大时，为了避免设置局部升压装置，可以放大某些管段的管径；如果两者相差较大时，则需设增压装置。总之，既要考虑充分利用室外管网压力，又要保证最不利配水点所需的水压和水量。

(9) 设有水箱和水泵的给水系统，还应计算水箱的容积；计算从水箱出口至最不利配水点间的压力损失值，以确定水箱的安装高度；计算从引入管起端至水箱进口间所需压力来校核水泵压力等。

### 2．上行下给式水力计算方法和步骤

(1) 在上行干管中选择要求压力最大的管路作为计算管路，一般从水箱出口到最不利配水点为最不利计算管路。

(2) 划分计算管段，并计算各管段的设计流量，确定各管段的管径及计算其压力损失，并计算管路的总压力损失，以确定水箱的安装高度。

(3) 计算各立管管径，根据各节点处已知压力和立管的几何高度，自上而下按已知压力选择管径，要注意防止管内流速过大，以免产生噪音。

【例 2-2】已知某六层住宅楼，每户一卫一厨，层高 2.8m，设有坐式大便器、洗脸盆、浴盆、厨房洗涤盆、洗衣机水嘴，生活热水由家用燃气热水器供应。该楼所在小区设有集中加压泵房，能提供 0.3MPa 的水压。其给水管道平面图和系统图如图 2-34 所示，各管段长度及标高如系统图中所注。管材选用给水塑料管，试进行给水系统的水力计算。

【解】(1) 确定给水方式。

该建筑为六层住宅建筑，所需水压估算为 0.28MPa，而小区设有集中加压泵房，能提供的水压为 0.3MPa，因此可采用直接给水方式。从系统图中可知，最不利配水点为厨房洗涤盆，从顶层厨房洗涤盆至总水表处为计算管段，计算管道节点编号如图 2-34 所示。

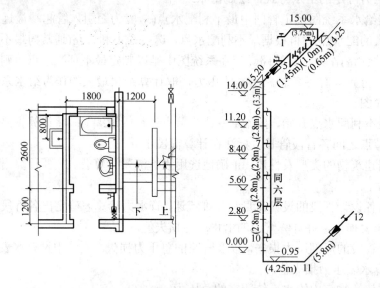

图 2-34　建筑给水平面图、系统图

(2) 计算最大用水时卫生器具给水当量平均出流概率。

该住宅楼从卫生器具配置可知为普通住宅 II 型，用水定额 $q_0$ 按表 2-9 取 250L/(人·d)，户均人数 $m$ 取 3.5 人，每户设置的卫生器具给水当量 $N_g$ 按表 2-13 取值，则户给水当量 $N_g$=4.25，时变化系数 $K_h$ 按表 2-9 取 2.5，用水时数为 24h，则最大用水时卫生器具给水当量平均出流概率为：$U_0 = \dfrac{q_0 m K_h}{0.2 N_g T \times 3600} = \dfrac{250 \times 3.5 \times 2.5}{0.2 \times 4.25 \times 24 \times 3600} = 0.0298$，取 $U_0$=3%。

(3) 求各计算管段上的卫生器具给水当量总数 $N_g$，计算值列于表 2-26 中第 7 列；根据上步求得的平均出流概率 $U_0$ 和 $N_g$，查表 2-16 给水管段设计秒流量计算表，得到各管段的卫生器具给水当量的同时出流概率 $U$ 值和设计秒流量 $q_g$，并分别列于表 2-26 中第 8 列和第 9 列。

(4) 由各管段的设计秒流量 $q_g$，并将流速控制在允许范围内，查"表 2-23 给水塑料管水力计算表"可得管径 DN、流速 $v$ 和单位长度沿程水头损失 $i$，分列于表 2-26 中第 10 列、第 11 列和第 12 列。由式(2-17)计算管路的沿程水头损失 $h_f$，并列于表 2-26 中第 14 列。

表 2-26　建筑给水管道计算表

| 计算管道编号 | 卫生器具名称及当量值和数量 | | | | | 当量总数 $N_g$ | 同时出流概率 $U$ /% | 设计秒流量 $q_g$ /(L/s) | 管径 DN /mm | 流速 $v$ /(m/s) | 每米管长沿程水头损失 $i$ /kPa | 管段长度 $l$ /m | 管段沿程水头损失 $h_f$ /kPa |
|---|---|---|---|---|---|---|---|---|---|---|---|---|---|
| | 厨房洗涤盆 1.0 | 浴盆 1.0 | 低水箱大便器 0.5 | 洗脸盆 0.75 | 洗衣机水龙头 1.0 | | | | | | | | |
| 1 | 2 | 3 | 4 | 5 | 6 | 7 | 8 | 9 | 10 | 11 | 12 | 13 | 14 |
| 1-2 | 1 | | | | | 1.00 | 100 | 0.20 | 15 | 0.99 | 0.940 | 3.75 | 3.525 |
| 2-3 | 1 | 1 | | | | 2.00 | 72.08 | 0.29 | 20 | 0.76 | 0.400 | 0.65 | 0.26 |
| 3-4 | 1 | 1 | 1 | | | 2.50 | 65.70 | 0.325 | 20 | 0.86 | 0.492 | 1.0 | 0.492 |
| 4-5 | 1 | 1 | 1 | 1 | | 3.25 | 57.40 | 0.37 | 20 | 0.97 | 0.619 | 1.45 | 0.898 |
| 5-6 | 1 | 1 | 1 | 1 | 1 | 4.25 | 50.35 | 0.42 | 25 | 0.64 | 0.206 | 3.3 | 0.680 |
| 6-7 | 2 | 2 | 2 | 2 | 2 | 8.50 | 36.13 | 0.61 | 25 | 0.93 | 0.398 | 2.8 | 1.114 |
| 7-8 | 3 | 3 | 3 | 3 | 3 | 12.75 | 29.83 | 0.76 | 25 | 1.15 | 0.589 | 2.8 | 1.649 |
| 8-9 | 4 | 4 | 4 | 4 | 4 | 17.00 | 26.08 | 0.89 | 32 | 0.87 | 0.277 | 2.8 | 0.776 |
| 9-10 | 5 | 5 | 5 | 5 | 5 | 21.25 | 23.55 | 1.00 | 32 | 0.98 | 0.340 | 2.8 | 0.952 |
| 10-11 | 6 | 6 | 6 | 6 | 6 | 25.50 | 21.63 | 1.11 | 32 | 1.09 | 0.419 | 4.25 | 1.781 |
| 11-12 | 6 | 6 | 6 | 6 | 6 | 25.50 | 21.63 | 1.11 | 32 | 1.09 | 0.419 | 5.8 | 2.430 |

$\sum h_f = 14.557 \text{kPa}$

(5) 根据经验，住宅分户水表水头损失取 0.01 MPa，引入管总水表水头损失取 0.03 MPa。

(6) 管道的局部总水头损失按沿程水头损失的 30% 计算，则室内给水系统所需的水压为：$H = 150.0 + 9.5 + 1.3 \times 14.557 + 10 + 30 + 50 + 20 \approx 288.4 \text{kPa} \approx 0.288 \text{MPa}$。

(7) 校验室外给水管道水压能否满足室内给水管道的压力需求。

由于室内给水所需水压 $H$(0.288MPa) 小于室外管道提供的 $H_0$(0.3MPa)，所以满足要求。

# 2.8　增压和贮水设备

## 2.8.1　水泵

水泵是给水系统中的主要升压设备。

### 1. 适用建筑给水系统的水泵类型

在建筑内部的给水系统中，一般采用离心式水泵，它具有结构简单、体积小、效率高且流量和扬程在一定范围内可以调整等优点。选择水泵应以节能为原则，使水泵在给水系统中大部分时间保持高效运行。当采用设水泵和水箱联合的给水方式时，通常水泵直接向水箱输水，水泵的出水量、扬程几乎不变，选用离心式恒速水泵即可保持高效运行。对于无水量调节设备的给水系统，在电源可靠的条件下，可选用装有自动调速装置的离心式水泵。

**2. 水泵的选择**

水泵的流量、扬程应根据给水系统所需的流量、压力确定，由流量、扬程查水泵性能表(或曲线)即可确定其型号。

**1) 流量**

在生活(生产)给水系统中，无水箱调节时，水泵出水量要满足系统高峰用水的要求，故不论是恒速泵还是调速泵，其流量均应以系统的高峰用水量即设计秒流量来确定。有水箱调节时，水泵流量可按最大时流量确定；若水箱容积较大，并且用水量均匀，则水泵流量也可按平均时流量确定。

消防水泵流量应以室内消防设计水量确定。生活、生产、消防共用调速水泵，在消防时，其流量除应保证消防用水总量外，还应保证生活、生产用水量的要求。

**2) 扬程**

根据水泵的用途及与室外给水管网连接的方式不同，其扬程可按以下不同公式计算。

(1) 当水泵从贮水池吸水向室内管网输水时，其扬程由下式确定：

$$H_b = H_z + H_s + H_c \tag{2-20}$$

(2) 当水泵从贮水池吸水向室内管网中的高位水箱输水时，其扬程由下式确定：

$$H_b = H_z + H_s + H_v \tag{2-21}$$

(3) 当水泵直接由室外管网吸水向室内管网输水时，其扬程由下式确定：

$$H_b = H_z + H_s + H_c - H_0 \tag{2-22}$$

式中： $H_b$ ——水泵扬程，kPa；

$H_z$ ——水泵吸入端最低水位至室内管网最不利配水点所要求的静水压，kPa；

$H_s$ ——水泵吸入口至室内最不利配水点的总水头损失，kPa；

$H_v$ ——水泵出水管末端的流速水头，kPa；

$H_0$ ——室外给水管网所能提供的最小压力，kPa。

**3. 水泵的台数确定**

当供生活用水时，按建筑物的重要性考虑一般设置备用泵一台；对小型民用建筑允许短时间停水的，不考虑备用；对生产及消防给水，水泵的备用台数应按生产工艺要求及相关防火规定来确定。

水泵工作时会产生噪声，必要时应在水泵的进、出水管上设隔音装置，并设减振装置，如弹性基础或弹簧减振器。

**4. 水泵管路设置**

**1) 管路敷设**

吸水管路和压水管路是泵房的重要组成部分，正确设计、合理布置与安装对于保证水泵的安全运行、节省投资和减少电耗有很大的关系。

水泵能正常运行对于吸水管路的基本要求是不漏气、不积气、不吸气，但在实际管路布置及施工时往往忽视了某些局部做法，导致水泵不能完全正常运行，如图 2-35 所示。

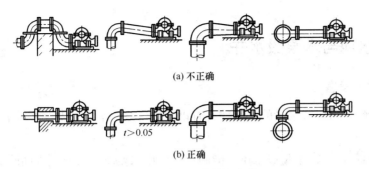

(a) 不正确

$t > 0.05$

(b) 正确

**图 2-35 水泵吸水管的安装**

2) 管路附件

每台水泵的出水管上应装设压力表、止回阀和阀门。符合多功能阀安装条件的出水管，可用多功能阀取代止回阀和阀门，必要时应设置水锤消除装置。自灌式吸水的水泵吸水管上应装设阀门，并宜装设管道过滤器。

水泵吸水管上的阀门平时常开，仅在检修时关闭，宜选用手动阀；出水管上的阀门启闭比较频繁，应选用电动、液动或气动阀门。为减小水泵运行时振动所产生的噪声，每台水泵的吸水管、压水管上应设橡胶接头或其他减振装置。自灌式吸水的水泵吸水管上应安装真空压力表，吸入式水泵的吸水管上应安装真空表，出水管可能滞留空气的管段上方，应设排气阀。

水泵直接从室外给水管网吸水时，应在吸水管上装设阀门和压力表，并应绕水泵设旁通管，旁通管上应装设阀门和止回阀。

**5. 水泵的安装**

水泵间净高不得小于 3.2m，应光线充足，通风良好，干燥不冻结，并有排水措施，为保证安装检修方便，水泵之间、水泵与墙壁之间应留有足够的距离。水泵机组的基础侧边之间和至墙面的距离不得小于 0.7m，对于电动机功率小于及等于 20kW 或吸水口直径小于或等于 100mm 的小型水泵，两台同型号的水泵机组可共用一个基础，基础的一侧与墙面之间可不留通道。不留通道的机组突出部分与墙壁之间的净距及相邻的突出部分的净距，不得小于 0.2m；水泵机组的基础端边之间和至墙的距离不得小于 1.0m，电动机端边至墙的距离还应保证能抽出电动机转子；水泵机组的基础至少应高出地面 0.1m，如图 2-36 所示。

为减小水泵运行时振动所产生的噪声，在水泵及其吸水管、出水管上均应设隔振装置，通常可采用在水泵机组的基础下设橡胶、弹簧减振器或橡胶隔振垫，在吸水管、出水管中装设可曲挠橡胶接头等装置，如图 2-37 所示。

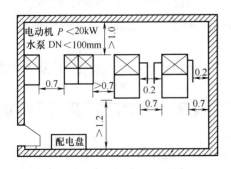

**图 2-36 水泵机组的布置间距(m)**

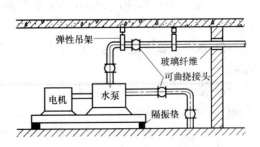

**图 2-37 水泵隔振安装结构示意图**

## 2.8.2 贮水池与水泵吸水井

### 1. 贮水池的设置

贮水池是贮存和调节水量的构筑物。有以下情况之一者，应设置贮水池，水泵从贮水池中抽水。

(1) 当水源不可靠，水量或水压不能满足室内用水要求，又不允许间断供水时。

(2) 水源不能满足最大小时供水量，设置其他设备不可能或不经济时。

(3) 水源为定时供水制度。

(4) 根据"防火规范"规定必须设置消防水池的情况。

(5) 市政管理部门不允许水泵直接从城市给水管网抽水时。

### 2. 贮水池的类型

贮水池可设置成生活用水贮水池、生产用水贮水池、消防用水贮水池，或者生活与生产、生活与消防、生产与消防和生活、生产与消防合用的贮水池。贮水池的形状有圆形、方形、矩形和因地制宜的异形。贮水池一般采用钢筋混凝土结构，小型贮水池也可以采用金属、玻璃钢等材料，以保证不漏(渗)水。

### 3. 贮水池的设计要求

贮水池一般设置在建筑物内，可以设置在地下室、半地下室中，也可以设置在比较高的位置。设置贮水池应注意防止在水池中发生水质污染现象；保证安全供水；便于维护检修。一般应注意以下几点。

(1) 生活贮水池应远离化粪池、厕所、厨房等构筑物或场所，与化粪池的净距离不应小于 10m，当净距离不能保证大于 10m 时，应采取措施保证生活用水不被污染，如提高生活贮水池的标高，或改变化粪池池壁的材料、加强化粪池的防渗漏措施等。

(2) 贮水池设在建筑物内时，不应利用建筑物的本底结构作为生活水池的池壁和池底，以防止产生裂缝污染水质。

(3) 水池的进水管和出水管应布置在相对位置，以保证池水能循环，避免水流短路而导致的水质恶化；当水池比较大时，应设置导流墙(板)等，以保证不出现滞水区。

(4) 贮水池宜分成两格，能独立工作、能分别泄空，以便于水池的清洗和出现事故时检修。消防水池容积如超过 500m³ 时，应分成两个，且两池间应设置连通管，并应在每池(格)单独工作时配置阀门。

(5) 水池应设置进水管、出水管、溢流管、泄水管、水位指示、通风换气、检修人孔等装置。

(6) 溢流管的管径应比进水管大一级，溢水喇叭口的上缘应高出最高水位的 30～50mm，溢流管上不得安装阀门。

(7) 泄水管管径按 2h 内池内存水全部泄空进行计算，但最小管径不得小于 100mm。

(8) 溢流管、泄水管不得与污水管直接连接，排入排水系统时应有防止回流污染的措施。

(9) 溢流管、通气管等末端应加设防虫网罩。

(10) 贮水池宜设吸水坑，吸水坑深度不宜小于 1m，池底应有不小于 0.005 的坡度坡向吸水坑。

(11) 当水池贮有消防水量时，必须采取有效措施，以保证消防用水平时不被动用，常见的措施与水箱中的相应措施相同。

(12) 贮水池设在室内时，池顶板距建筑顶板底的高度应满足检修人员出入孔的需要，一般不宜小于 1.5m。

#### 4．贮水池的容积

贮水池容积的确定，应根据室内的用水要求、室外供水的可靠性，即水池进水管的供水能力来确定。贮水池容积如果过大，则增加土建投资，而且会因水在水池中的停留时间过长而造成水质恶化变质；如果贮水池容积过小，则不能保证供水的安全可靠。

确定贮水池的有效容积，还需要考虑调节水量、消防水量、生产事故备用水量等。贮水池的有效容积一般可按下式计算。

$$V \geqslant (Q_b - Q_g)T_b + V_x + V_s \tag{2-23}$$

同时应满足：

$$Q_g T_t \geqslant (Q_b - Q_g)T_b \tag{2-24}$$

式中：$V$ ——贮水池的有效容积，$m^3$；

$Q_b$ ——水泵出水量，$m^3/h$；

$Q_g$ ——水源供水能力(水池进水量)，$m^3/h$；

$T_b$ ——水泵运行时间，h；

$T_t$ ——水泵运行间隔时间，h；

$V_s$ ——生产事故用水储备量，$m^3$(根据工艺要求确定)；

$V_x$ ——消防用水储备量，$m^3$(按设计规范确定，一般是 3h 的消防水量)；

$(Q_b - Q_g)T_b$ ——水池的调节容积，$m^3$。

同时应满足：$Q_g T_t \geqslant (Q_b - Q_g)T_b$，即保证水池的水不被抽干。

当水池的进水量 $Q_g$ 大于水泵的出水量 $Q_b$ 时，不设调节水量；当设计时，按式(2-24)和式(2-25)进行计算；当资料不足时，贮水池的调节水量 $(Q_b - Q_g)T_b$ 不得小于全日用水量的 8%～12%。

#### 5．吸水井

在不需要设置贮水池，但又不允许水泵直接从城市给水管网中抽水时，可以设置吸水井或吸水罐。吸水井设置于地面下，可以设置在建筑物内部，也可以设置在室外。吸水井的尺寸应满足吸水管的布置、安装、检修以及保证水泵正常工作的要求，吸水井的有效容积不得小于最大一台水泵 3min 的出水量。图 2-38 所示为吸水管在吸水井内布置的最小尺寸。

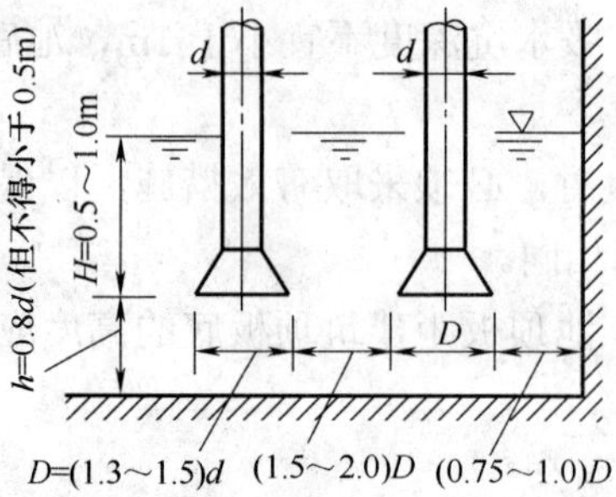

图 2-38　吸水管在吸水井中布置的最小尺寸

### 2.8.3　水箱

#### 1. 水箱的设置

有下列情况时，宜设置给水水箱。

当城市给水管网的水压周期性或经常性不能满足室内用水要求时，需设置水箱；当室内给水管网对水压的稳定性要求比较高或需要恒压供水时，或需要贮存事故水量、消防水量时，亦需设置水箱；高层建筑供水系统竖向分区时，也应设置水箱。水箱起稳压、贮存水量的作用，有时也起增压或减压的作用。

设置水箱的给水方式的优点是：一般系统比较简单；利用夜间或用水低峰时室外管网的水压直接为水箱充水，当用水高峰时，室外管网压力不足，由水箱补充外网的不足；水箱有一定的调节容积，能利用重力自动供水，同时设置水箱能缓解城市供水管网在用水高峰时出现的供需矛盾，起"削峰"作用，从而可节约电能，保证供水的可靠性；水箱可设计成自动控制水位，管理方便。

但设置水箱的给水方式也存在很多问题，应在设计时加以注意。

(1) 水箱设计不当、管理不当造成水质的二次污染问题。

(2) 水箱位于建筑物的上部，对结构抗震不利，增加建筑物的结构荷载。

(3) 水箱占用一定的建筑面积。

(4) 建筑立面如处理不好，影响建筑物的美观。

(5) 水箱设置在建筑物的顶部，防冻抗寒能力差。

(6) 顶层用户的水压不足，会影响燃气热水器、自闭式冲洗阀以及瓷片式、轴筒式、球阀式水龙头的正常使用。

(7) 如果浮球阀选用不当，会因溢流造成水量损失。

#### 2. 水箱类型

按不同用途，水箱可分为高位水箱、减压水箱、冲洗水箱和断流水箱等多种类型，其形状多为矩形和圆形，制作材料有钢板、钢筋混凝土、不锈钢、玻璃钢和塑料等。目前玻璃钢水箱用得较多。玻璃钢水箱重量轻、强度高、耐腐蚀、安装维修方便，大容积的水箱可以现场组装。钢筋混凝土水箱造价低，适用于大型水箱，但重量大，管道连接处理不好容易漏水。

### 3. 水箱的设计要求

为保证给水系统的安全可靠，防止水质的二次污染，给水水箱的设计一般应符合以下要求。

(1) 水箱的容量超过 50m³ 时，宜设计成为两个或分成两格。

(2) 有效水深不小于 0.7m，也不宜大于 2.5m。

(3) 进出水管应相对和分别设置。

(4) 水箱的箱底应有不小于 0.005 的坡度坡向水箱的泄水管口。

(5) 人孔盖应密闭加锁，而且应高出水箱顶板面 100mm 以上。人孔尺寸应满足检修人员和箱内配件等的进出要求，一般人孔直径不小于 700mm。检修人孔的顶面至建筑物顶板的距离，不宜小于 1.5m，以方便检修人员进出人孔。

(6) 水箱应布置在便于维护管理、通风和采光良好、不受污染、有利于管道布置的位置，水箱间的温度应不低于 5℃。

### 4. 水箱配管、附件

水箱上的配管、附件，如进水管、出水管、溢流管、排水管、泄水管、水箱托盘，通气孔、水位信号装置、连通管、检修人孔、水箱盖等，都有一定的要求，设计时按设计手册的要求进行设计，水箱配管如图 2-39 所示。

1) 进水管

水箱进水管一般由水箱侧壁接入，为防止溢流，进水管上应装设水力自动控制阀，如浮球阀或液压水位控制阀。浮球阀或液压水位控制阀的数量一般不少于两个，其中一个发生故障时，其余浮球阀仍能保证正常工作，浮球阀应尽量同步开启和关闭。在每个浮球阀前的进水管上应设置阀门，以便检修。浮球阀应设置在人孔的下方，以便于检查浮球阀的工作状况。

进水管应在水池(箱)的溢流水位以上接入，当溢流水位确定有困难时。进水管口的最低点高出溢流边缘的高度等于进水管管径，但最小不应小于 25mm，最大可不大于 150mm。进水管中心距离水箱顶应有 150~200mm 的距离，进水管管径按水泵流量或室内管网设计秒流量计算。

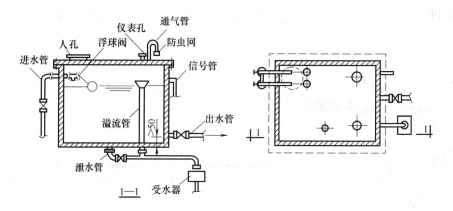

图 2-39　水箱配管、附件示意图

2) 出水管

出水管一般从水箱侧壁接出，管口下缘距离水箱底不应小于 50mm，如从水池底部接出，出水管管顶入水口距水箱底的距离也不应小于 50mm，以防沉淀物进入配水管网，其管径按室内设计秒流量确定；水箱出水管管口应低于水箱最低水位，以防止水箱在最低水位时，管网用水量达到设计秒流量时造成供水量不足，同时也可以防止在低水位时空气进入给水管网；为防止水流短路，出水管、进水管应分设在水箱两侧。

3) 溢流管

溢流管的作用是，当水箱进水管控制失灵或水泵控制失灵时，多余的水从溢流管中流出，避免水箱溢水，造成破坏。溢流管管口应高出设计最高水位 50mm；管径应比进水管管径大 1~2 号，溢流管上不允许装设阀门；溢流管不得与排水系统的管道直接连接；溢水管出口应装设网罩，以防止小动物进入。

4) 泄水管

水箱清洗或检修时，水箱中的水通过泄水管泄空。泄水管从水箱底部最低处接出，泄水管上装设阀门，平时关闭，泄水时开启。泄水管的阀门后可以与溢流管相连接，但不得与排水系统的管道直接连接。如无特殊要求，泄水管的管径可以比进水管缩小 1~2 级，但一般不小于 50mm。

5) 通气管

生活给水系统中的水箱为防止水质污染，水箱盖板、人孔等都应封闭，为保证水箱内空气流通，需设置通气管，防止水体变质。通气管从箱盖上接出，伸至室外或水箱间内，但不得伸入到有有害气体的地方。通气管末端应装设滤网，而且管口应朝下设置。

通气管上不得装设阀门，不允许与排水系统的通气管或通风道相连接。其管径一般应大于 50mm，数量一般不少于 2 根。

6) 水位信号装置

水位信号装置用来反映水位控制失灵的报警装置，一般水位信号装置安装在水箱壁溢流管口以下 10mm 处，管径 15~20mm，另一端通到值班室内的污水盆上，以便随时发现水箱浮球阀设备失灵，及时采取措施。如水箱液位与水泵控制系统连锁，则可在水箱侧壁或顶盖上安装继电器或光、声信号，采用自动水位报警装置。

7) 连通管

如需设置两个水箱，两个水箱之间应设置连通管，管径与进水管相同。连通管上应装设阀门。

8) 人孔

为便于清洗、检修，箱盖上应设人孔。

**5. 水箱的有效容积及设置高度**

1) 有效容积

水箱的有效容积为水箱最高水位至水箱最低水位之间的容积。若仅作为水量调节之用，其有效容积即为调节容积；若兼有贮备消防和生产事故用水的作用，其容积应由调节水量、消防备用水量、生活备用水量和生产事故备用水量四部分水量之和来确定。

在实际工程中，对于不同的给水方式，水箱的调节水量可按不同的情况由以下经验公式确定。

(1) 由室外给水管网直接供水的水箱的调节水量如下。

$$V = Q_L T_L \tag{2-25}$$

式中：$V$ ——水箱的有效容积，$m^3$；

$Q_L$ ——由水箱供水的最大连续平均小时用水量，$m^3/h$；

$T_L$ ——由水箱供水的最大连续时间，$h$。

(2) 由人工启动水泵供水的水箱的调节水量如下。

$$V = \frac{Q_d}{n_d} - T_b Q_p \tag{2-26}$$

式中：$V$ ——水箱的有效容积，$m^3$；

$Q_d$ ——最高日用量，$m^3/d$；

$n_b$ ——水泵每天启动次数，次/d；

$T_b$ ——水泵启动一次的最短运行时间，由设计确定，$h$；

$Q_p$ ——水泵运行时间 $T_b$ 内的建筑平均小时用水量，$m^3/h$。

(3) 水泵自动启动供水的水箱的调节水量如下。

$$V = C \frac{q_b}{4 K_b} \tag{2-27}$$

式中：$V$ ——水箱的有效容积，$m^3$

$q_b$ ——水泵出水量，$m^3/h$；

$K_b$ ——水泵 1h 内的启动次数，一般选用 4～8 次/h；

$C$ ——安全系数，可在 1.5～2.0 之间选用。

用上式计算所得的水箱调节容积较小，必须在确保水泵自动启动装置安全可靠的条件下采用。

(4) 经验估算法。

生活用水的调节水量按水箱服务区内最高日用水量 $Q_d$ 的百分数估算，水泵自动启闭时 $\geqslant 50\% Q_h$；人工操作时 $\geqslant 12\% Q_d$。

生产事故备用水量可按工艺要求确定。

消防贮备水量用于扑救初期火灾，一般都以 10min 的室内消防设计流量计。

2) 设置高度

水箱的设置高度应满足以下条件。

$$Z = Z_1 + H_1 + H_2 \tag{2-28}$$

式中：$Z$ ——水箱最低动水位标高，$m$；

$Z_1$ ——最不利配水点标高，$m$；

$H_1$ ——设计流量下水箱至最不利配水点的总水头损失，$m$；

$H_2$ ——最不利配水点的流出水头，$m$。

对于贮备消防用水的水箱，如最不利配水点为最高层最远处的消火栓，为满足该点的流出水头要求，顶层水箱位置就要提高，但水箱在楼顶上，提高安装位置有困难时，可以考虑单独设置增压泵，为最不利配水点加压供水，并且不影响水箱的设置高度。

#### 6. 水箱的布置与安装

##### 1) 水箱间

水箱间的位置应结合建筑、结构条件和便于管道布置考虑，应设置在通风良好、不结冻的房间内(室内最低温度一般不得低于 5℃)，尽可能使管线简短，同时应有较好的采光和防蚊蝇条件。为防止结冻或阳光照射使水温上升导致余氯加速挥发，露天设置的水箱都应采取保温措施。

水箱间净高不得低于 2.20m，并能满足布置要求。水箱间的承重结构应为非燃烧材料。高位水箱箱壁与水箱间墙壁及其他水箱之间的净距与贮水池的布置要求相同。水箱底与水箱间地面板的净距，当有管道敷设时不宜小于 0.8m，以便安装管道和进行检修。水箱的设置高度(以底板面计)应满足最高层用户的用水水压要求；如达不到要求时，宜在其入户管上设置管道泵增压。

##### 2) 水箱的布置与安装

水箱布置间距如表 2-27 所示。对于大型公共建筑和高层建筑。为保证供水安全，宜设置两个水箱。金属水箱安装时，用槽钢(工字钢)梁或钢筋混凝土支墩支承。为防止水箱底与支承接触面发生腐蚀，应在它们之间垫以石棉橡胶板、橡胶板或塑料板等绝缘材料。

表 2-27　水箱布置间距

| 形 式 | 箱外壁至墙面的距离/m | | 水箱之间的距离/m | 箱顶至建筑最低点的距离/m |
| --- | --- | --- | --- | --- |
| | 有阀一侧 | 无阀一侧 | | |
| 圆形 | 0.8 | 0.5 | 0.7 | 0.6 |
| 矩形 | 1.0 | 0.7 | 0.7 | 0.6 |

### 2.8.4　气压给水设备

气压给水设备是给水系统中的一种利用密封贮罐内空气的可压缩性进行贮存、调节和压送水量的装置，其作用相当于高位水箱或水塔，因而在不宜设置水塔和高位水箱的场所采用。与水泵、水箱联合供水方式相比较，气压给水设备的主要优点是便于搬迁和隐蔽，灵活性大，气压水罐可以设置于任何高度；施工安装方便，运行可靠，维护和管理方便；由于气压水罐是密闭装置，水质不易被污染；气压水罐具有一定的消除水锤的作用。但气压水罐调节能力较小，水泵启动频繁；变压式气压给水压力变化幅度较大，因而电频高，经常性费用较高。

#### 1. 气压给水设备基本组成及工作原理

气压给水设备主要是由气压水罐、水泵、空气压缩机和控制器材等组成，如图 2-40 所示。

气压给水设备的工作原理为：水泵与气压水罐相连接，当水泵工作时，水送至给水管网的同时，多余的水进入气压水罐，水室扩大并将罐内的气体压缩，气室缩小，罐内压力也随之升高，压力升至最高工作压力 $P_2$ 时，水泵停转，并利用罐内被压缩气体的压力将罐内贮存的水送入给水管网，水室缩小，气室扩大，罐内压力也随之下降，压力降至最低工作压力 $P_1$ 时，水泵重新启动，如此周而复始，不断运行。

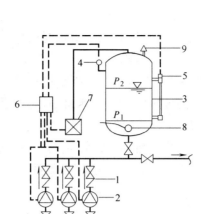

**图 2-40　单罐变压式气压给水设备**

1—止回阀；2—水泵；3—气压水罐；4—压力信号器；5—液位信号器；

6—控制器；7—补气装置；8—排气阀；9—安全阀

### 2. 气压给水设备的类型

1) 变压式和定压式

气压给水设备按压力的稳定情况，分为变压式和定压式两类。

(1) 变压式给水设备。用户对水压没有特殊要求时，一般常用变压式给水设备，气压水罐内的空气容积随供水工况而变，给水系统处于变压状态下工作。图 2-40 所示为单罐变压式气压给水设备。

(2) 定压式给水设备。在用户要求水压稳定时，可在变压式气压给水装置的供水管上安装调节阀，使阀后的水压在要求范围内，管网处于恒压下工作，如图 2-41 所示。

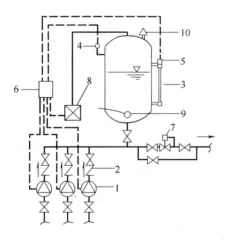

**图 2-41　定压式气压给水装置**

1—水泵；2—止回阀；3—气压水阀；4—压力信号器；5—液位信号器；

6—控制器；7—压力调节阀；8—补气装置；9—安全阀；10—排气阀

气压给水设备宜采用变压式；当供水压力有恒定要求时，应采用定压式。

2) 补气式和隔膜式

气压给水设备按气压水罐的型式分为补气式和隔膜式两类。

(1) 补气式给水设备。在气压罐内，空气与水接触，由于空气渗漏和溶解于水，使罐内空气逐渐损失，罐内空气逐渐减少，为确保给水系统的运行工况，需要随时补气。常用的补气方式有空气压缩机补气、补气罐补气、泄空补气，同时还有利用水泵出水管中积存空气补气、水射器补气等。图 2-42 所示为补气罐补气示意图。

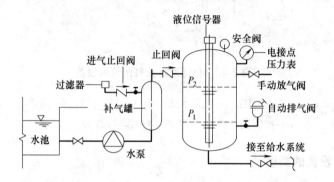

图 2-42　补气罐补气

(2) 隔膜式给水设备。隔膜式给水设备是在气压罐内装有橡胶(或塑料)囊式弹性隔膜，通过隔膜将罐体分为气室和水室两部分，靠囊的伸缩变形调节水量，可以一次充气，长期使用，不需补气设备，有利于保护水质不受污染，其示意图如图 2-43 所示。

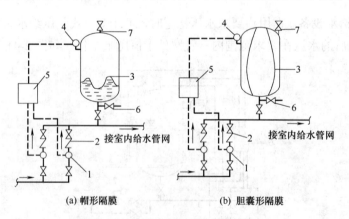

(a) 帽形隔膜　　　　　　　　　　　　　(b) 胆囊形隔膜

图 2-43　隔膜式气压给水设备示意图

1—水泵；2—止回阀；3—隔膜式气压水罐；4—压力信号器；5—镀制器；6—泄水阀；7—安全阀

3. 气压给水设备的容积计算

气压给水设备的容积计算包括贮罐容积计算以及空气压缩机的选择和水泵的选择计算。

(1) 贮罐总容积的计算公式如下。

$$V = \beta \frac{V_x}{1-\alpha} \tag{2-29}$$

$$V_x = \frac{Cq_b}{4n} \tag{2-30}$$

式中：$V$ ——贮罐总容积，$m^3$；

      $V_x$ ——调节水容积，$m^3$；

      $\beta$ ——容积附加系数，补气式卧式水罐宜采用 1.25，补气式立式水罐宜采用 1.10，隔膜式气压水罐宜采用 1.05；

      $\alpha$ ——工作压力比，即 $P_1$ 与 $P_2$ 之比，宜采用 0.65～0.85，在有特殊要求(如农村给水、消防给水)时，也可在 0.5～0.90 范围内选用；

      $C$ ——安全系数，宜采用 1.5～2.0；

      $q_b$ ——平均工作压力时，配套水泵的计算流量，其值不应小于管网最大小时流量的 1.2 倍；当由几台水泵并联运行时，为最大一台水泵的流量，$m^3/h$；

      $n$ ——水泵 1h 内最大启动次数，一般采用 6～8 次。

(2) 空气压缩机的选择。

当用空气压缩机补气时，空气压缩机的工作压力按稍大于 $P_{max}$ 选用。由于空气的损失量较小，一般最小型的空气压缩机即可满足要求。为防止水质污染，宜采用无润滑油空气压缩机，空气管一般选 20～25mm 铝塑管即可。

(3) 水泵的选择。

变压式设备中，水泵应根据 $P_{min}$ (等于给水系统所需压力 $H$ )和采用的 $\alpha$ 值确定出 $P_{max}$ 的选择，要尽量使水泵在压力为 $P_{min}$ 时，水泵流量不小于设计秒流量；当压力为 $P_{max}$ 时，水泵流量应不小于最大小时流量；当压力为罐内平均压力时，水泵出水量应不小于最大小时流量的 1.2 倍。

定压式设备计算与变压式给水设备相同，但水泵应根据 $P_{min}$ 选择，流量应不小于设计秒流量。

气压给水设备中水泵装置一般选用一罐两泵(一用一备)或 3～4 台小流量泵并联运行，按最大一台泵流量计算罐的调节容积，这样既可提高水泵的工作效率，也可减少调节容积和增加供水的可靠性。选择水泵时，宜选特性曲线较陡的水泵，如 DA 型多级离心泵和 W 系列离心泵。

## 2.8.5 变频调速供水设备

在实际给水系统中，为提高供水的可靠性，用于增压的水泵都是根据管网最不利工况下的流量、扬程而选定的。但管网中高峰用水量时间不长，用水量在大多数时间里都小于最不利工况时的流量，其扬程将随流量的下降而上升，使水泵经常处于扬程过剩的情况下运行。因此，势必形成水泵能耗增高、效率降低的运行工况。为了解决供需不相吻合的矛盾，提高水泵的运行效率，随着现代电子技术、自动化控制技术的快速发展，变频调速供水设备应运而生，它能够根据管网中的实际用水量及水压，通过自动调节水泵的转速而达到供需平衡。

就一台变频调速水泵而言，它只能在一定的转速范围内变化，才能保持高效率运行。为了扩大应用范围，变频调速供水设备一般都采用变频调速泵与恒速泵组合供水方式。在用水极不均匀的情况下，为了避免在给水系统小流量用水时降低水泵机组的效率，还可并联配备小型水泵或小型气压罐与变频调速装置共同工作，在小流量用水时，大型水泵均停止工作，仅利用小泵或小气压罐向系统供水。

变频调速供水设备的主要优点是：效率高、耗能低，运行稳定可靠，自动化程度高；设备紧凑，占地面积少(省去了水箱、气压罐)；对管网系统中用水量变化适应能力强，适用于不便设置其他水量调节设备的给水系统。但造价高，所需管理水平亦高些，且要求电源可靠。

### 1. 工作原理和节能分析

(1) 工作原理：供水系统中扬程发生变化时，压力传感器即向微机控制器输入水泵出水管压力的信号，若出水管压力值大于系统中设计供水量对应的压力时，微机控制器即向变频调；速器发出降低电源频率的信号，水泵转速随即降低，使水泵出水量减少，水泵出水管的压力降低，反之亦然，如图 2-44 所示。

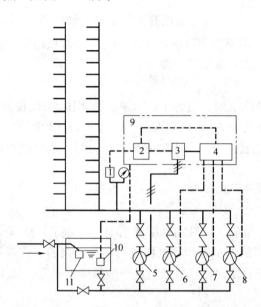

图 2-44　变频调速给水装置原理图

1—压力传感器；2—微机控制器；3—变频调速器；4—恒速泵控制器；5—变频调速泵；
6、7、8—恒速泵，9—电控柜；10—水位传感器；11—液位自动控制阀

(2) 节能分析：目前变频调速设备中水泵的运行方式，按水泵出口工况常分为两种，水泵变频调速恒压变流量运行和水泵变频调速变压变流量运行。两种运行方式的能量消耗与水泵恒速运行时能量消耗的比较，可用图 2-45 所示的水泵耗能分析图解释。

从图 2-45 中可以看出，水泵在恒速运行时，当管网中流量 $Q_S$ 降为 $Q_A$ 时，根据水泵恒速(转速为 $n$)运行特性曲线，则此时水泵的供水压力将从设计供水压力 $H_S$ 升高至 $H_S'$，理论上水泵此时需要输出功率 $Q_A H_S'$ (再乘以 $\gamma$，下同)。但从图 2-45 上管网特性曲线分析，此时管网需要消耗的功率则只为 $Q_A H_A$。水泵多消耗的功率 $Q_A H_S' - Q_A H_A$ 实际上是无效地消耗于管网之中。

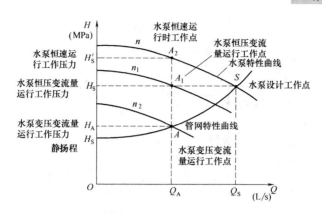

图 2-45　水泵耗能分析图

如果采用水泵变频调速出口恒压(压力为 $H_S$)运行,当管网中流量从设计流量 $Q_S$ 降为 $Q_A$ 时,由于水泵变频调速使转速从 $n$ 变为 $n_1$,水泵的供水压力仍维持在 $H_S$,理论上水泵此时要输出功率 $Q_A H_S$,此功率将小于恒速运行时消耗的功率 $Q_A H_S'$,但仍大于管网需要消耗的功率 $Q_A H_A$。同理,多消耗的功率 $Q_A H_S - Q_A H_A$ 仍然是无效地消耗于管网之中。

如果采用变频调速变压变流量运行,当管网中的流量从设计流量 $Q_S$ 降为 $Q_A$ 时,由于水泵变频调速使转速从 $n$ 变为 $n_2$,并使水泵的供水压力刚好等于 $H_A$,此时理论上水泵输出功率为 $Q_A H_A$,刚好等于管网需要消耗的功率 $Q_A H_A$,所以,应该说这种运行方式是最节能的。

2. 设备分类与构造

(1) 恒压变流量供水设备。

恒压变流量供水设备可单泵运行,亦可几台水泵组合运行,组合运行其中一台为变频调速泵,其他为恒速泵(含一台备用泵)。设备中除水泵机组外,还有电气控制柜(箱)、测量和传感仪表、管路和管路附件、底盘等组成。控制柜(箱)内有电气接线、开关、保护系统、变频调速系统和信息处理自动闭合控制系统等。该设备(4 台泵)示意图如图 2-46 所示,运行图(3 台泵)如图 2-47 所示。

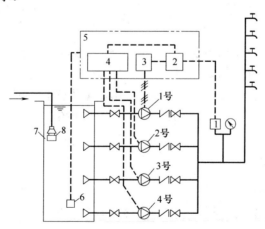

图 2-46　恒压变流量供水系统示意图

1—压力传感器；2—可编程序控制器；3—变频调节器；4—恒速泵控制器；
5—电控柜；6—水位传感器；7—水池；8—液位自动控制阀

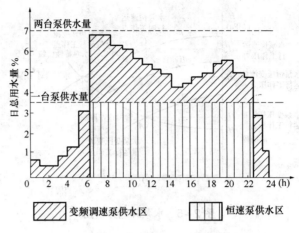

图 2-47　三台主泵(其中一台备用)运行图

恒压变流量供水设备，它的控制参数的设定，设置为设备出口恒压。所以，自动控制系统比较简单，容易实现，运行调试工作量较少。当给水管网中动扬程比静扬程所占比例较小时，可以采用恒压变流量供水设备。

(2) 变压变流量供水设备。

变压变流量供水设备是指设备的出口按给水管网运行要求变压变流量供水。其设备的构造和恒压变流量供水设备基本相同，只是控制信号的采集和处理及传感系统与恒压变流量设备不一致。

变压变流量供水设备的控制参数的设定，可以在给水管网最不利点(控制点)恒压控制，亦可以在设备出口按时段恒压控制，还可在设备出口按设定的管网运行特性曲线变压控制。所以，变压变流量供水设备的关键是解决好控制参数的设定和传感问题。

变压变流量供水设备节能效果好，同时改善了给水管网对流量变化的适应性，提高了管网的供水安全可靠性，并且使管道和设备的保养、维修工作量与费用大大减少。但这种设备控制信号的采集和传感系统比较复杂，调试工作量大，设计时必须有一定的管网基本技术资料。

(3) 带有小水泵或小气压罐的变频调速变压(恒压)变流量供水设备。

该设备是为了解决小流量或零流量供水情况下耗电量大的问题，在系统中加设了小流量供水小泵或小型气压罐(也可以不设气压罐)，由流量传感器或可编程序控制器进行控制，可以进一步降低耗电量。恒压变流量供水系统示意图如图 2-48 所示，其运行图如图 2-49 所示。

### 3. 设计计算与设备的选型

变频调速供水设备电气控制柜一般是定型标准系列产品，设备选型时，只要根据给水管网系统提出的设计流量和扬程，确定设备的类型(恒压与变压)，选择合适的控制柜，选泵组装即可。

(1) 设计流量的计算。

设备如用于建筑内，其出水量应按管网无调节装置以设计秒流量作为设计流量。

设备如用于建筑小区内，其出水量应与给水管网的设计流量相同(如果加压的服务范围为居住小区干管网，应取小区最大小时流量作为设计流量；如果加压的服务范围为居住单元管网，应按其担负的卫生器具当量总数计算得出的设计秒流量作为设计流量)。

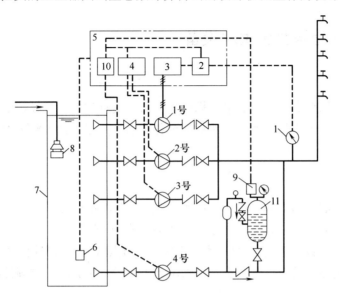

**图 2-48　恒压变流量供水系统(带小流量供水设备)示意图**

1—压力传感器；2—可编程序控制器；3—变频调节器；4—恒速泵控制器；5—电控柜；
6—水位传感器；7—水池；8—液位自动控制阀；9—压力开关；10—小泵控制器；11—小气压罐

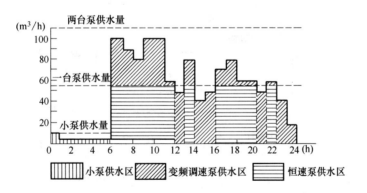

**图 2-49　三台主泵(其中一台备用)一台小泵运行图**

(2) 设计扬程的计算。

如果设备确定为变频调速恒压变流量供水设备，可根据管网设计流量时管网中最不利供水点的要求，计算出设备的供水扬程，此扬程即为设计扬程($H_s$)。取设备出口的设计恒压等于 $H_s$ 即可。

如果设备确定为变频调速变压变流量供水设备，可根据管网设计流量时管网中最不利供水点的要求，计算出设备的供水扬程($H_s$)，以 $H_s$ 作为设备出口变压的上限值，再根据管网运行的特性设定出口分时段变压，或按管网特性曲线数学模型设定变压变流量供水。变压变流量供水设备也可用管网最不利供水点恒压供水压力进行设定，控制设备操作运行。

采用变频调速供水设备时，应有双电源或双回路供电；电机应有过载、短路、过压、缺相、欠压过热等保护功能；水泵的工作点应在水泵特性曲线最高效率点附近，水泵最不利工况点应尽量靠近水泵高效区右端。

## 2.8.6 直接式管网叠压供水设备

### 1. 系统组成

直接式管网叠压给水系统由水泵、稳压平衡器和变频数控柜组成。水泵直接从与自来水管网连接的稳压平衡器吸水加压，然后送至各用水点，无须设置贮水池和屋顶水箱，如图 2-50 所示。

### 2. 工作原理

(1) 在自来水管网的水压能满足用水要求的情况下，即管网压力大于或等于设定压力时，加压水泵停止工作。自来水可通过旁通管直接到达用水点。

(2) 当自来水管网水压不能满足用水要求时，电节点压力表向变频数控柜发出信号，变频器启动水泵机组加压供水，直至实际供水压力等于设定压力时，变频数控柜控制水泵机组以恒定转速运行。

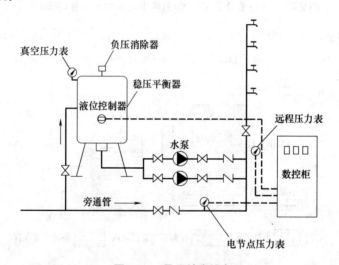

图 2-50 叠压给水设备

(3) 在用水高峰期间，用户管网压力下降，当降到低于设定压力时，远传压力表发出信号给变频数控柜，使变频器频率升高，水泵机组转速增加，出水量和压力都随之上升，直至用户实际压力值等于设定压力值。

(4) 在用水低谷期间，用户管网压力上升，当高于设定压力值时，远传压力表发出信号给变频数控柜，使变频器频率降低，水泵机组转速降低，使用户管网实际压力值等于设定压力值。若水泵机组已无实际流量，水泵处于空转状态时，则水泵机组自动停止工作，自来水直接通过旁通管到达用户。

（5）对稳压平衡器来说，如果自来水的进水量大于或等于水泵机组的供水量，则负压消除器使稳压平衡器与外界隔绝，维持正常供水；当这种状态被破坏时，ZP膜滤负压消除器使稳压平衡器与外界相通，破坏负压的形成，从而确保自来水管网的正常供水，不影响其他用户的供水。

（6）当自来水管网停水时，因为稳压平衡器具有部分调节容积，水泵机组仍可继续工作一段时间。当稳压平衡器的水位降至液位控制器所设定的水位时，水泵机组自动停机，来水后随着水位的上升而自动开机。

（7）停电时水泵机组不工作，自来水直接通过旁通管到达低层用户，保证楼层较低的部分用户的用水，来电时水泵机组自动开机，恢复所有用户的正常供水。

3）系统特点

与传统的二次供水相比，直接式管网叠压给水节约能源，管理方便、简单，运行成本低，无二次污染，占地面积小，节省投资，具体表现在以下几个方面。

（1）直接式管网叠压给水设备与自来水管网直接串接，在自来水管网剩余压力的基础上叠加不够部分的压力，能充分利用自来水管网余压，避免能源的浪费。由于充分利用了自来水管网的余压，水泵扬程大幅度降低，对于周期性水压不足的系统，当水压满足要求时加压水泵甚至可以停止运行，所以运行成本大大降低。此外，由于取消了屋顶水箱和地下贮水池，省去了定期的清洗费用。

（2）直接式管网叠压给水设备为数字控制全自动运行，停电停水时自动停机，来电来水时自动开机，便于管理；全密封方式运行，可防止灰尘等异物进入给水系统；负压消除器的ZP膜滤装置可将空气中的细菌挡住；稳压平衡器采用食品级不锈钢制作，不会滋生藻类。

（3）直接式管网叠压给水设备不需要修建大型贮水池和屋顶水箱，缩小了占地面积，节省了土建投资，利用了自来水给水管网的余压，加压泵的选型较传统的给水方式小，减少了水泵及变频设备投资。

# 实 训 模 块

## 模块一：卫生间给水平面图、系统图的绘制

1．实训目的：通过绘制卫生间给水平面图和系统图，使学生了解其绘制方法，掌握给水管道绘制的基本技能。

2．实训课题：卫生间给水平面图、系统图的绘制。

3．实训准备：装有天正给排水系统软件的电脑、备用图纸。

4．实训内容：根据图2-51给出的卫生间平面布置图，对照图2-52给出的给水平面图与系统图绘制示例，绘制给水平面图，并根据绘制的给水平面图绘制给水系统图。全部内容都在一张A3图纸上完成，要求使用仿宋字、线条清晰、主次分明、字迹工整、图面整洁。

## 模块二：多层宿舍楼给水系统设计

1．实训目的：通过宿舍楼排水系统的设计，使学生了解室内给水系统的组成，熟悉给水平面图、给水系统图的画法；掌握给水管道流量计算、管径计算和压力损失计算。

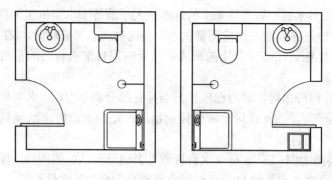

图 2-51  卫生间平面图

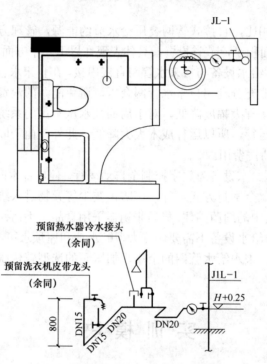

图 2-52  卫生间给水平面图、系统图绘制实例图

2．实训题目：学校某 5 层宿舍楼排水系统设计。

3．实训准备：装有天正给排水系统软件的电脑、宿舍楼建筑平面图、计算器、相关规范、设计手册等，涉及的相关数据由老师根据宿舍所处地区确定给出或由学生自己搜集。

4．实训内容：根据图 2-53～图 2-56 给出的建筑图，抄绘成条件图，然后绘出 1 层给水平面图、2 到 5 层给水平面图和系统图，根据水力计算步骤要求，进行水力计算，确定系统的设计秒流量、管径和压力损失。

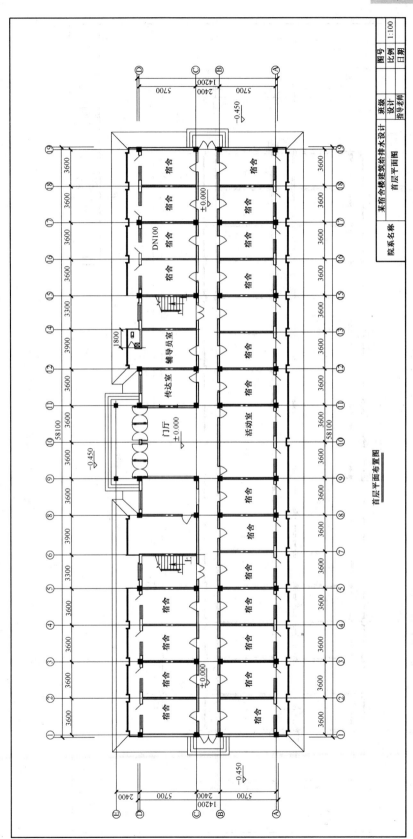

首层平面布置图

图 2-53　首层平面图

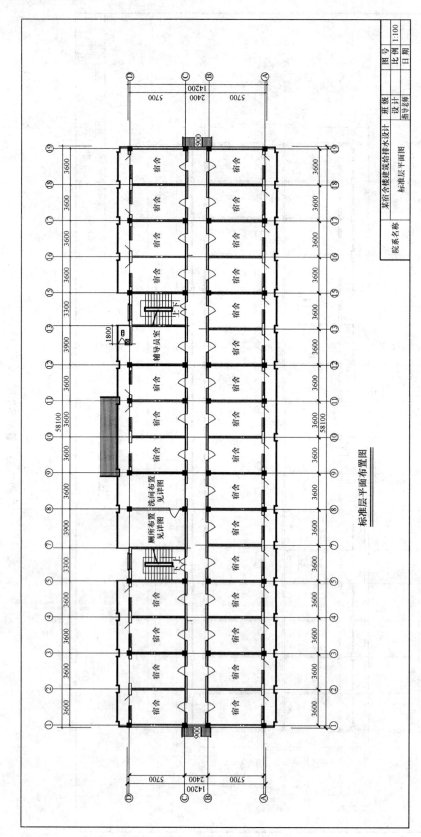

图 2-54 标准层平面图

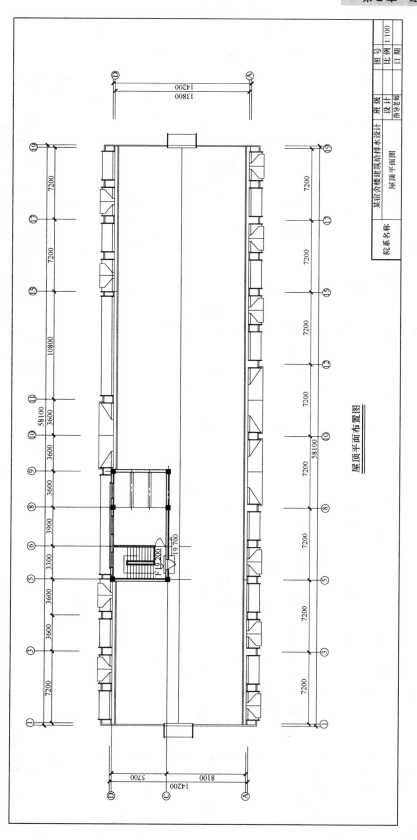

屋顶平面布置图

图 2-55  屋顶平面图

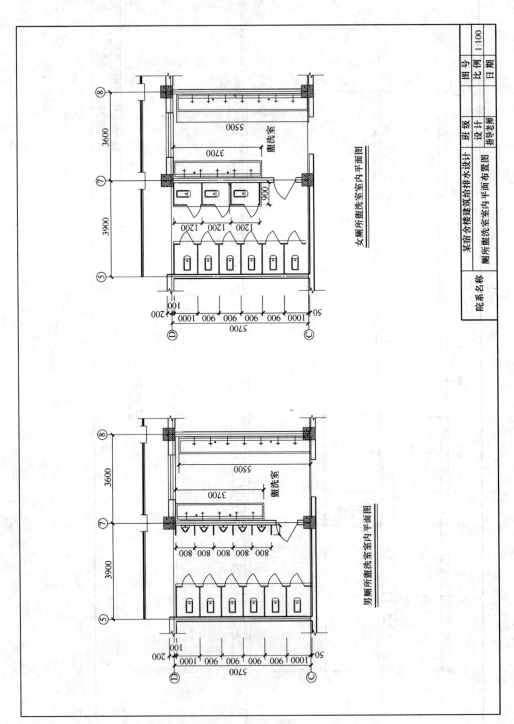

图 2-56 厕所盥洗室室内平面布置图

5．设计成果：

(1) 设计说明和计算书(包括设计说明、计算步骤、水力计算草图、水力计算书和参考文献等)。

(2) 设计图纸。

① 图纸首页(包括图纸目录、图例、设计和施工说明、主要材料和设备表等)。

② 1 层给水平面图。

③ 2 到 3 层给水平面图。

④ 给水系统图。

6．设计要求：

全部图纸要求在 A3 图纸上完成。要求使用仿宋字，线条清晰、主次分明、字迹工整、图面整洁。说明书要求符合现行规范，方案合理、计算准确、字迹工整。

# 思考题与习题

1．建筑给水系统根据其用途分有哪些类别？

2．建筑给水系统一般由哪些部分组成？

3．建筑给水系统的给水方式有哪些？每种方式各有什么特点？各种方式适用怎样的条件？

4．有一幢 7 层住宅建筑，试估算其所需水压为多少？

5．常用建筑给水管材有哪些？各有什么特点？如何选用？

6．不同材质的管道各有哪些连接方法？

7．不同类型的阀门各有什么特点？该如何选用？

8．建筑给水管道的布置形式有哪些？布置管道时主要应考虑哪些因素？

9．建筑给水管道的敷设形式有哪几种？敷设管道时主要应考虑哪些因素？

10．应当如何防止建筑给水系统的水质被二次污染？

11．高层建筑给水系统为什么要竖向分区？

12．建筑给水管网为何要用设计秒流量公式计算设计流量？常用的公式有哪两种？各适用什么建筑物？

13．给水管网水力计算的目的是什么？

14．给水管网水力计算时，为计算简便，各种给水系统的局部水头损失应如何取值？

15．建筑给水系统所需压力包括哪几部分？

16．水箱应当如何配管？

17．水泵吸水管、压水管的布置应注意哪些问题？

18．气压给水设备有什么特点？其工作原理是怎样的？

19．变频调速供水设备有什么特点？

20．为什么要将给水管道的水流速度控制在一定范围内？常用的流速范围是多少？

21．有一住宅建筑，共计 300 家住户，平均每户 4 口人。该建筑为一个给水系统，用水定额为 200L/(人·d)，小时变化系数为 2.5，给水系统中拟设置补气式立式气压给水设备。试计算气压水罐的总容积。

# 第3章　建筑消防系统

## 【学习要点及目标】

◆　了解建筑消防系统的分类。

◆　掌握水消防系统的组成与使用。

◆　掌握室内消火栓给水系统的供水方式。

◆　掌握消火栓及自动喷水灭火系统喷头的布置原则。

◆　掌握消防用水量及消防给水系统的水力计算。

◆　能进行消防平面图、系统图的绘制。

## 【核心概念】

消火栓系统、消火栓设备、湿式自动喷水灭火系统的组成、
工作原理及其适用范围、干式自动喷水灭火系统等。

## 【引言】

说起火灾，人们总是望而却步，因为它给人们的财产和
人身安全都带来了极大的威胁。为了最大限度地降低火灾给
人们带来的损失，近年来，国家加大了对消防知识的宣传力
度，始终贯彻"预防为主，防消结合"的方针，但到底什么
是建筑消防系统？它的组成、工作原理及适用范围又是什
么？通过本章的学习，我们将了解消防系统的相关知识。

# 3.1 消防系统的类型、工作原理和适用范围

消防是建筑设计中必不可少的部分，建筑内部消防系统一般是用水来灭火的，也有其他的情况，如配电室、电话总机房、建筑自备的发电机房，设置有电视、电脑等电器的房间，以及保存文物、珍宝、古玩、重要档案的房间等，不适宜用水灭火。因此消防系统可以分为两大类：使用水灭火的固定式灭火系统和使用其他非水灭火剂的固定式灭火系统。

## 3.1.1 使用水灭火的固定式灭火系统

水是一种既经济又有效，而且使用方便的灭火剂，水以其适用性强、可靠性高、灭火效果好、对环境污染小，并且价格低廉、容易获得等特点，作为首选的灭火介质。其灭火机理是以冷却为主，利用自身吸收显热和潜热的能力冷却燃烧；同时水在被加热和汽化的过程中所产生的大量水蒸气，能够阻止空气进入燃烧区，并能够稀释燃烧区内氧的含量，从而减弱燃烧强度；另外经水枪喷射出来的压力水流具有很大的动能和冲击力，可以冲散燃烧物，使燃烧强度显著减弱。特别是对付大火，水必不可少。

目前用水来灭火的系统主要有消火栓灭火系统和自动喷水灭火系统。其中使用最为广泛、历史最长的，首先是消火栓灭火系统，其次是自动喷水灭火系统。

## 3.1.2 使用其他非水灭火剂的固定式灭火系统

目前正在使用的非水灭火剂有很多种，其中卤代烷灭火系统是多年来使用得比较多的一种，但由于卤代烷碳氢化合物在臭氧耗损物中具有最高的 ODP 值(耗损臭氧潜能值)，对大气臭氧层的破坏比较大，随着人类社会保护大气臭氧层步伐的加快，这种灭火剂已经或将要被停止生产和使用。本着对环境、对人体无危害，对设备没影响，毒性低、灭火后现场清洁，无渣滓，灭火效果好等要求，全世界的科学家们都在寻找新的灭火剂替代卤代烷。

目前已经有一些新型灭火剂及相应的灭火系统投入使用，例如，轻水泡沫灭火系统、二氧化碳灭火系统、干粉灭火系统、蒸汽灭火系统、烟烙尽(INERGEN)灭火系统、EBM 气溶胶灭火系统、七氟丙烷灭火系统等。各种非水灭火剂的灭火机理、灭火效果、特点、适用范围、使用条件等各不相同，设计时应慎重考虑各种灭火剂性能的适用条件及优缺点，进行充分论证，再加以选择。

# 3.2 室外消防系统

## 3.2.1 室外消防系统的作用、设置范围与组成

室外消防系统主要是用来供消防车从该系统取水，供消防车、曲臂车等带架水枪的用

水，控制和扑救火灾；或利用消防车从该系统取水，经水泵接合器向室内消防系统供水，增补室内消防用水的不足。

消防给水系统的设置范围，除了耐火等级为一、二级且体积不超过 3000m³ 的戊类厂房，或居住区人数不超过 500 人且建筑物不超过 2 层的居住小区可不设室外消火栓之外，下列建筑均应设室外消火栓给水系统。

(1) 工厂、仓库和民用建筑。

(2) 易燃、可燃材料的露天、半露天堆场，惰性气体储罐区。

(3) 高层民用建筑。

(4) 汽车库(区)。

(5) 甲、乙、丙类液体储罐、堆场等。

室外消防系统由室外消防水源、室外消防管道和室外消火栓组成。

## 3.2.2　室外消防给水水源

建筑室外消防给水系统是指多幢建筑所组成的小区及建筑群的室外消防给水系统。消防用水可由市政给水管网、天然水源或消防水池供给。为了确保供水安全可靠，高层建筑室外消防给水系统的水源不宜少于两个。

### 1．以市政消防管网为水源

城镇、居住区、企业单位的室外消防给水，一般均采用低压给水系统，即消防时市政管网中最不利点的供水压力为大于或等于 0.1MPa。市政给水管网在满足建筑物内最大时生活用水量的同时，要确保建筑所需的消防用水量(包括室内、室外消防用水量)。

### 2．天然水源

当建筑物靠近江河、湖泊等天然水源时，可采用其作为消防水源，但应采取必要的措施，使消防车靠近水源，并保证在枯水期最低水位时及寒冷地区冰冻期也能够正常取水，以确保消防用水量。

### 3．消防水池

我国现行的《建筑设计防火规范》和《高层民用建筑设计防火规范》中明确规定以下情况必须设置消防水池。

(1) 当生产、生活用水量达到最大时，市政给水管道、进水管或天然水源不能满足室内外消防用水量。

(2) 市政给水管道为枝状或只有一条进水管，且室内外消防用水量之和大于 25L/s。

消防水池的设置应符合下列规定。

(1) 当室外给水管网能保证室外消防用水量时，消防水池的有效容量应满足在火灾延续时间内室内消防用水量的要求。当室外给水管网不能保证室外消防用水量时，消防水池的有效容量应满足在火灾延续时间内室内消防用水量与室外消防用水量不足部分之和的要求。当室外给水管网供水充足且在火灾情况下能保证连续补水时，消防水池的容量可减去火灾延续时间内补充的水量。

(2) 补水量应经计算确定，且补水管的设计流速不宜大于 2.5m/s。

(3) 消防水池的补水时间不宜超过 48h；对于缺水地区或独立的石油库区，不应超过 96h。

(4) 容量大于 500m³ 的消防水池，应分设成两个能独立使用的消防水池。

(5) 供消防车取水的消防水池应设置取水口或取水井，且吸水高度不应大于 6.0m。取水口或取水井与建筑物(水泵房除外)的距离不宜小于 15m；与甲、乙、丙类液体储罐的距离不宜小于 40m；与液化石油气储罐的距离不宜小于 60m，如采取防止辐射热的保护措施时，可减为 40m。

(6) 消防水池的保护半径不应大于 150m。

(7) 消防用水与生产、生活用水合并的水池，应采取确保消防用水不作他用的技术措施(例如生产、生活用水的出水管设在消防水面之上)。在气候条件允许并利用游泳池、喷水池、冷却水池等用作消防水池时，必须具备消防水池的功能，设置必要的过滤装置，各种用作储存消防用水的水池，当清洗放空时，必须另有保证消防用水的水池。

(8) 严寒和寒冷地区的消防水池应采取防冻保护设施。

### 3.2.3　室外消防管道及设施

#### 1. 室外消防给水管道

室外消防给水管道是从市政给水干管接往居住小区、工厂和公共建筑物室外的消防给水管道。

室外消防管网按其用途分为生活与消防合用的给水管网，生产与消防合用的给水管网，生产、生活与消防合用的给水管网以及独立的消防给水管网，设计时应根据具体情况正确地选择室外消防管网的形式。

室外消防给水管道的布置应符合下列要求。

(1) 室外消防给水管网应布置成环状；当室外消防用水量小于等于 15L/s 时，可布置成枝状。

(2) 向环状管网输水的进水管不应少于两条，当其中一条发生故障时，其余的进水管应能满足消防用水总量的供给要求。

(3) 环状管道应采用阀门分成若干独立段，每段内室外消火栓的数量不宜超过 5 个。

(4) 室外消防给水管道的直径不应小于 DN100。

(5) 室外消防给水管道设置的其他要求应符合现行国家标准《室外给水设计规范》(GB 50013)的有关规定。

#### 2. 室外消火栓

室外消火栓有地上式与地下式两种，如图 3-1 所示。在我国北方寒冷地区宜采用地下式消火栓；在南方温暖地区可采用地上式或地下式消火栓。地下式消火栓应有直径为 DN100 和 DN100 的栓口各一个，地上式消火栓应有一个直径为 DN150 或 DN100 的栓口和两个直径为 65mm 的栓口，消火栓应有明确的标志。

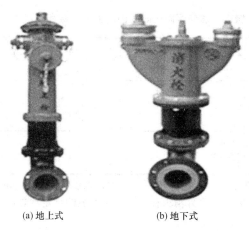

(a) 地上式　　　　　　　(b) 地下式

图 3-1　室外消火栓

　　室外消火栓的布置应符合下列要求。

　　(1) 室外消火栓应沿道路设置。当道路宽度大于 60m 时，宜在道路两边设置消火栓，并宜靠近十字路口。

　　(2) 甲、乙、丙类液体储罐区和液化石油气储罐区的消火栓应设置在防火堤或防护墙外。距罐壁 15m 范围内的消火栓，不应计算在该罐可使用的数量内。

　　(3) 室外消火栓的间距不应大于 120m。

　　(4) 室外消火栓的保护半径不应大于 150m；在市政消火栓保护半径 150m 以内，当室外消防用水量小于等于 15L/s 时，可不设置室外消火栓。

　　(5) 室外消火栓的数量应按其保护半径和室外消防用水量等综合计算确定，每个室外消火栓的用水量应按 10～15L/s 计算；与保护对象的距离在 5～40m 范围内的市政消火栓，可计入室外消火栓的数量内。

　　(6) 室外消火栓宜采用地上式消火栓。地上式消火栓应有 1 个 DN150 或 DN100 的栓口和 2 个 DN65 的栓口。采用室外地下式消火栓时，应有 DN100 和 DN65 的栓口各 1 个。寒冷地区设置的室外消火栓应有防冻措施。

　　(7) 消火栓距路边不应大于 2m，距房屋外墙不宜小于 5m。

　　(8) 工艺装置区内的消火栓应设置在工艺装置的周围，其间距不宜大于 60m。当工艺装置区宽度大于 120m 时，宜在该装置区内的道路边设置消火栓。

## 3.2.4　室外消防用水量

　　城市、居住区的室外消防用水量可以根据如下计算公式。

$$Q = Nq \qquad\qquad (3\text{-}1)$$

式中：$Q$——室外消防用水量；

　　　　$N$——同一时间火灾次数，见表 3-1、表 3-2；

　　　　$q$——一次灭火用水量，见表 3-1、表 3-3。

　　同一时间内的火灾次数和一次灭火用水量不应小于表 3-1 所示的规定。

表 3-1　城市、居住区同一时间内的火灾次数和一次灭火用水量

| 人数 $N$ /万人 | $N \leqslant 1$ | $1 < N$ $\leqslant 2.5$ | $2.5 < N$ $\leqslant 5$ | $5 < N$ $\leqslant 10$ | $10 < N$ $\leqslant 20$ | $20 < N$ $\leqslant 30$ | $30 < N$ $\leqslant 40$ | $40 < N$ $\leqslant 50$ | $50 < N$ $\leqslant 60$ | $60 < N$ $\leqslant 70$ | $70 < N$ $\leqslant 80$ | $80 < N$ $\leqslant 100$ |
|---|---|---|---|---|---|---|---|---|---|---|---|---|
| 同一时间内火灾/次 | 1 | 1 | 2 | 2 | 2 | 2 | 2 | 3 | 3 | 3 | 3 | 3 |
| 一次灭火用水量/L/s | 10 | 15 | 25 | 35 | 45 | 55 | 65 | 75 | 85 | 90 | 95 | 100 |

注：城市的室外消防用水量应包括居住区、工厂、仓库、堆场、储罐(区)和民用建筑的室外消火栓用水量。当工厂、仓库和民用建筑的室外消火栓用水量按本表的规定计算，其值与按本表计算不一致时，应取较大值。

工厂、仓库、堆场、储罐(区)和民用建筑在同一时间内的火灾次数如表 3-2 所示。

表 3-2　工厂、仓库、堆场、储罐(区)和民用建筑在同一时间内的火灾次数

| 名　称 | 基地面积 /ha | 附有居住区人数 /万人 | 同一时间内的火灾次数 /次 | 备　注 |
|---|---|---|---|---|
| 工厂 | $\leqslant 100$ | $\leqslant 1.5$ | 1 | 按需水量最大的一座建筑物(或堆场、储罐)计算 |
| | | $> 1.5$ | 2 | 工厂、居住区各一次 |
| | $> 100$ | 不限 | 2 | 按需水量最大的两座建筑物(或堆场、储罐) 之和计算 |
| 仓库、民用建筑 | 不限 | 不限 | 1 | 按需水量最大的一座建筑物(或堆场、储罐)计算 |

注：1. 采矿、选矿等工业企业当各分散基地有单独的消防给水系统时，可分别计算。
　　2. 1ha=10000m$^2$。

工厂、仓库和民用建筑一次灭火的室外消火栓用水量如表 3-3 所示。

表 3-3　工厂、仓库和民用建筑一次灭火的室外消火栓用水量　　　　单位：L/s

| 耐火等级 | 建筑物类别 | | 建筑物体积 $V$/m$^3$ | | | | | |
|---|---|---|---|---|---|---|---|---|
| | | | $V \leqslant 1500$ | $1500 < V \leqslant 3000$ | $3000 < V \leqslant 5000$ | $5000 < V \leqslant 20000$ | $20000 < V \leqslant 50000$ | $V > 50000$ |
| 一、二级 | 厂房 | 甲、乙类 | 10 | 15 | 20 | 25 | 30 | 35 |
| | | 丙类 | 10 | 15 | 20 | 25 | 30 | 40 |
| | | 丁、戊类 | 10 | 10 | 10 | 15 | 15 | 20 |
| | 仓库 | 甲、乙类 | 15 | 15 | 25 | 25 | — | — |
| | | 丙类 | 15 | 15 | 25 | 25 | 35 | 45 |
| | | 丁、戊类 | 10 | 10 | 10 | 15 | 15 | 20 |
| | 民用建筑 | | 10 | 15 | 15 | 20 | 25 | 30 |
| 三级 | 厂房(仓库) | 乙、丙类 | 15 | 20 | 30 | 40 | 45 | — |
| | | 丁、戊类 | 10 | 10 | 15 | 20 | 25 | 35 |

| 耐火等级 | 建筑物类别 | 建筑物体积 V/m³ | | | | | |
|---|---|---|---|---|---|---|---|
| | | V≤1500 | 1500<V≤3000 | 3000<V≤5000 | 5000<V≤20000 | 20000<V≤50000 | V>50000 |
| 四级 | 丁、戊类厂房(仓库) | 10 | 15 | 20 | 25 | — | — |
| | 民用建筑 | 10 | 15 | 20 | 25 | — | — |

注：1. 室外消火栓用水量应按消防用水量最大的一座建筑物计算。成组布置的建筑物应按消防用水量较大的相邻两座计算。

2. 国家级文物保护单位的重点砖木或木结构的建筑物，其室外消火栓用水量应按三级耐火等级民用建筑的消防用水量确定。

3. 铁路车站、码头和机场的中转仓库，其室外消火栓用水量可按丙类仓库确定。

可燃材料堆场、可燃气体储罐(区)的室外消防用水量，不应小于如表 3-4 所示的规定。

表 3-4　可燃材料堆场、可燃气体储罐(区)的室外消防用水量　　　　单位：L/s

| 名　称 | | 总储量或总容量 | 消防用水量 |
|---|---|---|---|
| 粮食 W/t | 土圆囤 | 30<W≤500 | 15 |
| | | 500<W≤5000 | 25 |
| | | 5000<W≤20000 | 40 |
| | | W>20000 | 45 |
| | 席穴囤 | 30<W≤500 | 20 |
| | | 500<W≤5000 | 35 |
| | | 5000<W≤20000 | 50 |
| 棉、麻、毛、化纤百货 W/t | | 10<W≤500 | 20 |
| | | 500<W≤1000 | 35 |
| | | 1000<W≤5000 | 50 |
| 稻草、麦秸、芦苇等易燃材料 W/t | | 50<W≤500 | 20 |
| | | 500<W≤5000 | 35 |
| | | 5000<W≤10000 | 50 |
| | | W>10000 | 60 |
| 木材等可燃材料 V/m³ | | 50<V≤1000 | 20 |
| | | 1000<V≤5000 | 30 |
| | | 5000<V≤10000 | 45 |
| | | V>10000 | 55 |
| 煤和焦炭 W/t | | 100<W≤5000 | 15 |
| | | W>5000 | 20 |

续表

| 名　称 | 总储量或总容量 | 消防用水量 |
|---|---|---|
| 可燃气体储罐(区)$V/m^3$ | $500 < V \leqslant 10000$ | 15 |
| | $10000 < V \leqslant 50000$ | 20 |
| | $50000 < V \leqslant 100000$ | 25 |
| | $100000 < V \leqslant 200000$ | 30 |
| | $V > 200000$ | 35 |

注：固定容积的可燃气体储罐的总容积按其几何容积($m^3$)和设计工作压力(绝对压力，$10^5$Pa)的乘积计算。

## 3.2.5　室外消防水压

室外消防管网按其水压情况可分为高压消防管网、临时高压管网和低压消防管网。

### 1. 高压消防管网

高压消防是指管网内经常可保持充足的水压，灭火时不再需用其他加压设备，直接从消火栓接出水龙带及水枪进行灭火。水压可按下式计算：

$$H = H_Z + h_1 + h_2 \tag{3-2}$$

式中：$H$——管网最不利点消火栓栓口水压，kPa；

　　　$H_Z$——室外消火栓栓口至消防时最不利处水枪出水口的高程差，kPa；

　　　$h_1$——6 条直径为 65mm 的麻质水带的水头损失之和，kPa；

　　　$h_2$——消防水枪喷口处所需水压(按水枪喷口直径19mm充实水柱为100kPa计算)，kPa。

### 2. 临时高压管网

临时高压是指管网内平时水压不高，当发生火灾时，开启泵站内的高压消防泵来满足消防水压的要求。

### 3. 低压消防管网

低压消防是指管网内平时水压较低，也不具备固定专用的高压消防泵，灭火时主要由消防车或移动式消防泵提供水压。

# 3.3　室内消火栓给水系统

## 3.3.1　室内消火栓给水系统及其布置

### 1. 设置室内消火栓给水系统的原则

(1) 下列建筑应设置室内消火栓。

建筑占地面积大于 $300m^2$ 的厂房(仓库)；体积大于 $5000m^3$ 的车站、码头、机场的候车(船、机)楼、展览建筑、商店、旅馆建筑、病房楼、门诊楼、图书馆建筑等；特等、甲等剧场，超过 800 个座位的其他等级的剧场和电影院等，超过 1200 个座位的礼堂、体育馆等；超过 5 层或体积大于 10000m³ 的办公楼、教学楼、非住宅类居住建筑等其他民用建筑；超过 7 层的住宅应设置室内消火栓系统，当确有困难时，可只设置干式消防竖管和不带消火栓箱的 DN65 的室内消火栓，消防竖管的直径不应小于 DN65；国家级文物保护单位的重点砖木或木结构的古建筑，宜设置室内消火栓；设有室内消火栓的人员密集公共建筑以及低于上边 6 条规定规模的其他公共建筑宜设置消防软管卷盘；建筑面积大于 200m² 的商业服务网点应设置消防软管卷盘或轻便消防水龙带。

(2) 下列建筑不设室内消火栓。

耐火等级为一、二级且可燃物较少的单层、多层丁、戊类厂房(仓库)，耐火等级为三、四级且建筑体积小于等于 3000m³ 的丁类厂房和建筑体积小于等于 5000m³ 的戊类厂房(仓库)，粮食仓库、金库可不设置室内消火栓；存有与水接触能引起燃烧爆炸物品的建筑物和室内没有生产、生活给水管道，室外消防用水取自储水池且建筑体积小于等于 5000m³ 的其他建筑可不设置室内消火栓。

注：耐火等级：表示建筑物的耐火性能，由组成建筑物的墙、柱、梁、板等主要构件的燃烧性能和耐火极限决定。按照我国国家标准《建筑设计防火规范》，建筑物的耐火等级分为四级。一般来说：一级耐火等级建筑是钢筋混凝土结构或砖墙与钢混凝土结构组成的混合结构；二级耐火等级建筑是钢结构屋架、钢筋混凝土柱或砖墙组成的混合结构；三级耐火等级建筑物是木屋顶和砖墙组成的砖木结构；四级耐火等级是木屋顶和难燃烧体墙壁组成的可燃结构。

耐火极限：在标准耐火试验条件下，建筑物、配件或结构从受到火的作用时起，到失去稳定性、完整性或隔热性时止的这段时间，用小时(h)表示。

**2. 室内消火栓给水系统的组成**

室内消火栓给水系统一般由水枪、水带、消火栓、消防软管卷盘、报警装置、消防水池、消防水箱、水泵接合器、室内消防管道、水泵接合器及增压水泵等组成，如图 3-2 所示。

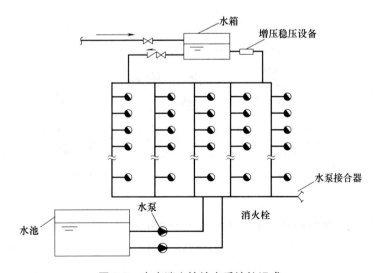

图 3-2 室内消火栓给水系统的组成

1) 消火栓设备

消火栓设备是由水枪、水带、消火栓、水泵启动按钮及消防软管卷盘等组成，均安装于消火栓箱内，如图 3-3 所示。

(1) 水枪。

水枪一般为直流式，喷嘴口径有 13mm、16mm 和 19mm 三种。口径 13mm 水枪配备直径 50mm 水带，16mm 水枪配备 50mm 或 65mm 水带，19mm 水枪配备 65mm 水带，低层建筑的消火栓可选用 13mm 或 16mm 口径的水枪。

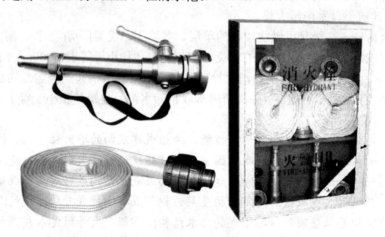

图 3-3　消火栓箱及水枪、水带

(2) 水带。

水带口径有 50mm 和 65mm 两种，水带长度一般为 15m、20m、25m、30m 等规格；水带材质有麻织和化纤两种，有衬胶与不衬胶之分，衬胶水带阻力较小。按承受的工作压力可分为 0.8MPa、1.0 MPa、1.3MPa、1.6MPa 四类。水带长度应根据水力计算选定，但供消防车或室外消火栓使用的水带直径大于或等于 65mm，单管最大长度已超过 60m。

(3) 消火栓。

消火栓的作用是用于截断和控制水流，发生火灾时连接水带和水枪，直接用于扑灭火灾。水带与消火栓栓口的口径应完全一致，如图 3-4 所示。

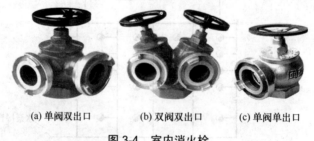

(a) 单阀双出口　　　(b) 双阀双出口　　　(c) 单阀单出口

图 3-4　室内消火栓

消火栓均为内扣式接口的球形阀式龙头，有单出口和双出口之分。双出口消火栓直径为 65mm；单出口消火栓直径有 50mm 和 65mm 两种。当每支水枪最小流量小于 5L/s 时选用直径为 50mm 的消火栓；最小流量大于或等于 5L/s 时选用直径为 65mm 的消火栓。每支水枪的最小流量如表 3-5 所示。

表 3-5　室内消火栓、水枪、水带配置表

| 建筑类别 | 每支水枪最小流量 /(L/s) | 消火栓口径 SN/mm | 水枪口径 φ/mm | 水带直径 φ/mm |
|---|---|---|---|---|
| 低层或多层建筑 | <5 | 50 | 13(个别情况下，经计算选用) | 50 |
| | | | 16 | 50 |
| | ≥5 | 65 | 19 | 65 |
| 高层建筑 | ≥5 | 65 | 19 | 65 |

(4) 消防软管卷盘。

消防软管卷盘又称灭火喉，一般安装在室内消火栓箱内，以水作灭火剂，在启用室内消火栓之前，供建筑物内非消防专门人员自救扑灭 A 类初起火灾。与室内消火栓相比，具有设计体积小，操作轻便、灵活等优点。消防软管卷盘由阀门、输入管路、卷盘、软管、喷枪、固定支架、活动转臂等组成，栓口直径为 25mm，配备的胶带内径不小于 19mm，软管长度有 20m、25m、30m 三种，喷嘴口径不小于 6mm，可配直流、喷雾两用喷枪。消防卷盘的间距应保证有一股水流能到达室内地面任何部位，消防卷盘的安装高度应便于取用。

2) 消防水箱

消防水箱的主要作用是供给建筑初期火灾时的消防用水量，并保证相应的水压要求，设置常高压给水系统并能保证最不利点消火栓和自动喷水灭火系统等的水量和水压的建筑物，或设置干式消防竖管的建筑物，可不设置消防水箱。设置临时高压给水系统的建筑物应设置消防水箱(包括气压水罐、水塔、分区给水系统的分区水箱)。消防水箱的设置应符合下列规定。

(1) 低层建筑：9 层及 9 层以下的住宅、公寓和宿舍等非住宅的居住建筑及建筑高度不超过 24m 的多层公共建筑(建筑高度超过 24m 的单层公共建筑，如体育馆、影剧院和会展中心等也包括在内)。

重力自流的消防水箱应设置在建筑的最高部位；消防水箱应储存 10min 的消防用水量。当室内消防用水量小于等于 25L/s，经计算消防水箱所需消防储水量大于 12m$^3$ 时，仍可采用 12m$^3$；当室内消防用水量大于 25L/s，经计算消防水箱所需消防储水量大于 18m$^3$ 时，仍可采用 18m$^3$；消防用水与其他用水合用的水箱应采取消防用水不作他用的技术措施；发生火灾后，由消防水泵供给的消防用水不应进入消防水箱；消防水箱可分区设置。

(2) 高层建筑：10 层及 10 层以上的居住建筑(包括首层设置商业服务网点的住宅)以及建筑高度超过 24m 的公共建筑。

高层民用建筑根据其使用性质、火灾危险性、疏散和扑救难度的不同，可分为一、二两类，如表 3-6 所示。

高位消防水箱的消防储水量，一类公共建筑不应小于 18m$^3$；二类公共建筑和一类居住建筑不应小于 12m$^3$；二类居住建筑不应小于 6.00m$^3$。高位消防水箱的设置高度应保证最不利点消火栓静水压力。当建筑高度不超过 100m 时，高层建筑最不利点消火栓静水压力不应低于 0.07MPa；当建筑高度超过 100m 时，高层建筑最不利点消火栓静水压力不应低于

0.15MPa。当高位消防水箱不能满足上述静压要求时，应设增压设施。并联给水方式的分区消防水箱容量应与高位消防水箱相同。消防用水与其他用水合用的水箱，应采取确保消防用水不作他用的技术措施。除串联消防给水系统外，发生火灾时由消防水泵供给的消防用水不应进入高位消防水箱。

表 3-6　高层民用建筑的分类

| 名称 | 一　类 | 二　类 |
|---|---|---|
| 居住建筑 | 高层住宅<br>19 层及 19 层以上的普通住宅 | 10 层及 18 层的普通住宅 |
| 公共建筑 | 1. 医院；<br>2. 高级旅馆；<br>3. 建筑高度超过 50m 或每层建筑面积超过 1000m² 的商业楼、展览楼、综合楼、财贸金融楼、电信楼；<br>4. 建筑高度超过 50m 或每层建筑面积超过 1500m² 的商住楼；<br>5. 中央和省级(含计划单列市)广播电视楼；<br>6. 网局级和省级(含计划单列市)电力调度楼；<br>7. 省级(含计划单列市)邮政楼、防灾指挥调度楼；<br>8. 藏书超过 100 万册的图书馆、书库；<br>9. 重要的办公楼、科研楼、档案楼；<br>10. 建筑高度超过 50m 的教学楼和普通的旅馆、办公楼、科研楼和档案楼等 | 1. 除一类建筑外的商业楼、展览楼、综合楼、电信楼、财贸金融楼、商住楼、图书馆、书库；<br>2. 省级以下的邮政楼、防灾指挥调度楼、广播电视楼、电力调度楼；<br>3. 建筑高度不超过 50m 的教学楼和普通的旅馆、办公楼、科研楼等 |

为防止消防水箱内的水因长期不用而变质，并做到经济合理，故提出消防用水与其他用水共用水箱，但共用水箱要有消防用水不作他用的技术措施(技术措施可参考消防水池不作他用的办法)，以确保及时供应必需的灭火用水量。据调查，有的高层建筑水箱采用消防管道进水或消防泵启动后消防用水经水箱再流入消防管网，这样不能保证消防设备的水压，充分发挥消防设备的作用。因此，应通过生活或其他给水管道向水箱供水，并在水箱的消防出水管上安装止回阀，以阻止消防水泵启动后消防用水进入水箱。消防水箱也可以分成两格或设置两个，以便检修时仍能保证消防用水的供应。

注：消防水箱为何取 10min 的消防用水量？因为消防站的布局是以接到报警后 5min 内消防车能到达现场为原则，开始扑救约为 2.5min，加上报警 2.5min，所以消防水箱的用水量 10min 即可。10min 内由水箱扑救初期火灾，10min 后由消防车通过水泵接合器向室内供水灭火。

3) 室内消防管道

低层建筑消火栓给水系统可与生活生产给水系统合并，也可单独设置。消火栓给水系统的管材常采用热浸镀锌钢管。室内消防给水管道的布置应符合下列规定。

室内消火栓超过 10 个且室外消防用水量大于 15L/s 时，其消防给水管道应连成环状，且至少应有 2 条进水管与室外管网或消防水泵连接。当其中一条进水管发生事故时，其余的进水管应仍能供应全部消防用水量。高层厂房(仓库)应设置独立的消防给水系统。室内消防竖管应连成环状；室内消防竖管直径不应小于 DN100；室内消火栓给水管网宜与自动喷水灭火系统的管网分开设置；当合用消防泵时，供水管路应在报警阀前分开设置；高层厂房(仓库)、设置室内消火栓且层数超过 4 层的厂房(仓库)、设置室内消火栓且层数超过 5 层的公共建筑，其室内消火栓给水系统应设置消防水泵接合器。消防水泵接合器应设置在室外便于消防车使用的地点，与室外消火栓或消防水池取水口的距离宜为 15～40m。消防水泵接合器的数量应按室内消防用水量计算确定。每个消防水泵接合器的流量宜按 10～15L/s 计算。室内消防给水管道应采用阀门分成若干独立段。对于单层厂房(仓库)和公共建筑，检修停止使用的消火栓不应超过 5 个；对于多层民用建筑和其他厂房(仓库)，室内消防给水管道上阀门的布置应保证检修管道时关闭的竖管不超过 1 根，但设置的竖管超过 3 根时，可关闭 2 根。阀门应保持常开，并应有明显的启闭标志或信号。消防用水与其他用水合用的室内管道，当其他用水达到最大小时流量时，应仍能保证供应全部消防用水量；允许直接吸水的市政给水管网，当生产、生活用水量达到最大且仍能满足室内外消防用水量时，消防泵宜直接从市政给水管网吸水；严寒和寒冷地区非采暖的厂房(仓库)及其他建筑的室内消火栓系统，可采用干式系统，但在进水管上应设置快速启闭装置，管道最高处应设置自动排气阀。

高层建筑室内消防给水系统应与生活、生产给水系统分开独立设置，室内消防给水管道应布置成环状。室内消防给水环状管网的进水管和区域高压或临时高压给水系统的引入管不应少于 2 根，当其中一根发生故障时，其余的进水管或引入管应能保证消防用水量和水压的要求。消防竖管的布置，应保证同层相邻两个消火栓的水枪充实水柱同时到达被保护范围内的任何部位。每根消防竖管的直径应按通过的流量经计算确定，但不应小于100mm。对于 18 层及 18 层以下的单元式住宅及 18 层及 18 层以下、每层不超过 8 户、建筑面积不超过 650m² 的塔式住宅，当设两根消防竖管有困难时，可设一根竖管，但必须采用双阀双出口型消火栓。室内消火栓给水系统应与自动喷水灭火系统分开设置，有困难时，可合用消防泵，但在自动喷水灭火系统的报警阀前(沿水流方向)必须分开设置。室内消防给水管道应采用阀门分成若干独立段，阀门的布置，应保证检修管道时关闭停用的竖管不超过一根；当竖管超过 4 根时，可关闭不相邻的两根。裙房内消防给水管道的阀门布置可按现行的国家标准《建筑设计防火规范》的有关规定执行。阀门应有明显的启闭标志。

4) 水泵接合器

室内消防给水系统应设置水泵接合器。水泵接合器是连接消防车向室内消防给水系统加压供水的装置，一端由消防给水管网水平干管引出，另一端设于消防车易于接近的地方。当室内消防水泵检修、发生故障或停电时，或者室内消防水量不足时(如大面积恶性火灾时，火场用水量超过消防水泵的设计供水能力时)，水泵接合器供室外消防车使用，消防车从室外消火栓、室外消防水池或天然水源取水，通过水泵接合器的接口向建筑物内的消防给水管道系统送水加压，使室内消火栓或其他灭火设备得到补充的水量和水压，以扑灭火灾。

水泵接合器有地下式、地上式、墙壁式和多用式四种，如图 3-5 所示。水泵接合器宜采用地上式或墙壁式；当采用地下式水泵接合器时，应有明显标志。

(a) 地上式　　　　(b) 地下式　　　　(c) 墙壁式　　　　(d) 多用式

图 3-5　水泵接合器外形图

室内消火栓给水系统和自动喷水灭火系统应设水泵接合器，并应符合下列规定。

水泵接合器的数量应按室内消防用水量经计算确定。每个水泵接合器的流量应按 10～15L/s 计算。消防给水为竖向分区供水时，在消防车供水压力范围内的分区，应分别设置水泵接合器。水泵接合器应设在室外便于消防车使用的地点，距室外消火栓或消防水池的距离宜为 15～40m。水泵接合器宜采用地上式；当采用地下式水泵接合器时，应有明显标志。

### 3．消火栓给水系统的给水方式

1) 低层建筑

(1) 室外管网直接供水的消防给水方式。

室外给水管网提供的水量和水压，在任何时候都能够满足室内消火栓给水系统所需要的水量和水压时，不必设水箱、水泵，直接利用外网水压，系统简单，而且节约能源，降低投资。但应注意，如采用直接从市政给水管网引入室内消防用水的方式，应征得当地自来水公司及市政管理部门的同意。无加压水泵和水箱的消火栓给水系统如图 3-6 所示。该方式中消防管道有两种布置形式：一种是消防用水和生活用水合用，此时在水表处应设置旁通管，选水表时，要考虑到大流量时水表的过流能力，即能够承受短时间通过较大的消防水量；另一种是消防给水管道单独设置，单独设置可以避免消防管道中的水长期不用水质恶化，对生活用水产生污染。

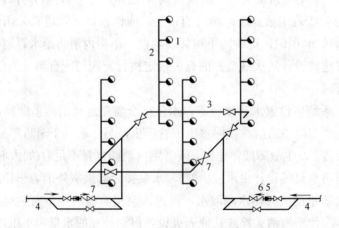

图 3-6　无水泵、水箱的消火栓给水系统

1—室内消火栓；2—消防立管；3—消防干管；4—进户管；5—水表；6—止回阀；7—闸阀

(2) 设水箱的消火栓给水方式。

当室外管网压力变化较大，但水量满足要求，一天之内有一定时间能够满足室内消防、生活和生产用水水量和水压要求时，可采用只设水箱的给水方式，如图 3-7 所示。这种方式管网和水箱应独立设置。

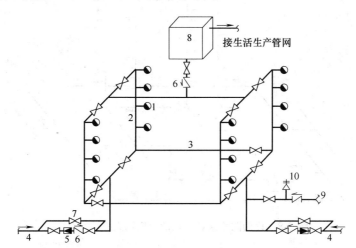

**图 3-7　设有水箱的室内消火栓给水系统**

1—室内消火栓；2—消防竖管；3—干管；4—进户管；5—水表；6—止回阀；
7—旁通管及阀门；8—水箱；9—水泵接合器；10—安全阀

(3) 设水泵、水箱的消火栓给水方式。

当室外管网水压经常不能满足室内消火栓给水系统水压和水量要求时，宜采用此种给水方式，如图 3-8 所示。当消防用水与生活、生产用水共用室内给水系统时，其消防水泵应保证供应生活、生产、消防用水的最大秒流量，并应满足室内最不利点消火栓的水压要求。水箱的设置高度应保证室内最不利点消火栓所需的水压要求。

2) 高层建筑

(1) 不分区室内消火栓给水系统的给水方式。

当建筑高度大于 24m 但不超过 50m，建筑物内最低层消火栓栓口处静水压力不超过 1.0MPa 时，可采用不分区的消火栓给水系统，即整栋建筑物为一个消防给水系统，如图 3-8 所示。当发生火灾时，消防车可通过水泵接合器向室内消防系统供水。

(2) 分区室内消火栓系统的给水方式。

当建筑物高度超过 50m 或者消火栓栓口处静水压力大于 1.0MPa 时，消防车已难以协助灭火，此外，管材及水带的工作耐压强度也难以保证。因此，为加强供水的安全可靠性，宜采用分区给水系统，如图 3-9 所示。

① 分区并联给水方式。

并联分区供水的优点是，分区设置水泵和水箱，水泵集中布置在同一泵房内，各区独立运行，互不干扰，供水可靠，便于集中管理。其缺点是，管材耗用较多，投资较大，水箱占用上层使用面积，且高区使用的消防泵及水泵出水管需耐高压。由于高区水压高，因此高区水泵接合器必须有高压水泵消防车才能起作用，否则将失去作用。

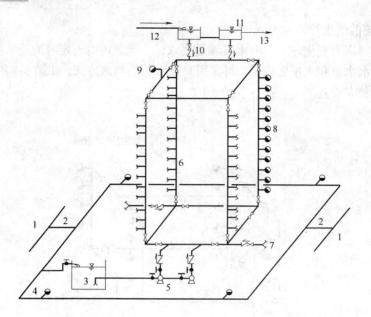

**图 3-8　设消防水泵和水箱的室内消火栓给水系统**

1—室外给水管网；2—进户管；3—贮水池；4—室外消火栓；5—消防水泵；6—消防管网；7—水泵接合器；8—室内消火栓；9—屋顶试验消火栓；10—止回阀；11—消防水箱；12—水箱进水管；13—生活用水

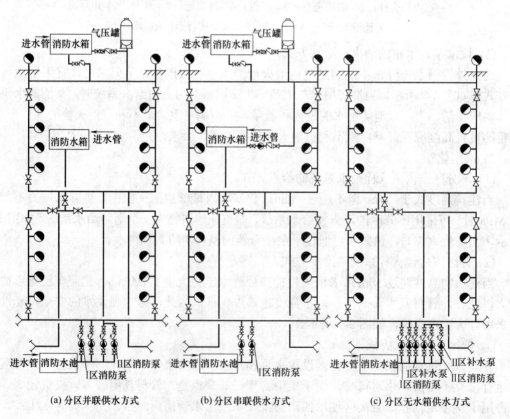

(a) 分区并联供水方式　　　(b) 分区串联供水方式　　　(c) 分区无水箱供水方式

**图 3-9　分区供水的室内消火栓给水系统**

② 分区串联给水方式。

各区分设水泵、水箱，低区的消防水泵向低区的消防管网和低区上部的水箱供水，高区的消防水泵从低区的水箱中取水，向高区的消防管网和高区的水箱供水。如果有几个区，则依次类推。

串联分区的优点是不需要高压水泵和耐高压管道，水泵接合器能发挥作用，可通过水泵接合器并经各转输层向高区送水灭火。串联分区的缺点是消防水泵分别设置在各楼层，不便于管理；楼层间设置水泵，对建筑结构的要求，对防震、防噪声的要求比较高；另外一旦高区发生火灾，下面各区的水泵必须联动，逐层向上供水，因此安全可靠性比较差。

③ 分区无水箱供水方式。

分区无水箱供水方式的优点是，分区设置变速水泵或多台并联水泵，根据水量调节水泵转速或运行台数，供水可靠、设备集中，便于管理，不占用上层使用面积，能耗较少；缺点是，水泵型号、数量较多、投资较大，水泵调节控制技术要求高。该供水方式适用于各类型高层工业与民用建筑。

**4. 室内消火栓系统的布置**

1) 室内消火栓的布置

(1) 低层建筑室内消火栓的布置应符合下列规定。

除无可燃物的设备层外，设置室内消火栓系统的建筑物，其各层均应设置消火栓。单元式、塔式住宅的消火栓宜设置在楼梯间的首层和各层楼层休息平台上，当设两根消防竖管确有困难时，可设一根消防竖管，但必须采双阀用双口型消火栓。干式消火栓竖管应在首层靠出口部位设置，便于消防车供水的快速接口和止回阀；消防电梯间前室内应设置消火栓；室内消火栓应设置在位置明显且易于操作的部位。栓口离地面或操作基面高度宜为1.1m，其出水方向宜向下或与设置消火栓的墙面成 90°角；栓口与消火栓箱内边缘的距离不应影响消防水带的连接；冷库内的消火栓应设置在常温穿堂或楼梯间内；室内消火栓的间距应由计算确定。高层厂房(仓库)、高架仓库和甲、乙类厂房中室内消火栓的间距不应大于 30m；其他单层和多层建筑中室内消火栓的间距不应大于 50m；同一建筑物内应采用统一规格的消火栓、水枪和水带。每条水带的长度不应大于 25m；室内消火栓的布置应保证每一个防火分区同层有两支水枪的充实水柱同时到达任何部位。建筑高度小于等于 24m 且体积小于等于 5000m³ 的多层仓库，可采用 1 支水枪充实水柱到达室内任何部位。水枪的充实水柱应经计算确定，甲、乙类厂房、层数超过 6 层的公共建筑和层数超过 4 层的厂房(仓库)，不应小于 10m；高层厂房(仓库)、高架仓库和体积大于 25000m³ 的商店、体育馆、影剧院、会堂、展览建筑、车站、码头、机场建筑等，不应小于 13.0m；其他建筑，不宜小于7m；高层厂房(仓库)和高位消防水箱静压不能满足最不利点消火栓水压要求的其他建筑，应在每个室内消火栓处设置直接启动消防水泵的按钮，并应有保护设施；室内消火栓栓口处的出水压力大于 0.5MPa 时，应设置减压设施；静水压力大于 1.0MPa 时，应采用分区给水系统；设有室内消火栓的建筑，如为平屋顶时，宜在平屋顶上设置试验和检查用的消火栓。

(2) 高层建筑室内消火栓的布置应符合下列规定。

建筑除无可燃物的设备层外，高层建筑和裙房的各层均应设室内消火栓，消火栓应设在走道、楼梯附近等明显易于取用的地点，消火栓的间距应保证同层任何部位有两个消火栓的水枪充实水柱同时到达。消火栓的水枪充实水柱应通过水力计算确定，且建筑高度不超过 100m 的高层建筑不应小于 10m；建筑高度超过 100m 的高层建筑不应小于 13m。消火栓的间距应由计算确定，且高层建筑不应大于 30m，裙房不应大于 50m。消火栓栓口离地面高度宜为 1.10m，栓口出水方向宜向下或与设置消火栓的墙面相垂直。消火栓栓口的静水压力不应大于 1.00MPa，当大于 1.00MPa 时，应采取分区给水系统。消火栓栓口的出水压力大于 0.50MPa 时，应采取减压措施。消火栓应采用同一型号规格。消火栓的栓口直径应为 65mm，水带长度不应超过 25m，水枪喷嘴口径不应小于 19mm。临时高压给水系统的每个消火栓处应设置直接启动消防水泵的按钮，并应设有保护按钮的设施。消防电梯间前室应设消火栓。高层建筑的屋顶应设一个装有压力显示装置的检查用的消火栓，采暖地区可设在顶层出口处或水箱间内。

2) 充实水柱长度 $S_k$

水枪的充实水柱长度是指水从水枪喷射出来的消防射流中一段最有效的射流长度。射流顶部呈为散射状，已经没有灭火能力了，具有一定强度的密实的水柱部分才有灭火能力。对于手提式水枪，充实水柱长度的规定为：从水枪喷嘴起至射流包括 90% 的全部消防水量穿过直径为 38cm 的圆断面后保持密实水柱的长度。图 3-10 所示为水枪充实水柱。充实水柱长度一般为 10~17m，小于 10m 时，火焰辐射热的作用，会造成灭火人员的伤亡和灭火的失败；如果充实水柱长度超过 17m，由于射流的反作用力比较大，消防人员难以灵活地把握住水枪，有效地实施灭火。设计时，各类建筑要求的水枪充实水柱长度应先计算再与表 3-7 所示的数据比较、取值。

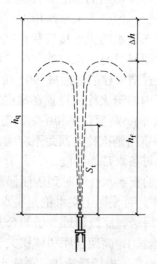

图 3-10　水枪充实水柱

表 3-7　各类建筑要求水枪充实水柱的长度

| 建筑类别 | | 充实水柱长度/m |
|---|---|---|
| 低层建筑 | 一般建筑 | |
| | 甲、乙类厂房、>6 层的民用建筑、4 层厂、库房 | ≥7 |
| | 高架库房、体积大于 25000m³ 的商店、体育馆、影剧院、会堂、展览建筑，车站、码头、机场建筑等 | ≥10 |

续表

| 建筑类别 | | 充实水柱长度/m |
|---|---|---|
| 高层建筑 | 民用建筑高度 ≥ 100m | ≥ 13 |
| | 民用建筑高度 ≤ 100m | ≥ 10 |
| | 高层工业建筑 | ≥ 13 |
| 人防工程内 | | ≥ 10 |
| 停车库、修车库内 | | ≥ 10 |

低层建筑水枪充实水柱长度可按式(3-3)计算。

$$S_k = \frac{H_1 - H_2}{\sin \alpha} \tag{3-3}$$

式中：$S_k$——水枪充实水柱长度，m；

$H_1$——保护建筑物的层高，m；

$H_2$——水枪喷嘴离地面高度，m，一般为 1.0m；

$\alpha$——水枪上的倾角，一般为 45°，最大不超过 60°。

高层建筑水枪充实水柱长度可按公式(3-4)计算。

$$S_k = \frac{H_1 - H_2}{\sin \alpha} \tag{3-4}$$

式中：$H_2$——消火栓的安装高度，m，一般为 1.1m；

式中其他字母含义同公式(3-3)。

【例 3-1】如图 3-11 所示，有一层高为 12m 的单层丙类工业建筑，试求消火栓的充实水柱长度。

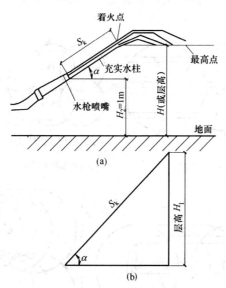

图 3-11 倾斜射流的水枪充实水柱

【解】根据公式 $S_k = \frac{H_1 - H_2}{\sin \alpha} = \frac{12 - 1}{\sin 45°} = 15.56(m)$

查表 3-7 可知，丙类厂房的水枪充实水柱长度不应小于 7m，经计算需要 15.56m(大于 7m)，故取 15.56m。

若采用水枪的上倾角为 60°，则水枪充实水柱长度为：

$$S_k = \frac{H_1 - H_2}{\sin \alpha} = \frac{12-1}{\sin 60°} = 12.70(m)$$

若该厂房水枪充实水柱达到 15.56m 有困难，也可采用 12.70m。

【例 3-2】设一高度不超过 100m 的高层办公楼，层高 3.5m，求所需充实水柱的长度。

【解】根据公式　　　　$S_k = \frac{H_1 - H_2}{\sin \alpha} = \frac{3.5-1.1}{\sin 45°} = 3.39(m)$

查表 3-7 可知，高度不超过 100m 的高层建筑消火栓的充实水柱不应小于 10m，故取 10m。

3）消火栓的保护半径

消火栓的保护半径是指某种规格的消火栓、水枪和一定长度的水带配套后，并考虑消防人员使用该设备时有一安全保障(为此水枪的上倾角不宜超过 45°，否则最不利着火物下落时会伤及灭火人员)的条件下，以消火栓为圆心，消火栓能充分发挥起作用的半径。其计算公式如下：

$$R = L_d + S_k \times \cos \alpha \tag{3-5}$$

式中：$R$——消火栓保护半径，m；

　　　$L_d$——水带总长度，m；每根水带的长度不应超过 25m，并应乘以水带的弯曲系数 0.8；

　　　$S_k$——充实水柱长度，m；

　　　$\alpha$——水枪上的倾角，一般为 45°，最大不超过 60°。

4）消火栓间距

室内消火栓间距应经过计算确定。高层工业建筑、高架库房、甲、乙类厂房，室内消火栓的间距不宜超过 30m；其他单层和多层建筑室内消火栓的间距不应超过 50m。消火栓的布置如图 3-12 所示。

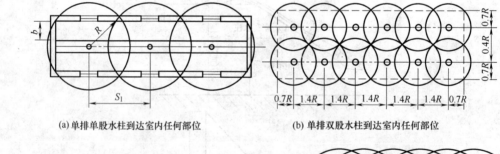

(a) 单排单股水柱到达室内任何部位　　　　(b) 单排双股水柱到达室内任何部位

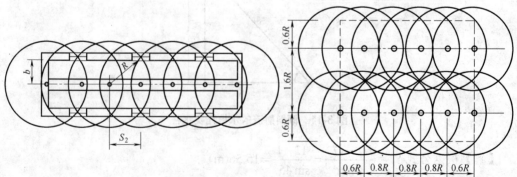

(c) 多排单股水柱到达室内任何部位　　　　(d) 多排多股水柱到达室内任何部位

图 3-12　消火栓的布置

当室内宽度较小只有一排消火栓，并且要求一股水柱达到室内任何部位时，如图 3-12(a)所示，消火栓的间距计算公式如下。

$$S = 2\sqrt{R^2 - b^2} \tag{3-6}$$

式中：$S$——消火栓布置间距，m；

$\quad\quad R$——消火栓的保护半径，m；

$\quad\quad b$——消火栓的最大保护宽度，m。

当室内宽度较小只有一排消火栓，但要求两股水柱达到室内任何部位时，如图 3-12(b)所示，消火栓的间距计算公式如下。

$$S = \sqrt{R^2 - b^2} \tag{3-7}$$

当室内需要布置多排消火栓，并且要求一股水柱达到室内任何部位时，如图 3-12(c)所示，消火栓的间距计算公式如下。

$$S = \sqrt{2}R \tag{3-8}$$

当房间较宽，需要布置多排消火栓，且要求有两股水柱同时达到室内任何部位时，如图 3-12(d)所示，消火栓的间距按式(3-8)的计算值缩短一半。

## 3.3.2　室内消火栓给水系统的水力计算

### 1. 消火栓栓口所需水压

1) 喷嘴压力与充实水柱的关系

设图 3-11 中 $h_q$ 为喷嘴压力(水枪射程)，$S_k$ 为充实水柱长度，因此

$$h_q = \frac{v^2}{2g} \tag{3-9}$$

式中：$v$——水流速度，m/s；

$\quad\quad g$——重力加速度，m/s$^2$，取 9.8 m/s$^2$；

$\quad\quad h_q$——水枪喷嘴压力，mH$_2$O。

水枪的实际射流长度 $h_f$ 与喷嘴压力 $h_q$ 有以下关系。

$$h_f = h_q - \Delta h \tag{3-10}$$

其中

$$\Delta h = \frac{\lambda L}{d} \times \frac{v^2}{2g} \tag{3-11}$$

已知：$L=h_f$，$h_q=v^2/2g$，故　$\Delta h = \frac{\lambda h_f}{d} \times h_q$

则

$$h_f = h_q - \frac{\lambda h_f}{d} \times h_q = h_q(1 - \frac{\lambda h_f}{d})$$

故

$$h_q = \frac{h_f}{1 - \frac{\lambda h_f}{d}}$$

令 $\frac{\lambda}{d} = \varphi$，则

$$h_q = \frac{h_f}{1 - \varphi h_f} \tag{3-12}$$

又知充实水柱和实际射流长度有以下关系：$h_f = \alpha_f S_k$

则 $\quad h_q = \alpha_f S_k /(1 - \varphi \alpha_f S_k)$ (3-13)

或 $\quad S_k = h_q / \alpha_f (1 + \varphi h_q)$ (3-14)

式中：$h_q$——水枪喷嘴压力，mH$_2$O；

$S_k$——水枪充实水柱长度，m；

$\alpha_f$——实验系数(见表 3-8)；

$\varphi$——水枪与喷嘴口径 $d$ 有关的系数(见表 3-9)。

表 3-8 实验系数 α f

| 充实水柱长度 $S_k$/m | 7 | 10 | 13 | 15 | 16 |
|---|---|---|---|---|---|
| $\alpha_f$ | 1.19 | 1.20 | 1.21 | 1.22 | 1.24 |

表 3-9 水枪与喷嘴口径有关的系数

| 水枪喷嘴口径 $d$/mm | 13 | 16 | 19 | 22 | 25 |
|---|---|---|---|---|---|
| $b_f$ | 0.016 | 0.012 | 0.010 | 0.008 | 0.006 |

2) 喷嘴压力与水枪射流量的关系

按照水枪喷嘴压力的计算公式得出的 $h_q$ 值，应按下式计算在该压力下的水枪流量。

$$q = \sqrt{Bh_q}$$ (3-15)

式中：$q$——水枪流量，L/s；

$B$——喷嘴流量系数；

$h_q$——水枪喷嘴压力，mH$_2$O。

喷嘴的流量系数如表 3-10 所示。

表 3-10 喷嘴的流量系数 B

| 喷嘴口径 $d$/mm | 13 | 16 | 19 | 22 | 25 |
|---|---|---|---|---|---|
| $B$ | 0.346 | 0.793 | 1.577 | 2.836 | 4.728 |

为简化计算，根据式(3-9)和式(3-12)制成表 3-11，可查到 $d$=13mm、16mm、19mm 时，不同充实水柱长度、水枪喷嘴处的压力值和实际流量值。

表 3-11 $S_k$、$h_q$、$q$ 技术数据换算

| 充实水柱长度 $S_k$/m | 喷口直径/mm | | | | | |
|---|---|---|---|---|---|---|
| | 13 | | 16 | | 19 | |
| | $h_q$/mH$_2$O | $q$/(L/s) | $h_q$/mH$_2$O | $q$/L/s | $h_q$/mH$_2$O | $q$/(L/s) |
| 6 | 8.1 | 1.7 | 7.8 | 2.5 | 7.7 | 3.5 |
| 8 | 11.2 | 2.0 | 10.7 | 2.9 | 10.4 | 4.1 |
| 10 | 14.9 | 2.3 | 14.1 | 3.3 | 13.6 | 4.5 |
| 12 | 19.1 | 2.6 | 17.7 | 3.8 | 16.9 | 5.2 |
| 14 | 23.9 | 2.9 | 21.8 | 4.2 | 20.6 | 5.7 |
| 16 | 29.7 | 3.2 | 26.5 | 4.6 | 24.7 | 6.2 |

3) 消防水带的水头损失

消防水带的水头损失可按下式计算。

$$h_d = A_d L_d Q^2 \tag{3-16}$$

式中：$h_d$——水带的水头损失，$mH_2O$；

$A_d$——水带的比阻，可按表 3-12 查得；

$L_d$——水带长度，m；

$Q$——通过水带的流量，L/s。

表 3-12 水带的比阻 $A_d$

| 材料 \ 直径 | φ50 | φ65 | φ80 |
|---|---|---|---|
| 麻质无衬 | 0.01501 | 0.00430 | 0.0015 |
| 胶质衬里 | 0.00677 | 0.00172 | 0.00075 |

4) 消火栓栓口水压的确定

$$H_{xh} = H_q + h_d \tag{3-17}$$

式中：$H_{xh}$——消火栓栓口水压，kPa；

$H_q$——水枪喷嘴处压力，kPa；

$h_d$——水带水头损失，kPa。

**2. 消防水池、消防水箱的贮存容积**

1) 消防水池贮存水量

$$V_f = 3.6(Q_f - Q_L) \times T_x \tag{3-18}$$

式中：$V_f$——水池贮存水量，$m^3$；

$Q_f$——消防用水量(视情况包括室内、室外水量)，L/s；

$Q_L$——外网连续的补水量，L/s；

$T_x$——火灾延续时间，h。

2) 消防水箱贮存水量(10min)

$$V_x = 0.6Q_x = \frac{Q_x \times 10 \times 60}{1000} \tag{3-19}$$

式中 $V_x$——水箱贮存水量，$m^3$；

$Q_x$——室内消防用水量，L/s；

0.6——单位换算系数。

火灾延续时间 $T_x$ 值如表 3-13 所示。

表 3-13 火灾延续时间 $T_x$ 值/h

| 建筑类别 | 场所名称 | 火灾延续时间/h |
|---|---|---|
| 甲、乙、丙类液体储罐 | 浮顶罐 | 4.0 |
| | 地下和半地下固定顶立式罐、覆土储罐 | |
| | 直径小于等于 20.0m 的地上固定顶立式罐 | |
| | 直径大于 20.0m 的地上固定顶立式罐 | 6.0 |

续表

| 建筑类别 | 场所名称 | 火灾延续时间/h |
|---|---|---|
| 液化石油 | 总容积大于 220m³ 的储罐区或单罐容积大于 50m³ 的储罐 | |
| 气储罐 | 总容积小于等于 220m³ 的储罐区且单罐容积小于等于 50m³ 的储罐 | |
| 可燃气体储罐 | 湿式储罐 | 3.0 |
| | 干式储罐 | |
| | 固定容积储罐 | |
| 可燃材料 | 煤、焦炭露天堆场 | |
| 堆场 | 其他可燃材料露天、半露天堆场 | 6.0 |
| 仓库 | 甲、乙、丙类仓库 | 3.0 |
| | 丁、戊类仓库 | 2.0 |
| 厂房 | 甲、乙、丙类厂房 | 3.0 |
| | 丁、戊类厂房 | 2.0 |
| 民用建筑 | 公共建筑 | 2.0 |
| | 居住建筑 | |
| 灭火系统 | 自动喷水灭火系统 | 应按相应现行国家标准确定 |
| | 泡沫灭火系统 | |
| | 防火分隔水幕 | |

### 3. 室内消火栓管网的水力计算

#### 1) 室内消防用水量

高层建筑的消防用水总量应按室内、外消防用水量之和计算。高层建筑内设有消火栓、自动喷水、水幕、泡沫等灭火系统时，其室内消防用水量应按需要同时开启的灭火系统用水量之和计算。高层建筑室内、外消火栓给水系统的用水量，不应小于表 3-14 所示的规定。

表 3-14  高层建筑室内、外消火栓系统用水量

| 高层建筑类别 | 建筑高度/m | 消火栓用水量/(L/s) | | 每根竖管最小流量/(L/s) | 每支水枪最小流量/(L/s) |
|---|---|---|---|---|---|
| | | 室外 | 室内 | | |
| 普通住宅 | ≤50 | 15 | 10 | 10 | 5 |
| | >50 | 15 | 20 | 10 | 5 |
| 1. 高级住宅<br>2. 医院<br>3. 二类建筑的商业楼、展览楼、综合楼、财贸金融楼、电信楼、商住楼、图书馆、书库<br>4. 省级以下的邮政楼、防灾指挥调度楼、广播电视楼、电力调度楼 | ≤50 | 20 | 20 | 10 | 5 |

续表

| 高层建筑类别 | 建筑高度/m | 消火栓用水量/(L/s) | | 每根竖管最小流量/(L/s) | 每支水枪最小流量/(L/s) |
|---|---|---|---|---|---|
| | | 室外 | 室内 | | |
| 5. 建筑高度不超过 50m 的教学楼和普通的旅馆、办公楼、科研楼、档案楼等 | >50 | 20 | 30 | 15 | 5 |
| 1. 高级旅馆 | ≤50 | 30 | 30 | 15 | 5 |
| 2. 建筑高度超过 50m 或每层建筑面积超过 1000m² 的商业楼、展览楼、综合楼、财贸金融楼、电信楼<br>3. 建筑高度超过 50m 或每层建筑面积超过 1500m² 的商住楼<br>4. 中央和省级(含计划单列市)广播电视楼<br>5. 网局级和省级(含计划单列市)电力调度楼<br>6. 省级(含计划单列市)邮政楼、防灾指挥调度楼<br>7. 藏书超过 100 万册的图书馆、书库<br>8. 重要的办公楼、科研楼、档案楼<br>9. 建筑高度超过 50m 的教学楼和普通的旅馆、办公楼、科研楼、档案楼等 | >50 | 30 | 40 | 15 | 5 |

注：建筑高度不超过 50m，室内消火栓用水量超过 20 L/s，且设有自动喷水灭火系统的建筑物，其室内、外消防用水量可按本表减少 5L/s。

2) 室内消火栓系统水力计算步骤

(1) 绘制消防给水管道平面布置图及轴测图。

(2) 根据轴测图选择系统最不利点，确定计算管路。

(3) 从最不利点开始，以流量变化处为节点进行节点编号，由表 3-16～表 3-18 确定每根立管的节点数及每支水枪最小流量。

(4) 计算充实水柱长度并令其满足表 3-7 的要求，规定选用的水枪计算消防流量需不小于表 3-14 和表 3-15 中每支水枪的最小流量。

(5) 求消火栓栓口处所需压力。

(6) 根据各管段的流量和规定的流速($v$=1.4～1.8m/s)，确定管径(DN)和单阻($i$)。

(7) 计算沿程水头损失 $h_y$ ( $h_f = \sum iL$ )。

(8) 计算局部水头损失 $h_j$( $h_j = \sum \xi \dfrac{v^2}{2g}$ )，也可按沿程水头损失的 10% 计算，但应指出，管网水头损失按室内消防用水量达到最大时进行计算。

(9) 计算消防系统所需总压力，选择消防水泵。

消防水泵流量按各竖管水枪出流量之和计算。

消防水泵的扬程为

$$H_b = H_{xh} + h_g + h_z \tag{3-20}$$

式中：$H_b$——消防水泵扬程，$mH_2O$；

　　　　$H_{xh}$——最不利消火栓栓口的水压，$mH_2O$；

$h_g$——消防水泵吸水口至最不利消火栓之间管道的总水头损失，$mH_2O$；

$h_z$——消防水池水面与最不利消火栓之间的高差，m。

(10) 计算水泵接合器的数量。

表 3-15　低层民用及工业建筑室内消火栓用水量

| 建筑物名称 | 高度 h(m)、层数、体积 V(m³) 或座位数 N(个) | | 消火栓用水量/(L/s) | 同时使用水枪数量/支 | 每根竖管最小流量/(L/s) | 每支水枪最小流量/(L/s) |
|---|---|---|---|---|---|---|
| 厂房 | $h \leqslant 24$ | $V \leqslant 10000$ | 5 | 2 | 5 | 2.5 |
| | | $V > 10000$ | 10 | 2 | 10 | 5 |
| | $24 < h \leqslant 50$ | | 25 | 5 | 15 | 5 |
| | $h > 50$ | | 30 | 6 | 15 | 5 |
| 仓库 | $h \leqslant 24$ | $V \leqslant 5000$ | 5 | 1 | 5 | 5 |
| | | $V > 5000$ | 10 | 2 | 10 | 5 |
| | $24 < h \leqslant 50$ | | 30 | 6 | 15 | 5 |
| | $h > 50$ | | 40 | 8 | 15 | 5 |
| 科研楼、试验楼 | $H \leqslant 24，V \leqslant 10000$ | | 10 | 2 | 10 | 5 |
| | $H \leqslant 24，V > 10000$ | | 15 | 3 | 10 | 5 |
| 车站、码头、机场的候车(船、机)楼和展览建筑等 | $5000 < V \leqslant 25000$ | | 10 | 2 | 10 | 5 |
| | $25000 < V \leqslant 50000$ | | 15 | 3 | 10 | 5 |
| | $V > 50000$ | | 20 | 4 | 15 | 5 |
| 剧院、电影院、会堂、礼堂、体育馆等 | $800 < n \leqslant 1200$ | | 10 | 2 | 10 | 5 |
| | $1200 < n \leqslant 5000$ | | 15 | 3 | 10 | 5 |
| | $5000 < n \leqslant 10000$ | | 20 | 4 | 15 | 5 |
| | $n > 10000$ | | 30 | 6 | 15 | 5 |
| 商店、旅馆等 | $5000 < V \leqslant 10000$ | | 10 | 2 | 10 | 5 |
| | $10000 < V \leqslant 25000$ | | 15 | 3 | 10 | 5 |
| | $V > 25000$ | | 20 | 4 | 15 | 5 |
| 病房楼、门诊楼等 | $5000 < V \leqslant 10000$ | | 5 | 2 | 5 | 2.5 |
| | $10000 < V \leqslant 25000$ | | 10 | 2 | 10 | 5 |
| | $V > 25000$ | | 15 | 3 | 10 | 5 |
| 办公楼、教学楼等其他民用建筑 | 层数≥6 层或 $V > 10000$ | | 15 | 3 | 10 | 5 |
| 国家级文物保护单位的重点砖木或木结构的古建筑 | $V \leqslant 10000$ | | 20 | 4 | 10 | 5 |
| | $V > 10000$ | | 25 | 5 | 15 | 5 |
| 住宅 | 层数≥8 | | 5 | 2 | 5 | 2.5 |

注：1. 丁、戊类高层厂房(仓库)室内消火栓的用水量可按本表减少 10L/s，同时使用水枪数量可按本表减少 2 支。

2. 消防软管卷盘或轻便消防水龙及住宅楼梯间中的干式消防竖管上设置的消火栓，其消防用水量可不计入室内消防用水量。

表 3-16　高层民用建筑消火栓给水系统竖管流量分配

| 室内消火栓用水量 /(L/s) | 最不利部位消火栓竖管出水枪数/支 | 相邻消火栓竖管出水枪数/支 | 次相邻消火栓竖管出水枪数/支 |
|---|---|---|---|
| 10 | 2 | — | — |
| 20 | 2 | 2 | — |
| 25 | 3 | 2 | — |
| 30 | 3 | 3 | — |
| 40 | 3 | 3 | 2 |

注：计算时，消火栓应选在最高层，最不利部位的竖管。

表 3-17　低层及多层建筑消火栓给水系统竖管流量分配

| 室内消火栓用水量(水枪支数×单只水枪流量)/(L/s) | 最不利部位消火栓竖管出水枪数/支 | 相邻消火栓竖管出水枪数/支 |
|---|---|---|
| 1×5 | 1 | — |
| 2×2.5 | 2 | — |
| 2×5 | 2 | — |
| 3×5 | 2 | 1 |
| 4×5 | 2 | 2 |
| 6×5 | 3 | 3 |

表 3-18　高层厂房、高层库房消火栓给水系统竖管流量分配

| 建筑物名称 | 建筑高度/m | 竖管流量分配/(L/s) | | |
|---|---|---|---|---|
| | | 最不利竖管 | 次不利竖管 | 次相邻竖管 |
| 高层厂房 | ≤50 | 15 | 10 | — |
| | >50 | 15 | 15 | — |
| 高层库房 | ≤50 | 15 | 15 | — |
| | >50 | 15 | 15 | 10 |

## 3.3.3　室内消火栓给水系统设计举例

【例 3-3】一幢 12 层普通办公楼，其消火栓消防给水系统如图 3-13 所示，图中消防水池所标为最低水位。

【解】

(1) 水箱消防储存水的容积。

因为该建筑属于二类建筑。根据消防规范，室内消防用水量为 20L/s，水箱储水量为 12m³。

(2) 水箱设置高度。

如果要满足最高层消火栓的水枪充实水柱为 10m 的要求，则水箱的设置高度离屋顶的

距离至少在 14m 以上，这样的建筑设计很困难，也不现实。因此根据规范，二类建筑顶层消火栓处的静水压力不应低于 7m(实验消火栓除外)，辅以每个消火栓处设启动消防水泵的按钮来迅速临时加压，水箱箱底的设置高度取 41.1+7=48.1m。低层消火栓所承受的压力为 48.1-1.1=47m<80m，故该消火栓系统可以不分区。

(3) 消火栓的选定。

高层建筑每股消防水量不应小于 5L/s，选用 65mm 口径的消火栓、19mm 的喷嘴水枪、直径 65mm、长度 20m 的胶质衬里水带。

(4) 最不利点水枪的实际喷射压力和水量。

根据表 3-16 所示，此建筑发生火灾时室内需 4 支水枪同时工作，且每根消防竖管上需 2 支水枪同时工作，如图 3-13 所示，消防 I 号竖管上的 12 层消火栓离消防泵最高最远，处于系统最不利点。故选 I、II 号竖管上 11、12 层的消火栓的水枪为计算水枪。

I 号消防竖管 12 层消火栓造成 10m 充实水柱所需的压力为：

$$h_q = \frac{\alpha_f S_k}{1 - \varphi \alpha_f S_k} = \frac{1.2 \times 10}{1 - 0.01 \times 1.2 \times 10} = 13.6(m)$$

水枪喷射流量为：$q = \sqrt{B h_q} = \sqrt{1.577 \times 13.6} = 4.6(L/s)$

不能满足 5L/s 的要求，应提高压力，增大消防流量至 $q_{12} = 5L/s$。

$$h_q = \frac{q^2}{B} = \frac{5^2}{1.577} = 15.85(m)$$

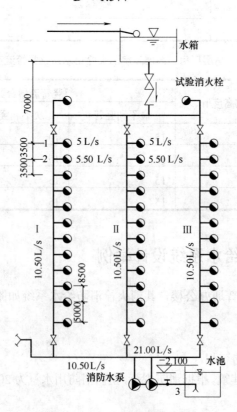

图 3-13　办公楼消火栓系统图

其实际充实水柱长度应为 $S_k = \dfrac{h_q}{\alpha_f(1+\varphi h_q)} = \dfrac{15.85}{1.2\times(1+0.01\times15.85)} = 11.4\text{(m)}$

12 层消火栓处所需压力为：$H_{12} = H_q + ALq^2 = 15.85 + 0.00172\times20\times5^2 = 16.71\text{(m)}$

11 层消火栓处所需压力为：$H_{12}$+层高(3.5m)+(11～12 层消防竖管的水头损失)。

$H_{11} = 16.71 + 3.5 + il\times(1+10\%) = 16.71 + 3.5 + 0.00749\times3.5\times(1+10\%) = 20.23\text{(m)}$，由

$H_{11} = \dfrac{q^2}{B} + ALq^2$ 得：11 层消火栓的消防出水量为：

$$q_{11} = \sqrt{\dfrac{H_{11}}{\dfrac{1}{B}+AL}} = \sqrt{\dfrac{20.23}{\dfrac{1}{1.577}+0.00172\times20}} = 5.50\text{(L/s)}$$

2 点与 3 点之间的流量 $q = q_1 + q_2 = 10.5\text{(L/s)}$

从理论上来讲，Ⅱ号竖管上 11、12 层的消火栓离消防水泵较近，其消防出水量应比Ⅰ号消防竖管上的消火栓稍大，但相差很小。为了简化计算工作，可采用与Ⅰ号消防竖管相同的流量。

(5) 消防管道计算流量分配。

消防管道计算流量分配如图 3-13 所示，流量分配是考虑了Ⅲ号消防竖管发生检修关闭不利的情况。正常情况下，11、12 层消火栓的出流量由环网供应。管径和水泵扬程的计算应按不利情况考虑。

(6) 管径的确定。

按照计算出来的流量查水力计算表，消防竖管及上、下环状管均采用 DN100mm 的镀锌钢管。

(7) 消防水泵的选定。

消防水泵流量为 21L/s，从消防水泵吸水管 3 点到消防管道最不利点 1(估算长度为 60m)的总水头损失为：$hg = il\times(1+10\%) = 0.00749\times3.5\times(1+10\%) + 0.0285\times60\times(1+10\%) = 1.91\text{(m)}$。水池中消防最低水位至最不利点消火栓的标高差为 43.3m，则消防水泵的扬程为：$H_b = H_{xh} + h_g + h_z = 16.71 + 1.91 + 43.3 = 61.92\text{(m)}$。

因此，选用两台 100TSW×5 多级水泵，一用一备，每台水泵流量为 17.2～22.2L/s，扬程为 70～81m。

在屋顶上设置两个试验消火栓，试验时只需一股或两股水柱工作，流量减小，水泵扬程提高，完全能满足屋顶试验消火栓有 10m 以上的充实水柱，不再校核计算。

(8) 水泵接合器的选定。

水泵接合器是作为应急备用的，可弥补消防水量的不足，因此不必严格按室内实际所需消防流量计算，可按规范中规定的室内消防流量计算。本例中室内消防流量为 20L/s，而一个 100mm 管径的水泵接合器的流量为 15～20L/s，故选用两个 100mm 管径的地下式水泵接合器，如设置两只以上水泵接合器时，其布置不宜设在一处，应按建筑物外形、室外道路、市政消火栓位置取对称布置，以利于消防车分散扑救，并有充分的室外周转场地。

(9) 室外消火栓的选定。

本例室外消防用水量为 20L/s，设置两个 100mm 室外地下式消火栓。

(10) 消火栓减压。

根据规范，当消防水泵工作时，消火栓处的水压超过 50m 时宜采用减压措施。从以上计算可知，12 层消火栓栓口动水压力为 16.71m，11 层消火栓栓口动水压力为 20.23m，同理， 10 层消火栓栓口动水压力 $=H_{11}+$ 层高(3.5m)+(10～11 层消防竖管的水头损失) $H_{10}=20.23+3.5+il×(1+10\%)=20.23+3.5+0.0285×3.5×(1+10\%)=23.84(m)$。同理可得其他各层消火栓的动水压力。

表 3-19 所示为本例水泵工作时消火栓处动水压力及其过剩压力。

表 3-19 水泵工作时消火栓的动水压力和过剩压力

| 消火栓编号 | 1 | 2 | 3 | 4 | 5 | 6 | 7 | 8 | 9 | 10 | 11 | 12 |
|---|---|---|---|---|---|---|---|---|---|---|---|---|
| 动水压力/m | 56.38 | 52.72 | 49.11 | 45.50 | 41.89 | 38.28 | 34.67 | 31.06 | 27.45 | 23.84 | 20.23 | 16.71 |
| 过剩压力/m | 39.67 | 36.01 | 32.4 | 28.79 | 25.18 | 21.57 | 17.96 | 14.35 | 10.74 | 7.13 | 3.52 | 0 |

从表中可以看出本例 1～2 层需设减压措施。计算第二层消火栓给水管上设置的减压孔板。

已知第二层消火栓的水量为 5L/s，管径 DN65 剩余水压 H 为 36.01m，则 $v$=1.51m/s（ $H_1 = \dfrac{H}{v^2} = \dfrac{36.01×10^4}{1.51^2} = 15.79×10^4(\text{Pa})$ ）。

式中：$H_1$——修正后的剩余水头，$10^4$Pa；

$H$——设计剩余水头，$10^4$Pa；

$v$——水流通过孔板后的实际流速(如孔板前后管径没变化，则 $v$ 值等于管中流速)，m/s。

查《建筑给排水设计手册》(第二册)可知，当消火栓支管管径为 DN65 时，选用 21mm 孔径的孔板。将 1 层消火栓动水压力减去 36.01m，得 20.37m＜50m，故一层减压孔板孔径也是 21mm。竖管Ⅱ和Ⅲ上消火栓减压孔板的设置同Ⅰ。

# 3.4 自动喷水灭火系统

自动喷水灭火系统是目前世界上使用最多的固定式灭火系统，这种灭火方式有 100 多年的历史。据资料统计，自动喷水灭火系统扑灭初期火灾的效率可以达到 97%以上，在安装自动喷水灭火系统的建筑中，约有 60%的火灾，只需要开启一个喷头即可扑灭，约有 90%的火灾，只需要开启 5 个或 5 个以下的喷头就可以扑灭。由于自动喷水喷头能够适应各种火灾危险场合，因此凡是可以用水灭火的场合都可以采用自动喷水灭火系统，如宾馆、饭店、商场、礼堂等，甚至远洋海轮上也采用自动喷水灭火系统。一般在高层建筑、比较重要的建筑中，或者在建筑物中的某些部位设置自动喷水灭火系统，而其他部位采用消火栓系统。

## 3.4.1　自动喷水灭火系统的设置场所

　　自动喷水灭火系统具有自动探火报警和自动喷水控火、灭火的优良性能，在我国大力提倡和推广使用自动喷水灭火系统是很有必要的。具体到某一幢建筑物是否需要设置自动喷水灭火系统，其决定因素是建筑物的火灾危险性和自动扑救初期火灾的必要性。选择自动喷水灭火系统的类型，应根据可燃物的类别、燃烧速度、气候条件、空间环境以及被保护对象的保护目的等因素综合考虑。

　　露天场所、存在较多遇水发生爆炸或加速燃烧的物品的场所、存在较多遇水发生剧烈化学反应或产生有毒有害物质物品的场所、存在较多洒水将导致喷溅或沸溢的液体的场所，不适合采用自动喷水灭火系统。

　　(1) 下列场所应设置自动灭火系统，除不宜用水保护或灭火者以及规范另有规定者外，宜采用自动喷水灭火系统。

　　大于等于 50000 纱锭的棉纺厂的开包、清花车间；大于等于 5000 锭的麻纺厂的分级、梳麻车间；火柴厂的烤梗、筛选部位；泡沫塑料厂的预发、成型、切片、压花部位；占地面积大于 $1500m^2$ 的木器厂房；占地面积大于 $1500m^2$ 或总建筑面积大于 $3000m^2$ 的单层、多层制鞋、制衣、玩具及电子等厂房；高层丙类厂房；飞机发动机试验台的准备部位；建筑面积大于 $500m^2$ 的丙类地下厂房；每座占地面积大于 $1000m^2$ 的棉、毛、丝、麻、化纤、毛皮及其制品的仓库；每座占地面积大于 $600m^2$ 的火柴仓库；邮政楼中建筑面积大于 $500m^2$ 的空邮袋库；建筑面积大于 $500m^2$ 的可燃物品地下仓库；可燃、难燃物品的高架仓库和高层仓库(冷库除外)；特等、甲等或超过 1500 个座位的其他等级的剧院；超过 2000 个座位的会堂或礼堂；超过 3000 个座位的体育馆；超过 5000 人的体育场的室内人员休息室与器材间等；任一楼层建筑面积大于 $1500m^2$ 或总建筑面积大于 $3000m^2$ 的展览建筑、商店、旅馆建筑，以及医院中同样建筑规模的病房楼、门诊楼、手术部；建筑面积大于 $500m^2$ 的地下商店；设置有送回风道(管)的集中空气调节系统且总建筑面积大于 $3000m^2$ 的办公楼等；设置在地下、半地下或地上四层及四层以上或设置在建筑的首层、二层和三层且任一层建筑面积大于 $300m^2$ 的地上歌舞娱乐放映游艺场所(游泳场所除外)；藏书量超过 50 万册的图书馆。

　　(2) 下列场所应设置雨淋喷水灭火系统。

　　火柴厂的氯酸钾压碾厂房；建筑面积大于 $100m^2$ 生产、使用硝化棉、喷漆棉、火胶棉、赛璐珞胶片、硝化纤维的厂房；建筑面积超过 $60m^2$ 或储存量超过 2t 的硝化棉、喷漆棉、火胶棉、赛璐珞胶片、硝化纤维的仓库；日装瓶数量超过 3000 瓶的液化石油气储配站的灌瓶间、实瓶库；特等、甲等或超过 1500 个座位的其他等级的剧院和超过 2000 个座位的会堂或礼堂的舞台的葡萄架下部；建筑面积大于等于 $400m^2$ 的演播室，建筑面积大于等于 $500m^2$ 的电影摄影棚；乒乓球厂的轧坯、切片、磨球、分球检验部位。

　　(3) 下列部位宜设置水幕系统。

　　特等、甲等或超过 1500 个座位的其他等级的剧院和超过 2000 个座位的会堂或礼堂的舞台口，以及与舞台相连的侧台、后台的门窗洞口；应设防火墙等防火分隔物而无法设置

的局部开口部位；需要冷却保护的防火卷帘或防火幕的上部。

(4) 下列场所应设置自动灭火系统，且宜采用水喷雾灭火系统。

单台容量在 40MV·A 及以上的厂矿企业油浸电力变压器、单台容量在 90MV·A 及以上的油浸电厂电力变压器，或单台容量在 125MV·A 及以上的独立变电所油浸电力变压器；飞机发动机试验台的试车部位。

## 3.4.2 自动喷水灭火系统的分类及组成

### 1. 自动喷水灭火系统的分类

根据系统中所使用的喷头形式的不同，自动喷水灭火系统分为闭式自动喷水灭火系统和开式自动喷水灭火系统两大类。

自动喷水灭火系统
- 闭式自动喷水灭火系统
  - 湿式自动喷水灭火系统
  - 干式自动喷水灭火系统
  - 干湿两用自动喷水灭火系统
  - 预作用自动喷水灭火系统
  - 重复启动自动喷水灭火系统
  - 自动喷水-泡沫联用灭火系统
- 开式自动喷水灭火系统
  - 雨淋灭火系统
  - 水幕灭火系统
  - 水喷雾灭火系统
  - 超细水喷雾灭火系统

闭式自动喷水灭火系统采用闭式喷头，它是一种常闭喷头，喷头的感温、闭锁装置只有在预定的温度环境下才会脱落和开启喷头。在火灾水平蔓延速度快的场所和室内净空高度超过如表 3-20 所示的规定的，不适合采用闭式自动喷水灭火系统。

表 3-20　采用闭式系统场所的最大净空高度　　　　　　　　　　单位：m

| 设置场所 | 采用闭式系统场所的最大净空高度 |
| --- | --- |
| 民用建筑和工业厂房 | 8 |
| 仓库 | 9 |
| 采用早期抑制快速响应喷头的仓库 | 13.5 |
| 非仓库类高大净空场所 | 12 |

开式自动喷水灭火系统采用开式喷头，开式喷头不带感温闭锁装置，处于常开状态。当发生火灾时，火灾所处的系统保护区域内的所有开式喷头一起出水灭火。

**2. 自动喷水灭火系统的组成**

1) 湿式自动喷水灭火系统

湿式自动喷水灭火系统为喷头常闭的系统,管网内平时充满了压力水。该系统是世界上使用时间最长、应用最广泛的,而且也是控火率最高的一种闭式自动喷水灭火系统,目前世界上所安装的自动喷水灭火系统中,有 70%以上是湿式自动喷水灭火系统。

(1) 湿式自动喷水灭火系统的组成及工作原理。

湿式自动喷水灭火系统由闭式喷头、管道系统、湿式报警阀组、水流指示器及供水设施等组成,如图 3-14 所示。

湿式自动喷水灭火系统是在一个充满水的管道系统上安装自动喷水闭式喷头,并与至少一个自动给水装置相连。火灾发生时,在火场温度作用下,闭式喷头的感温元件温度达到预定的动作温度后,喷头开启喷水灭火,此时管网中有压水流动,水流指示器被感应送出电信号,在报警控制器上显示某一区域已在喷水。持续喷水造成报警阀的上部水压低于下部水压,其压力差值达到一定值时,原来处于关闭的报警阀就会自动开启,同时,消防水通过湿式报警阀流向自动喷洒管网供水灭火。另一部分水进入延迟器、压力开关及水力警铃设施发出火警信号。另外,根据水流指示器和压力开关的信号或消防水箱的水位信号,控制箱内的控制器能自动开启消防泵,以达到持续供水的目的。

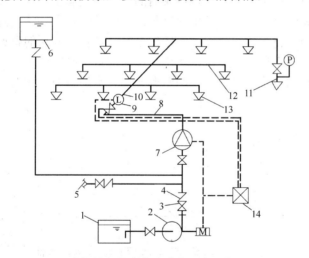

**图 3-14  湿式自动喷水系统示意图**

1—水池;2—水泵;3—闸阀;4—止回阀;5—水泵接合器;6—消防水箱;7—湿式报警阀组;
8—配水干管;9—水流指示器;10—配水管;11—末端试水装置;12—配水支管;13—闭式洒水喷头;
14—报警控制器;P—压力表;M—驱动电机;L—水流指示器

(2) 系统的适用范围和特点。

在环境温度不低于 4℃、不高于 70℃的建筑物和场所(不能用水灭火的建筑物除外)都可采用湿式自动喷水灭火系统。

湿式自动喷水系统主要有以下一些特点。

① 结构简单,使用可靠。

湿式自动喷水灭火系统与其他自动喷水灭火系统相比,结构更简单,仅需湿式报警阀、喷头和必要的供水设施便可工作，系统充水后管理简单易行、安全可靠。

② 系统施工简单、灵活方便。

湿式自动喷水灭火系统的喷头安装方向，可根据吊顶形式或美观、安全的要求，向上或向下安装，灵活方便。与其他系统比较，湿式自动喷水灭火系统在施工中，对其管道接头、敷设坡度等的要求都比较简单。

③ 灭火速度快、控火效率高。

由于管网中经常充满有压水，一旦发生火灾，湿式自动喷水灭火系统在喷头开启后，能迅速出水，灭火、控火效果较干式系统要好。

④ 系统投资省，比较经济。

由于湿式自动喷水灭火系统简单，安装省工，管理方便，所以建设投资和经常性的管理费均比其他系统要少。

⑤ 适用范围广。

2) 干式自动喷水灭火系统。

(1) 干式自动喷水灭火系统的组成及工作原理。

干式自动喷水灭火系统主要由闭式喷头、管网、干式报警阀、充气设备、报警装置、供水设备等组成，如图 3-15 所示。干式自动喷水灭火系统是指喷头常闭，喷头到干式报警阀之间的管路中平时不充水，即平时报警阀后的管网中充满了气体，并保持一定的压力，报警阀前的管路里充满有压水。当发生火灾时，火源处温度上升达到开启闭式喷头时，使火源上方的喷头开启，首先排出管网中的压缩空气，则报警阀后的管道内压力下降，造成报警阀阀前压力大于阀后压力。在压差作用下，干式报警阀的阀瓣开启，水流流向阀后的管网，通过已经开启的喷头喷水灭火，同时有一部分水通过报警阀的环形槽进入信号设施进行报警。

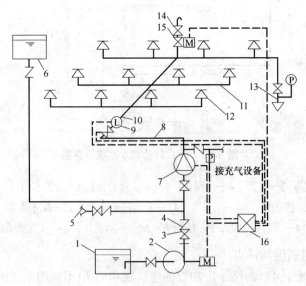

图 3-15　干式自动喷水灭火系统示意图

1—水池；2—水泵；3—闸阀；4—止回阀；5—水泵接合器；6—消防水箱；7—干式报警阀组；
8—配水干管；9—水流指示器；10—配水管；11—配水支管；12—闭式喷头；
13—末端试水装置；14—快速排气阀；15—电动阀；16—报警控制器

(2) 干式自动喷水灭火系统的适用范围和特点。

干式自动喷水灭火系统适用于环境温度低于 4℃ 和高于 70℃ 的建筑物和场所，如不采暖的地下停车场、冷库等。

干式自动喷水灭火系统主要有以下特点：因管网内平时没有水，可避免水汽化和冻结的危险，不受环境温度制约，可以用于一些不能使用湿式系统的场合；干式系统比湿式系统投资高，因管网充气，需要增加充气设备，因而提高了系统造价；施工和管理比较复杂，对管道的气密性要求较严格，管网内气压下降到一定值时，就需要补气；干式系统的灭火速度不如湿式系统快，当喷头受热开启后，首先需要排除管道中的气体，然后才能喷水灭火，这就延误了扑灭初期灭火的时机，所以干式系统的灭火率不如湿式系统的灭火率高。

3) 干湿两用自动喷水灭火系统

干湿两用自动喷水灭火系统，是交替使用干式和湿式的一种闭式自动喷水灭火系统。这一系统是在干式系统的基础上产生的，为了克服干式系统灭火效率低的缺点，采用交替式自动喷水灭火系统。干湿两用系统的组成与干式系统大致相同，只是将干式报警阀改为干、湿两用阀，或者是干式报警阀与湿式报警阀的组合阀。

干湿两用系统在冬季，管道里充满有压气体，其工作原理与干式系统相同，在温暖的季节，管网内改为充水，其工作原理与湿式系统相同，因此称为干湿两用自动喷水灭火系统。这种系统主要用于年采暖期少于 240 天的不采暖房间，或建筑物中环境温度低于 4℃、高于 70℃ 的局部区域，如小型冷库、蒸汽管道、烘房等部位。

该系统的特点是：干湿式系统的报警阀采用的是干式报警阀和湿式报警阀串联而成，或者采用干湿两用报警阀；系统可以交替作为干式、湿式灭火系统使用，因此可以部分克服干式系统效率低的问题；由于干式、湿式是交替使用，因此管道内交替充满了空气和水、容易使管道受到腐蚀；施工和管理比较复杂，对管道的气密性要求比较严格，而且每年随着季节的变化就要变化系统的形式。管道系统还必须考虑放空管道积水的措施，管道必须以一定的坡度敷设。

4) 预作用自动喷水灭火系统

预作用自动喷水灭火系统由闭式喷头、管道系统、雨淋阀、火灾探测器、报警控制装置、充气设备、控制组件和供水设施等部件组成，如图 3-16 所示。系统将火灾自动探测报警技术和自动喷水灭火系统有机地结合在一起，雨淋阀之后的管道平时呈干式，充满低压气体。火灾发生时，安装在保护区的感温、感烟火灾探测器发出火警信号，开启雨淋阀，水进入管路，短时间内将系统转变为湿式，以后的动作与湿式系统相同。

预作用系统在雨淋阀以后的管网中充低压空气或氮气，平时不充水，避免了因系统破损而造成的水渍损失。这种系统有早期报警装置，在喷头动作之前及时报警并转换成湿式系统，克服了干式喷水灭火系统必需的喷头动作，完成排气后才能喷水灭火的缺点。预作用系统比湿式系统或干式系统多一套自动探测报警和自动控制系统，构造复杂，应用于系统处于准工作状态时严禁管道漏水、严禁系统误喷、替代干式系统的场所。

5) 重复启动自动喷水灭火系统

重复启动自动喷水灭火系统能在扑灭火灾后自动关闭报警阀，发生复燃时又能再次开启报警阀恢复喷水。该系统适用于灭火后必须及时停止喷水，要求减少不必要水渍损失的场所。为了防止误动作，该系统与常规预作用系统的不同之处，则是采用了一种即可输出火警信号，又可在环境恢复常温时输出灭火信号的感温探测器。当其感应到环境温度超出预定值时，报警并启动供水泵和打开具有复位功能的雨淋阀，为配水管道充水，并在喷头动作后喷水灭火。喷水过程中，当火场温度恢复至常温时，探测器发出关停系统的信号，在按设定条件延迟喷水一段时间后，关闭雨淋阀停止喷水。若火灾复燃、温度再次升高时，系统则再次启动，直至彻底灭火。我国目前尚无该种系统的产品，将其纳入本书，将有利于促进自动喷水灭火系统新技术和新产品的发展和应用。

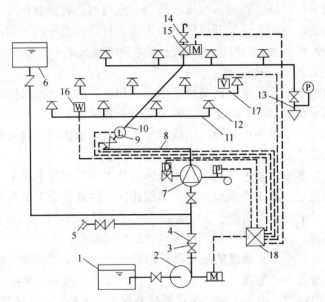

图 3-16　预作用系统示意图

1—水池；2—水泵；3—闸阀；4—止回阀；5—水泵接合器；6—消防水箱；7—预作用报警阀组；8—配水干管；9—水流指示器；10—配水管；11—配水支管；12—闭式喷头；13—末端试水装置；14—快速排气阀；15—电动阀；16—感温探测器；17—感烟探测器；18—报警控制器

重复启动系统的特点：应用范围不受控制，功能优于其他喷水灭火系统；灭火后能自动关闭，节约消防用水，又能将用水灭火造成的水渍损失减轻到最低限度。其缺点是，循环启动系统造价较高，一般用于特殊场合，如计算机机房、棉花仓库、烟草仓库等。

6）雨淋灭火系统

雨淋灭火系统采用开式洒水喷头、雨淋报警阀组，由配套使用的火灾自动报警系统或传动管联动雨淋阀，由雨淋阀控制其配水管道上的全部开式喷头同时喷水(可以作冷喷试验的雨淋系统，应设末端试水设置)，如图 3-17 和图 3-18 所示。

该系统的特点：系统反应快，雨淋系统的火灾探测传动控制系统报警时间短，反应时间比闭式喷头开启的时间短，如果采用充水式雨淋系统，反应速度更快，有利于尽快出水灭火，能有效地控制火灾；系统灭火控制面积大，用水量大；在实际应用中，系统形式的选择比较灵活。

7）水幕灭火系统

水幕灭火系统喷头沿线状布置，发生火灾时，主要起阻火、冷却、隔离作用，是唯一一个不以直接灭火为主要目的的灭火系统。

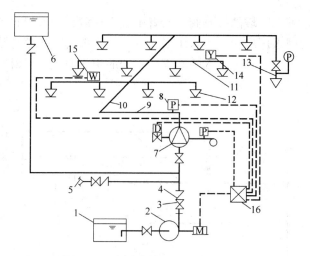

图 3-17　电动启动雨淋系统示意图

1—水池；2—水泵；3—闸阀；4—止回阀；5—水泵接合器；6—消防水箱；7—雨淋报警阀组；
8—压力开关；9—配水干管；10—配水管；11—配水支管；12—开式洒水喷头；13—末端试水装置；
14—感烟探测器；15—感温探测器；16—报警控制器

水幕灭火系统与雨淋灭火系统一样，主要由三部分组成：火灾探测传动控制系统、控制阀门系统和带水幕喷头的自动喷水灭火系统。

水幕灭火系统又可以分为两种：充水式水幕系统、空管式水幕系统。

简单的水幕灭火系统通常只包括：水幕喷头、管网和手动闸阀。在易燃易爆场合，应采用自动开启系统，如火灾探测器与电磁阀联动的开启系统。其中控制阀可以是雨淋阀、电磁阀，也可以是手动闸阀。

水幕灭火系统的作用方式与雨淋灭火系统相同，由火灾探测器或者人发现火灾，电动或手动开启控制阀，系统供水通过水幕喷头喷水阻火。

该系统适用于需防火隔离的开口部位，一般安装在舞台口、门窗、建筑上的孔洞口处，用以隔断火源，使火灾不能通过这些孔洞蔓延。水幕灭火系统还可以配合防火卷帘、防火幕等一起使用，用来冷却这些防火隔断物，以增强这些防火卷帘、防火幕等的耐火性能。

水幕灭火系统还可以作为防火分区的手段，在建筑物面积超过防火分区的规定要求，必须设防火分区，而工艺要求又不允许设置防火隔断物时，可以用水幕系统代替防火隔断物。例如一条很长的生产线，一端有易燃易爆物，防火要求高，另一端防火要求不太高，操作人员比较集中，中间应该设置防火墙进行防火分区，但是生产线不能断开，无法设置防火墙，此时可采用水幕系统代替防火墙。

8) 水喷雾灭火系统

水喷雾灭火系统是将高压水通过特殊的水雾喷头，呈雾状喷出，雾状水粒的平均粒径一般在 $100\sim700\,\mu m$，水雾喷向燃烧物，通过冷却、窒息、稀释等作用扑灭火灾。

水喷雾火火系统的工作原理：水喷雾系统可以设计成固定式或者移动式，移动式是从消火栓或者从消防水泵上接出水龙带，安装喷雾水枪。移动式可以作为固定式的辅助系统。

水喷雾灭火系统平时管网中充以低压水，火灾发生时，由火灾探测器探测到火灾，通过控制箱，电动开启着火区域的控制阀，或者由火灾探测传动系统自动开启着火区域的控制阀和消防水泵，管网水压增大，当水压增大到一定数值时，水喷雾喷头上的压力启动帽脱落，喷头一起喷水灭火。固定式水喷雾灭火系统的工作原理与雨淋式灭火系统的工作原理基本相同。

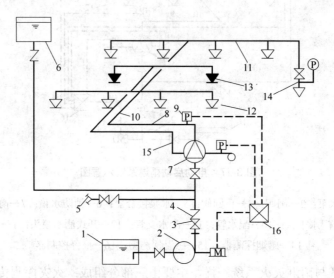

**图 3-18　充液(水)传动管启动雨淋系统示意图**

1—水池；2—水泵；3—闸阀；4—止回阀；5—水泵接合器；6—消防水箱；7—雨淋报警阀组；

8—配水干管；9—压力开关；10—配水管；11—配水支管；12—开式洒水喷头；13—闭式喷头；

14—末端试水装置；15—传动管；16—报警控制器

水喷雾灭火系统的水压高，喷射出来的水滴小，分布均匀，水雾绝缘性好，在灭火中能产生大量的水蒸气，具有以下几种灭火作用。

(1) 冷却灭火作用：当喷雾水接触到燃烧物表面时，水滴起冷却作用，使燃烧物表面的温度降低，低于它的着火点温度，则燃烧停止。

(2) 窒息灭火作用：水汽化时，体积要膨胀 1700 倍，发生火灾时，环境温度不断上升，水滴遇到高温，很快汽化，产生大量水蒸气，导致火场空气中的氧气浓度降低，最终导致可燃物因缺氧而中断燃烧。

(3) 乳化灭火作用：在扑灭油类等非水溶性可燃液体火灾时，由于水喷雾的喷射冲力作用，喷射到非水溶性可燃液体的表层，形成一层由水滴和可燃物组成的乳化混合物，这种混合物是不燃烧的，覆盖在可燃液体表面，可燃液体难以继续燃烧，对于黏度比较大的油类阻燃效果比较好，对轻质油品灭火效果差一些。

(4) 稀释灭火作用：对水溶性可燃液体，喷雾水可以起稀释作用，当可燃物被稀释到一定程度时，就不会继续燃烧了。

该系统主要用于扑灭贮存易燃液体贮罐的场所发生的火灾，也可以用于有粉尘火灾(爆炸)危险的车间，电气、橡胶等特殊可燃物的火灾危险场所，如变电站、地下油库、化学产品车间、制粉车间等，具体的应用范围在《建筑设计防火规范》中有详细说明。

需要注意的是下列情况不应使用水喷雾系统。

与水混合后起剧烈反应的物质，与水反应后发生危险的物质；没有适当的溢流设备，没有排水设施的无盖容器；装有加热运转温度 120℃以上的可燃性液压无盖容器；运转时表面温度在 260℃以上的设备，当直接喷射会引起设备严重损坏时；高温的物质和蒸馏时容易蒸发的物质，其沸腾后溢流出来的物质造成危险情况时。

9) 细水雾灭火系统

细水雾系统是从水喷雾系统中发展而来的，采用细水雾喷头，有压水通过细水雾喷头喷出后呈水雾状，一般情况下细水雾是指水滴的直径 $D \leqslant 400\mu m$ 的水雾。

细水雾系统的灭火机理是冷却和窒息作用。其冷却作用是由于水滴的直径减小，单位体积水的比表面积加大，水与火灾现场的热量交换加快，可以使火灾现场尽快降温，以达到灭火的目的；窒息作用是指水吸收热量后汽化，迅速变成蒸汽，体积膨胀了数百倍，从而可稀释火灾现场的氧气浓度，导致周围环境缺氧，起到窒息灭火的作用。由于细水雾系统吸热速度比自动喷水和水喷雾系统快，产生的水蒸气量大，可以稀释和降低火场周围的氧气浓度，降低火场温度，因此细水雾系统同时具有冷却灭火和窒息灭火两种功能。

细水雾系统按系统压力的不同可以分为：低压系统(压力低于 1.21MPa)、中压系统(压力为 1.21～3.45MPa)、高压系统(压力大于 3.45MPa)。

细水雾灭火系统用于扑灭 B 类火灾，具有比较好的灭火效果。

10) 自动喷水-泡沫联用灭火系统

自动喷水-泡沫联用灭火系统，是在通常的自动喷水灭火系统的报警阀后，加装可以供给泡沫混合液的设备，组成既可以喷水又可以喷泡沫的固定式灭火系统。这种灭火系统有三种功能，一是灭火功能；二是预防作用，在出现 B 类火灾时，可以预防因易燃液体的沸溢或者溢流而将火灾引到邻近区域，以及防止火灾的复燃；三是在不能扑灭火灾时，控制火灾的燃烧，减少热量的传递，保护暴露在火灾现场中的其他物品不致受到损失。

工程设计中可以根据不同被保护对象的化学性质，选择不同性质的泡沫灭火剂；也可以在不同的自动喷水灭火系统的基础上加装泡沫灭火设备，组成不同的自动喷水-泡沫联用灭火系统，如在原有的雨淋系统上增加泡沫供给装置，组成泡沫-雨淋系统；在原有的干式自动喷水灭火系统上增加泡沫供给装置，组成泡沫-干式系统；在原有的预作用自动喷水灭火系统上增加泡沫供给装置，组成泡沫-预作用系统；在原有的水喷雾自动喷水灭火系统上增加泡沫供给装置，组成泡沫-水喷雾系统等。

自动喷水-泡沫联用系统是比自动喷水系统更高一级的系统，可应用于 A 类、B 类、C 类火灾的扑灭，如在大型汽车库宜采用自动喷水-泡沫联用系统(我国《汽车库设计防火规范》(GB 50067)中规定)，还可用于柴油发电机房、锅炉房、仓库等处。

注：根据可燃物的燃烧性能，火灾可以分为 A、B、C、D 四类和电气火灾。A 类为可燃固体火灾，一般是有机物质，如木材、棉麻等；B 类为可燃液体火灾，如汽油、柴油等；C 类为可燃气体火灾，如甲烷、天然气和煤气等；D 类为活泼金属，如钾、钠、镁等。

**3．自动喷水灭火系统的主要系统组件**

1) 喷头

(1) 闭式喷头。

闭式喷头的喷口由感温元件组成的释放机构封闭，当温度达到喷头的公称动作温度范围时，感温元件动作，释放机构脱落，喷头开启，如图 3-19 所示。闭式喷头具有感温自动开启的功能，并按照规定的水量和形状洒水，主要在湿式系统、干式系统和预作用系统中使用，有时也可作为火灾探测器使用。

下喷　　　　　　上喷　　　　　　边墙型(侧喷)

快速反应早期灭火喷头　　　　　易熔合金洒水喷头

图 3-19　闭式喷头

闭式喷头可分为多种类型，按热敏元件可分为玻璃球洒水喷头、易熔合金洒水喷头两类；按出水口径可分为小口径(≤11.1mm)、标准口径(12.7mm)、大口径(13.5mm)、超大口径(≥15.9mm)四类；按热敏性能可分为标准响应型、快速响应型两类；按安装方式可分为下垂型(下喷水)、直立型(上喷水)、普通型(上、下喷通用)、边墙直立型、边墙水平型、吊顶型六类。

各类闭式喷头如图 3-19 所示。各种喷头的适用场所如表 3-21 所示，玻璃球洒水喷头的技术性能参数如表 3-22 所示，易熔合金洒水喷头的技术性能参数如表 3-23 所示。

表 3-21　各种类型喷头适用场所

| 喷头类别 | | 适用场所 |
|---|---|---|
| 闭式喷头 | 玻璃球洒水喷头 | 因其外形美观、体积小、重量轻、耐腐蚀，适用于宾馆等美观要求高和具有腐蚀性的场所 |
| | 易熔合金洒水喷头 | 适用于外观要求不高，腐蚀性不大的工厂、仓库和民用建筑 |
| | 直立型洒水喷头 | 适用安装在管路下经常有移动物体的场所，尘埃较多的场所 |
| | 下垂型洒水喷头 | 适用于各种保护场所 |
| | 边墙型洒水喷头 | 安装空间狭窄、通道状建筑适用此种喷头 |
| | 吊顶型喷头 | 属装饰型喷头，可安装于旅馆、客厅、餐厅、办公室等建筑 |
| | 普通型洒水喷头 | 可直立、下垂安装，适用于有可燃吊顶的房间 |
| | 干式下垂型洒水喷头 | 专用于干式喷头灭火系统的下垂喷头 |

续表

| | 喷头类别 | 适用场所 |
|---|---|---|
| 特殊喷头 | 自动启闭洒水喷头 | 具有自动启闭功能，凡需降低水渍损失的场所均适用 |
| | 快速反应洒水喷头 | 具有短时启动效果，凡要求启动时间短的场所均适用 |
| | 大水滴洒水喷头 | 适用于高架库房等火灾危险等级高的场所 |
| | 扩大覆盖面洒水喷头 | 喷水保护面积可达 $30\sim36m^2$，可降低系统造价 |

表 3-22　玻璃球洒水喷头的技术性能参数

| 喷头公称口径/mm | 动作温度/℃ | 色　标 |
|---|---|---|
| 10，15，20 | 57 | 橙色 |
| | 68 | 红色 |
| | 79 | 黄色 |
| | 93 | 绿色 |
| | 141 | 蓝色 |
| | 182 | 紫红色 |
| | 227 | 黑色 |
| | 260 | 黑色 |
| | 343 | 黑色 |

表 3-23　易熔合金洒水喷头的技术性能参数

| 喷头公称口径/mm | 动作温度/℃ | 色　标 |
|---|---|---|
| 10，15，20 | $57\sim77$ | 本色 |
| | $80\sim107$ | 白色 |
| | $121\sim149$ | 蓝色 |
| | $163\sim191$ | 红色 |
| | $204\sim246$ | 绿色 |
| | $260\sim302$ | 橙色 |
| | $320\sim343$ | 黑色 |

(2) 开式喷头。

平时喷头是开启的，按照用途不同，可以分为几种：开启式、水幕式、喷雾式等。各类开式喷头如图 3-20 所示。各种喷头的类别、安装特征及适用场所如表 3-24 所示。

2) 报警阀组

报警阀组主要有报警阀、延迟器、压力开关、水力警铃等，一般由厂家组装配套出售。

报警阀的主要作用是接通或者切断水源，传递控制信号至控制系统并启动水力警铃报警。在自动喷水灭火系统中，控制阀是很重要的组件，每个喷水系统都有两个主阀，一是主控制阀，二是报警阀，主控制阀不论是哪一种系统，都可以采用普通闸阀，报警阀有湿式报警阀、干式报警阀、干湿式两用阀、雨淋阀和预作用阀等，可根据不同的喷水系统而采用不同的报警阀。

| 开启式喷头 | 水幕喷头 | 高速水喷雾喷头 |

图 3-20 开式喷头

(1) 报警阀。

① 湿式报警阀。

湿式报警阀主要用于湿式自动喷水灭火系统,在其立管上安装。我国生产的湿式报警阀有导阀型和座圈型两种。座圈型湿式报警阀如图 3-21 所示,阀内设有阀瓣、阀座等组件,阀瓣铰接在阀体上,平时阀瓣上下充满水,水压强近似相等。阀瓣上面与水接触的面积大于下面与水接触的面积,阀瓣受到的水压合力向下,处于关闭状态。当水源压力出现波动或冲击时,通过补偿器(或补水单向阀)使上下腔压力保持一致,水力警铃不发生报警,压力开关不接通,阀瓣仍处于准工作状态(或称伺应状态)。闭式喷头喷水灭火时,补偿器来不及补水,阀瓣上面的水压下降,下腔的水便向洒水管网及动作喷头供水,同时水沿着报警阀的环形槽进入报警口,流向延迟器、压力开关开启,随后水力警铃发出报警,给出电接点信号报警并启动水泵。

表 3-24 开式喷头的类别、公称口径、安装特征及适用场所

| 类 别 | | 公称口径/mm | 安装特征及适用场所 |
|---|---|---|---|
| 开启式喷头 | 双臂下垂 | 10,15,20 规格、型号、接管螺纹和外观与玻璃球闭式喷头完全相同,由闭式喷头取下感温及密封组件组成 | 用于火灾蔓延速度快,闭式喷头开放后喷水不能有效覆盖起火范围的高危险场所的雨淋系统;净空高度超过规定,闭式喷头不能及时动作场所的雨淋系统,雨淋开式喷头即可用于雨淋系统,也可用于设置防火阻火型水幕带,起到控制火势,防止火灾蔓延的作用,当用于水幕系统时,称为雨淋式水幕喷头 |
| | 双臂直立 | | |
| | 双臂边墙 | | |
| | 单臂下垂 | 10,15,20 | |
| 水幕喷头 | 幕帘式 | 缝隙式 | 单缝、双缝 6,8,10,12,7,16,19,口径大于 10mm 的喷头称为大水幕喷头,口径小于 10mm 的喷头称为小水幕喷头 | 水幕喷头将压力水分布成一定的幕帘状,起到阻隔火焰穿透、吸热及隔热的防火分隔作用,适用于大型厂房、车间、厅堂、戏剧院、舞台及建筑物门、窗洞口部位或相邻建筑之间的防火隔断及降温。缝隙式水幕喷头主要用于舞台口、生产区的防火分隔及防火卷帘的冷却防护。水平缝隙式的缝隙沿圆周方向布置,有较长的边长布水,可获得较宽的水幕 |
| | | 雨淋式 | 10,15,20 | 用于一般水幕难以分隔的部位,可取代防火墙 |
| | 窗口式 | | 6,8,10,12,7,16,19 | 安装在窗户的上方,其作用是增强窗扇的耐火能力,防止高温烟气穿过窗口,蔓延至邻近房间,也可以用它来冷却防火卷帘等防火分隔设施 |

续表

| 类 别 | | 公称口径/mm | 安装特征及适用场所 |
|---|---|---|---|
| 水幕喷头 | 檐口式 | | 专用于建筑檐口的水幕喷头。它可向建筑檐口喷射水幕，保护上方平面，增强檐口的耐火能力，防止相邻建筑火灾向本建筑檐口蔓延 |
| 水喷雾喷头 | 撞击式(中速) | 5，6，7，8，9，10，12，7，15，19，22 | 水喷雾喷头利用离心或机械撞击力将流经喷头的水分解为细小的水雾，并以一定的喷射角将水雾喷出，对设备进行冷却防护。撞击式喷头的水流通过撞击雾化，射流速度减小，水雾流速降低，可有效地作用在液面上，不会产生大的挠动，用于甲、乙、丙类可燃液体及液化石油气装置的防护冷却及开口容器中可燃液体的火灾 |
| | 离心式(高速) | | 离心式水雾喷头体积小，喷射速度高，雾化均匀，雾滴直径细，贯穿力强，适用于扑救电气设备的火灾和闪电高于60℃以上的可燃液体火灾 |

图 3-21 座圈型湿式报警阀组

② 干式报警阀。

干式报警阀主要用于干式自动喷水灭火系统上，在其立管上安装。其工作原理与湿式报警阀基本相同，不同之处在于湿式报警阀阀板上面的总压力由管网中的有压水的压强引起，而干式报警阀则由阀前水压和阀后管中的有压气体的压强引起。阀瓣将阀腔分成上、下两部分，与喷头相连的管路充满压缩空气，与水源相连的管路充满压力水。干式报警阀平时靠作用于阀瓣两侧的气压与水压的力矩差使阀瓣封闭；发生火灾时，气体一侧的压力下降，作用于水体一侧的力矩使阀瓣开启，向喷头供水灭火。

③ 干湿两用报警阀。

干湿两用报警阀用于干湿两用自动喷水灭火系统。报警阀上方管道既可充有压气体，又可充水，充有压气体时与干式报警阀作用相同，充水时与湿式报警阀作用相同。

干湿两用报管阀由干式报警阀、湿式报警阀上下叠加组成，如图 3-22 所示。干式报警阀在上，湿式报警阀在下。用干式系统时，干式报警阀起作用。干式报警阀室注水口上方及喷水管网充满压缩空气，阀瓣下方及湿式报警阀全部充满压力水。当有喷头开启时，空气从打开的喷头泄出，管道系统的气压下降，直至干式报警阀的阀瓣下方的压力水开启，水流进入喷水管网。部分水流同时通过环形隔离室进入报警信号管，启动压力开关和水力警铃，系统进入工作状态，喷头喷水灭火。用湿式系统时，干式报警阀的阀瓣被置于开启状态，只有湿式报警阀起作用，系统工作过程与湿式系统完全相同。

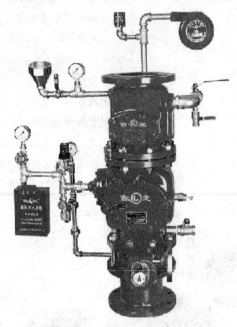

图 3-22  干湿两用报警阀组

④ 雨淋报警阀。

雨淋报警阀用于雨淋灭火系统、水幕系统、水喷雾系统等开式系统，还用于预作用系统。在自动喷水灭火系统中，除湿式报警阀外，应用较多的就是雨淋报警阀。

⑤ 预作用报警阀。

预作用阀由湿式阀和雨淋阀上下串接而成，雨淋阀位于供水侧，湿式阀位于系统侧，其动作原理与雨淋阀相类似。平时靠供水压力为锁定机构提供动力，把阀瓣扣住，探测器或探测喷头动作后，锁定机构上作用的供水压力迅速降低，从而使阀瓣脱扣开启，供水进入消防管网。

(2) 延迟器。

延迟器是一个罐式容器，安装于报警阀与水力警铃(或压力开关)之间，用于防止由于水压波动引起报警阀开启而导致的误报。报警阀开启后，水流需经 30s 左右充满延迟器后方可冲打水力警铃。

延迟器下端为进水口，与报警阀报警口连接相通；上端为出水口，接水力警铃。当湿式报警阀因水锤或水源压力波动阀瓣被冲开时，水流由报警支管进入延迟器，因为波动时间短，进入延迟器的水量少，压力水不会推动水力警铃的轮机或作用到压力开关上，故能有效地起到防止误报警的作用。

(3) 压力开关。

压力开关是自动喷水灭火系统的自动报警和自动控制部件，当系统启动、报警支管中的压力达到压力开关的动作压力时，触点就会自动闭合或断开，将水流信号转化为电信号，输送至消防控制中心或直接控制和启动消防水泵、电子报警系统或其他电气设备。压力开关应垂直安装在水力警铃前，如报警管路上安装了延迟器，则压力开关应安装在延迟器之后。

(4) 水力警铃。

水力警铃是安装在报警阀的报警管路上，是一种水力驱动的机械装置。当自动喷水灭火系统启动灭火，消防用水的流量大于或等于一个喷头的流量时，压力水流沿报警支管进入水力警铃驱动叶轮，带动钟锤敲击铃盖，发出报警声响。水力警铃不得用电动报警器取代。

水力警铃的工作压力不应小于 0.05MPa，并应符合下列规定。

① 应设在有人值班的地点附近。

② 与报警阀连接的管道，其管径应为 20mm，总长不宜大于 20m。

自动喷水灭火系统应设报警阀组。保护室内钢屋架等建筑构件的闭式系统，应设独立的报警阀组。水幕系统应设独立的报警阀组或感温雨淋阀。串联接入湿式系统配水干管的其他自动喷水灭火系统，应分别设置独立的报警阀组，其控制的喷头数计入湿式阀组控制的喷头总数。

一个报警阀组控制的喷头数应符合下列规定：湿式系统、预作用系统不宜超过 800 只；干式系统不宜超过 500 只。当配水支管同时安装保护吊顶下方和上方空间的喷头时，应只将数量较多一侧的喷头计入报警阀组控制的喷头总数。

每个报警阀组供水的最高与最低位置喷头，其高程差不宜大于 50m。雨淋阀组的电磁阀，其入口应设过滤器。并联设置雨淋阀组的雨淋系统，其雨淋阀控制腔的入口应设止回阀。报警阀组宜设在安全及易于操作的地点，报警阀距地面的高度宜为 1.2m。安装报警阀的部位应设有排水设施。连接报警阀进出口的控制阀应采用信号阀。当不采用信号阀时，控制阀应设锁定阀位的锁具。

3) 水流指示器

水流指示器通常安装于各楼层的配水干管起点处，是用于自动喷水灭火系统中将水流信号转换成电信号的一种报警装置。当某个喷头开启喷水时，管道中的水流动并推动水流指示器的桨片，桨片探测到水流信号并接通延时电路 20～30s 之后，水流指示器将水流信号转换为电信号传至报警控制器或控制中心，告知火灾发生的区域。水流指示器有叶片式、阀板式等，目前世界上应用最广泛的是叶片式水流指示器。

4) 火灾探测器

火灾探测器是自动喷水灭火系统的重要组成部分，常用的有感烟探测器和感温探测器。

感烟探测器是利用火灾发生地点的烟雾浓度进行探测；感温探测器是通过火灾引起的温升进行探测。火灾探测器布置在房间或走道的天花板下面，其数量应根据探测器的保护面积和探测区的面积计算确定。

5) 信号阀

为了让消防控制室及时了解系统中阀门的关闭情况，在每一层和每个分区的水流指示器前安装一个信号阀。信号阀由闸阀或蝶阀与行程开关组成，当阀门打开 3/4 时，才有信号输出，表明此阀门打开，当阀门关上 1/4 时，就有信号输出，表明此阀门关闭。

6) 末端试水装置

末端试水装置用来测试系统能否在开放一只喷头的最不利条件下可靠报警并正常启动，是自动喷水灭火系统中每个水流指示器作用范围内供水最不利点处设置的检验水压、水流指示器以及报警与自动喷水灭火系统、水泵联动装置可靠性的检测装置。该装置由试水阀、压力表、试水接头组成，如图 3-23 所示。试水排入的排水管可单独设置，也可利用雨水管，但必须间接排除。

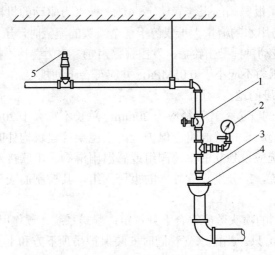

图 3-23　末端试水装置示意图

1—截止阀；2—压力表；3—试水接头；4—排水漏斗；5—最不利点处喷头

## 3.4.3　自动喷水灭火系统的设置原则

### 1. 配水管网的布置原则

配水管道的工作压力不应大于 1.20MPa，并不应设置其他用水设施。配水管道应采用内外壁热镀锌钢管或符合现行国家或行业标准，并同时符合规范规定的涂覆其他防腐材料的钢管，以及铜管、不锈钢管。当报警阀入口前管道采用不防腐的钢管时，应在该段管道的末端设过滤器。镀锌钢管应采用沟槽式连接件(卡箍)、丝扣或法兰连接。报警阀前采用内壁不防腐钢管时，可焊接连接。铜管、不锈钢管应采用配套的支架、吊架。除镀锌钢管外，其他管道的水头损失取值应按检测或生产厂提供的数据确定。系统中直径大于或等于100mm 的管道，应分段采用法兰或沟槽式连接件(卡箍)连接。水平管道上法兰间的管道长度不宜大于 20m；立管上法兰间的距离不应跨越 3 个及以上楼层。净空高度大于 8m 的场所内，立管上应有法兰。管道的直径应经水力计算确定。配水管道的布置，应使配水管入口的压力均衡。轻危险级、中危险级场所中各配水管入口的压力均不宜大于 0.40MPa。配水管两侧每根配水支管控制的标准喷头数，轻危险级、中危险级场所不应超过 8 只，同时在吊顶上下安装喷头的配水支管，上下侧均不应超过 8 只；严重危险级及仓库危险级场所均不应超过 6 只。轻危险级、中危险级场所中配水支管、配水管控制的标准喷头数，不应超过如表 3-25 所示的规定。

表 3-25　轻危险级、中危险级场所中配水支管、配水管控制的标准喷头数

| 公称管径/mm | 控制的标准喷头数/只 | |
| --- | --- | --- |
| | 轻危险级 | 中危险级 |
| 25 | 1 | 1 |
| 32 | 3 | 3 |
| 40 | 5 | 4 |
| 50 | 10 | 8 |
| 65 | 18 | 12 |
| 80 | 48 | 32 |
| 100 | — | 64 |

短立管及末端试水装置的连接管，其管径不应小于 25mm。干式系统的配水管道的充水时间，不宜大于 1min；预作用系统与雨淋系统的配水管道的充水时间，不宜大于 2min。干式系统、预作用系统的供气管道，采用钢管时，管径不宜小于 15mm；采用铜管时，管径不宜小于 10mm。水平安装的管道宜有坡度，并应坡向泄水阀。充水管道的坡度不宜小于 2‰，准工作状态不充水管道的坡度不宜小于 4‰。

**2．配水管网的布置形式**

自动喷水灭火系统配水管网的布置，应根据建筑的具体情况布置成中央式和侧边式两种形式，如图 3-24 所示。

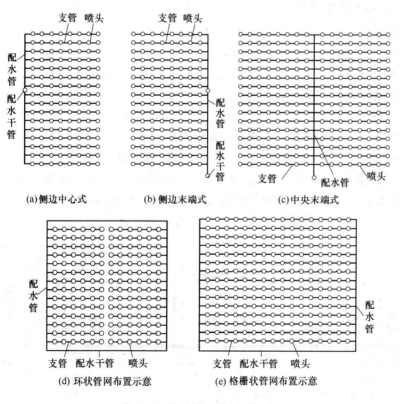

(a) 侧边中心式　(b) 侧边末端式　(c) 中央末端式

(d) 环状管网布置示意　(e) 格栅状管网布置示意

图 3-24　配水管网的布置形式

### 3. 喷头的选用与布置

喷头的选用由表 3-21 和表 3-24 确定。

1) 喷头的布置原则

(1) 喷头应布置在顶板或吊顶下易接触到火灾热气流并有利于均匀布水的位置。当喷头附近有障碍物时，应符合《自动喷水灭火系统设计规范》中喷头与障碍物之间的距离的规定或增设补偿喷水强度的喷头。直立型、下垂型喷头的布置，包括同一根配水支管上喷头的间距及相邻配水支管的间距，应根据系统的喷水强度、喷头的流量系数和工作压力确定，并不应大于如表 3-26 所示的规定，且不宜小于 2.4m。

表 3-26　同一根配水支管上喷头的间距及相邻喷水支管的间距

| 喷水强度 /(L/min·m²) | 正方形布置的边长/m | 矩形或平行四边形布置的长边边长/m | 一只喷头的最大保护面积/m² | 喷头与端墙的最大距离/m |
| --- | --- | --- | --- | --- |
| 4 | 4.4 | 4.5 | 20.0 | 2.2 |
| 6 | 3.6 | 4.0 | 12.5 | 1.8 |
| 8 | 3.4 | 3.6 | 11.5 | 1.7 |
| ≥12 | 3.0 | 3.6 | 9.0 | 1.5 |

注：1. 仅在走道设置单排喷头的闭式系统，其喷头间距应按走道地面不留漏喷空白点确定。

2. 喷水强度大于 8L/min·m² 时，宜采用流量系数 $k>80$ 的喷头。

3. 货架内置喷头的间距不应小于 2m，并不应大于 3m。

(2) 除吊顶型喷头及吊顶下安装的喷头外，直立型、下垂型标准喷头，其溅水盘与顶板的距离，不应小于 75mm，不应大于 150mm。喷头的几种布置形式如表 3-25 所示。当在梁或其他障碍物底面下方的平面上布置喷头时，溅水盘与顶板的距离不应大于 300mm，同时溅水盘与梁等障碍物底面的垂直距离不应小于 25mm，不应大于 100mm。在梁间布置喷头时，应符合《自动喷水灭火系统设计规范》(GB 50084—2001)(2005 年版)中喷头与障碍物之间的距离的规定。确有困难时，溅水盘与顶板的距离不应大于 550mm。梁间布置的喷头，喷头溅水盘与顶板距离达到 550mm 仍不能符合规范规定时，应在梁底面的下方增设喷头。密肋梁板下方的喷头，溅水盘与密肋梁板底面的垂直距离，不应小于 25mm，不应大于 100mm。净空高度不超过 8m 的场所中，间距不超过 4(m)×4(m)布置的十字梁，可在梁间布置一只喷头，但喷水强度仍应符合如表 3-27 所示的规定。

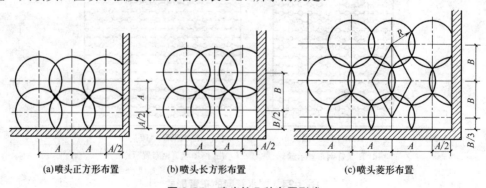

(a)喷头正方形布置　　　(b)喷头长方形布置　　　(c)喷头菱形布置

图 3-25　喷头的几种布置形式

表 3-27　民用建筑和工业厂房的系统设计参数

| 火灾危险等级 | | 净空高度 /m | 喷水强度 /(L/min·m²) | 作用面积 /m² | 计算用水量 /(L/s) | 计算方式 |
|---|---|---|---|---|---|---|
| 轻危险级 | | ≤8m | 4 | 160 | 11 | 4×160/60 |
| 中危险级 | I 级 | | 6 | | 16 | 6×160/60 |
| | II 级 | | 8 | | 21 | 8×160/60 |
| 严重危险级 | I 级 | | 12 | 260 | 52 | 12×260/60 |
| | II 级 | | 16 | | 69 | 16×260/60 |

注：系统最不利点处喷头的工作压力不应低于 0.05MPa。

(3) 早期抑制快速响应喷头的溅水盘与顶板的距离，应符合如表 3-28 所示的规定。

表 3-28　早期抑制快速响应喷头的溅水盘与顶板的距离

单位：mm

| 喷头安装方式 | 直立型 | | 下垂型 | |
|---|---|---|---|---|
| | 不应小于 | 不应大于 | 不应小于 | 不应大于 |
| 溅水盘与顶板的距离 | 100 | 150 | 150 | 360 |

(4) 图书馆、档案馆、商场、仓库中的通道上方宜设有喷头。喷头与被保护对象的水平距离，不应小于 0.3m；喷头溅水盘与被保护对象的最小垂直距离不应小于如表 3-29 所示的规定。

(5) 货架内置喷头宜与顶板下喷头交错布置，其溅水盘与上方层板的距离，应符合上边第(2)条的规定，与其下方货品顶面的垂直距离不应小于 150mm。货架内喷头上方的货架层板，应为封闭层板。货架内喷头上方如有孔洞、缝隙，应在喷头的上方设置集热挡水板。集热挡水板应为正方形或圆形金属板，其平面面积不宜小于 0.12m²，周围弯边的下沿，宜与喷头的溅水盘平齐。

表 3-29　喷头溅水盘与保护对象的最小垂直距离

单位：m

| 喷头类型 | 最小垂直距离 |
|---|---|
| 标准喷头 | 0.45 |
| 其他喷头 | 0.90 |

(6) 净空高度大于 800mm 的闷顶和技术夹层内有可燃物时，应设置喷头。

(7) 当局部场所设置自动喷水灭火系统时，与相邻不设自动喷水灭火系统场所连通的走道或连通门窗的外侧，应设置喷头。

(8) 装设通透性吊顶的场所，喷头应布置在顶板下。

(9) 顶板或吊顶为斜面时，喷头应垂直于斜面，并应按斜面距离确定喷头间距。尖屋顶的屋脊处应设置一排喷头。喷头溅水盘至屋脊的垂直距离,屋顶坡度≥1/3 时,不应大于 0.8m;屋顶坡度<1/3 时,不应大于 0.6m。

(10) 边墙型标准喷头的最大保护跨度与间距,应符合如表 3-30 所示的规定。

表 3-30　边墙型标准喷头的最大保护跨度与间距　　　　　　单位:m

| 设置场所火灾危险等级 | 轻危险级 | 中危险Ⅰ级 |
| --- | --- | --- |
| 配水支管上喷头的最大间距 | 3.6 | 3.0 |
| 单排喷头的最大保护跨度 | 3.6 | 3.0 |
| 两排相对喷头的最大保护跨度 | 7.2 | 6.0 |

注:1. 两排相对喷头应交错布置。

　　2. 室内跨度大于两排相对喷头的最大保护跨度时,应在两排相对喷头中间增设一排喷头。

(11) 边墙型扩展覆盖喷头的最大保护跨度、配水支管上的喷头间距、喷头与两侧端墙的距离,应按喷头工作压力下能够喷湿对面墙和邻近端墙距溅水盘 1.2m 高度以下的墙面确定,且保护面积内的喷水强度应符合表 3-27 所示的规定。

(12) 直立式边墙型喷头,其溅水盘与顶板的距离不应小于 100mm,且不宜大于 150mm,与背墙的距离不应小于 50mm,并不应大于 100mm。水平式边墙型喷头溅水盘与顶板的距离不应小于 150mm,且不应大于 300mm。

(13) 防火分隔水幕的喷头布置,应保证水幕的宽度不小于 6m。采用水幕喷头时,喷头不应少于 3 排;采用开式洒水喷头时,喷头不应少于 2 排。防护冷却水幕的喷头宜布置成单排。

注:为了能综合反映建筑物早期火灾的蔓延速度及扑救的难易程度,将各种不同的建筑按火灾危险等级和用途划分为两类八级,如表 3-31 所示。

表 3-31　设置场所火灾危险等级举例

| 火灾危险等级 | | 设置场所举例 |
| --- | --- | --- |
| 轻危险级 | | 建筑高度为 24m 及以下的旅馆、办公楼;仅在走道设置闭式系统的建筑等 |
| 中危险等级 | Ⅰ级 | 1. 高层民用建筑:旅馆、办公楼、综合楼、邮政楼、金融电信楼、指挥调度楼、广播电视楼(塔)等<br>2. 公共建筑(含单多高层):医院、疗养院;图书馆(书库除外)、档案馆、展览馆(厅);影剧院、音乐厅和礼堂(舞台除外)及其他娱乐场所;火车站和飞机场及码头的建筑;总面积小于 5000m² 的商场、总建筑面积小于 1000m² 的地下商场等<br>3. 文化遗产建筑:木结构古建筑、国家文物保护单位等<br>4. 工业建筑:食品、家用电器、玻璃制品等工厂的备料与生产车间等;冷藏库、钢屋架等建筑构件 |

续表

| 火灾危险等级 | | 设置场所举例 |
|---|---|---|
| 中危险等级 | II 级 | 1. 民用建筑：书库、舞台(葡萄架除外)、汽车停车场、总建筑面积 5000m² 及以上的商场、总建筑面积 1000m² 及以上的地下商场，净空高度不超过 8m、物品高度不超过 3.5m 的自选商场等<br>2. 工业建筑：棉毛麻丝及化纤的纺织、织物及物品、木材木器及胶合板、谷物加工、烟草及制品、饮用酒(啤酒除外)、皮革及制品、造纸及纸质品、制药等工厂的备料与生产车间 |
| 严重危险等级 | I 级 | 印刷厂、酒精制品、可燃液体制品等工厂的备料与车间，净空高度不超过 8m、物品高度不超过 3.5m 的自选商场等 |
| | II 级 | 易燃液体喷雾操作区域、固体易燃物品、可燃的气溶胶制品、溶剂清洗、喷涂、油漆、沥青制品等工厂的备料及生产车间、摄影棚、舞台葡萄架下部 |
| 仓库危险等级 | I 级 | 食品、烟酒；木箱、纸箱包装的不燃难燃物品等 |
| | II 级 | 木材、纸、皮革、谷物及制品、棉毛麻丝化纤及制品、家用电器、电缆、B 组塑料与橡胶及其制品、钢塑混合材料制品、各种塑料瓶盒包装的不燃物品及各类物品混杂储存的仓库等 |
| | III 级 | A 组塑料与橡胶及其制品；沥青制品等 |

注：A 组：丙烯腈-丁二烯-苯乙烯共聚物(ABS)、缩醛(聚甲醛)、聚甲基丙烯酸甲酯、玻璃纤维增强聚酯(FRP)、热塑性聚酯(PET)、聚丁二烯、聚碳酸酯、聚乙烯、聚丙烯、聚苯乙烯、聚氨基甲酸酯、高增塑聚氯乙烯(PVC，如人造革、胶片等)、苯乙烯-丙烯腈(SAN)等。丁基橡胶、乙丙橡胶(EPDM)、发泡类天然橡胶、腈橡胶(丁腈橡胶)、聚酯合成橡胶、丁苯橡胶(SBR)等。

　B 组：醋酸纤维素、醋酸丁酸纤维素、乙基纤维素、氟塑料、锦纶(锦纶 6、锦纶 66)、三聚氰胺甲醛、酚醛塑料、硬聚氯乙烯(PVC，如管道、管件等)、聚偏二氟乙烯(PVDC)、聚偏氟乙烯(PVDF)、聚氟乙烯(PVF)、脲甲醛等。氯丁橡胶、不发泡类天然橡胶、硅橡胶等。　粉末、颗粒、压片状的 A 组塑料。

2) 喷头与障碍物的距离

喷头与障碍物的距离见现行《自动喷水灭火系统设计规范》(GB 50084)。

## 3.4.4　自动喷水灭火系统的水力计算

自动喷水灭火系统的水力计算的任务是：确定系统在火灾时有足够的水量和工作压力供火场灭火。系统水力计算可以合理确定系统的管径和设计秒流量，以便正确选用消防泵。

### 1. 管径的确定

自动喷水灭火系统中管道的管径应根据管道允许的流速和所通过的流量来确定。管道内水流速度宜采用经济流速，一般不超过 5m/s，但对某些配水支管，为了减压必须增加沿程阻力损失，就需要减小管径，加大流速，但不应大于 10m/s。根据现行的《自动喷水灭火系统设计规范》(GB 50084)的规定，自动喷水灭火系统各管段的管径，应经过水力计算确定，而且要求配水管道的布置应使配水管道的入口压力均衡，轻危险级、中危险级场所中的各配水管道入口的压力均不宜大于 0.40MPa。

自动喷水灭火系统中，配水管网最高工作压力，不应大于 1.2MPa，系统最不利点喷头最低工作压力，不应小于 0.05MPa。

水幕系统的最低工作压力，根据水幕系统的作用不同，有不同的要求：用于配合保护门窗、简易防火墙等的水幕系统，最不利点的水幕喷头的水压应不小于 0.05MPa；用于水幕带的喷头，最不利点喷头的水压应不小于 0.10MPa。

但工程上为了简化计算，自动喷水灭火系统中管道的管径也可根据作用面积内喷头开放的个数来初步确定，如表 3-25 所示。

**2．作用面积位置的确定**

作用面积位置的确定按照自动喷水灭火系统管道布置。先确定最不利点位置，水力计算选定的最不利点处的作用面积，宜为矩形，其长边应平行于配水支管，其长度不宜小于作用面积平方根的 1.2 倍。

**3．消防用水量的计算**

(1) 自动喷水灭火系统计算用水量如表 3-27 所示。

(2) 自动喷水灭火系统设计流量(L/s)。

自动喷水灭火系统保护的区域有时是若干个楼层，而系统的水力计算又是以最不利点的作用面积确定的，火灾发生在最有利的楼层时，由于喷头工作压力高，喷水量大，总流量也会增大。故在计算自动喷水灭火系统设计流量时应在计算流量的基础上乘以安全系数 $1.15\sim 1.3$，即：

$$Q_s = (1.15 \sim 1.3)Q_L$$
$$Q_L = 喷水强度 \times 作用面积 \tag{3-21}$$

式中：$Q_s$——设计流量，L/s；

$Q_L$——计算流量，L/s。

(3) 消防用水量。

自动喷水灭火系统的持续喷水时间，应按火灾延续时间不小于 1h 确定。据此可确定消防用水量，如对于发生轻危险等级的火灾，喷水强度为 4L/min·m²，计算消防计算流量 $Q_L$ 为 11L/s，由公式(3-21)计算设计流量为 $Q_s = (1.15\sim 1.3)Q_L = 12.65\sim 14.3$ L/s，按 14.3L/s 计算，总消防用水量为 $14.3 \times 3.6 = 51.48 \text{m}^3/\text{h}$。

**4．喷头的出水量**

自动喷水灭火系统喷头的流量计算公式为

$$q = K\sqrt{10P} \tag{3-22}$$

式中：$q$——喷头流量，L/s；

$K$——喷头流量系数；

$P$——喷头工作压力，MPa。

喷头的流量系数 $K$ 值是喷头固有的喷水系数，它反映了闭式喷头具有的喷水能力，表示一定口径的喷头在 0.1MPa 的压力下，1min 内所能喷出的水量。对标准喷头(公称口径为 15mm)，在 0.1MPa 的工作压力下，1min 内能喷出 80L 的水量，故

$$K = \frac{q}{\sqrt{10P}} = \frac{80}{\sqrt{10 \times 0.1}} = 80$$

这里要说明的是标准喷头 $K=80$，并不是表示标准喷头在 0.1MPa 的工作压力下，实际的喷水量一定是 80L/min；$K=80$，仅表示算数平均值。喷头流量系数和工作压力与喷水强度的选用如表 3-32 所示。

表 3-32　喷头的流量系数和工作压力与喷水强度的关系

| 喷水强度/(L/min·m²) | 喷头流量系数 $K$ /(L/min·MPa$^{0.5}$) | 喷头工作压力 $P$/MPa | 喷头公称口径/mm |
|---|---|---|---|
| 4 | 80 | | 15 |
| 6 | | | |
| 8 | | 0.10 | |
| 12 | 115 | | 20 |
| 16 | | | |

### 5. 管道水流阻力损失的计算

1) 管道沿程水头损失的计算

(1) 沿程水头损失的计算公式如下。

$$h_y = \sum iL \tag{3-23}$$

式中：$h_y$——沿程水头损失，kPa；

$i$——管道单位长度的水头损失，kPa/m；

$L$——计算管段的长度，m。

(2) 沿程水头损失也可按下式计算：

$$h_y = ALQ^2 \tag{3-24}$$

式中：$h_y$——沿程水头损失，kPa；

$A$——管道比阻值，s²/L²，如表 3-33 和表 3-34 所示；

$L$——计算管段的长度，m；

$Q$——计算管段的流量，L/s。

表 3-33　镀锌钢管的比阻值 $A$

| DN/mm | 25 | 32 | 40 | 50 | 70 | 80 | 100 | 125 | 150 |
|---|---|---|---|---|---|---|---|---|---|
| $A$ | 0.4367 | 0.09386 | 0.04453 | 0.01108 | 0.002893 | 0.001168 | 0.0002674 | 0.00008623 | 0.00003395 |

表 3-34　中等管径钢管的比阻值 $A$

| DN/mm | 125 | 150 | 200 | 250 |
|---|---|---|---|---|
| $A$ | 0.0001062 | 0.00004495 | 0.000009273 | 0.000002583 |

2) 管道局部水头损失 $h_j$ 的计算

为了与国际惯例保持一致，管道局部水头损失 $h_j$ 宜采用当量长度法(见自动喷水灭火系统设计规范)计算，但由于我国缺乏实验数据，故一般按沿程水头损失的 20%取用。

3) 报警阀、水流指示器的局部阻力损失计算

报警阀局部水头损失计算公式如下：

$$h_{报} = B_k Q^2 \tag{3-25}$$

式中：$h_{报}$——报警阀的阻力损失，$mH_2O$；

$B_k$——报警阀的比阻值，见表 3-35；

$Q$——通过报警阀的流量，L/s。

表 3-35　报警阀水头损失比阻值

| 名　称 | 公称直径 d/mm | |
| --- | --- | --- |
| | 100 | 150 |
| 湿式报警阀 | 0.00302 | 0.000869 |
| 干式报警阀 | — | 0.0016 |
| 干湿式报警阀 | 0.00726 | 0.00208 |
| 双圆盘雨淋阀 | 0.00634 | 0.0014 |

按《自动喷水灭火系统设计规范》(GB 50084—2001)(2005 年版)的规定，湿式报警阀取值 0.04MPa 或按检测数据确定，水流指示器取值 0.02MPa，雨淋阀取值 0.07MPa。在自动喷水灭火系统设计中也可直接按上述数值选取。但应注意，生产厂家在产品样本中应说明该项取值是否符合上述规定，如不符合，应提出相应的数据，供设计者选用。

4) 管道损失的计算

管道总损失的计算公式如下

$$\sum h_{总} = h_y + h_j + h_{报} + h_{水流指示器} \tag{3-26}$$

### 6. 管道允许流速

管道内的水流速度宜采用经济流速，钢管一般不大于 5m/s，但配水支管的水流速度在个别情况下不应超过 10m/s。为了计算简便，可用如表 3-36 所示的流速系数值直接乘以流量，校核流速是否超过允许值，具体公式如下。

$$U = K_c Q \tag{3-27}$$

式中：$U$——管内水的计算流速，m/s；

$K_c$——管道流速系数，m/L；

$Q$——管道的表流量，L/s。

表 3-36　流速系数 $K_c$ 值

| 镀锌钢管管径/mm | 15 | 20 | 25 | 32 | 40 | 50 | 70 | 80 | 100 | 125 | 150 |
| --- | --- | --- | --- | --- | --- | --- | --- | --- | --- | --- | --- |
| $K_c$/(m/L) | 5.582 | 3.105 | 1.883 | 1.054 | 0.796 | 0.471 | 0.284 | 0.201 | 0.115 | 0.075 | 0.053 |
| 中等钢管管径/mm | 125 | 150 | 200 | 250 | | | | | | | |
| $K_c$/(m/L) | 0.081 | 0.059 | 0.032 | 0.020 | | | | | | | |

### 7．管道流量的计算

在自动喷水灭火系统管网中，每个喷头的出水量 $q$ 与其喷头特性系数 $B$、工作水头 $H$ 有关，即：

$$q = \sqrt{BH} \tag{3-28}$$

式中：$q$——喷头或节点的流量，L/s；

$\quad\quad B$——喷头特性系数，与喷头流量系数和喷头口径有关，$L^2/s^2 \cdot m$；

$\quad\quad H$——喷头处的水压，$mH_2O$。

【例 3-4】求标准喷头在 0.1MPa(10mH₂O)压力下的喷头特性系数 $B$。

【解】标准喷头的流量系数 $K=80$，故

$$q = K\sqrt{10P} = 80 \times \sqrt{10 \times 0.1} = 80L/min = 1.33L/s$$

将标准喷头在 0.1MPa 工作压力下的流量 $q=1.33$L/s 代入公式(3-28)，得：

$$B = \frac{q^2}{H} = \frac{1.33^2}{10} = 0.17689L^2/s^2 \square m$$

### 8．系统水力计算方法

1) 作用面积法

用作用面积法所得计算流量是假定作用面积内所有喷头工作压力和流量都等于最不利点喷头的工作压力和流量，则作用面积内喷头全部开放时，其总流量是最不利点喷头流量和作用面积内喷头数量的乘积，可按公式(3-21)计算。

采用作用面积法计算时忽略了管道阻力损失对喷头工作压力的影响，使计算流量小于实际流量，但作用面积法简单、快捷，尚能满足需要，因此一般轻、中危险级建筑内的自动喷水灭火系统可以使用作用面积法进行水力计算。

2) 沿途特性系数计算法

沿途特性系数计算法所得的计算流量，是作用面积内喷头的实际流量之和，沿途特性系数计算法所得的流量准确，此法比较麻烦，但目前在计算机的支持下，已解决了计算上的麻烦。

(1) 喷头特性系数确定后，可由喷头处管网的水压值求得喷头的出流量，如图 3-26 所示。

① 支管 I 尽端的喷头 1 为整个管系的最不利点，在规定的工作水头 $H_1$ 的作用下，其出流量为：

$$q_1 = \sqrt{BH_1}$$

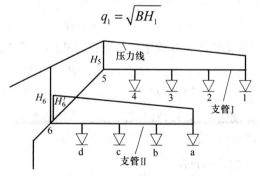

图 3-26　自喷计算原理图

② 喷头 2 的出流量为：

$$q_2 = \sqrt{BH_2} = \sqrt{B(H_1 + h_{1-2})}$$

③ 喷头 3、4 的出流量，同理为：

$$q_3 = \sqrt{BH_3} = \sqrt{B(H_2 + h_{2-3})}$$

$$q_4 = \sqrt{BH_4} = \sqrt{B(H_3 + h_{3-4})}$$

$$H_5 = H_4 + h_{4-5}$$

$$Q_{4-5} = q_1 + q_2 + q_3 + q_4$$

④ $h_{1-2}$、$h_{2-3}$、$h_{3-4}$ 为 $Q_{1-2}(=q_1)$、$Q_{2-3}(=q_1+q_2)$、$Q_{3-4}(=q_1+q_2+q_3)$ 通过各管段的水头损失。

⑤ 同理，若以支管 II 尽端喷头 a 为最不利点，$H_1'$ 为规定的喷头工作压力，可对支管 II 进行计算，得到 $H_6'$ 和 $Q_{d-6}$ 之值。

(2) 管系特性系数 $B_g$：管系特性系数可由管系流量总输出处(点)及该处(点)所应具有之水压值求得：

$$B_g = \frac{Q_{(n-1)\sim n}^2}{H_n} \tag{3-29}$$

式中：$B_g$——管系特性系数，$L^2/s^2 \cdot m$；

$\quad\quad Q_{(n-1)\sim n}$——$(n-1)\sim n$ 管段流量，L/s；

$\quad\quad H_n$——节点 $n$ 处的水压，$mH_2O$。

式(3-29)中 $B_g$ 值表明管系的输水性能。当管系在另一水压($H_n''$)的作用下时，即可由已知之 $B_g$ 值求出此时管系的流量为 $Q_{(n-1)\sim n}'' = \sqrt{B_g H_n''}$。

仍以图 3-26 为例，说明管系特性系数之应用。

① 计算点 5 处无出流流量，即为支管 I 的管系流量 $Q_{4-5}$。

② 在计算点 6 处，水压为 $H_6 = H_5 + h_{5-6}$，通过管段 5-6 的流量为 $Q_{5-6}=Q_{4-5}$。

③ 支管 II 的管系特性系数为 $B_{gII} = Q_{d-6}^2 / H_6'$。

④ 由于计算点 6 接出支管 II，故在水压 $H_6$ 下，通过该点应输出流量为：

$$q_6 = Q_{5-6} + \sqrt{B_{gII}H_6}$$

⑤ 将上两式合并整理可得：$q_6 = Q_{5-6} + Q_{d-6}\sqrt{H_6/H_6'}$

此式是指通过计算点 6 所供给的流量由两股组成，其中供给的支管 II 的流量由于实际水压非 $H_6'$ 而是 $H_6$，故必须进行修正，该修正系数为 $\sqrt{H_6/H_6'}$。

⑥ 在图 3-26 中，由于支管 I、II 的水力情况完全相同(喷头构造、数量、管段长度、管径、标高等)，故 $Q_{d-6}=Q_{4-5}=Q_{5-6}$，$H_6'=H_5$，即 $B_{gII}=B_{gI}$，即可得：

$$q_6 = Q_{5-6} + Q_{5-6}\sqrt{H_6/H_5} = Q_{5-6}(1+\sqrt{H_6/H_5})$$

⑦ 其后各段流量再分别依次逐段进行计算，直到作用面积内全部喷头开启所需的流量值为止，这样便可求出管网所需的流量及所需的起点压力。

**9. 自动喷水灭火系统所需的水压**

自动喷水灭火系统所需的水压计算公式如下：

$$H_b = \sum h + H_p + Z \tag{3-30}$$

式中：　$H_b$——水泵扬程或系统入口的供水压力，$mH_2O$；

　　　　$\sum h$——自动喷水灭火系统管道总阻力损失，$mH_2O$；

　　　　$H_p$——最不利点处喷头的工作压力，$mH_2O$；

　　　　$Z$——最不利点处喷头与消防水池的最低水位或系统入口管的水平中心线之间的高
　　　　　　　程差，当系统入口管或消防水池最低水位高于最不利点处喷头时，$Z$ 应取负值。

**10. 确定系统的水源和管网的减压措施**

减压孔板、节流管和减压阀的设计，应参照相关规定进行计算。

# 3.5　其他固定灭火系统

因建筑物使用功能不同，其内部的可燃物性质各异，因此，仅使用水作为消防手段不能达到扑救火灾的目的，甚至还会带来更大的损失。应根据可燃物的物理、化学性质采用不同的灭火方法和手段，才能达到预期的目的。本节将对下面几种固定灭火系统作简单介绍。

## 3.5.1　干粉灭火系统

以干粉作为灭火剂的灭火系统称为干粉灭火系统。干粉灭火剂是一种干燥的、易于流动的细微粉末，平时贮存于干粉灭火器或干粉灭火设备中，灭火时靠加压气体(二氧化碳或氮气)的压力将干粉从喷嘴射出，形成一股携带着加压气体的雾状粉流射向燃烧物。

干粉有普通型干粉(BC 类)、多用途干粉(ABC 类)和金属专用灭火剂(D 类火灾专用干粉)。

BC 类干粉根据其制造基料的不同有钠盐、钾盐、氨基干粉之分。这类干粉适用于扑救易燃、可燃液体如汽油、润滑油等造成的火灾，也可用于扑救可燃气体(液化气、乙炔气等)和带电设备造成的火灾。

ABC 类干粉按其组成的基料有磷酸盐、硫酸铵与磷酸铵混合物和聚磷酸铵之分。这类干粉适用于扑救易燃液体、可燃气体、带电设备和一般固体物质如木材、棉、麻、竹等形成的火灾。

D 类火灾专用灭火剂，当其投加到某些燃烧金属时，可与金属表层发生反应而形成熔层，从而与周围空气隔绝，使金属燃烧窒息。

干粉灭火具有灭火历时短、效率高、绝缘好、灭火后损失小、不怕冻、不用水、可长期贮存等优点。

干粉灭火系统按其安装方式有固定式和半固定式之分；按其控制启动方法又有自动控制、手动控制之分；按其喷射干粉方式有全淹没和局部应用系统之分。

设置干粉灭火系统，其干粉灭火剂的贮存装置应靠近其防护区，但不能对干粉贮存器有形成着火的危险，干粉还应避免潮湿和高温。输送干粉管道宜短且直、光滑、无焊瘤和缝隙，管内应清洁，无残留液体和固体杂物，以便喷射干粉时提高效率。

## 3.5.2 泡沫灭火系统

泡沫灭火系统的工作原理是应用灭火剂即由一定比例的空气泡沫液、水和空气，经机械式水力撞击作用，相互混合形成充满空气的微小稠密的膜状泡沫群，它可漂浮粘附在可燃、易燃液体、固体表面，或者充满某 着火物质的空间，达到隔绝、冷却，使燃烧物质熄灭。空气泡沫比油品轻，能在油品液面上自由展开，隔断可燃蒸气与外界空气接触；空气泡沫覆盖在燃烧液面上，能有效地扑灭烃类液体的火焰和油类火灾。

泡沫灭火剂按其成分有三种类型：化学泡沫灭火剂、蛋白质泡沫灭火剂和合成型泡沫灭火剂。选用和应用泡沫灭火系统时，首先应根据可燃物性质选用泡沫液。例如，3M 轻水泡沫(AFFF)就是一种新型的化学性泡沫。

其优点为：① 无嗅、无毒、无腐蚀性，可作环保生化处理，不腐蚀设备，保存期在 20 年以上，泡沫浓缩液与水的混合液在流体特性上与自然水相似，因而在系统设计时无需改动传统的水力计算，还可以与化学干粉灭火剂同时使用，互相促进；② 工作时无需空气泡沫发生器，只要由比例混合将泡沫浓缩液按比例(一般视用途不同为 3%或 6%)混入消防水中，一旦喷射到空气中即可自然形成品质极佳的灭火泡沫；③ 轻水泡沫喷射时会附带生成一种对扑灭油类火灾极具意义的水成膜，这种水成膜的比重比泡沫重、比水轻，同样只有灭火效能。它在系统动作时随泡沫一起喷出，因为其流动速度比泡沫快得多，可以十分迅速地覆盖于燃烧油液的表面隔绝空气，大大增加了随后到来的泡沫物的灭火效果。由于水成膜具有较强的聚合覆盖作用，它可以始终覆盖在油液之上起到阻隔作用，防止火场的死灰复燃。泡沫灭火系统适用于：扑灭易燃液体火灾，油库、油田、矿井坑道、飞机库、汽车库等处的火灾。

## 3.5.3 二氧化碳灭火系统

二氧化碳灭火系统是一种纯物理的气体灭火系统，在技术上已经比较成熟了，国外使用比较多，德国生产的二氧化碳灭火系统占各个灭火系统总量的 15%，仅次于水喷洒灭火系统的装设量。美国在 1929 年就颁布了世界上第一个二氧化碳灭火系统的标准，美国使用该系统也比较多。我国在 20 世纪 80 年代比较重视卤代烷灭火系统的应用，现在卤代烷灭火系统被禁止使用了，二氧化碳灭火系统将会进一步得到推广。

凡是适用于卤代烷灭火系统的场合都可以采用二氧化碳灭火系统，可以用于扑灭气体火灾、液体和可熔化固体(如石蜡、沥青等可熔化固体)的火灾，电气火灾，固体深部火灾(如棉花、纸张等)；不能扑灭含有氧化物的化学品以及金属氧化物的火灾。

二氧化碳的灭火机理主要是：窒息，其次是冷却作用。二氧化碳贮存时是液态的，在高压容器中，一旦释放出来，压力骤然下降，立即变成气态，温度很低，气态的二氧化碳一部分会变成干冰，迅速吸收周围的热量，而且释放出来的二氧化碳气体分布在燃烧物周围，稀释了空气中的氧气，起到窒息和冷却作用。

该系统的特点：不污损被保护物，灭火快、效果好；但灭火时对人体有害，无色无味、不能被人的感觉器官发觉，因为没有足够的氧气，会使人失去知觉，甚至死亡，皮肤或眼睛接触到，会引起冻伤。这种系统造价比较高，因为系统的气密性要求高，高压容器的造价高。

## 3.5.4 蒸汽灭火系统

灭火原理：水蒸气能冲淡燃烧区的可燃气体，降低空气中的氧气含量，从而使燃烧不能继续。一般饱和蒸汽比过热蒸汽的灭火效果好，尤其扑灭高温设备的油气火灾，不仅能迅速扑灭漏泄处的火灾，还不会引起设备的损坏。

适合于扑灭高温设备的油气火灾、燃气锅炉房等，更主要的是要有蒸汽的气源供应场所。本身就使用蒸汽的厂房、锅炉房等处。

特点是设备简单，灭火效果比较好，但是只适合于局部区域和小面积的火灾区。这种灭火系统只有在经常具备充足蒸汽源的条件下才能设置。

## 3.5.5 烟雾灭火系统

烟雾灭火系统的发烟剂是以硝酸钠、三聚氰胺、木炭、硫酸氢钾和硫黄等原料混合而成。发烟剂装在烟雾灭火容器内，使用时，使之产生燃烧反应，释放出烟雾气体。喷射剂来自燃烧物质的罐装液面上的空间，形成又厚又浓的烟雾气体层，这样，该罐液面着火处的氧气会受到稀释，起到覆盖和抑制作用而使燃烧熄灭。

主要用于工业设施，酯类和醇类贮存场合的初期火灾扑救。

## 3.5.6 EBM 气溶胶灭火系统

EBM 灭火剂是用不含卤族元素的固体含氧物质所合成的一种灭火剂，它经过燃烧反应产生灭火气溶胶。

EBM 气溶胶中的固体颗粒主要是金属氧化物，这些微粒的粒径大部分小于 $1\mu m$，气体产物主要是 $N_2$，还有少量的 $CO_2$ 和 CO。气溶胶微粒是通过由氧化剂、还原剂黏合物结合成的固体材料的燃烧而产生的。由于微粒极为细小，具有非常大的比表面积，因此成为特别优良的灭火剂。EBM 气溶胶灭火系统的效率接近于卤代烷 1301 的 4 倍，同时该灭火系统不需用钢瓶、管道、阀门等，且占地空间小，安装和维护成本低于卤代烷灭火系统。

气溶胶中的固体微粒在灭火过程中起重要作用。气溶胶产物的释放速度和固体微粒的尺寸影响灭火效率极为明显：灭火气溶胶释放于相对封闭的空间后，该空间氧含量无明显变化。

EBM 气溶胶的灭火作用主要是：金属氧化物吸热分解的降温灭火作用、气相化学抑制作用、固体颗粒表面对可燃物裂解产物的链式反应的抑制作用，起到消耗燃料活性基团的效果。

EBM 灭火剂的主要特点：① 灭火效率高、速度快、灭火剂用量相对少；② 无毒害、无污染、不损耗大气臭氧层、电绝缘性良好；③ 全方位灭火，气溶胶的扩散没有方向性，无论喷射方向或喷口的位置如何，在很短时间内，灭火质点将很快扩散到被保护空间的各个部位,从而迅速扑灭火源并对未形成火灾的部位保护起来,该系统的安装情况与灭火效果和火灾形成的部位无关,这就是 EBM 灭火系统所具有全方位保护空间的独特优点;④ 优越的综合功能,不论是由单只灭火装置组成较小的防护区灭火系统,还是由多只灭火装置组成较大的防护区灭火系统,都具有自动探测、自动报警、自动启动或手动启动的综合功能,并负载自动巡检的功能;⑤ 设计、安装、维护管理简便可靠;⑥ EBM 气溶胶释放后能见度差,现有的 EBM 气溶胶灭火系统尚不具备组合分配的功能。

### 3.5.7　七氟丙烷和烟烙尽灭火系统

由于禁止使用卤代烷,而气体灭火系统又有广泛的需求,因此对卤代烷的替代物的研究正在不断深入。目前,国际标准化组织推荐的用于替代卤代烷的气体灭火剂共有 14 种,其中七氟丙烷(HFC-227ea)、烟烙尽(INERGEN)使用得比较多。

七氟丙烷是一种无色无味、不导电的气体,其密度大约为空气的 6 倍,液态贮存,与 1311 灭火剂相同,具有较低的毒性,可以采用七氟丙烷来替代 1311 系统,只要更换钢瓶以及喷嘴等设备即可,原有的控制线路可以保持不变。对系统的维护和管理要求比较高。

烟烙尽系统的药剂是由 3 种自然界的惰性气体组成的混合物,其中氮气为 52%、氩气为 40%、二氧化碳气体为 8%。烟烙尽是通过降低氧气浓度来抑制燃烧的,一般可以使氧气浓度降低到 15%,对于扑灭 A、B、C 类火灾有效,对于扑灭 D 类火灾无效。

烟烙尽系统一般为全淹没方式,根据防护区的整个容积和允许设计浓度来计算所需的药剂量、系统流量、喷嘴数量、喷嘴布置、管道系统的布置、管道尺寸等。因为烟烙尽为混合气体,灭火时要求达到一定的浓度,因此对于封闭空间比较合适,对于有通风系统的场所,喷放烟烙尽之前,应该关闭通风系统,门窗等也应关闭。烟烙尽系统可以自动启动,也可以人工启动。目前烟烙尽系统的使用逐渐增多,北京已经有采用烟烙尽系统的建筑了。

# 实　训　模　块

**模块一:消火栓消防系统设计**

1. 实训目的:通过消火栓给水系统的设计,使学生了解室内消火栓给水系统的组成,熟悉消火栓给水平面图、系统图的绘制方法,掌握消防给水管道流量计算、管径计算和压力损失的计算,并会计算消防系统总压力,进行增压及贮水设备的选型。

2. 实训课题:对学校某 5 层宿舍楼消火栓系统进行设计。

3. 实训准备:装有天正给排水系统软件的电脑、宿舍楼建筑平面图、计算器、相关规范、设计手册等,涉及的相关数据由老师根据宿舍所处的地区确定给出或由学生自己搜集。

4. 实训内容:根据图 2-53、2-54、2-55、2-56 给出的建筑图,抄绘成条件图,然后绘出一层消火栓平面图、2 到 5 层消火栓平面图和系统图,根据水力计算步骤要求,进行水力计算,确定系统的设计流量、管径、总压力等。

5．设计成果。

(1) 设计说明和计算书(包括设计说明、计算步骤、水力计算草图、水力计算书和参考文献等)。

(2) 设计图纸如下。

① 图纸首页(包括图纸目录、图例、设计和施工说明、主要材料和设备表等)。

② 1 层消火栓平面图。

③ 2 到 5 层消火栓平面图。

④ 消火栓系统图。

⑤ 屋面消防水箱大样图。

6．设计要求。

全部图纸要求在 A3 图纸上完成。要求图纸仿宋字、线条清晰、主次分明、字迹工整、图面整洁。说明书要求符合现行规范，方案合理、计算准确、字迹工整。

### 模块二：自动喷水灭火系统设计计算

1．实训目的：通过自动喷水灭火系统的设计计算，使学生了解自动喷水灭火系统的组成，熟悉自动喷水灭火系统平面图、系统图的绘制方法，掌握自动喷水灭火系统管道流量计算、管径计算和压力损失的计算方法，并会计算自喷系统总压力，进行增压及贮水设备的选型。

2．实训课题：某 4 层百货商店自动喷水灭火系统的设计计算。

3．实训准备：已绘制好的百货商店自动喷水灭火系统管网透视图、计算器、相关规范和设计手册等。

4．基本参数：建筑高度 18m，总建筑面积为 5200m²，$l_{12-8}=12.8\text{m}$，$l_{18-12}=20\text{m}$。

5．实训内容：根据图 3-27 和图 3-28 进行自动喷水灭火系统水力计算，并确定自动喷水灭火系统总压力。

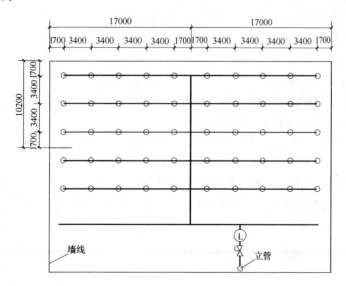

图 3-27　自动喷水灭火系统顶层平面计算草图

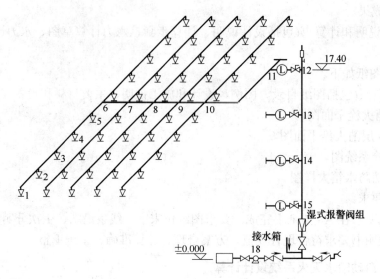

图 3-28　自动喷水灭火系统计算管网透视图

6. 实训成果：完整的计算书(包括设计说明、计算步骤和水力计算书等)。
7. 设计要求：计算书要求符合现行规范，方案合理、计算准确、字迹工整。

# 思考题与习题

1. 试述水灭火系统的灭火机理。
2. 室外消火栓给水系统的作用是什么？其组成包括哪些部分？
3. 室内消火栓给水系统由哪些部分组成？
4. 如何布置消火栓？消火栓的设置间距如何确定？
5. 室内消火栓、消防水带、水枪有哪些规格？如何选用？
6. 水泵接合器的形式有哪几种？各有什么特点？每个水泵接合器的流量是多少？
7. 什么是消火栓水枪的充实水柱长度？如何确定充实水柱的长度？
8. 消火栓系统分区的条件是什么？试述消火栓给水系统水力计算的方法和步骤。
9. 常用的自动喷水灭火系统有哪些种类？
10. 自动喷水灭火系统设置场所的火灾危险等级分几级？各自的作用面积和喷水强度是多少？
11. 湿式自动喷水灭火系统的主要组件有哪些？
12. 喷头布置的要求有哪些？如何布置自动喷水灭火系统的管道？

# 第4章 室内热水供应

## 【学习要点及目标】

◆ 了解热水供应系统的分类、附件和管材的种类。

◆ 熟悉水加热的方式及特点、管道的保温方法。

◆ 了解高层建筑热水供应的特点。

◆ 掌握热水供应系统的组成、水力计算的方法和步骤。

◆ 掌握热量和供热量的计算方法。

◆ 能进行耗热量、热水量、供热量和热水管网的设计计算。

◆ 能按具体的条件选择热水供水方式和循环方式。

◆ 能够正确选择加热表贮热设备。

◆ 能够正确选择加压、贮热和贮水设备。

## 【核心概念】

热水供应系统、耗热量、热水量、供热量、热水管网

## 【引言】

随着人们生活水平的提高，对建筑热水系统的要求也越来越高。热水系统循环流量的计算是热水系统设计的关键环节，它关系到回水管径的确定和循环水泵的选型。而回水管径的确定和循环水泵的选型又对系统的投资和运行过程中的能源消耗产生很大的影响。热水系统在运行时容易发生气塞和腐蚀，在热水管网布置和安装时要考虑这些因素对系统正常运行的影响。

# 4.1 热水供应系统的分类、组成和供水方式

## 4.1.1 热水供应系统的分类及特点

热水供应系统按供应热水的范围可分为局部热水供应系统、集中热水供应系统和区域热水供应系统三类。

### 1. 局部热水供应系统

采用小型加热器在用水场所就地加热，供局部范围内一个或几个配水点使用的热水系统称为局部热水供应系统。例如小型电热水器、燃气热水器及太阳能热水器等，供给单个厨房、浴室等用水。

局部热水供应系统的特点是：热水管路短，热损失小，造价低，设施简单，维护管理方便灵活；但供水范围小，热水分散制备，热效率低，制备热水成本高，使用不够方便、舒适，每个用水场所均需设置加热装置，占用建筑面积较大。一般在靠近用水点设置小型加热设备供给一个或几个用水点使用。

局部热水供应系统适用于热水用量较小且较分散的建筑，如单元式住宅、小型饮食店、理发馆、医院、诊所等公共建筑和车间卫生间热水点分散的建筑。

### 2. 集中热水供应系统

在锅炉房或热交换站将水集中加热后，通过热水管网输送到整幢楼或几幢建筑的热水供应系统称为集中热水供应系统。

集中热水供应系统的特点是：供水范围大，加热器及其他设备集中，可集中管理，加热效率高，热水制备成本低，占地面积小，设备容量小，使用较为方便、舒适，但系统复杂，管线长，热损失大，投资较大，需要专门的维护管理人员，建成后改建、扩建较困难。

集中热水供应系统适用于热水用量较大、用水点比较集中的建筑，如标准较高的住宅、高级宾馆、医院、公共浴室、疗养院、体育馆、游泳池、大酒店等公共建筑和用水点布置较集中的工业建筑。

### 3. 区域热水供应系统

在热电厂或区域锅炉房将水集中加热后，通过城市热力管网输送到居住小区、街坊、企业及单位的热水供应系统称为区域热水供应系统。区域热水供应系统一般采用二次供水。

区域热水供应系统的特点是：便于热能的综合利用和集中维护管理，有利于减少环境污染，可提高热效率和自动化程度，热水成本低，占地面积小，使用方便、舒适，供水范围大，安全性高；但热水在区域锅炉房中的热交换站制备，管网复杂，热损失大，设备多，自动化程度高，一次性投资大。

区域热水供应系统一般用于城市片区、居住小区的整个建筑群，目前在发达国家应用较多。

## 4.1.2  热水供应系统的组成

建筑内热水供应系统中，局部热水供应系统所用加热器、管路比较简单。区域热水供应系统管网复杂，设备多。集中热水供应系统应用普遍，如图 4-1 所示。集中热水供应系统由热源、热媒管网、热水输配管网、循环水管网、热水贮存水箱、循环水泵、加热设备及配水附件等组成。锅炉产生的蒸汽经热媒管送入水加热器把冷水加热，蒸汽凝结水回凝水池，再由凝结水泵打入锅炉加热成蒸汽。由冷水箱向水加热器供水，加热器中的热水由配水管送到各个用水点。为保证热水温度，补偿配水管的热损失，需设热水循环管。

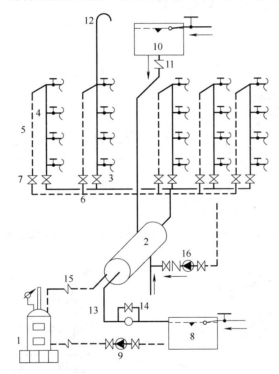

图 4-1  集中式热水供应系统组成示意图

1—锅炉；2—水加热器；3—配水干管；4—配水立管；5—回水立管；6—回水干管；
7—检修阀；8—凝结水管；9—凝结水泵；10—冷水箱；11—止回阀；12—透气管；
13—凝结水管；14—疏水器；15—蒸汽管；16—循环水泵

集中式热水供应系统由以下三部分构成。

### 1．热媒循环管网(第一循环系统)

热媒循环管网由热源、水加热器和热媒管网组成。锅炉产生的蒸汽(或高温水)经热媒管道送入水加热器，加热冷水后变成凝结水，靠余压经疏水器流回到凝水池，冷凝水和补充的软化水由凝结水泵送入锅炉重新加热成蒸汽，如此循环完成水的加热过程。

### 2．热水配水管网(第二循环系统)

热水配水管网由热水配水管网和循环管网组成。热水配水管网将在加热器中加热到一定温度的热水送到各配水点，冷水由高位水箱或给水管网补给。为保证用水点的水温，支管和干管设循环管网，用于使一部分水回到加热器重新加热，以补充管网所散失的热量。

### 3．附件和仪表

为满足热水系统中控制和连接的需要，常使用的附件包括各种阀门、水嘴、补偿器、疏水器、自动温度调节器、温度计、水位计、膨胀罐和自动排气阀等。

## 4.1.3　热水供应系统的供水方式

### 1．热水的加热方式

热水的加热方式可分为直接加热方式和间接加热方式，如图4-2所示。

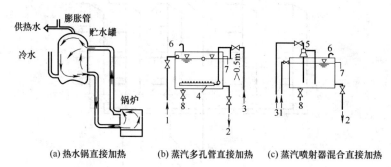

(a) 热水锅直接加热　(b) 蒸汽多孔管直接加热　(c) 蒸汽喷射器混合直接加热

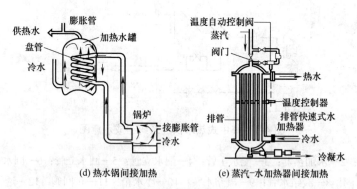

(d) 热水锅间接加热　(e) 蒸汽-水加热器间接加热

图4-2　加热方式

1—给水；2—热水；3—蒸汽；4—多孔管；5—喷射器；6—通气管；

7—溢水管；8—泄水管

直接加热方式也称一次换热，是利用燃气、燃油、燃煤为燃料的热水锅炉把冷水直接加热到所需温度，或者是将蒸汽或高温水通过穿孔管或喷射器直接与冷水接触混合制备热水。热水锅炉直接加热具有热效率高、节能的特点。蒸汽直接加热方式只有设备简单、热效率高、无需冷凝水管的优点，但存在噪声大、对蒸汽质量要求高、冷凝水不能回收、热源需要大量经水质处理的补充水、运行费用高等缺点。这种方式仅适用于有高质量的热媒、对噪声要求不严格，或定时供应热水的公共浴室、洗衣房和工矿企业等用户。

间接加热方式也称二次换热，是利用热媒通过水加热器把热量传递给冷水，把冷水加热到所需的温度，而热媒在整个加热过程中与被加热水不直接接触。这种加热方式回收的冷凝水可重复利用，补充水量少，运行费用低，加热时噪声小，被加热水不会造成污染，运行安全可靠，适用于要求供水安全稳定且噪声低的旅馆、住宅、医院和办公楼等建筑。

**2. 热水供应方式**

1) 全日供应和定时供应

按热水供应的时间可分为全日供应方式和定时供应方式。

全日供应方式是指热水供应管网在全天任何时刻都保持设计的循环水量，热水配水管网全天任何时刻都可正常供水，并能保证配水点的水温。

定时供应方式是指热水供应系统每天定时供水，其余时间系统停止运行。该方式在供水前利用循环水泵将管网中已冷却的水强制循环到水加热器进行加热，达到一定温度后才能使用。

2) 开式系统和闭式系统

根据热水管网的压力工况不同，热水供应可分为开式系统和闭式系统两类。

开式系统热水供水方式在配水点关闭后系统仍与大气相通，如图 4-3 所示。该方式一般在管网顶部设有开式热水箱或冷水箱和膨胀管，水箱的设置高度决定系统的压力，而不受外网水压波动的影响，供水安全可靠，用户水压稳定，但开式水箱易受外界污染，且占用建筑的面积和空间。该方式适用于用户要求水压稳定又允许设高位水箱的热水系统。

闭式系统热水供水方式在配水点关闭后系统与大气隔绝，形成密闭系统，如图 4-4 所示。该系统的水加热器设有安全阀、压力膨胀罐，以保证系统安全运行。闭式系统具有管路简单、系统中热水不易受到污染等特点，但水压不稳定，一般用于不宜设置高位水箱的热水系统。

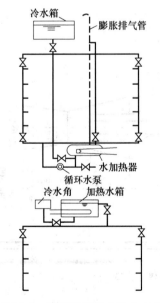

图 4-3　开式系统热水供水方式

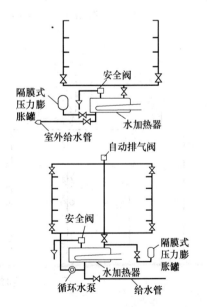

图 4-4　闭式系统热水供水方式

3) 同程式系统和异程式系统

同程式热水供应系统是指每一个热水循环环路长度相等，对应管段管径相同，所有环路的水头损失相同，如图4-5所示。

异程式热水供应系统是指每一个热水循环环路各不相等，对应管段管径也不相同，所有环路水头损失也不相同，如图4-6所示。

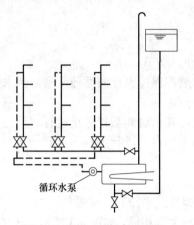

图 4-5　同程式系统热水供应

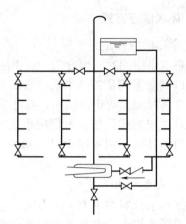

图 4-6　异程式系统热水供应

4) 下行上给式和上行下给式

按热水管网水平干管的位置不同，热水供应分为下行上给式供水方式和上行下给式供水方式。

水平干管设置在顶层向下供水的方式称上行下给式供水方式，如图4-7所示。水平干管设置在底层向上供水的方式称为下行上给式供水方式，如图4-8所示。选用何种供水方式，应根据建筑物的用途、热源情况、热水用量和卫生器具的布置情况进行技术和经济比较后确定，在实际应用时，常将上述各种方式进行组合。

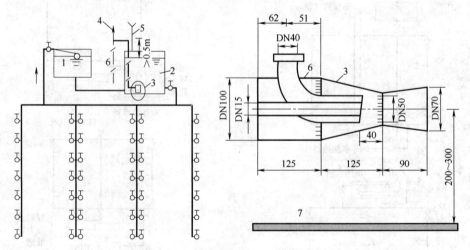

图 4-7　直接加热上行下给热水供应方式

1—冷水箱；2—加热水箱；3—消声喷射器；4—排气阀；5—透气管；6—蒸汽管；7—热水箱底

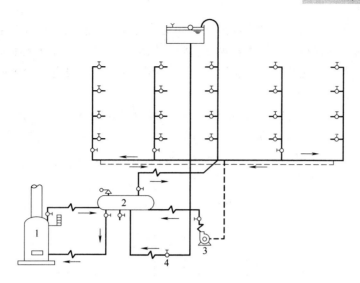

图 4-8　下行上给式热水供应方式

1—热水锅炉；2—热水储罐；3—循环泵；4—给水管

## 4.1.4　热水的循环方式

### 1. 全循环、半循环和无循环热水供应方式

根据热水供应系统是否设置循环管网或如何设置循环管网，热水的循环方式可分为全循环、半循环和无循环热水供应方式。

(1) 全循环热水供应方式是指热水供应系统中热水配水管网的水平干管、立管甚至配水支管都设有循环管道。该系统设循环水泵，用水时不存在使用前放水和等待时间，适用于高级宾馆、饭店、高级住宅等高标准建筑中，如图 4-9 所示。

(2) 半循环热水供应方式又有干管循环和立管循环之分，如图 4-10 所示。干管循环方式是指热水供应系统中只在热水配水管网的水平干管设循环管道，该方式多用于定时供应

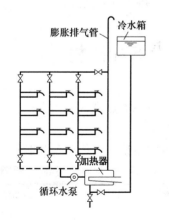

图 4-9　全循环热水供应方式

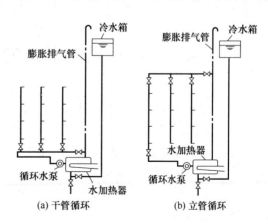

(a) 干管循环　　　(b) 立管循环

图 4-10　半循环热水供应方式

热水的建筑中，打开配水龙头时需放掉立管和支管的冷水才能流出符合要求的热水。立管循环方式是指热水立管和干管均设置循环管道，保持热水循环，打开配水龙头时只需放掉支管中的少量存水，就能获得规定温度的热水。该方式多用于设有全日供应热水的建筑和设有定时供应热水的高层建筑。

(3) 无循环热水供应方式是指热水供应系统中热水配水管网的水平干管、立管、配水支管都不设任何循环管道。这种方式适用于小型热水供应系统和使用要求不高的定时热水供应系统或连续用水系统，如公共浴室、洗衣房等，如图 4-11 所示。

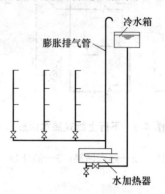

图 4-11　无循环热水供应方式

### 2．自然循环方式和机械循环方式

热水供应管网按循环动力的不同，可分为自然循环方式和机械循环方式。

(1) 自然循环方式是指利用配水管和回水管内的温度差所形成的压力差，使管网维持一定的循环流量，以补偿热损失，保持一定的供水温度。因配水管与回水管内的水温差一般为 5～10℃，自然循环水头值很小，实际使用中应用不多，一般用于热水供应量小，用户对水温要求不严格的系统中。

(2) 机械循环方式是指在回水干管上设循环水泵强制一定量的水在管网中循环，以补偿配水管道热损失，保证满足用户对热水温度的要求。目前实际运行的热水供应系统多采用机械循环方式，特别是用户对热水温度要求严格的大、中型热水供应系统。

## 4.2　热水供应系统的加热设备和器材

在热水供应系统中，将冷水加热常采用加热设备来完成。加热设备是热水供应系统的重要组成部分，需根据热源条件和系统要求合理选择。

热水系统的加热设备分为局部加热设备和集中热水供应系统的加热设备和贮热设备，其中局部加热设备包括燃气热水器、电热水器、太阳能热水器等；集中加热设备包括燃煤(燃油、燃气)热水锅炉、热水机组、容积式水加热器、半容积式水加热器、快速式水加热器和半即热式水加热器等。

加热设备常用以蒸汽或高温水为热媒的水加热设备。

# 4.2.1　局部热水加热设备

### 1. 燃气热水器

燃气热水器是一种局部供应热水的加热设备，按其构造可分为直流快速式和容积式两种。

直流快速式燃气热水器一般带有自动点火和熄火保护装置，冷水流经带有翼片的蛇形管时，被热烟气加热到所需温度的热水供生活使用，其结构如图 4-12 所示。直流快速式燃气热水器一般安装在用水点就地加热，可随时点燃并可立即取得热水，供一个或几个配水点使用，常用于厨房、浴室、医院手术室等局部热水供应。

容积式燃气热水器是能贮存一定容积热水的自动水加热器，使用前应预先加热。

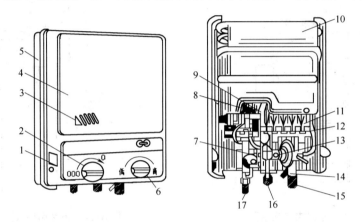

**图 4-12　直流快速式燃气热水器构造图**

1—气源名称；2—燃气开关；3—观察窗；4—上盖；5—底壳；6—水温调节阀；7—压电原件点火器；
8—点火燃烧器(常明火)；9—熄火保护装置；10—热交换器；11—主燃烧器；12—喷嘴；13—水-气控制阀；
14—过压保护装置(放水)；15—冷水进口；16—热水出口；17—燃气进口

### 2. 电热水器

电热水器通常以成品在市场上销售，分为快速式和容积式两种。

快速式电热水器无贮水容积，使用时不需预先加热，通水通电后即可得到被加热的热水，具有体积小、质量轻、热损失少、效率高、安装方便、易调节水量和水温等优点，但电耗大，在缺电地区使用受到一定限制。

容积式电热水器具有一定的贮水容积，其容积大小不等，在使用前要预先加热到一定温度，可同时供应几个热水用水点在一段时间内使用，具有耗电量小、使用方便等优点，但热损失较大，适用于局部热水供应系统。容积式电热水器的构造如图 4-13 所示。

### 3. 太阳能热水器

太阳能作为一种取之不尽、用之不竭且无污染的能源，越来越受到人们的重视。利用太阳能集热器集热是太阳能利用的一个主要方面，它具有结构简单、维护方便、使用安全、费用低廉等特点，但受天气、季节等影响不能连续稳定运行，需配贮热和辅助电加热设施，且占地面积较大。

太阳能热水器是将太阳能转换成热能并将水加热的装置，集热器是太阳能热水器的核心部分，由真空集热管和反射板构成，目前采用双层硼硅真空集热管为集热元件和优质进口镜面不锈钢板作反板，使太阳能的吸热率高达92%以上，同时具有一定的抗冰雹冲击的能力，使用寿命可达15年以上。

贮热水箱是太阳能热水器的重要组件，其构造同热水贮热水箱的容积按每平方米集热器采光面积配置热水箱的容积。

太阳能热水器主要由集热器、贮热水箱、反射板、支架、循环管、给水管、热水管和泄水管等组成，如图4-14所示。

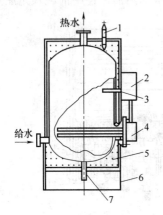

图4-13 容积式电热水器

1—安全阀；2—控制箱；3—测温原件；

4—电加热原件；5—保温层；6—外壳；7—泄水口

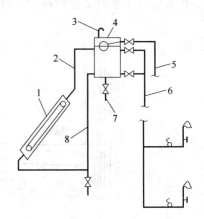

图4-14 自然循环太阳能热水器

1—集热器；2—上循环管；3—透气管；

4—贮热水箱；5—给水管；6—热水管；

7—泄水管；8—下循环管

太阳能热水器常布置在平屋顶或顶层阁楼上，倾角合适时也可设在坡屋顶上，如图4-15所示。对于家庭用集热器，也可利用向阳晒台栏杆和墙面设置，如图4-16所示。

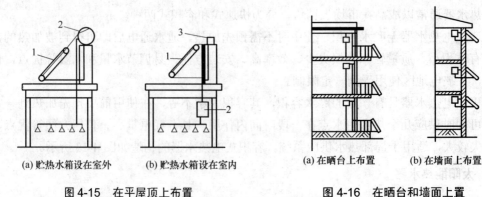

(a) 贮热水箱设在室外　　　(b) 贮热水箱设在室内　　　(a) 在晒台上布置　　　(b) 在墙面上布置

图4-15 在平屋顶上布置　　　　　　　图4-16 在晒台和墙面上置

1—集水器；2—贮热水箱；3—给水箱

## 4.2.2　集中热水供应系统的加热和贮热设备

### 1．燃煤热水锅炉

集中热水供应系统采用的小型燃煤热水锅炉分立式和卧式两种。如图 4-17 所示为卧式内燃锅炉构造示意图。燃煤锅炉燃料价格低，运行成本低，但存在烟尘和煤渣，会对环境造成污染，目前许多城市已开始限制或禁止在市区内使用燃煤锅炉。

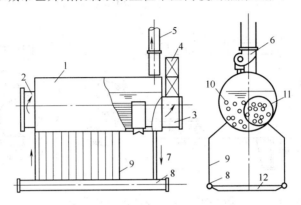

图 4-17　快装卧式内燃锅炉构造示意图

1—锅炉；2—前烟箱；3—后烟箱；4—省煤器；5—烟囱；6—引风管；7—下降管；
8—联箱；9—鱼鳍片式水冷壁；10—第 2 组烟管；11—第一组烟管；12—炉壁

### 2．燃油(燃气)热水锅炉

燃油(燃气)热水锅炉的构造如图 4-18 所示，通过燃烧器向正在燃烧的炉膛内喷射雾状油或烟，燃烧迅速、完全，且具有构造简单、体积小、热效高、排污总量少、管理方便等优点，目前燃油(燃气)锅炉的使用越来越广泛。

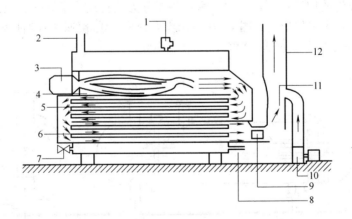

图 4-18　燃油(燃气)锅炉结构示意图

1—安全阀；2—燃煤出口；3—油(煤气)燃烧器；4—一级加热管；5—二级加热管；
6—三级加热管；7—泄空管；8—回水入口；9—导流器；10—风机；11—风挡；12—烟道

### 3. 容积式水加热器

容积式水加热器是一种间接加热设备,内设换热管束并具有一定的贮热容积,既可加热水又可贮备热水,常用热媒为饱和蒸汽或高温水,分立式和卧式两种,如图 4-19 所示。容积式水加热器的主要优点是具有较大的贮存和调节能力,被加热水流速低,压力损失小,出水压力平稳,水温较稳定,供水较安全。但该加热器传热系数小、热交换效率较低、体积庞大。常用的容积式水加热器有传统的 U 形管型容积式水加热器和导流型容积式水加热器。

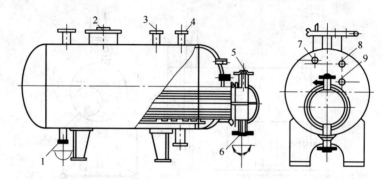

**图 4-19 容积式水加热器构造图**

1—进水管;2—入孔;3—安全阀接口;4—出水管;5—蒸汽入口;6—冷凝水;
7—接温度计管箍;8—接压力计管箍;9—温度调节器接管

### 4. 快速式水加热器

在快速式水加热器中,热媒与冷水通过较高的速度流动,进行紊流加热,提高了热媒对管壁及管壁对被加热水的传热系数,提高了传热效率。由于热媒不同,有汽-水、水-水两种类型的水加热器。加热导管有单管式、多管式、波纹板式等多种形式。快速式水加热器是热媒与被加热水通过较大速度的流动进行快速换热的间接加热设备。

根据加热导管的构造不同,快速式水加热器分为单管式、多管式、板式、管壳式、波纹板式及螺旋板式等多种形式。图 4-20 所示为多管式汽水-快速式水加热器。图 4-21 所示为单管式汽-水快速式水加热器,可多组并联或串联。

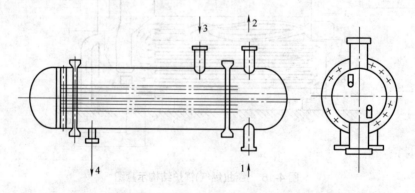

**图 4-20 多管式汽-水快速式水加热器**

1—冷水;2—热水;3—蒸汽;4—凝水

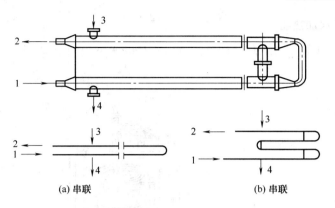

图 4-21 单管式汽-水快速式水加热器

1—冷水；2—热水；3—蒸汽；4—凝水

快速式水加热器体积小、安装方便、热效率高，但不能贮存热水，水头损失大，出水量少。

### 5. 半容积式水加热器

半容积式水加热器是带有适量贮存与调节容积的内藏式容积式水加热器，是从外国引进的设备，其贮水罐与快速换热器隔离，冷水在快速换热器内迅速加热后，进入热水贮水罐，当管网中热水用水量小于设计用水量时，热水一部分流入罐底部被重新加热，其构造如图 4-22 所示。

我国研制的 HRV 型半容积式水加热器装置的构造如图 4-23 所示，其特点是取消了内循环泵，被加热水进入快速换热器迅速加热，然后由下降管强制送到贮热水罐的底部，再向上流动，以保持整个贮罐内的热水温度相同。

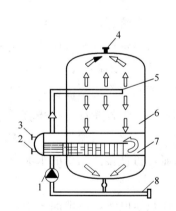

图 4-22 半容积式水加热器构造示意图

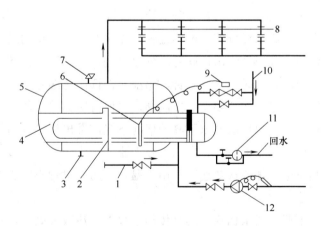

图 4-23 HRV 型半容积式水加热器工作系统图

1—内循环泵；2—热媒入口；3—热媒出口；
4—热水出口；5—配水管；6—贮热水罐；
7—快速换热器；8—冷水进口

1—冷水管；2—下降管；3—泄水管；4—快速换热器；
5—贮热水罐；6—温包；7—安全阀；8—管网配水系统；
9—温度调节阀；10—热媒入口；11—疏水器；12—系统循环泵

### 6. 半即热式水加热器

半即热式水加热器是带有超前控制，具有少量贮水容积的快速式水加热器，如图 4-24 所示。

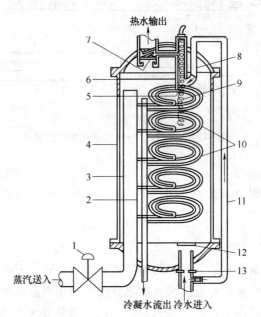

**图 4-24　半即热式水加热器构造示意图**

1—蒸汽控制阀；2—冷凝水立管；3—蒸汽立管；4—壳体；5—热水至感温管；
6—感温管；7—弹簧止回阀需用热水时开启；8—冷水至感温管；9—感温元件；
10—换热盘管；11—分流管；12—转向器；13—孔板

热媒由底部进入各并联盘管，冷凝水经立管从底部排出，冷水经底部孔板流入罐内，并有少量冷水经分流管至感温管。冷水经转向器均匀进入罐底并向上流过盘管得到加热，热水由上部出口流出，同时部分热水进入感温管开口端。冷水以与热水用水量成比例的流量由分流管同时进入感温管，感温元件读出感温管内冷、热水的瞬间平均温度，并向控制阀发送信号，按需要调节控制阀，以保持所需热水的温度。只要配水点有用水需要，感温元件就能在出口水温未下降的情况下提前发出信号开启控制阀，即有了预测性。加热时多排螺旋形薄壁铜质盘管自由收缩膨胀并产生颤动，造成局部紊流区，形成紊流加热，增大传热系数，加快换热速度。由于温差作用，盘管不断收缩、膨胀，可使传热面上的水垢自动脱落。

半即热式水加热器具有传热系数大、热效率高、体积小、加热速度快、占地面积小、热水贮存容量小(仅为半容积式水加热器的 1/5)的特点，适用于各种机械循环热水供应系统。

### 7. 加热水箱和热水贮水箱

加热水箱是一种直接加热的热交换设备，在水箱中安装蒸汽穿孔管或蒸汽喷射器，给冷水直接加热，也可以在水箱内安装排管或盘管给冷水间接加热。加热水箱常用于公共浴室等用水量大且均匀的定时热水供应系统。

热水贮水箱(罐)是专门调节热水量的设施，常设在用水不均匀的热水供应系统中，用以调节水量、稳定出水温度。

## 4.2.3　加热设备的选择与布置

### 1. 加热设备的选择

选用局部热水供应加热设备，需同时供给多个用水设备时，宜选用带贮热容积的加热设备。热水器不应安装在易燃物堆放场所或对燃气管、表或电气设备产生影响及有腐蚀性气体和灰尘多的场所。燃气热水器、电热水器必须带有保证使用安全的装置，严禁在浴室内安装直燃式燃气热水器。当有太阳能资源可利用时，宜选用太阳能热水器并辅以电加热装置。

选择集中热水供应系统的加热设备时，应选用热效率高、换热效果好、节能、节省设备用房、安全可靠、构造简单及维护方便的水加热器；要求生活热水侧阻力损失小，有利于整个系统冷、热水压力的平衡。

当采用自备热源时，宜采用直接供应热水的燃气、燃油热水机组，也可采用间接供应热水的自带换热器的热水机组或外配容积式、半容积式水加热器的热水机组，并具有燃料燃烧完全、消烟防尘、自动控制水温、火焰传感、自动报警等功能。当采用蒸汽或高温水为热源时，间接水加热设备的选择应结合热媒的情况、热水用途及水量大小等因素经技术经济比较后确定。有太阳能可利用时，加热设备宜优先采用太阳能水加热器，电力供应充足的地区可采用电热水器。

### 2. 加热设备的布置

加热设备的布置必须满足相关规范及产品样本的要求。锅炉应设置在单独的建筑物中，并符合消防规范的相关规定。水加热设备和贮热设备可设在锅炉房或单独房间内，房间尺寸应满足设备进出、检修、人行通道、设备之间净距的要求，并符合通风、采光、照明、防水等要求。热媒管道、凝结水管道、凝结水箱、水泵、热水贮水箱、冷水箱及膨胀管、水处理装置的位置和标高，热水进、出口的位置和标高应符合安装和使用的要求，并与热水管网相配合。

水加热设备的上部，热媒进出口管上及贮热水罐上应装设温度计、压力表；热水循环管上应装设控制循环泵开停的温度传感器；压力罐上应设安全阀，其泄水管上不得安装阀门并引到安全的地方。

水加热器上部附件的最高点至建筑结构最低点的净距应满足检修要求，并不得小于0.2m，房间净高不得小于2.2m。热水机组的前方不少于机组长度2/3的空间，后方应留0.8～1.5m的空间，两侧通道宽度应为机组宽度，且不小于1.0m。机组最上部部件(烟囱除外)至屋顶最低点净距不得小于0.8m。

# 4.3 热水管网的布置敷设及保温与防腐

热水管网的敷设除满足给水管网的敷设外，还应注意由于水温高带来的体积膨胀，管道伸缩补偿、保温、排气和防腐等问题。

## 4.3.1 热水管网的布置

热水管网的布置可采用下行上给式或上行下给式，如图 4-25 和图 4-26 所示。布置时应注意因水温高引起的体积膨胀、管道保温、伸缩补偿、排气、防腐等问题，其他与给水系统要求相同。

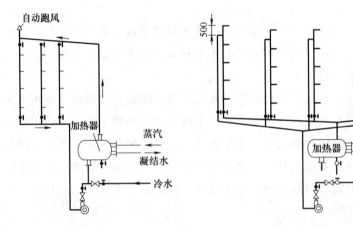

图 4-25　下行上给式循环系统　　　　图 4-26　上行下给式循环系统

(1) 下行上给式布置时，水平干管可布置在地沟内或地下室顶部，不允许埋地敷设。对线膨胀系数大的管材要特别注意直线管段的补偿，应有足够的伸缩器，并利用最高配水点排气，方法是在配水立管最高配水点下 0.5m 处连接循环回水立管。

(2) 上行下给式配水干管的最高点应设排气装置(自动排气阀、带手动放气阀的集气罐和膨胀水箱)，热水管网水平干管可布置在顶层吊顶内或专用技术设备层内，并设有与水流方向相反且不小于 0.003 的坡度。

(3) 热水横管均应设与水流方向相反的坡度，要求坡度不小于 0.003，管网最低处设泄水阀门，以便维修。热水管与冷水管平行布置时，热水管在上、左，冷水管在下、右。

(4) 对公共浴室的热水管道布置，常采用开式热水供应系统，并将给水额定流量较大的用水设备的管道与淋浴配水管道分开设置，以保证淋浴器出水温度的稳定。多于 3 个淋浴器的配水管道，宜布置成环形，配水管不应变径，且最小管径不得小于 25mm。

(5) 对工业企业生活间和学校的浴室，可采用单管热水供应系统，并采取稳定水温的技术措施。

## 4.3.2 热水管网的敷设

室内热水管网的敷设可分为明设和暗设两种形式。明设管道尽可能敷设在卫生间、厨房墙角处，沿墙、梁、柱暴露敷设；暗设管道可敷设在管道竖井或预留沟槽内，塑料热水管宜暗设。

室内热水管道穿过建筑物顶棚、楼板及墙壁时，均应加套管，以避免因管道热胀冷缩损坏建筑结构。穿过可能有积水的房间地面或楼板时，套管应高出地面 50～100 mm，以防止套管缝隙向下流水。

塑料管不宜暗设，明设时立管宜布置在不受撞击处，如不能避免时，应在管外加保护措施。

在配水立管和回水立管的端点，从立管接出的支管、3 个和 3 个以上配水点的配水支管及居住建筑和公共建筑中每一户或单元的热水支管上，均应设阀门，如图 4-27 所示。

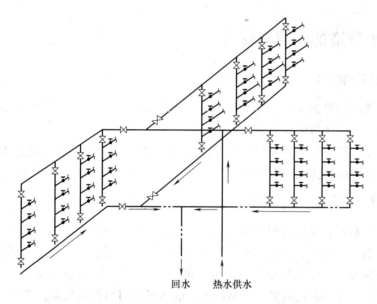

回水　　热水供水

**图 4-27　热水管网上阀门的安装位置**

为防止加热设备内水倒流被泄空而造成安全事故和防止冷水进入热水系统影响配水点的供水温度，热水管道中水加热器或贮水器的冷水供水管、机械循环第二循环回水管和冷热水混水器的冷、热水供水管上应设止回阀，如图 4-28 所示。

当需计量热水总用水量时，应在水加热设备的冷水供水管上装设冷水水表，对成组和个别用水点可在专供支管上装设热水水表，有集中供应热水的住宅应装设分户热水水表。水表应安装在便于观察及维修的地方。

热水立管与横管连接处，应考虑加设管道装置，如补偿器、乙字弯管等，如图 4-29 所示。

热水管道安装完毕后，管道保温之前应进行水压试验。

热水供应系统竣工后必须进行冲洗。

为减少热损失，热水配水干管、贮水罐及水加热器等均须保温，常用的保温材料有石棉灰、蛭石及矿渣棉等，保温层厚度应根据设计确定。

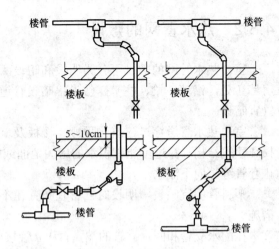

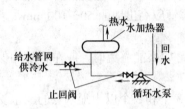

图 4-28　热水管道上止回阀的位置　　　图 4-29　热水立管与水平干管的连接方法

## 4.3.3　热水管道的防腐与保温

### 1．热水管道的防腐

若使用非镀锌钢管或无缝钢管和设备，由于暴露在空气中，会受到氧气腐蚀，因此可在管道和设备外表面涂防腐材料。

常用的防腐材料为防锈漆和面漆(调和漆和银粉漆)，对非保温管道刷防锈漆一道、面漆两道，对保温管道刷防锈漆两道即可。

### 2．热水管道的保温

为减少热水制备和输送过程中无效的热损失，热水供应系统中的水加热设备，贮热水器，热水箱，热水供水干、立管，机械循环的回水干、立管，有冰冻可能的自然循环回水干、立管均应保温。一般选择导热系数低、耐热性高、不腐蚀金属、密度小并有一定的孔隙率、吸水性低且有一定机械强度、易施工、成本低的材料作为保温材料。

对未设循环的供水支管长度为 3～10m 时，为减少使用热水前泄放的冷水量，可采用自动调控的电伴热保温措施，电伴热保温支管内的水温可按 45℃设计。

热水供、回水管及热媒水管常用的保温材料为岩棉、超细玻璃棉、硬聚氨酯、橡塑泡棉等，其保温层厚度如表 4-1 所示。

表 4-1　热水配、回水管及热媒水管保温厚度

| 管径 DN/mm | 热水供、回水管 | | | | 热媒水、蒸汽凝结水管 | |
|---|---|---|---|---|---|---|
| | 15～20 | 25～50 | 65～100 | >100 | ≤50 | >50 |
| 保温层厚度/mm | 20 | 30 | 40 | 50 | 40 | 50 |

蒸汽管用憎水珍珠岩管壳保温时，其厚度如表 4-2 所示。

表 4-2　蒸汽管保温层厚度

| 管径 DN/mm | ≤40 | 50~60 | ≥80 |
|---|---|---|---|
| 保温层厚度/mm | 50 | 60 | 70 |

　　不论采用何种保温材料，管道和设备在保温之前应进行防腐处理，保温材料应与管道或设备的外壁相贴密实，并在保温层外表面作防护层。如遇管道转弯处，其保温应做伸缩缝，缝内填柔性材料。

### 3. 热水供应系统的试压

　　热水系统安装完毕，管道保温之前应进行水压试验，试验压力应符合设计要求。当设计未注明时，热水供应系统水压试验压力应为系统顶点的工作压力+0.1MPa，同时系统顶点的试验压力不小于 0.3MPa。

　　检验方法是钢管或复合管道系统试验压力下 10min 内压力降不大于 0.02MPa，然后降至工作压力检查，压力应不下降，且不渗不漏；塑料管道系统在试验压力下稳压 1h，压力降不得超过 0.05MPa，然后在工作压力 1.15 倍状态下稳压 2h，压力降不得超过 0.03MPa，连接处不得渗漏。

　　热交换器应以工作压力的 1.5 倍做水压试验。蒸汽部分应不低于蒸汽的工作压力+0.3MPa，热水部分应不低于 0.4MPa。

　　检验方法是在试验压力下 10min 内压力不下降，不渗不漏。

# 4.4　热水水质、水温及用水定额

## 4.4.1　热水水质

　　生产用热水的水质标准要根据生产工艺要求的标准来确定。生活用热水的水质标准除了应该符合我国现行的《生活饮用水标准》外，对集中热水供应系统加热前水质是否需要软化处理，应根据水质、水量、使用要求等因素进行经济技术比较后确定。

　　一般情况下，洗衣房日用水量(按 60℃水温计)大于或等于 10m³ 且原水硬度(以碳酸钙计)大于 300mg/L 时，应进行水质软化处理；原水硬度(以碳酸钙计)为 150~300mg/L 时，宜进行水质软化处理。经软化处理后，洗衣房用热水的水质总硬度宜为 50~100 mg/L。

　　其他生活日用水量(按 60℃计)大于或等于 10m³ 且原水硬度(以碳酸钙计)大于 300mg/L 时，宜进行水质软化或稳定处理。其他生活用热水的水质总硬度为 75~150 mg/L。

　　目前，在集中热水供应系统中常采用电子除垢器、磁水器、静电除垢器等处理装置。这些装置体积小，性能可靠，使用方便。

## 4.4.2　热水水温

### 1. 热水使用水温

　　生活用热水水温应满足生活使用的各种需要，卫生器具 1 次或 1h 热水用量及使用水温见表 4-6。但是，在一个热水供应系统计算中，先确定出最不利点的热水最低水温，使其与冷水混合达到生活用热水的水温要求，并以此作为设计计算的参数。热水锅炉或水加热器出口的最高水温和配水点的最低水温，如表 4-3 所示。

表 4-3　热水锅炉或水加热器出口的最高水温和配水点的最低水温

| 水质处理情况 | 热水锅炉、热水机组或水加热器出口的最高水温/℃ | 配水点的最低水温/℃ |
|---|---|---|
| 原水水质无需软化处理，原水水质需水质处理且有水质处理 | ≤75 | ≥50 |
| 原水水质需水质处理但未进行水质处理 | ≤60 | ≥50 |

注：当热水供应系统淋浴和盥洗用水，不供洗涤盆(池)用水时，配水点最低水温可不低于40℃。

### 2．热水供水温度

直接供应热水的热水锅炉、热水机组或水加热器出口的最高水温和配水点的最低水温按表 4-3 确定。水温偏低，满足不了要求，水温过高，会使热水系统的管道、设备结垢加剧，且易发生烫伤、积尘、热损失增加等。热水锅炉或水加热器出口水温与系统最不利点的水温差一般为 5～15℃，用作热水供应系统配水管网的热散失。水温差的大小应根据系统的大小、保温材等做经济技术比较后确定。

### 3．冷水计算温度

热水供应系统计算上使用的水温，我国规范中规定冷水计算温度应以当地最冷月平均水温为标难。如无当地冷水计算温度资料，可按如表 4-4 所示的数据确定。

### 4．冷热水比例计算

在冷热水混合时，应以配水点要求的热水水温、当地冷水计算水温和冷热水混合后的使用水温求出所需热水量和冷水的比例。

表 4-4　冷水计算温度

| 分　区 | 地面水水温/℃ | 地下水水温/℃ |
|---|---|---|
| 黑龙江、吉林、内蒙古的全部，辽宁的大部分，河北、山西、陕西偏北的部分，宁夏偏东的部分 | 4 | 6～10 |
| 北京、天津、山东的全部，河北、山西、陕西的大部分，河北北部，甘肃、宁夏，辽宁的南部，青海偏东和江苏偏北的一小部分 | 4 | 10～15 |
| 上海、浙江的全部，江西、安徽、江苏的大部分，福建北部，湖南、湖北东部，河南南部 | 5 | 15～20 |
| 广东、台湾的全部，广西的大部分，福建、云南的南部 | 10～15 | 20 |
| 重庆、贵州的全部，四川、云南的大部分，湖南、湖北的西部，陕西和甘肃秦岭以南地区，广西偏北的一小部分 | 7 | 15～20 |

若以混合水量为 100%，则所需热水量占混合水的百分数计算公式如下：

$$K_r = \frac{t_h - t_1}{t_r - t_1} \times 100\% \qquad (4\text{-}1)$$

式中：$K_r$——热水在混合水中所占百分数；

　　　$t_h$——混合水温度，℃；

　　　$t_r$——热水温度，℃

　　　$t_1$——冷水计算温度，℃；

所需冷水量占混合水量的百分数 $K_j$，计算公式如下：

$$K_j = 1 - K_r \qquad (4\text{-}2)$$

## 4.4.3　热水用水定额

生产用的热水量标准，要按照生产工艺的要求确定。生活用的热水用水量视卫生器具的配置情况、热水供应方式、气候条件和生活水平等不同而不同，一般有两种标准：一种是按建筑物使用性质和卫生器具的完善程度、热水供应时间和用水单位数来确定；另一种是按建筑物中卫生器具一次或 1h 热水量确定。表 4-5 所示是我国当前使用的热水量标准。

表 4-5　使用热水量标准

| 序号 | 建筑物名称 | 使用时间/h | 单　位 | 各温度时最高日用水定额/L | | | |
|---|---|---|---|---|---|---|---|
| | | | | 50°C | 55°C | 60°C | 65°C |
| 1 | 住宅<br>有自备热水供应和淋浴设备<br>有集中热水供应和淋浴设备 | 24 | 每人每日<br>每人每日 | 49～98<br>73～122 | 44～88<br>66～110 | 40～80<br>60～100 | 37～73<br>55～92 |
| 2 | 别墅 | 24 | 每人每日 | 86～134 | 77～121 | 70～110 | 64～101 |
| 3 | 单身职工宿舍、学生宿舍、招待所、培训中心、普通旅馆<br>设公用盥洗室<br>设公用盥洗室、淋浴室<br>公用盥洗室、淋浴室、洗衣室<br>设单独卫生间、公用洗衣室 | 24 或定时供应 | 每人每日<br>每人每日<br>每人每日<br>每人每日 | 31～94<br>49～73<br>61～98<br>73～122 | 28～44<br>44～88<br>55～88<br>66～110 | 25～40<br>40～60<br>50～80<br>60～100 | 23～37<br>37～55<br>46～73<br>55～92 |
| 4 | 宾馆、客房<br>旅馆<br>员工宿舍 | 24 | 每床每日<br>每人每日 | 14～196<br>49～61 | 13～176<br>44～55 | 12～160<br>40～50 | 11～146<br>37～56 |
| 5 | 医院住院部<br>设公用盥洗室<br>设公用盥洗室、淋浴室<br>设单独卫生间<br>门诊部、诊疗室<br>疗养院、休养所住院部 | 24<br>8<br>24 | 每床每日<br>每床每日<br>每床每日<br>每病人每日<br>每床每日 | 55～122<br>73～122<br>13～244<br>9～16<br>12～196 | 50～110<br>66～100<br>11～200<br>7～13<br>10～160 | 45～100<br>60～90<br>11～200<br>7～13<br>10～160 | 41～92<br>55～92<br>10～184<br>6～12<br>92～146 |

续表

| 序号 | 建筑物名称 | 使用时间/h | 单位 | 各温度时最高日用水定额/L | | | |
|---|---|---|---|---|---|---|---|
| | | | | 50°C | 55°C | 60°C | 65°C |
| 6 | 养老院 | 24 | 每床每日 | 61～86 | 55～77 | 50～70 | 46～64 |
| 7 | 幼儿园、托儿所 | | | | | | |
| | 有住宿 | 24 | 每儿童每日 | 25～49 | 22～44 | 20～40 | 19～37 |
| | 无住宿 | 10 | 每儿童每日 | 12～19 | 11～17 | 10～15 | 9～14 |
| 8 | 公共浴室 | | | | | | |
| | 淋浴器 | | 每顾客每日 | 49～73 | 44～66 | 40～60 | 37～55 |
| | 淋浴、浴盆 | 12 | 每顾客每日 | 73～98 | 66～88 | 60～80 | 55～73 |
| | 桑拿浴(淋浴、按摩池) | | 每顾客每日 | 85～122 | 77～110 | 70～100 | 64～91 |
| 9 | 理发店、美容院 | 12 | 每顾客每日 | 12～19 | 11～17 | 10～15 | 9～14 |
| 10 | 洗衣房 | 8 | 每公斤干衣 | 19～37 | 17～33 | 15～30 | 14～28 |
| 11 | 餐饮业 | | | | | | |
| | 营业食堂 | 10～12 | 每顾客每次 | 19～25 | 17～22 | 15～20 | 14～19 |
| | 快餐店、职工及学生食堂 | 11 | 每顾客每次 | 9～12 | 8～11 | 7～10 | 7～9 |
| | 酒吧、咖啡厅、茶座、卡拉OK | 18 | 每顾客每次 | 4～9 | 4～9 | 3～8 | 3～8 |
| 12 | 办公楼 | 8 | 每班每人 | 6～12 | 6～11 | 5～10 | 5～9 |
| 13 | 健身中心 | 12 | 每人每班 | 19～31 | 17～28 | 15～25 | 14～23 |
| 14 | 体育场(馆) | | | | | | |
| | 运动员淋浴 | 4 | 每人每次 | 31～43 | 28～39 | 25～35 | 23～34 |
| 15 | 会议厅 | 4 | 每座位每次 | 2～4 | 2～4 | 2～3 | 2～3 |

注: 1. 本表内所列用水量已包括在冷水用水定额之内。

    2. 本表热水温度为计算温度。

表4-6 卫生器具1次和1h热水用水量和水温

| 序号 | 卫生器具名称 | 1次用水量 | 1h用水量 | 水温/℃ |
|---|---|---|---|---|
| 1 | 住宅、旅馆、别墅、宾馆 | | | |
| | 带有淋浴器浴盆 | 150 | 300 | 40 |
| | 无淋浴器浴盆 | 125 | 250 | 40 |
| | 淋浴器 | 70～100 | 140～200 | 37～40 |
| | 洗脸盆、盥洗槽水龙头 | 3 | 30 | 30 |
| | 洗涤盆(池) | — | 180 | 50 |
| 2 | 集体宿舍、招待所、培训中心、营房 | | | |
| | 淋浴器:有淋浴小间 | 70～100 | 210～300 | 37～40 |
| | 淋浴器:无淋浴小间 | | 450 | 37～40 |
| | 盥洗槽水龙头 | 3～5 | 50～80 | 30 |

续表

| 序　号 | 卫生器具名称 | 1 次用水量 | 1h 用水量 | 水温/℃ |
|---|---|---|---|---|
| 3 | 餐饮业 | | | |
| | 洗涤盆(池) | — | 250 | 50 |
| | 洗脸盆：工作人员用 | 3 | 60 | 30 |
| | 　　　　顾客用 | | 120 | 30 |
| | 洗脸盆：淋浴用 | 40 | 400 | 37～40 |
| 4 | 幼儿园、托儿所 | | | |
| | 浴盆：幼儿园 | 100 | 400 | 35 |
| | 浴盆：托儿所 | 30 | 120 | 35 |
| | 淋浴器：幼儿园 | 30 | 180 | 35 |
| | 淋浴器：托儿所 | 15 | 90 | 35 |
| | 盥洗槽水龙头 | 15 | 25 | 30 |
| | 洗涤盆(池) | — | 180 | 50 |
| 5 | 医院、疗养院、休养所 | | | |
| | 洗手盆 | — | 15～25 | 35 |
| | 洗涤盆(池) | — | 300 | 50 |
| | 浴盆 | 125～150 | 250～300 | 40 |
| 6 | 公共浴室 | | | |
| | 浴盆 | 125 | 25 | 40 |
| | 淋浴器：有淋浴小间 | 100～150 | 200～300 | 37～40 |
| | 淋浴器：无淋浴小间 | — | 450～540 | 37～40 |
| | 洗脸盆 | 5 | 50～80 | 35 |
| 7 | 办公楼 | | | |
| | 洗手盆 | — | 50～100 | 35 |
| 8 | 理发室、美容院 | | | |
| | 洗脸盆 | — | 35 | 35 |
| 9 | 实验室 | | | |
| | 洗涤盆 | — | 60 | 50 |
| | 洗手盆 | — | 15～25 | 30 |
| 10 | 剧院 | | | |
| | 淋浴器 | 60 | 200～400 | 37～40 |
| | 演员用洗脸盆 | 5 | 80 | 35 |
| 11 | 体育场(馆) | | | |
| | 淋浴器 | 30 | 300 | 35 |

续表

| 序 号 | 卫生器具名称 | 一次用水量 | 1h 用水量 | 水温/℃ |
|---|---|---|---|---|
| 12 | 工业企业生活间 | | | |
| | 淋浴器：一般车间 | 40 | 360～540 | 37～40 |
| | 淋浴器：脏车间 | 60 | 180～480 | 40 |
| | 洗脸盆或盥洗槽水龙头：一般车间 | 3 | 90～120 | 30 |
| | 洗脸盆或盥洗槽水龙头：脏车间 | 5 | 100～150 | 35 |
| 13 | 净身盆 | 10～15 | 120～180 | 30 |

注：一般车间指现行的《工业企业卫生标准》中规定的3、4级卫生特征的车间，脏车间指该标准中规定的1、2级卫生特征的车间。

# 4.5　热水加热及贮存设备的选择计算

## 4.5.1　耗热量、热水量的计算

耗热量、热水量和热媒量是热水供应系统中选择设备和管网计算的主要依据。

### 1. 耗热量的计算

集中热水供应系统的设计小时耗热量应根据用水情况和冷、热水温差计算。

(1) 全日制供应热水的住宅、别墅、招待所、培训中心、旅馆的客房(不含员工)、医院住院部、养老院、幼儿园、托儿所(有住宿)等建筑的集中热水供应系统的设计小时耗热量计算公式如下：

$$Q_h = K_h \frac{m q_r C \cdot (t_r - t_1) \rho_r}{T} \tag{4-3}$$

式中：$Q_h$——设计小时耗热量，W；

$m$——用水计算单位数，人数或床位数；

$q_r$——热水用水定额，L/(人·d)或 L/(床·d)等，按表4-5采用；

$C$——水的比热容，$C = 4187/(kg·℃)$；

$t_r$——热水温度，$t_r = 60℃$；

$t_1$——冷水计算温度，℃，按表4-5选用；

$\rho_r$——热水密度，kg/L；

$K_h$——热水的小时变化系数

$T$——每日使用时间，按表4-5采用。

全日供应热水时热水的小时变化系数 $K_h$ 如表4-7～表4-9所示。

表 4-7　住宅、别墅的热水小时变化系数 $K_h$ 值

| 居住人数 $m$ | ≤100 | 150 | 200 | 250 | 300 | 500 | 1000 | 3000 | ≥6000 |
|---|---|---|---|---|---|---|---|---|---|
| $K_h$ | 5.12 | 4.49 | 4.13 | 3.88 | 3.70 | 3.28 | 2.86 | 2.48 | 2.34 |

表 4-8　旅馆的热水小时变化系数 $K_h$ 值

| 床位数 $m$ | ≤150 | 300 | 450 | 600 | 900 | ≥1200 |
|---|---|---|---|---|---|---|
| $K_h$ | 6.48 | 5.61 | 4.97 | 4.58 | 4.10 | 3.90 |

表 4-9　医院的热水小时变化系数 $K_h$ 值

| 床位数 $m$ | ≤50 | 75 | 100 | 200 | 300 | 500 | ≥1000 |
|---|---|---|---|---|---|---|---|
| $K_h$ | 4.55 | 3.78 | 3.54 | 2.93 | 2.60 | 2.23 | 1.95 |

注：招待所、培训中心、宾馆的客房(不含员工)、养老院、幼儿园、托儿所(有住宿)等建筑的 $K_h$ 可参照 4-8 选用，办公楼的为 $K_h$ 为 1.2～1.5。

(2) 定时供应热水的住宅、旅馆、医院及工业企业生活间、公共浴室、学校、剧院、体育馆(场)等建筑的集中热水供应系统的设计小时耗热量计算公式如下：

$$Q_h = \sum \frac{q_h(t_r - t_1)\rho_r N_0 bC}{3600} \tag{4-4}$$

式中：$Q_h$——设计小时耗热量，W；

$q_h$——卫生器具用水的小时用水定额，L/h，按表 4-6 采用；

$t_r$——热水温度，按表 4-6 采用；

$N_0$——同类型卫生器具数；

$b$——卫生器具的同时使用百分数。

住宅、旅馆、医院、疗养院病房、卫生间内浴盆或淋浴器的卫生器具的同时使用百分数可按 70%～100%计，其他器具不计，但定时连续供水时间应不小于 2h；工业企业生活间、公共浴室、学校、剧院、体育馆(场)等的浴室内的淋浴器和洗脸盆均按 100%计；住宅一户带多个卫生间时，只按一个卫生间计算。

(3) 设有集中热水供应系统的居住小区的设计小时耗热量，当公共建筑的最大用水时段与住宅的最大用水时段一致时，应按两者的设计小时耗热量叠加计算；当公共建筑的最大用水时段与住宅的最大用水时段不一致时，应按住宅的设计小时耗热量加公共建筑的平均小时耗热量叠加计算。

(4) 具有多个不同使用热水部门的单一建筑(如旅馆内具有客房卫生间、职工用淋浴间、洗衣房、厨房、游泳池及健身娱乐设施等多个热水用户)或多种使用功能的综合性建筑(如同一幢建筑内具有公寓、办公楼、商业用房、旅馆等多种用途)，当其热水由同一热水系统供应时，设计小时耗热量可按同一时间内出现用水高峰的主要用水部门的设计小时耗热量加其他用水部门的平均小时耗热量计算。

### 2. 热水量的计算

设计小时热水量可按下式计算：

$$q_{rh} = \frac{Q_h}{1.163(t_r - t_1)\rho_r}$$ (4-5)

式中：$q_{rh}$——设计小时热水量，L/h。

其他符号意义同前。

## 4.5.2 热源及热媒耗量的计算

### 1. 热源

集中热水供应系统的热源宜首先利用工业余热、废热、地热和太阳能，当没有条件利用时，宜优先采用能保证全年供热的热力管网作为集中热水供应的热源。

当区域性锅炉房或附近的锅炉房能充分供给蒸汽或高温水时，宜采用蒸汽或高温水作集中热水供应系统的热媒。

当上述条件都不具备时，可设燃油、烟气热水机组或电蓄热设备等供给集中热水供应系统的热源，直接供给热水。

局部热水供应系统的热源宜采用太阳能及电能、燃气、蒸汽等。

### 2. 热媒耗量的计算

根据热媒种类和加热方式的不同，热媒耗量应按不同的方法计算。

(1) 采用蒸汽直接加热时，蒸汽耗量可按下式计算：

$$G = (1.10 \sim 1.20) \times \frac{3.6Q_h}{i'' - i'}$$ (4-6)

式中：$G$——蒸汽耗量，kg/h；

$Q_h$——设计小时耗热量，W；

$i''$——蒸汽的热焓，kJ/kg，按表 4-10 选用；

$i'$——蒸汽与冷水混合后的热水热焓，kJ/kg。

$$i' = 4.187t_{mz}$$ (4-7)

式中：$t_{mz}$——蒸汽与冷水混合后的热水温度，℃，应由产品样本提供，参考值如表 4-11 和表 4-12 所示。

表 4-10 饱和蒸汽的性质

| 绝对压力 /MPa | 饱和蒸汽温度 /℃ | 热焓/(kJ/kg) | | 蒸汽的汽化热 /(kJ/kg) |
| --- | --- | --- | --- | --- |
| | | 液 体 | 蒸 汽 | |
| 0.1 | 100 | 419 | 2679 | 2260 |
| 0.2 | 119.6 | 502 | 2707 | 2205 |
| 0.3 | 132.9 | 559 | 2726 | 2167 |
| 0.4 | 142.9 | 601 | 2738 | 2137 |
| 0.5 | 151.1 | 637 | 2749 | 2112 |
| 0.6 | 158.1 | 667 | 2757 | 2090 |
| 0.7 | 164.2 | 694 | 2767 | 2073 |
| 0.8 | 169.6 | 718 | 2713 | 2055 |

（2）采用蒸汽间接加热时，蒸汽耗量按下式计算：

$$G=(1.10\sim1.20)\times\frac{3.6Q_{\rm h}}{\gamma_{\rm h}} \tag{4-8}$$

式中：　$\gamma_{\rm h}$——蒸汽的汽化热，kJ/kg，按表 4-10 选用。

（3）采用高温热水间接加热时，高温热水耗量按下式计算：

$$G=(1.10\sim1.20)\times\frac{Q_{\rm h}}{C(t_{\rm mc}-t_{\rm mz})} \tag{4-9}$$

式中：　$G$——高温热水耗量，kg/h；

　　　　$t_{\rm mc}$，$t_{\rm mz}$——高温热水进口与出口水温，℃，参考值如表 4-11 和表 4-12 所示；

　　　　$C$——水的比热，$C$=4.187kJ/(kg·℃)。

其他符号意义同前。

表 4-11　导流型容积式水加热器主要热力性能参数

| 参数<br>热媒 | 传热系数 $K$/(W/(m²·℃)) | | 热媒出水口温度 $t_{\rm mz}$/℃ | 热媒阻力损失 $\Delta h_1$/MPa | 被加热水水头损失 $\Delta h_2$/MPa | 被加热水温升 $\Delta t$/℃ |
|---|---|---|---|---|---|---|
| | 钢盘管 | 铜盘管 | | | | |
| 0.1~0.4MPa<br>的饱和蒸汽 | 791~1093 | 872~1204<br>210~2550<br>250~3400 | 40~70 | 0.1~0.2 | ≤0.005<br>≤0.01<br>≤0.01 | ≥40 |
| 70~150℃<br>的高温水 | 616~945 | 680~1047<br>115~1450<br>180~2200 | 50~90 | 0.01~0.03<br>0.05~0.1<br>≤0.1 | ≤0.005<br>≤0.01<br>≤0.01 | ≥35 |

注：1. 表中铜管的 $K$ 值及 $\Delta h_1$、$\Delta h_2$ 中的两行数字由上而下分别表示 U 形管、浮动盘管和铜波节管三种导流型容积式水加热器的相应值。

　　2. 热媒为蒸汽时，$K$ 值与 $t_{\rm mz}$ 对应；热媒为高温水时，$K$ 值与 $\Delta h_1$ 对应。

表 4-12　容积式水加热器主要热力性能参数

| 参数<br>热媒 | 传热系数 $K$/(W/(m²·℃)) | | 热媒出水口温度 $t_{\rm mz}$/℃ | 热媒阻力损失 $\Delta h_1$/MPa | 被加热水水头损失 $\Delta h_2$/MPa | 被加热水温升 $\Delta t$/℃ | 容积内冷水区容积 $V_{\rm L}$/% |
|---|---|---|---|---|---|---|---|
| | 钢盘管 | 铜盘管 | | | | | |
| 0.1~0.4MPa<br>的饱和蒸汽 | 68~756 | 81~872 | ≤100 | ≤0.1 | ≤0.005 | ≥40 | 25 |
| 70~150℃<br>的高温水 | 32~349 | 34~407 | 60~120 | ≤0.03 | ≤0.005 | ≥23 | 25 |

注：容积式水加热器即传统的两行程光面 U 形管式容积式水加热器。

### 4.5.3　集中热水供应加热及贮热设备的选用与计算

在集中热水供应系统中，贮热设备有容积式水加热器和加热水箱等，其中快速式水加热器只起加热作用；贮水器只起贮存热水作用。加热设备的计算是确定加热设备的加热面积和贮水容积。

### 1. 加热设备供热量的计算

(1) 容积式水加热器或贮热容积与其相当的水加热器、热水机组的设计小时供热量，当无小时热水用量变化曲线时，容积式水加热器或贮热容积与其相当的水加热器的设计小时供热量按下式计算：

$$Q_g = Q_h - 1.163 \frac{\eta V_r}{T}(t_r - t_1)\rho_r \tag{4-10}$$

式中：$Q_g$ ——容积式水加热器的设计小时供热量，W；

$Q_h$ ——设计小时耗热量，W；

$\eta$ ——有效贮热容积系数，容积式水加热器 $\eta = 0.75$，导流型容积式水加热器 $\eta = 0.85$；

$V_r$ ——总贮热容积，L；

$T$ ——设计小时耗热量持续时间，h，$T = 2 \sim 4h$；

$t_r$ ——热水温度，℃，按设计水加热器出水温度计算；

$t_1$ ——冷水温度，℃；

$\rho_r$ ——热水密度，kg/L。

公式(4-10)前半部分为热媒的供热量，后半部分为水加热器已贮存的热量。

(2) 半容积式水加热器或贮热容积与其相当的水加热器、热水机组的供热量按设计小时耗热量计算。

(3) 半即热式、快速式水加热器及其他无贮热容积的水加热设备的供热量按设计种流量计算。

### 2. 水加热器加热面积的计算

容积式水加热器、快速式水加热器和加热水箱中加热排管或盘管的传热面积应按下式计算：

$$F_{jr} = \frac{C_r Q_z}{\varepsilon K \Delta t_j} \tag{4-11}$$

式中 $F_{jr}$ ——表面式水加热器的加热面积，$m^2$；

$Q_z$ ——制备热水所需热量，可按设计小时耗热量计算，W；

$K$ ——传热系数，$W/(m^2 \cdot K)$，如表 4-13 和表 4-14 所示；

$\varepsilon$ ——由于水垢和热媒分布不均匀影响传热效率的系数，一般采用 0.6~0.8；

$C_r$ ——热水供应系统的热损失系数，$C_r = 1.10 \sim 1.15$；

$\Delta t_j$ ——热媒和被加热水的计算温差，℃，根据水加热形式，按式(4-12)和式(4-13)计算。

(1) 容积式水加热器、半容积式水加热器的热媒与被加热水的计算温差 $\Delta t_j$ 采用算术平均温度差计算。

$$\Delta t_j = \frac{t_{mc} + t_{mz}}{2} - \frac{t_c + t_z}{2} \tag{4-12}$$

表 4-13 容积式水加热器中盘管的传热系数 K 值

| 热媒种类 | | 热媒流速 /(m/s) | 被加热水流速 /(m/s) | K/(W/(m² · ℃)) | |
|---|---|---|---|---|---|
| | | | | 铜盘管 | 钢盘管 |
| 蒸汽压力 /MPa | ≤0.07 | — | <0.1 | 640~698 | 756~814 |
| | >0.07 | — | <0.1 | 698~756 | 814~872 |
| 热水温度 70~150℃ | | 0.5 | <0.1 | 326~349 | 384~407 |

注：表中 K 值是按盘管内通过热媒和盘管外通过被加热水。

表 4-14 快速热交换器的传热系数 K 值

| 被加热水流速 /(m/s) | 传热系数 K/(W/(m² · ℃)) | | | | | | | |
|---|---|---|---|---|---|---|---|---|
| | 热媒为热水时，热水流速/(m/s) | | | | | | 热媒为蒸汽时，蒸汽压力/kPa | |
| | 0.5 | 0.75 | 1.0 | 1.5 | 2.0 | 2.5 | ≤100 | >100 |
| 0.5 | 1105 | 1279 | 1400 | 1512 | 1628 | 1686 | 2733/2152 | 2558/2035 |
| 0.75 | 1244 | 1454 | 1570 | 1745 | 1919 | 1877 | 2431/2675 | 3198/2500 |
| 1.00 | 1337 | 1570 | 1745 | 1977 | 2210 | 2326 | 3054/3082 | 3663/2908 |
| 1.50 | 1512 | 1803 | 2035 | 2326 | 2558 | 2733 | 4536/3722 | 4187/3489 |
| 2.00 | 1628 | 1977 | 2210 | 2558 | 2849 | 3024 | —/4361 | —/4129 |
| 2.50 | 1745 | 2093 | 2384 | 2849 | 3198 | 3489 | — | — |

注：热媒为蒸汽时，表中分子为两回程汽-水快速式水加热器将被加热的水温升高 20~30℃的 K 值；分母为四回程将被加热水的水温升高 60~65℃时的 K 值。

式中： $\Delta t_j$ ——计算温度差，℃；

$t_{mc}$，$t_{mz}$ ——热媒的初温和终温，℃(热媒为蒸汽时，按饱和蒸汽温度计算，可查表 4-10 确定；热煤为热水时，按热力管网供、回水的最低温度计算，但热媒的初温与被加热水的终温的温度差不得小于 10℃)；

$t_c$，$t_z$ ——被加热水的初始和终温，℃。

(2) 半即热式水加热器、快速式水加热器的热煤与被加热水的温差采用平均对数温度差按下式计算：

$$\Delta t = \frac{\Delta t_{max} - \Delta t_{min}}{\ln \dfrac{\Delta t_{max}}{\Delta t_{min}}} \tag{4-13}$$

式中： $\Delta t_{max}$ ——热媒和被加热水在水加热器一端的最大温差，℃；

$\Delta t_{min}$ ——热媒和被加热水在水加热器另一端的最小温差，℃。

加热设备加热盘管的长度按下式计算：

$$L = \frac{F_{jr}}{\pi D} \tag{4-14}$$

式中：$L$ ——盘管长度，m；

    $D$ ——盘管外径，m；

    $F_{jr}$ ——加热器的传热面积，m²。

### 3. 热水贮热器容积的计算

由于供热量和耗热量之间存在差异，需要一定的贮热容积加以调节，而在实际工程中，有些理论资料又难以收集，可用经验法确定贮水器的容积。

$$V = \frac{60TQ_h}{(t_r - t_1)C} \tag{4-15}$$

式中：$V$ ——贮水器的贮水容积，L；

    $T$ ——贮热时间，min；

    $Q_h$ ——热水供应系统设计小时耗热量，kJ/h。

其他符号意义同前。

按公式(4-15)确定容积式水加热器或水箱容积后，有导流装置时，计算容积应附加 10%～15%；当冷水下进上出时，容积宜附加 20%～25%；当采用半容积式水加热器时，或带有强制罐内水循环装置的容积式水加热器，其计算容积可不附加。

水加热器贮热量如表 4-15 所示。

表 4-15 水加热器贮热量

| 加热设备 | 以蒸汽或95℃以上的高温软化水为热媒时 | | 以小于95℃的低温软化水为热媒时 | |
|---|---|---|---|---|
| | 工业企业淋浴室 | 其他建筑物 | 工业企业淋浴室 | 其他建筑物 |
| 容积式水加热器或加热水箱 | $\geqslant 30min\ Q_h$ | $\geqslant 45min\ Q_h$ | $\geqslant 60min\ Q_h$ | $\geqslant 90min\ Q_h$ |
| 导流式容积式水加热器 | $\geqslant 20min\ Q_h$ | $\geqslant 30min\ Q_h$ | $\geqslant 40min\ Q_h$ | $\geqslant 45min\ Q_h$ |
| 半容积式水加热器 | $\geqslant 15min\ Q_h$ | $\geqslant 15min\ Q_h$ | $\geqslant 25min\ Q_h$ | $\geqslant 30min\ Q_h$ |

注：半即热式、快速式水加热器的热媒按设计流量供应，且有完善可靠的温度自动调节装置时，可不设贮水器，表中容积式水加热器是指传统的两行程式容积式水加热产品，壳内无导流装置，被加热水无组织流动，存在换热不充分、传热系数值 $K$ 低的缺点。

### 4. 锅炉的选择计算

锅炉属于发热设备，对于小型建筑物的热水系统可单独选择锅炉，对于小型建筑热水系统可直接查产品样本，样本中查出的加热设备发热量值应大于小时供热量，而小时供热量要比设计小时耗热量大 10%～20%，主要是考虑热水供应系统自身的热损失。

【例 4-1】住 240 人的宾馆，洗浴用热水要用多大的燃气水锅炉？宾馆条件：为 60 个单人间、70 个标准间、40 个经济间的宾馆提供给客人洗浴用热水。

【解】(1) 选型计算。

每个人洗浴一次用水量 80L，水温 45℃。当该宾馆住满的时候每天每位客人都洗澡一次的总用水量为：(60+70×2+40)×80L=19200L=19.2 吨。

根据热值计算：1kg 的水温度每上升 1℃吸热量为 4.2×1000J=1kcal。已知用于标准间淋浴用热水的用水量为 19200kg/天，水温 45℃。假设冬季进水温度最低为 5℃，则该宾馆每天供给洗浴用热水的总热量输入为

$$Q=19200×(45-5)=768000kcal/天=76.8 万 kcal/天。$$

考虑实际使用中会存在因管道散热等因素导致的热量损失，宾馆每天实际需要的热量约计为 80 万 kcal/天。采用锅炉和水箱配合提供热水的方式，考虑同时使用系数为 0.7(即所有房间其中的 1 个人同时洗浴)，则 80×0.7=56 万 kcal/小时。

(2) 选型。

由于每天需要 19.2 吨热水，按小时算，每小时需 19.2/24=0.8 吨，为保险，选 1 吨锅炉。可查锅炉参数，选 1 吨锅炉，出热量为 56 万 kcal/小时的无压热水锅炉。

# 4.6 热水供应管网水力计算

热水管网的水力计算是在热水供应系统的布置、绘出热水管网平面图和系统图，并选定加热设备后进行的。

热水管网水力计算包括第一循环管网(热媒管网)和第二循环管网(配水管网和回水管网)。第一循环管网水力计算，需按不同的循环方式计算热媒管道管径、凝结水管径和相应水头损失，第二循环管网计算，需计算设计秒流量、循环流量，确定配水管管径、循环流量、回水管管径和水头损失。

确定循环方式，选用热水管网所需的设备和附件，如循环水泵、疏水器、膨胀(灌)水箱等。

## 4.6.1 第一循环管网的水力计算

### 1. 热媒为热水时

热媒为热水时，热媒流量按式(4-9)计算。

热媒循环管路中的供、回水管道的管径应根据已经算出的热媒耗量、热媒在供水和回水管中的控制流速，通过查热水管道水力计算表确定。由热媒管道水力计算表(见表 4-17)查出供水和回水管的单位管长的沿程水头损失，再计算总水头损失 $H$。热水管道的控制流速可按表 4-16 所示选用。

表 4-16 热水管道的控制流速

| 公称直径/mm | 15～20 | 25～40 | ≥50 |
|---|---|---|---|
| 流速/(m/s) | ≤0.8 | ≤1.0 | ≤1.2 |

表 4-17　热媒管道水力计算(水温 $t$=60～95℃，$k$=0.2mm)

| 公称直径/mm | | 15 | | 20 | | 25 | | 32 | | 40 | |
|---|---|---|---|---|---|---|---|---|---|---|---|
| 内径/mm | | 15.75 $q_g$ | | 21.25 $q_g$ | | $q_g$ | | $q_g$ | | $q_g$ | |
| Q /(kJ/h) | G /(kg/h) | R /(mm/m) | v /(m/s) | R | v | R | v | R | v | R | v |
| 1047 | 10 | 0.05 | 0.016 | | | | | | | | |
| 1570 | 15 | 0.11 | 0.032 | | | | | | | | |
| 2093 | 20 | 0.19 | 0.030 | | | | | | | | |
| 2303 | 22 | 0.22 | 0.034 | | | | | | | | |
| 2512 | 24 | 0.26 | 0.037 | 0.06 | 0.020 | | | | | | |
| 2721 | 26 | 0.30 | 0.40 | 0.07 | 0.022 | | | | | | |
| 2931 | 28 | 0.35 | 0.043 | 0.08 | 0.024 | | | | | | |
| 3140 | 30 | 0.39 | 0.046 | 0.09 | 0.025 | | | | | | |
| 3350 | 32 | 0.44 | 0.049 | 0.1 | 0.027 | | | | | | |
| 3559 | 34 | 0.49 | 0.052 | 0.11 | 0.029 | | | | | | |
| 3768 | 36 | 0.55 | 0.056 | 0.12 | 0.031 | | | | | | |
| 3978 | 38 | 0.60 | 0.059 | 0.13 | 0.032 | | | | | | |
| 4187 | 40 | 0.67 | 0.062 | 0.145 | 0.034 | | | | | | |
| 4396 | 42 | 0.73 | 0.065 | 0.160 | 0.035 | | | | | | |
| 4606 | 44 | 0.79 | 0.069 | 0.175 | 0.037 | | | | | | |
| 4815 | 46 | 0.86 | 0.071 | 0.19 | 0.039 | | | | | | |
| 5024 | 48 | 0.93 | 0.074 | 0.205 | 0.040 | 0.06 | 0.25 | | | | |
| 5234 | 50 | 1.0 | 0.077 | 0.22 | 0.042 | 0.065 | 0.026 | | | | |
| 5443 | 52 | 1.08 | 0.080 | 0.235 | 0.044 | 0.07 | 0.027 | | | | |
| 5652 | 54 | 1.16 | 0.083 | 0.250 | 0.046 | 0.075 | 0.028 | | | | |
| 6071 | 56 | 1.24 | 0.087 | 0.27 | 0.047 | 0.08 | 0.029 | | | | |
| 6280 | 60 | 1.40 | 0.093 | 0.31 | 0.051 | 0.08 | 0.031 | | | | |
| 7536 | 72 | 1.96 | 0.112 | 0.43 | 0.061 | 0.12 | 0.037 | | | | |
| 10467 | 100 | 3.59 | 0.154 | 0.79 | 0.084 | 0.23 | 0.051 | 0.055 | 0.029 | | |
| 14654 | 140 | 6.68 | 0.216 | 1.46 | 0.118 | 0.42 | 0.072 | 0.101 | 0.041 | 0.051 | 0.031 |

如图 4-30 所示，当锅炉与水加热器或贮水器连接时，热媒管网的热水自然循环压力值按式(4-16)计算。

$$H_{zr}=9.8 \Delta h(\rho_1 - \rho_2) \tag{4-16}$$

式中：$H_{zr}$——第一循环的自然压力，Pa；

　　　　$\Delta h$——锅炉中心与水加热器内盘管中心或贮水器中心的标高差，m；

　　　　$\rho_1$——水加热器或贮水器的出水密度，kg/m$^3$；

　　　　$\rho_2$——锅炉出水的密度，kg/m$^3$。

当 $H_{zr} > H$ 时，可形成自然循环。为保证系统的运行可靠，必须满足 $H_{zr} > (1.1～1.15)$ $H$。若 $H_{zr}$ 略小于 $H$，在条件允许时可适当调整水加热器和贮水器的设置高度来解决；当不能满足要求时，应采用机械循环方式，用循环水泵强制循环。循环水泵的扬程和流量应比理论计算值略大些，以确保系统稳定运行。

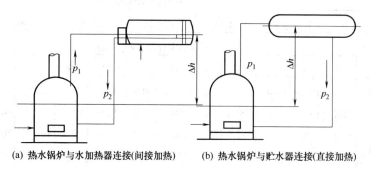

(a) 热水锅炉与水加热器连接(间接加热)　　(b) 热水锅炉与贮水器连接(直接加热)

图 4-30　热媒管网自然循环压力

## 2．热媒为高压蒸汽时

以高压蒸汽为热媒时，热媒耗量按式(4-6)、式(4-8)确定。

蒸汽管道可按管道的允许流速和相应的比压降查蒸汽管道管径计算表确定管径和水头损失，查表 4-18 和表 4-19 确定。

表 4-18　高压蒸汽管道常用流速

| 管径/mm | 15～20 | 25～32 | 40 | 60～80 | 100～150 | ≥200 |
|---|---|---|---|---|---|---|
| 流速/(m/s) | 10～15 | 15～20 | 20～25 | 25～35 | 30～40 | 40～60 |

表 4-19　蒸汽管道管径计算表($\delta$ =0.2mm)

| DN /mm | v /(m/s) | P (表压)(10kPa) | | | | | | | | | | | |
|---|---|---|---|---|---|---|---|---|---|---|---|---|---|
| | | 6.9 | | 9.8 | | 19.6 | | 29.4 | | 39.2 | | 49 | | 59 |
| | | G(kg/h)，R(mmH₂O/m) | | | | | | | | | | | |
| | | G | R | G | R | G | R | G | R | G | R | G | R |
| 15 | 10 | 6.7 | 11.4 | 7.8 | 13.4 | 11.3 | 19.3 | 14.9 | 25.6 | 18.4 | 31.7 | 21.8 | 37.4 | 25.3 | 43.5 |
| | 15 | 10.0 | 25.6 | 11.7 | 30.0 | 17.0 | 43.7 | 22.4 | 57.7 | 27.6 | 66.3 | 32.4 | 82.5 | 37.6 | 95.8 |
| | 20 | 13.4 | 44.6 | 15.0 | 53.5 | 22.7 | 78.0 | 29.8 | 102.0 | 30.8 | 126.0 | 43.7 | 150.0 | 50.5 | 173.0 |
| 20 | 10 | 12.2 | 7.8 | 41.1 | 8.0 | 20.7 | 18.4 | 27.1 | 17.4 | 33.5 | 21.6 | 39.8 | 25.6 | 46.0 | 29.5 |
| | 15 | 18.2 | 17.5 | 21.1 | 20.2 | 31.1 | 30.2 | 38.6 | 35.3 | 50.3 | 48.6 | 57.7 | 53.8 | 69.0 | 66.5 |
| | 20 | 24.3 | 31.0 | 28.2 | 36.9 | 41.4 | 53.5 | 54.2 | 69.5 | 67.0 | 86.2 | 79.6 | 102.4 | 92.0 | 118.0 |
| 25 | 15 | 29.4 | 13.1 | 34.4 | 15.4 | 50.2 | 32.5 | 65.8 | 29.4 | 81.2 | 36.2 | 96.2 | 43.9 | 111.0 | 49.7 |
| | 20 | 39.2 | 23.0 | 45.8 | 27.4 | 66.7 | 40.1 | 87.8 | 52.3 | 108.0 | 65.5 | 128.0 | 76.2 | 149.0 | 88.2 |
| | 25 | 49.0 | 35.6 | 57.3 | 42.6 | 83.3 | 61.8 | 110.0 | 81.7 | 136.0 | 102.0 | 161.0 | 119.0 | 186.0 | 138.0 |
| 32 | 15 | 51.6 | 9.2 | 60.2 | 10.8 | 88.0 | 15.8 | 115.0 | 20.6 | 142.0 | 24.8 | 169.0 | 27.0 | 195.0 | 35.7 |
| | 20 | 67.7 | 15.8 | 80.2 | 19.1 | 117.0 | 27.1 | 154.0 | 36.7 | 190.0 | 44.7 | 226.0 | 54.8 | 260.0 | 61.7 |
| | 25 | 85.6 | 25.0 | 100.0 | 29.6 | 147.0 | 44.3 | 193.0 | 57.4 | 238.0 | 69.7 | 282.0 | 83.2 | 325.0 | 96.4 |
| | 30 | 103.0 | 35.6 | 120.0 | 43.0 | 176.0 | 65.3 | 230.0 | 82.3 | 284.0 | 103.0 | 338.0 | 121.0 | 390.0 | 138.0 |

续表

| DN /mm | v /(m/s) | P (表压)(10kPa) | | | | | | | | | | | | |
|---|---|---|---|---|---|---|---|---|---|---|---|---|---|---|
| | | 6.9 | | 9.8 | | 19.6 | | 29.4 | | 39.2 | | 49 | | 59 |
| | | G(kg/h), R(mmH₂O/m) | | | | | | | | | | | | |
| | | G | R | G | R | G | R | G | R | G | R | G | R | C | R |
| 40 | 20 | 90.6 | 13.8 | 105.0 | 16.0 | 154.0 | 23.3 | 202.0 | 30.8 | 249.0 | 35.9 | 283.0 | 41.5 | 343.0 | 52.4 |
| | 25 | 113.0 | 21.4 | 132.0 | 25.2 | 194.0 | 36.8 | 258.0 | 48.4 | 311.0 | 59.2 | 354.0 | 64.7 | 428.0 | 81.6 |
| | 30 | 136.0 | 31.2 | 158.0 | 36.1 | 232.0 | 53.0 | 306.0 | 68.0 | 374.0 | 85.5 | 444.0 | 102.0 | 514.0 | 118.0 |
| | 35 | 157.0 | 41.5 | 185.0 | 49.5 | 268.0 | 71.5 | 354.0 | 94.7 | 437.0 | 117.0 | 251.0 | 140.0 | 594.0 | 157.0 |
| 50 | 20 | 134.0 | 10.7 | 157.0 | 12.8 | 229.0 | 18.5 | 301.0 | 24.2 | 371.0 | 30.0 | 443.0 | 35.8 | 508.0 | 40.5 |
| | 25 | 168.0 | 16.9 | 197.0 | 19.7 | 287.0 | 28.7 | 377.0 | 37.0 | 465.0 | 47.0 | 554.0 | 56.1 | 636.0 | 63.7 |
| | 30 | 202.0 | 24.1 | 236.0 | 28.6 | 344.0 | 41.4 | 452.0 | 53.8 | 558.0 | 67.6 | 664.0 | 80.5 | 764.0 | 92.0 |
| | 35 | 234.0 | 32.7 | 270.0 | 39.0 | 400.0 | 56.5 | 530.0 | 93.9 | 650.0 | 93.0 | 776.0 | 110.0 | 885.0 | 124.0 |
| 70 | 20 | 257.0 | 7.1 | 299.0 | 8.5 | 437.0 | 12.3 | 572.0 | 16.2 | 706.0 | 19.6 | 838.0 | 23.6 | 970.0 | 27.1 |
| | 25 | 317.0 | 13.5 | 374.0 | 13.1 | 542.0 | 18.9 | 715.0 | 25.1 | 880.0 | 30.6 | 1052.0 | 37.0 | 1200.0 | 41.5 |
| | 30 | 380.0 | 17.7 | 448.0 | 18.8 | 650.0 | 27.4 | 858.0 | 36.0 | 1060.0 | 44.6 | 1262.0 | 53.2 | 1440.0 | 54.7 |
| | 35 | 445.0 | 23.2 | 525.0 | 25.8 | 762.0 | 37.4 | 1005.0 | 49.5 | 1240.0 | 60.7 | 1478.0 | 73.0 | 1685.0 | 81.6 |
| 80 | 25 | 454 | 9.1 | 528 | 10.6 | 773 | 15.5 | 1012 | 20.4 | 1297 | 27.0 | 1480 | 29.6 | 1713 | 34.2 |
| | 30 | 556 | 13.5 | 630 | 15.2 | 926 | 22.3 | 1213 | 29.1 | 1498 | 36.0 | 1776 | 42.5 | 2053 | 48.4 |
| | 35 | 634 | 17.7 | 738 | 20.6 | 1082 | 30.4 | 1415 | 39.6 | 1749 | 49.0 | 2074 | 58.0 | 2400 | 67.1 |
| | 40 | 726 | 23.2 | 844 | 27.0 | 1237 | 39.8 | 1620 | 52.0 | 1978 | 64.0 | 2370 | 75.7 | 2740 | 86.5 |
| 100 | 25 | 673 | 7.0 | 784 | 8.2 | 1149 | 12.1 | 1502 | 15.7 | 1856 | 18.5 | 2201 | 23.1 | 2547 | 26.7 |
| | 30 | 808 | 10.2 | 940 | 11.8 | 1377 | 17.4 | 1801 | 22.6 | 2220 | 28.0 | 2640 | 33.1 | 3058 | 38.4 |
| | 35 | 944 | 13.9 | 1099 | 16.1 | 1608 | 23.7 | 2108 | 31.0 | 2600 | 38.2 | 3083 | 45.2 | 3568 | 52.4 |
| | 40 | 1034 | 16.6 | 1250 | 20.8 | 1832 | 30.7 | 2396 | 40.0 | 2980 | 50.0 | 3514 | 58.7 | 4030 | 66.7 |

蒸汽在水加热器中进行热交换后，由于温度下降而形成凝结水，凝结水从水加热器出口到疏水器间的一段管段，在这段管段中为汽水混合的两相流动，其管径常按通过的设计小时耗热量查表 4-20 确定。

疏水器后为凝结水管，凝结水利用通过疏水器后的余压输送到凝结水箱，先计算出余压凝结水管段的计算热量，按式(4-17)计算。

$$Q_j = 1.25Q \tag{4-17}$$

式中：$Q_j$——余压凝结水管段的计算热量，W；

$Q$——设计小时耗热量，W；

1.25——考虑系统启动时的凝结水的增大系数。

根据 $Q_j$ 查余压凝结水管管径选择表确定其管径。

在加热器至疏水器之间的管段中为汽水混合的两相流动，其管径按通过的设计小时耗热量查表 4-21 确定。

表 4-20　由加热器至疏水器之间不同管径通过的小时耗热量

| DN /mm | 15 | 20 | 25 | 32 | 40 | 50 | 70 | 80 | 100 | 125 | 150 |
|---|---|---|---|---|---|---|---|---|---|---|---|
| 小时热量 /W | 33494 | 108857 | 167472 | 365300 | 460548 | 887602 | 2101774 | 3089232 | 4814820 | 7871184 | 17836768 |

表 4-21　疏水器至凝结水箱凝结水管管径选择

| P(10kPa) (绝对压强) | 管径 DN(mm) | | | | | | | | | | | |
|---|---|---|---|---|---|---|---|---|---|---|---|---|
| 17.7 | 15 | 20 | 25 | 32 | 40 | 50 | 70 | 125 | 150 | 159×5 | 219×6 | 219×6 |
| 19.6 | 15 | 20 | 25 | 32 | 50 | 70 | 100 | 125 | 159×5 | 219×6 | 219×6 | 219×6 |
| 24.5~29.4 | 20 | 25 | 32 | 40 | 50 | 70 | 100 | 150 | 159×5 | 219×6 | 219×6 | 219×6 |
| >29.4 | 20 | 25 | 32 | 40 | 50 | 70 | 100 | 150 | 219×6 | 219×6 | 219×6 | 273×7 |
| R /(mmH₂O/m) | 按上述管通过热量(kJ/h) | | | | | | | | | | | |
| 5 | 39147 | 87090 | 174171 | 253301 | 571498 | 1084381 | 2369728 | 3307572 | 6615144 | 12895344 | 13774572 | 21436416 |
| 10 | 43543 | 131047 | 283028 | 357971 | 803866 | 1532369 | 3257330 | 4689216 | 9294696 | 18212580 | 19468620 | 30228696 |
| 20 | 65314 | 185057 | 370532 | 506603 | 1138810 | 2168762 | 4605480 | 6615144 | 13146552 | 25748820 | 31526604 | 42705306 |
| 30 | 82899 | 217714 | 477295 | 619640 | 1394204 | 2553948 | 5652180 | 8122392 | 16077312 | 10467000 | 33703740 | 52335000 |
| 40 | 108852 | 251208 | 544284 | 715943 | 1607731 | 3077298 | 6531408 | 9378432 | 1859932 | 36425160 | 39146580 | 60289920 |
| 50 | 152400 | 283865 | 611273 | 799679 | 1800324 | 3416429 | 7285032 | 10467000 | 20766528 | 39565260 | 43542720 | 67826160 |

## 4.6.2　第二循环管网的水力计算

### 1. 热水配水水管网计算

配水管网计算的目的是根据配水管段的设计秒流量和允许流速值确定管径和水头损失。

热水配水管网的设计秒流量可按生活给水(冷水系统)设计秒流量公式计算；卫生器具热水给水额定流量、当量、支管管径和最低工作压力与室内给水系统相同；热水管道的流速按表 4-16 选用。

热水与冷水管道计算也有一些区别，主要为：水温高，管内易结垢和腐蚀的影响，使管道的粗糙系数增大，过水断面缩小，因而水头损失的计算公式不同，应查热水管水力计算表(表 4-22)。管内的允许流速为 0.6~0.8m/s(DN≤25mm 时)和 0.8~1.5 m/s(DN>25mm 时)，对噪声要求严格的建筑物可取下限。最小管径不宜小于 20mm。管道结垢造成的管径缩小量见表 4-23。

表 4-22　热水管网水力计算表(t=60℃，δ=1.0mm，DN：mm)

| 流量 L/h | L/s | DN=15 R | v | DN=20 R | v | DN=25 R | v | DN=32 R | v | DN=40 R | v | DN=50 R | v | DN=70 R | v | DN=80 R | v | DN=100 R | v |
|---|---|---|---|---|---|---|---|---|---|---|---|---|---|---|---|---|---|---|---|
| 360 | 0.10 | 169 | 0.75 | 22.4 | 0.35 | 5.18 | 0.2 | 1.18 | 0.12 | 0.484 | 0.084 | 0.129 | 0.051 | 0.032 | 0.03 | 0.011 | 0.02 | 0.003 | 0.012 |
| 540 | 0.15 | 381 | 1.13 | 50.4 | 0.53 | 11.7 | 0.31 | 2.65 | 0.17 | 1.09 | 0.125 | 0.29 | 0.076 | 0.072 | 0.045 | 0.025 | 0.031 | 0.006 | 0.018 |
| 720 | 0.20 | 678 | 1.51 | 89.7 | 0.7 | 20.7 | 0.41 | 4.72 | 0.23 | 1.94 | 0.17 | 0.515 | 0.1 | 0.127 | 0.06 | 0.045 | 0.041 | 0.011 | 0.024 |
| 1080 | 0.30 | 1526 | 2.26 | 202 | 1.06 | 46.6 | 0.61 | 10.6 | 0.35 | 4.26 | 0.25 | 1.16 | 0.15 | 0.287 | 0.09 | 0.101 | 0.061 | 0.025 | 0.036 |
| 1440 | 0.40 | 2718 | 3.01 | 359 | 1.41 | 82.9 | 0.81 | 18.9 | 0.47 | 7.74 | 0.33 | 2.06 | 0.2 | 0.51 | 0.12 | 0.179 | 0.082 | 0.045 | 0.048 |
| 1800 | 0.50 | 4239 | 3.77 | 560 | 1.76 | 129 | 1.02 | 29.5 | 0.53 | 12.1 | 0.42 | 3.22 | 0.25 | 0.796 | 0.15 | 0.28 | 0.1 | 0.058 | 0.06 |
| 2160 | 0.60 | — | — | 807 | 2.21 | 186 | 1.22 | 42.5 | 0.7 | 17.4 | 0.5 | 4.64 | 0.31 | 1.15 | 0.18 | 0.403 | 0.12 | 0.098 | 0.072 |
| 2620 | 0.70 | — | — | 1099 | 2.17 | 254 | 1.43 | 57.8 | 0.82 | 23.7 | 0.59 | 6.31 | 0.36 | 1.56 | 0.21 | 0.549 | 0.14 | 0.133 | 0.084 |
| 2880 | 0.80 | — | — | 1435 | 2.82 | 332 | 1.53 | 75.5 | 0.93 | 31 | 0.67 | 8.24 | 0.41 | 2.04 | 0.24 | 0.717 | 0.16 | 0.174 | 0.096 |
| 3600 | 1.0 | — | — | 2242 | 2.57 | 518 | 2.04 | 118 | 1.17 | 48.4 | 0.84 | 12.9 | 0.51 | 3.18 | 0.3 | 1.12 | 0.2 | 0.272 | 0.12 |
| 4320 | 1.2 | — | — | — | — | 746 | 2.04 | 170 | 1.4 | 69.7 | 1.00 | 18.5 | 0.61 | 4.59 | 0.36 | 1.61 | 0.24 | 0.393 | 0.14 |
| 5040 | 1.4 | — | — | — | — | 1016 | 2.85 | 231 | 1.64 | 94.9 | 1.17 | 25.2 | 0.71 | 6.24 | 0.42 | 2.19 | 0.29 | 0.534 | 0.17 |
| 5760 | 1.6 | — | — | — | — | 1326 | 3.26 | 302 | 1.87 | 124 | 1.34 | 32.9 | 0.81 | 8.15 | 0.48 | 2.87 | 0.33 | 0.698 | 0.19 |
| 6480 | 1.8 | — | — | — | — | — | — | 382 | 2.1 | 157 | 1.51 | 41.7 | 0.92 | 10.3 | 0.54 | 3.63 | 0.37 | 0.883 | 0.22 |
| 7200 | 2.0 | — | — | — | — | — | — | 472 | 2.34 | 194 | 1.67 | 51.5 | 1.02 | 12.7 | 0.6 | 4.48 | 0.41 | 1.09 | 0.24 |
| 7920 | 2.2 | — | — | — | — | — | — | 520 | 2.45 | 213 | 1.71 | 56.8 | 1.07 | 14 | 0.63 | 4.94 | 0.43 | 1.2 | 0.25 |
| 8260 | 2.4 | — | — | — | — | — | — | 680 | 2.81 | 279 | 2.01 | 74.2 | 1.22 | 18.3 | 0.72 | 6.45 | 0.49 | 1.57 | 0.29 |
| 9360 | 2.6 | — | — | — | — | — | — | 798 | 3.04 | 327 | 2.18 | 87 | 1.32 | 21.5 | 0.81 | 7.57 | 0.53 | 1.84 | 0.31 |
| 10080 | 2.8 | — | — | — | — | — | — | 925 | 3.27 | 379 | 2.34 | 101 | 1.43 | 25 | 0.84 | 8.78 | 0.57 | 2.14 | 0.34 |
| 10800 | 3.0 | — | — | — | — | — | — | — | — | 436 | 2.15 | 116 | 1.53 | 28.7 | 0.9 | 10.1 | 0.61 | 2.46 | 0.36 |
| 11520 | 3.2 | — | — | — | — | — | — | — | — | 498 | 2.68 | 132 | 1.63 | 32.6 | 0.96 | 11.5 | 0.65 | 2.79 | 0.38 |
| 12240 | 3.4 | — | — | — | — | — | — | — | — | 559 | 2.88 | 149 | 1.73 | 36.8 | 1.02 | 13 | 0.69 | 3.15 | 0.41 |
| 12950 | 3.6 | — | — | — | — | — | — | — | — | 627 | 3.01 | 167 | 1.83 | 41.3 | 1.08 | 14.5 | 0.73 | 3.53 | 0.43 |
| 13680 | 3.8 | — | — | — | — | — | — | — | — | 736 | 3.26 | 196 | 1.99 | 48.4 | 1.17 | 17 | 0.8 | 4.15 | 0.47 |
| 14400 | 4.0 | — | — | — | — | — | — | — | — | 774 | 3.35 | 206 | 2.04 | 50.9 | 1.2 | 17.9 | 0.82 | 4.36 | 0.48 |

表 4-23　管道结垢造成的管径缩小量

| 管道公称直径/mm | 15～40 | 50～100 | 125～200 |
|---|---|---|---|
| 直径缩小量/mm | 2.5 | 3.0 | 4.0 |

　　热水管道应根据选用的管材选择对应的计算图表和公式进行水力计算，当使用条件不一致时应作相应修正。

　　(1) 热水管采用交联聚乙烯(PE-X)管时，管道水力坡降可按式(4-18)计算。

$$i = 0.000915 \frac{q^{1.774}}{d_j^{4.774}} \tag{4-18}$$

式中：$i$——管道水力坡；

　　　　$q$——管道内设计流量，$m^3/s$；

　　　　$d_j$——管道设计内径，m。

　　如水温为 60℃时，可按图 4-31 所示的水力计算图选用管径。

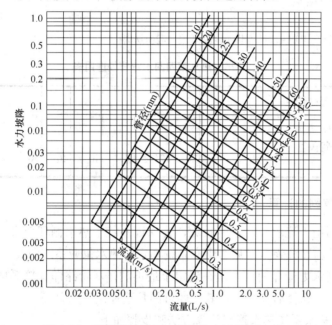

图 4-31　交联聚乙烯(PE-X)管水力计算图(60℃)

　　如水温高于或低于 60℃时，可按表 4-24 修正。

表 4-24　水头损失温度修正系数

| 水温/℃ | 10 | 20 | 30 | 40 | 50 | 60 | 70 | 80 | 90 | 95 |
|---|---|---|---|---|---|---|---|---|---|---|
| 修正系数 | 1.23 | 1.18 | 1.12 | 1.08 | 1.03 | 1.00 | 0.98 | 0.96 | 0.93 | 0.90 |

　　(2) 当热水采用聚丙烯(PP-R)管时，水头损失按式(4-19)计算。

$$H_f = \lambda \frac{L v^2}{d_j 2g} \tag{4-19}$$

式中：$H_f$——管道沿程水头损失，m；

$\lambda$——沿程阻力系数；

$L$——管道长度，m；

$d_j$——管道内径，m；

$v$——管道内水流平均速度，m/s；

$g$——重力加速度，m/s$^2$，一般取 9.8m/s$^2$。

设计时，可按式(4-19)计算，也可查相关水力计算表确定管径。

**2. 回水管网的水力计算**

回水管网水力计算的目的是确定回水管的管径。

回水管网不配水，仅通过用以补偿配水管网热损失的循环流量。为保证立管的循环效果，应尽量减少干管的水头损失。热水配水干管和回水干管均不宜变径，可按相应最大管径确定。

回水管管径应经计算确定，也可参照表 4-25 选用。

表 4-25　热水管网回水管管径选用表

| 热水管网、配水管段管径 DN/mm | 20~25 | 32 | 40 | 50 | 65 | 80 | 100 | 125 | 150 | 200 |
|---|---|---|---|---|---|---|---|---|---|---|
| 热水管网、回水管段管径 DN/mm | 20 | 20 | 25 | 32 | 40 | 40 | 50 | 65 | 80 | 100 |

**3. 机械循环管网的计算**

第二循环管网由于流程长，管网较大，为保证系统中热水循环效果，一般多采用机械循环方式。机械循环又分为全日热水供应系统和定时热水供应系统两类。

机械循环管网水力计算的目的是在确定了最不利循环管路即计算循环管路和循环管网中配水管、回水管的管径后进行的，其主要目的是选择循环水泵。

(1) 全日供应热水系统热水管网计算方法和步骤如下。

① 计算各管段终点水温，可按下述面积比温降方法计算。

$$\Delta t = \frac{\Delta T}{F} \tag{4-20}$$

$$t_z = t_c - \Delta t \sum f \tag{4-21}$$

式中：$\Delta t$——配水管网中计算管路的面积比温降，℃/m$^2$；

$\Delta T$——配水管网中计算管路起点和终点的水温差，按系统大小确定，一般取

$\Delta T = 5~10$℃；

$F$——计算管路配水管网的总外表面积，m$^2$；

$\sum f$——计算管段终点以前的配水管网的总外表面积，m$^2$。

$t_c$——计算管段的起点水温，℃；

$t_z$——计算管段的终点水温，℃。

② 计算配水管网各管段的热损失的公式如下。

$$Q_s = \pi DLK(1-\eta)(\frac{t_c + t_z}{2} - t_j) \tag{4-22}$$

式中：$Q_s$——计算管段热损失，W；

$D$——计算管段管道外径，m；

$L$——计算管段长度，m；

$K$——无保温层管道的传热系数，W/(m² · ℃)；

$\eta$——保温系数，较好保温时 $\eta$ =0.7～0.8，简单保温时 $\eta$ =0.6，无保温层时 $\eta$ =0；

$t_c$、$t_z$——同公式(4-21)；

$t_j$——计算管段外壁周围空气的平均温度，℃，可按表 4-26 确定。

表 4-26　管段周围空气温度

| 管道敷设情况 | $t$/℃ | 管道敷设情况 | $t$/℃ |
|---|---|---|---|
| 采暖房间内，明管敷设 | 18～20 | 不采暖房间的地下室内 | 5～10 |
| 采暖房间内，暗管敷设 | 30 | 室内地下管沟内 | 35 |
| 不采暖房间的顶棚内 | 可采用一月份室外平均气温 | | |

③ 计算配水管网总的热损失。

将各管段的热损失相加便得到配水管网总的热损失，公式如下：

$$Q_S = \sum_{i=1}^{n} q_S \tag{4-23}$$

初步设计时，也可按设计小时耗热量的 3%～5% 来估算，其上下限可视系统的大小而定：系统服务范围大，配水管线长，可取上限；反之，取下限。

④ 计算总循环流量。

求解 $Q_S$ 的目的在于计算管网的循环流量。循环流量是为了补偿配水管网在用水低峰时管道向周围散失的热量。保持循环流量在管网中循环流动，不断向管网补充热量，从而保证各配水点的水温。管网的热损失只计算配水管网散失的热量。

将 $Q_S$ 代入式(4-24)求解全日供应热水系统的总循环流量 $q_X$：

$$q_X = \frac{Q_S}{C\rho_r \Delta T} \tag{4-24}$$

式中：$q_X$——循环流量，L/h；

$Q_S$——配水管道的热损失，kJ/h；

$\Delta T$——同公式(4-22)；

$C$——水的比热容，$C$ = 4187J/(kg·℃)；

$\rho_r$——热水密度，kg/L。

⑤ 计算循环管路各管段通过的循环流量。

在 $q_X$ 确定后，可从水加热器后第 1 个节点起依次进行循环流量分配，以图 4-32 为例，通过管段 Ⅰ 的循环流量 $q_{1X}$，即为 $q_X$。用以补偿整个配水管网的热损失，流入节点 1 的流量 $q_{1X}$ 用以补偿 1 点之后各管段的热损失，即 $q_{AS}+q_{BS}+q_{CS}+q_{ⅡS}+q_{ⅢS}$，$q_{1X}$ 又分流入 A 管段和 Ⅱ 管段，其循环流量分别为 $q_{AX}$ 和 $q_{ⅡX}$。根据节点流量守恒原理：$q_{1X}=q_{1X}$，$q_{ⅡX}=q_{1X}-q_{AX}$。$q_{ⅡX}$ 补偿管段 Ⅱ、Ⅲ、B、C 的热损失，即 $q_{ⅡS}+q_{ⅢS}+q_{BS}+q_{CS}$，$q_{AX}$ 补偿管段 A 的热损失 $q_{AS}$。

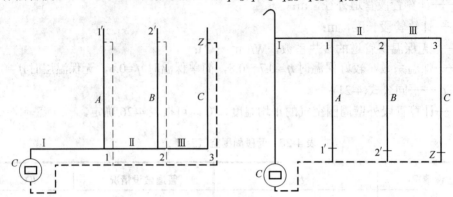

图 4-32 计算用图

按照循环流量与热损失成正比和热平衡关系，可按下式确定。

$$q_{ⅡX}=q_{1X}\frac{q_{BS}+q_{CS}+q_{ⅡS}+q_{ⅢS}}{q_{AS}+q_{BS}+q_{CS}+q_{ⅡS}+q_{ⅢS}} \tag{4-25}$$

流入节点 2 的流量 $q_{2X}$ 用以补偿 2 点之后各管段的热损失，即 $q_{ⅢS}+q_{BS}+q_{CS}$，$q_{2X}$ 又分流入 B 管段和Ⅲ管段，其循环流量分别为 $q_{BX}$ 和 $q_{ⅢX}$。根据节点流量守恒原理：$q_{2X}=q_{ⅡX}$，$q_{ⅢX}=q_{ⅡX}-q_{BX}$。$q_{ⅢX}$ 补偿管段Ⅲ和 $C$ 的热损失，即 $q_{ⅢS}+q_{CS}$，$q_{BX}$ 补偿管段 $B$ 的热损失 $q_{BS}$。同理可得公式(4-26)。

$$q_{ⅢX}=q_{ⅡX}\frac{q_{ⅢS}+q_{CS}}{q_{BS}+q_{ⅢS}+q_{CS}} \tag{4-26}$$

流入节点 3 的流量 $q_{3X}$ 用以补偿 3 点之后管段 C 的热损失。根据节点流量守恒原理：$q_{3X}=q_{ⅢX}$，$q_{ⅢX}=q_{CX}$，管道Ⅲ的循环流量即为管段 C 的循环流量。将式(4-25)和式(4-26)简化为式(4-27)。

$$q_{(n+1)X}=q_{nX}\frac{\sum q_{(n+1)S}}{\sum q_{nS}} \tag{4-27}$$

式中：$q_{nX}$、$q_{(n+1)X}$——$n$、$n+1$ 管段所通过的循环流量，L/s；

$\sum q_{(n+1)S}$——$n+1$ 管段及其后各管段的热损失之和，W；

$\sum q_{nS}$——$n$ 管段及其后各管段的热损失之和，W。

$n$、$n+1$ 管段如图 4-33 所示。

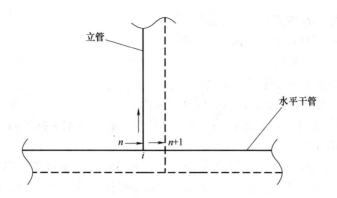

图 4-33 计算用图

⑥ 复核各管段的终点水温，计算公式如下。

$$t_z' = t_c - \frac{q_s}{Cq_x'\rho_r} \tag{4-28}$$

式中：$t_z'$——各管段终点水温，℃；

$t_c$——各管段起点水温，℃；

$q_s$——各管段的热损失，W；

$q_x'$——各管段的循环流量，L/s；

$C$——水的比热，$C = 4187$ J/(kg·℃)；

$\rho_r$——热水密度，kg/L。

计算结果如与原来确定的温度相差较大，应以公式(4-20)和公式(4-28)的计算结果作为各管段的终点水温，重新进行上述②～⑥的运算。

⑦ 计算循环管网的总水头损失，公式(4-29)如下。

$$H = (H_P + H_X) + H_j \tag{4-29}$$

式中：$H$——循环管网的总水头损失，kPa；

$H_P$——循环流量通过配水计算管路的沿程和局部水头损失，kPa；

$H_X$——循环流量通过回水计算管路的沿程和局部水头损失，kPa；

$H_j$——循环流量通过水加热器的水头损失，kPa。

容积式水加热器、导流型容积式水加热器、半容积式水加热器和加热水箱，因容器内被加热水的流速一般较低($v \nless 0.1$m/s)，其流程短，故水头损失很小，在热水系统中可忽略不计。

对于快速式水加热器，被加热水在其中流速较大，流程也长，水头损失应以沿程和局部水头损失之和计算，公式(4-30)如下。

$$\Delta H = 10 \times \left( \lambda \frac{L}{d_j} + \sum \xi \right) \frac{v^2}{2g} \tag{4-30}$$

式中：$\Delta H$——快速式水加热器中热水的水头损失，kPa；

$\lambda$——管道沿程阻力系数；

$L$——被加热水的流程长度，m；

$d_j$——传热管计算管径，m；

$\xi$——局部阻力系数；

$v$——被加热水的流速，m/s；

$g$——重力加速度，m/s²，一般取 9.81m/s²。

计算循环管路配水管及回水管的局部水头损失可按沿程水头损失的 20%～30%估算。

⑧ 选择循环水泵。

热水循环水泵通常安装在回水干管的末端，热水循环水泵宜选用热水泵，水泵壳体承受的工作压力不得小于其所承受的静水压力加水泵扬程。循环水泵宜设备用泵，交替运行。

循环水泵的流量：
$$Q_b \geqslant q_X \tag{4-31}$$

式中：$Q_b$——循环水泵的流量，L/s；

$q_X$——全日热水供应系统的总循环流量，L/s。

循环水泵的扬程：
$$H_b \geqslant H_P + H_X + H_j \tag{4-32}$$

式中：$H_b$——循环水泵的扬程，kPa；

$H_p$、$H_X$、$H_j$——同公式(4-29)。

(2) 定时热水供应系统机械循环管网计算。

定时热水供应系统的循环水泵大都在供应热水前半小时开始运转，直到把水加热至规定温度，循环水泵即停止工作。因定时供应热水时用水较集中，故不考虑热水循环，循环水泵关闭。

定时热水供应系统中热水循环流量的计算，是按循环管网中的水每小时循环的次数来确定，一般按 2～4 次计算，系统较大时取下限；反之取上限。

循环水泵的出水量即为热水循环流量，公式(4-33)如下。
$$Q_b \geqslant (2\sim4)V \tag{4-33}$$

式中：$Q_b$——循环水泵的流量，L/h；

$V$——热水循环管网系统的水容积，不包括无回水管的管段和加热设备的容积，L。

循环水泵的扬程，计算公式同式(4-32)。

#### 4．自然循环热水管网的计算

在小型或层数少的建筑物中，有时也采用自然循环热水供应方式。

自然循环热水管网的计算方法和程序与机械循环方式大致相同，也要如前述先求出管网总热损失、总循环流量、各管段循环流量和循环水头损失。但应在求出循环管网的总水头损失之后，先校核一下系统的自然循环压力值是否满足要求。由于热水循环管网有上行下给式和下行上给式两种方式，因此，其自然循环压力值的计算公式也不同。

(1) 上行下给式管网(见图 4-34(a))，可按式(4-34)计算。
$$H_{zr} = 10\Delta h(\rho_3 - \rho_4) \tag{4-34}$$

式中：$H_{zr}$——上行下给式管网的自然循环压力，Pa；

$\Delta h$——锅炉或水加热器的中心与上行横干管中点的标高差，m；

$\rho_3$——最远处立管中热水的平均密度，kg/m³；

$\rho_4$——总配水立管中热水的平均密度，kg/m$^3$。

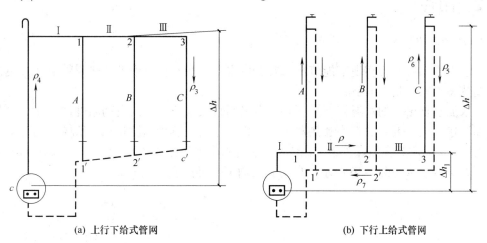

（a）上行下给式管网　　　　　　　（b）下行上给式管网

**图 4-34　热水系统自然循环压力计算用图**

（2）下行上给式管网（见图 4-34(b)），可按式(4-35)计算：

$$H_{zr} = 10\left[(\Delta h' - \Delta h_1)(\rho_7 - \rho_8) + \Delta h_1(\rho_5 - \rho_6)\right] \tag{4-35}$$

式中：$H_{zr}$——下行上给式管网的自然循环压力，Pa；

　　　$\Delta h'$——锅炉或水加热器的中心至立管顶部的标高差，m；

　　　$\Delta h_1$——锅炉或水加热器的中心至配水横干管中心垂直距离，m；

　　　$\rho_5$、$\rho_6$——最远处回水立管、配水立管管段中热水的平均密度，kg/m$^3$；

　　　$\rho_7$、$\rho_8$——水平干管回水立管、配水立管管段中热水的平均密度，kg/m$^3$。

当管网循环水压 $H_{zr} \geqslant 1.35H$ 时，管网才能安全可靠地自然循环，$H$ 为循环管网的总水头损失，可由公式(4-29)计算确定。否则应采取机械强制循环。

# 4.7　热水系统的管材管件及附件

## 4.7.1　热水供应系统的管材和管件

热水供应系统采用的管材和管件应符合现行产品标准的要求。

热水管道的工作压力和工作温度不得大于产品标准标定的允许工作压力和工作温度。

热水管道应选用耐腐蚀、安装方便、符合饮用水卫生要求的管材及相应的配件，可采用薄壁铜管、不锈钢管、铝塑复合管、交联聚乙烯(PE-X)管等。

当选用热水塑料管和复合管时，应按允许温度下的工作压力选择，管件宜采用与管道相同的材质，不宜采用对温度变化较敏感的塑料热水管，设备机房内的管道不宜采用塑料热水管。

不同种类的管材，相应有配套的管件，其型号规格与管材配合使用。但不同的管材，管件，有不同的连接方式。

## 4.7.2　附件

### 1. 自动温度调节器

热水供应系统中为实现节能节水、安全供水，应在水加热设备的热媒管道上安装自动温度调节装置来控制出水温度。

当水加热器出口的水温需要控制时，常采用直接式或间接式自动温度调节器。它是由阀门和温包组成，温包放在水加热器热水出口管道内，感受温度自动调节阀门的开启及开启度大小，阀门放置在热媒管道上，自动调节进入水加热器的热媒量，其构造原理如图 4-35 所示，其安装方法如图 4-36 所示。自动温度调节器可按温度范围查相关设计手册。

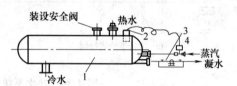

(a) 直接式自动温度调节器

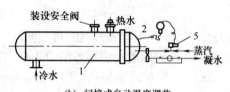

(b) 间接式自动温度调节

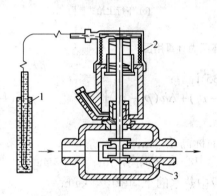

图 4-35　自动温度调节器构造

1—温包；2—感温元件；3—调压阀图

图 4-36　自动温度调节器安装示意图

1—加热设备；2—温包；3—疏水器；4—自动调节器；
5—齿轮传动变速开关阀门

### 2. 疏水器

疏水器的作用是自动排出管道和设备中的凝结水，同时又阻止蒸汽流失。在用蒸汽设备的凝结水管道的最低处应每台设备都设疏水器，当水加热器的换热能确保凝结水回水温度不大于 80℃时，可不设疏水器。热水系统常采用高压疏水器，常用的有机械型浮桶式疏水器和热动力式疏水器，如图 4-37 和图 4-38 所示。

浮桶式疏水器属机械型疏水器的一种，它是依靠蒸汽和凝结水的密度差来工作的。

热动力式疏水器是利用相变原理靠蒸汽和凝结水热动力学特性的不同来工作的。

疏水器可先计算出水加热设备的最大凝结水量和疏水器进出口的压差及排水量等参数，然后按产品样本选择。同时当蒸汽的工作压力 $P \leqslant 0.6\text{MPa}$ 时，可采用浮桶式疏水器；当蒸汽的工作压力 $P \leqslant 1.6\text{MPa}$，凝结水温度 $t \leqslant 100℃$ 时，可选用热动力式疏水器。

疏水器的选型参数按式(4-36)、式(4-37)计算。

$$G = KAd^2 \sqrt{\Delta P} \tag{4-36}$$

$$\Delta P = P_1 - P_2 \tag{4-37}$$

式中：$\Delta P$ ——疏水器前后压差，Pa；

$P_1$——疏水器进口压力，加热器进口蒸汽压力，Pa；

$P_2$——疏水器出口压力， $P_2=(0.4\sim0.6)P_1$，Pa；

$G$ ——疏水器排水量，kg/h；

$A$ ——排水系数，吊桶式和浮桶式疏水器可查表4-27；

$d$ ——疏水器排水阀孔直径，mm；

$K$ ——选择倍数，加热器可取3。

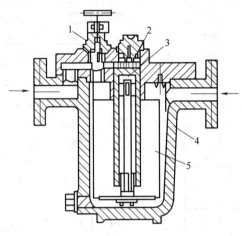

图4-37 机械型浮桶式疏水器

1—放气阀；2—阀孔；3—顶针；4—外壳；5—浮桶

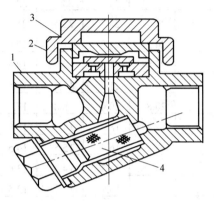

图4-38 热动力式疏水器

1—阀体；2—阀盖；3—阀片；4—过滤

### 3．减压阀和安全阀

1）减压阀

减压阀是通过启闭件(阀瓣)的节流来调节介质压力的阀门，按其结构不同分为弹簧薄膜式、活塞式、波纹管式等，常用于空气、蒸汽等管道。图4-39所示为Y43H-6型活塞式减压阀的构造示意图。

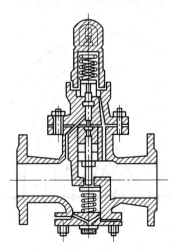

图4-39 Y43H-6型活塞式减压阀的构造示意图

(1) 蒸汽减压阀的选择与计算。

蒸汽减压阀的选择，应根据蒸汽流量计算出所需阀孔截面积，然后查产品样本确定其型号。

浮桶式疏水器的排水系数如表 4-27 所示。

表 4-27　排水系数 $A$ 值

| $D$/mm | $\Delta P$/kPa | | | | | | | | | |
|---|---|---|---|---|---|---|---|---|---|---|
| | 100 | 200 | 300 | 400 | 500 | 600 | 700 | 800 | 900 | 1000 |
| 2.6 | 25 | 24 | 23 | 22 | 21 | 20.5 | 20.5 | 20 | 20 | 19.8 |
| 3 | 25 | 23.7 | 22.5 | 21 | 21 | 20.4 | 20 | 20 | 20 | 19.5 |
| 4 | 24.2 | 23.5 | 21.6 | 20.6 | 19.6 | 18.7 | 17.8 | 17.2 | 16.7 | 16 |
| 4.5 | 23.8 | 21.3 | 19.9 | 18.6 | 18.3 | 17.7 | 17.3 | 16.9 | 16.6 | 16 |
| 5 | 23 | 21 | 19.4 | 18.5 | 18 | 17.3 | 16.8 | 16.3 | 16 | 15.5 |
| 6 | 20.8 | 20.4 | 18.8 | 17.9 | 17.4 | 16.7 | 16 | 15.5 | 14.9 | 14.3 |
| 7 | 19.4 | 18 | 16.7 | 15.9 | 15.2 | 14.8 | 14.2 | 13.8 | 13.5 | 13.5 |
| 8 | 18 | 16.4 | 15.5 | 14.5 | 13.8 | 13.2 | 12.6 | 11.7 | 11.9 | 11.5 |
| 9 | 16 | 15.3 | 14.2 | 13.6 | 12.9 | 12.5 | 11.9 | 11.5 | 11.1 | 10.6 |
| 10 | 14.9 | 13.9 | 13.2 | 12.5 | 12 | 11.4 | 10.9 | 10.4 | 10 | 10 |
| 11 | 13.6 | 12.6 | 11.8 | 11.3 | 10.9 | 10.6 | 10.2 | 10.2 | 10 | 9.7 |

蒸汽减压阀阀孔截面积可按式(4-38)计算。

$$f = \frac{G}{0.6q} \tag{4-38}$$

式中：$f$——所需阀的截面积，$cm^2$；

　　　$G$——蒸汽流量，kg/h；

　　　0.6——减压阀流量系数；

　　　$q$——通过每 $cm^2$ 阀孔截面积的理论流量，$kg/(cm^2 \cdot h)$，可按图 4-40 查得。

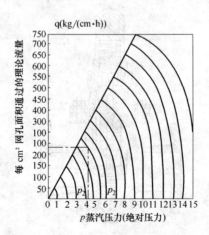

图 4-40　减压阀工作孔面积选择图

(2) 减压阀的安装。

蒸汽减压阀的阀前与阀后压力之比应为 5～7，超过时应采用 2 级减压；活塞式减压阀的阀后压力不应小于 100 kPa，如必须达到 70kPa 以下时，则应在活塞式减压阀后增设波纹管式减压阀或截止阀进行二次减压。减压阀的公称直径应与管道一致，产品样本列出的阀孔面积值是指最大截面积，实际选用时应小于此值。

比例式减压阀宜垂直安装，可调式减压阀宜水平安装。安装节点还应安装阀门、过滤器、安全阀、压力表及旁通管等附件，如图 4-41 所示，安装尺寸如表 4-28 所示。

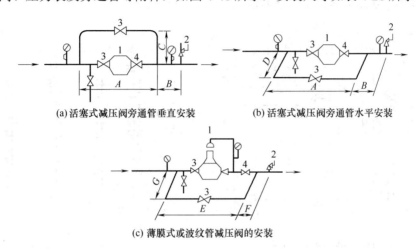

(a) 活塞式减压阀旁通管垂直安装　　(b) 活塞式减压阀旁通管水平安装

(c) 薄膜式或波纹管减压阀的安装

图 4-41　减压阀安装示意图

1—减压阀；2—安全阀；3—法兰截止阀；4—低压截止阀

表 4-28　减压阀安装尺寸　　　　　　　　　　　　　　　　单位：mm

| 减压阀公称直径 DN/mm | A | B | C | D | E | F | G |
|---|---|---|---|---|---|---|---|
| 25 | 1100 | 400 | 350 | 200 | 1350 | 250 | 200 |
| 32 | 1100 | 400 | 350 | 200 | 1350 | 250 | 200 |
| 40 | 1300 | 500 | 400 | 250 | 1500 | 300 | 250 |
| 50 | 1400 | 500 | 450 | 250 | 1600 | 300 | 250 |
| 65 | 1400 | 500 | 500 | 300 | 1650 | 350 | 300 |
| 80 | 1500 | 550 | 650 | 350 | 1750 | 350 | 350 |
| 100 | 1600 | 550 | 750 | 400 | 1850 | 400 | 400 |
| 125 | 1800 | 600 | 800 | 450 | | | |
| 150 | 2000 | 650 | 850 | 500 | | | |

2) 安全阀

安全阀设在闭式热水系统和设备中，用于避免超压而造成管网和设备等的破坏。承压热水锅炉应设安全阀，并由厂家配套提供。

水加热器宜采用微启式弹簧安全阀，并设防止随意调整螺丝的装置；安全阀的开启压

力一般为热水系统工作压力的 1.1 倍，但不得大于水加热器本体的设计压力；安全阀的直径应比计算值放大一级，并应直立安装在水加热器的顶部；安全阀应设置在便于维修的位置，排泄热水的导管应引至安全地点；安全阀与设备之间不得装设取水管、引气管或阀门。

### 4. 自动排气阀

自动排气阀用于排除热水管道系统中热水汽化产生的气体(溶解氧气和二氧化碳)，以保证管内热水畅通，防止管道腐蚀，一般在上行下给式系统配水干管最高处设置自动排气阀。自动排气阀及其安装位置如图 4-42 所示。

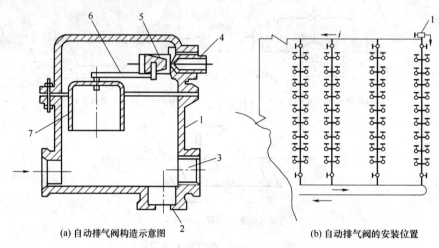

(a) 自动排气阀构造示意图　　　　　　(b) 自动排气阀的安装位置

图 4-42　自动排气阀及安装位置

1—排气阀；2—直角安装出水口；3—水平安装出水口；4—阀座；5—滑阀；6—杠杆；7—浮钟

### 5. 自然补偿管道和伸缩器

热水供应系统中管道因受热膨胀伸长或因温度降低收缩而产生应力，为保证管网的使用安全，在热水管网上应采取补偿管道温度伸缩的措施，以避免管道因承受了超过自身所许可的内应力而导致弯曲甚至破裂或接头松动。

管道的热伸长量计算公式如下。

$$\Delta L = \alpha(t_2 - t_1)L \tag{4-39}$$

式中：$\Delta L$——管道的热伸长(膨胀)量，mm；

　　　$t_2$——管道中热水最高温度，℃；

　　　$t_1$——管道周围环境温度，℃，一般取 $t_1 = 5$℃；

　　　$\alpha$——线膨胀系数，mm/(m·℃)，如表 4-29 所示；

　　　$L$——计算管段长度，m。

表 4-29　不同管材的 $\alpha$ 值

| 管材 | PP-R | PEX | PB | ABS | PVC-U | PAP | 薄壁钢管 | 钢管 | 无缝铝合金衬塑 | PVC-C | 薄壁不锈钢管 |
|---|---|---|---|---|---|---|---|---|---|---|---|
| $\alpha$ | 0.16 (0.14~0.18) | 0.15 (0.2) | 0.13 | 0.1 | 0.07 | 0.025 | 0.02 (0.017~0.018) | 0.012 | 0.025 | 0.08 | 0.0166 |

1）自然补偿管道

自然补偿管道是指为管道敷设时自然形成的 L 形或 Z 形弯曲管段和方形补偿器，用来补偿直线管段部分的伸缩量，通常在转弯前后的直线管段上设置固定支架，让其伸缩在弯头处补偿。一般 L 形壁和 Z 形平行伸长壁的自然补偿管道不宜大于 20～25m。

方形补偿器如图 4-43 所示。

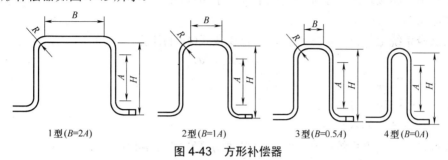

1型(B=2A)　　　2型(B=1A)　　　3型(B=0.5A)　　　4型(B=0A)

图 4-43　方形补偿器

2）伸缩器

当直线管段较长，无法利用自然补偿时，应每隔一定的距离设置伸缩器。常用的有套管式补偿器，如图 4-44 所示，也可用可曲挠橡胶接头替代补偿器，但必须采用耐热橡胶制品。

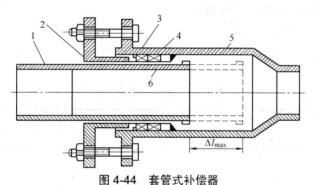

图 4-44　套管式补偿器

1—内套筒；2—填料压盖；3—压紧环；4—密封填料；5—外壳；6—填料支撑环

套管伸缩器适用于管径 DN≥100mm 的直线管段中，伸长量可达 350～400mm。波纹管伸缩器常用不锈钢制成，用法兰或螺纹连接，具有安装方便、节省面积、外形美观及耐高温、耐腐蚀、寿命长等特点。

### 6．膨胀管、膨胀水箱和压力膨胀罐

在热水供应系统中，冷水被加热后，水的体积要膨胀。对于闭式系统来说，当配水点不用水时，会增加系统的压力，系统有超压的危险，因此要设膨胀管、膨胀水箱或膨胀水罐。

1）膨胀管

膨胀管用于由高位冷水箱向水加热器供应冷水的开式热水系统，可将膨胀管引至同一建筑物的除生活饮用水以外的其他高位水箱的上空。当无此条件时，应设置膨胀水箱。膨胀管的设置高度按下式计算。

$$h = H\left(\frac{\rho_1}{\rho_r} - 1\right) \tag{4-40}$$

式中：$h$——膨胀管高出生活饮用高位水箱水面的垂直高度，m；

$H$——锅炉、水加热器底部至生活饮用高位水箱水面的高度，m；

$\rho_l$——冷水的密度，kg/m³；

$\rho_r$——热水的密度，kg/m³。

膨胀管出口离接入水箱水面的高度不应小于 100 mm。

2) 膨胀水箱

热水供应系统上如设置膨胀水箱，其容积按式(4-41)计算。

$$V_p = 0.0006\Delta t V_s \tag{4-41}$$

式中：$V_p$——膨胀水箱的有效容积，L；

$\Delta t$——系统内水的最大温差，℃；

$V_s$——系统内的水容量，L。

膨胀水箱水面高出系统冷水补给水箱水面的高度按式(4-42)计算。

$$h = H(\frac{\rho_h}{\rho_r} - 1) \tag{4-42}$$

式中：$h$——膨胀水箱水面高出系统冷水补给水箱水面的垂直高度加，m；

$H$——锅炉、水加热器底部至系统冷水补给水箱水面的高度，m；

$\rho_h$——热水回水的密度，kg/m³；

$\rho_r$——热水的密度，kg/m³。

膨胀管上严禁装设阀门，且应防冻，以确保热水供应系统安全。膨胀管最小管径应按表 4-30 所示确定。

表 4-30 膨胀管最小管径

| 锅炉或水加热器的传热面积/m³ | <10 | ≥10 且≤15 | ≥15 且≤20 | ≥20 |
|---|---|---|---|---|
| 膨胀管的最小管径/mm | 25 | 32 | 40 | 50 |

3) 膨胀水罐

在日用热水量大于 10m³ 的闭式热水供应系统中应设置压力膨胀水罐，可采用泄压阀泄压的措施。压力膨胀水罐(隔膜式或胶囊式)宜设置在水加热器和止回阀之间的冷水进水管或热水回水管上，用以吸收贮热设备及管道内水升温时的膨胀水量，防止系统超压，保证系统安全运行。隔膜式压力膨胀罐的构造如图 4-45 所示。

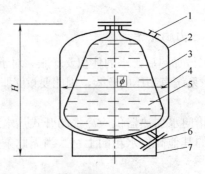

图 4-45 隔膜式压力膨胀罐

1—充气嘴；2—外壳；3—气室；4—隔膜；5—水室；6—接管口；7—罐座

膨胀水罐的总容积按式(4-43)计算。

$$V_e = \frac{(\rho_f - \rho)P_2}{(P_2 - P_1)\rho_r}V_s \qquad (4-43)$$

式中：$V_e$ ——膨胀水箱的总容积，$m^3$；

$\rho_f$ ——加热前加热、贮热设备内水的密度(相应 $\rho_f$ 的水温可按下述情况设计计算：加热设备为单台，且为定时供应热水的系统，可按进加热设备的冷水温度 $t_1$ 计算；加热设备为多台的全日制热水供应系统，可按最低回水温度确定)，$kg/m^3$；

$\rho_r$ ——热水的密度，$kg/m^3$；

$P_1$ ——膨胀水罐处管内水压力，MPa (绝对压力)，等于管内工作压力+0.1MPa；

$P_2$ ——膨胀水罐处管内最大允许水压力，MPa (绝对压力)，其数值可取 $1.05P_1$；

$V_s$ ——系统内的热水总容积(当管网系统不大时，$V_s$ 可按水加热设备的容积计算)，$m^3$。

# 实 训 模 块

## 模块 1：宾馆集中热水供应系统设计

1. 实训目的：通过设计，使学生能够巩固所学理论知识，熟练掌握集中热水供应系统设计的要点、方法和步骤，提高分析和解决实际问题的能力。

2. 实训题目：学校所在地某宾馆集中热水供应系统设计。

3. 设计资料：

(1) 建筑和地质资料(建筑平面图及剖面图、该建筑的地理位置、该地区的气象资料)。

(2) 给排水相关规范、标准图集、设计手册及相关专业书籍。

4. 实训内容：本设计宾馆集中热水供应系统。

5. 提交成果：

(1) 方案设计说明书(包括设计说明、耗热量计算、热水量、热媒耗量的计算；管网水力计算；选择加压设备、贮热设备、贮水设备及相关附件；供热方式)。

(2) 图纸绘制 4～6 张(室内热水供应首层平面图、标准层平面图、顶层平面图、系统图)。

6. 成绩评定：能准确运用设计资料 10 分，设计程序正确、选择计算公式正确 20 分，正确选择供水方式、加压和贮热设备 20 分，完成计算书、完成要求的绘图 40 分，服从指导老师要求，遵守纪律 10 分。

## 模块 2：热水管道保温

1. 实训目的：通过实训掌握热水供应系统管道保温程序和方法，增强学生的动手能力，掌握管道橡胶保温工艺及管工工具的使用方法。

2. 实训题目：热水管道保温。

3. 实训指导：

(1) 保温材料采用橡胶保温材料，保温厚度为 25mm，检查其材质、规格、质量，应确保符合设计及规范要求。

(2) 在管道试压合格后方可保温。保温前先将钢管、设备、阀门表面锈蚀消除，管道或

设备之间间隔符合规范要求。

(3) 采用套管法，可直接推过弯道等，安装冷水管和制冷设备管道的直管时，每 2m 用胶水将材料粘接起来，且涂胶面至少等于材料壁厚，安装时材料宜推勿拉。

(4) 如果管道已经安装封闭，采用划开套接法，用切割刀划开管面或用预先开槽的管材，切开后安装在管道上，在两割面涂上胶水，用手指测试胶水是否干化。当手指接触涂胶面时无粘手现象，封管时压紧黏结口两端，从两端向中间封合。

(5) 设备法兰保温、阀门保温：应符合法兰保温、阀门保温操作规范要求。

4．成绩评定：保温程序和方法正确 50 分，写实训总结报告 30 分，遵守纪律、服从指导 20 分。

# 思考题与习题

1．简述生活用热水定额确定的方法。

2．热水供水温度为什么适宜确定为 55～60℃？

3．在集中热水供应系统的设计中要特别注意哪些问题？

4．简述热水管道和设备结垢的原因及其危害。

5．热水供应系统主要有哪几部分组成？

6．简述快速式水加热器的特点，并指出其优、缺点和适用场合。

7．简述太阳能热水器的优、缺点。

8．对热水供应系统管材及管件有哪些基本要求？

9．简述在热水供水系统中，疏水器的作用。

10．简述热水供水管道系统中，为什么要设置自动排气？

11．在热水系统中，为什么要设置自然补偿管道和伸缩器？

12．在热水管道和设备进行保温时，应注意哪些问题？

13．为了使冷、热水供应系统在配水点处应有相近的水压，设计时应特别注意哪些问题？

14．试述在热水供应系统中，自然循环方式的特点。

15．试用简图表示热水配水管网下行上给式热水供水系统，并简述其优、缺点以及适用场合。

# 第5章 饮水供应

## 【学习要点及目标】

◆ 了解饮水供应系统的类型、饮水标准。

◆ 掌握饮水制备方法。

◆ 掌握饮水供应的水力计算方法。

## 【核心概念】

饮水供应系统、饮用水定额及小时变化系数等。

## 【引言】

水资源污染日益严重，饮水卫生成为人们关注的话题，随着生活水平的不断提高，室内卫生设施日益完善，人们对饮用水的水质要求也越来越高，《饮用净水水质标准》(CJ 94—2005)的实施，将促进净水技术的革新，使饮用水供应正规化。

为满足人们饮水的要求，制备饮水的方法也越来越多。目前，许多城市的居住小区已经将一般生活用水和饮用水分开供应，并安装了饮用净水系统。本章重点介绍饮用净水系统、饮水制备方法及相关计算。

# 5.1 饮水供应系统及制备方法

## 5.1.1 饮水供应系统

### 1．饮水的类型

目前饮水供应的类型主要有两类，一类是开水供应系统，另一类是冷饮水供应系统，采用何种类型主要依据人们的生活习惯和建筑物的使用要求。办公楼、旅馆、大学学生宿舍、军营等多采用开水供应系统，大型商场、娱乐场所等公共建筑、工矿企业生产产车间等多采用冷饮水供应系统。

### 2．饮水标准

1) 饮水量定额

饮用水定额及小时变化系数根据建筑物的性质或生活习俗以及地区的气候条件，如表 5-1 所示，表中所列数据适用于开水、温水、饮用自来水、冷饮水供应。但制备冷饮水时其冷凝器的冷却用水量不包括在内。

表 5-1　饮用水定额及小时变化系数

| 建筑物名称 | 单　位 | 饮用水量定额/L | 小时变化系数 $K$ | 开水温度/℃ | 冷饮水温度/℃ |
|---|---|---|---|---|---|
| 热车间 | 每人每班 | 3～5 | 1.5 | 100(105) | 14～18 |
| 一般车间 | 每人每班 | 2～4 | 1.5 | 100(105) | 7～10 |
| 工厂生活车间 | 每人每班 | 1～2 | 1.5 | 100(105) | 7～10 |
| 办公楼 | 每人每班 | 1～2 | 1.5 | 100(105) | 7～10 |
| 集体宿舍 | 每人每班 | 1～2 | 1.5 | 100(105) | 7～10 |
| 教学楼 | 每学生每日 | 1～2 | 2.0 | 100(105) | 7～10 |
| 医院 | 每病床每日 | 2～3 | 1.5 | 100(105) | 7～10 |
| 影剧院 | 每观众每场 | 0.2 | 1.0 | 100(105) | 7～10 |
| 招待所、旅馆 | 每客人每日 | 2～3 | 1.5 | 100(105) | 7～10 |
| 体育馆(场) | 每观众每日 | 0.2 | 1.0 | 100(105) | 7～10 |

注：1．开水温度括弧内字为闭式开水系统。

　　2．小时变化系数系指开水供应时间内的变化系数。

2) 饮水水质

各种饮水水质必须符合《生活饮用水卫生标准》(GB 5749—2006)，如表 5-2 所示，作为饮用的温水、生水和冷饮水，还应在接至饮水装置之前进行必要的过滤或消毒处理，以防贮存和运输过程中的再次污染。管道直饮水除了应在符合《生活饮用水卫生标准》(GB 5749—2006)的基础上进行深度处理，出水水质应符合《饮用净水水质标准》(CJ 94—2005)，具体要求项目及限值如表 5-3 所示。

表 5-2　生活饮用水卫生标准

| 指　标 | 限　值 |
|---|---|
| **微生物指标** | |
| 总大肠菌群/(MPN/100mL 或 CFU/100mL) | 不得检出 |
| 耐热大肠菌群/(MPN/100mL 或 CFU/100mL) | 不得检出 |
| 大肠埃希氏菌/(MPN/100mL 或 CFU/100mL) | 不得检出 |
| 菌落总数/(CFU/mL) | 100 |
| **毒理指标** | |
| 砷/(mg/L) | 0.01 |
| 镉/(mg/L) | 0.005 |
| 铬/(六价，mg/L) | 0.05 |
| 铅/(mg/L) | 0.01 |
| 汞/(mg/L) | 0.001 |
| 硒/(mg/L) | 0.01 |
| 氰化物/(mg/L) | 0.05 |
| 氟化物/(mg/L) | 1.0 |
| 硝酸盐/(以 N 计，mg/L) | 10<br>地下水源限制时为 20 |
| 三氯甲烷/(mg/L) | 0.06 |
| 四氯化碳/(mg/L) | 0.002 |
| 溴酸盐/(使用臭氧时，mg/L) | 0.01 |
| 甲醛/(使用臭氧时，mg/L) | 0.9 |
| 亚氯酸盐/(使用二氧化氯消毒时，mg/L) | 0.7 |
| 氯酸盐/(使用复合二氧化氯消毒时，mg/L) | 0.7 |
| **感官性状和一般化学指标** | |
| 色度(铂钴色度单位) | 15 |
| 浑浊度(NTU-散射浊度单位) | 1<br>水源与净水技术条件限制时为 3 |
| 臭和味 | 无异臭、异味 |
| 肉眼可见物 | 无 |
| pH (pH 单位) | 不小于 6.5 且不大于 8.5 |
| 铝/(mg/L) | 0.2 |
| 铁/(mg/L) | 0.3 |
| 锰/(mg/L) | 0.1 |
| 铜/(mg/L) | 1.0 |
| 锌/(mg/L) | 1.0 |
| 氯化物/(mg/L) | 250 |

续表

| 指　标 | 限　值 |
|---|---|
| 硫酸盐/(mg/L) | 250 |
| 溶解性总固体/(mg/L) | 1000 |
| 总硬度/(以 $CaCO_3$ 计，mg/L) | 450 |
| 耗氧量/($COD_{Mn}$法，以 $O_2$ 计，mg/L) | 3<br>水源限制，原水耗氧量＞6mg/L 时为 5 |
| 挥发酚类/(以苯酚计，mg/L) | 0.002 |
| 阴离子合成洗涤剂/(mg/L) | 0.3 |
| **放射性指标** | **指导值** |
| 总 α 放射性/(Bq/L) | 0.5 |
| 总 β 放射性/(Bq/L) | 1 |

注：1. MPN 表示最可能数；CFU 表示菌落形成单位。当水样检出总大肠菌群时，应进一步检验大肠埃希氏菌或耐热大肠菌群；水样未检出总大肠菌群，不必检验大肠埃希氏菌或耐热大肠菌群。

　　2. 放射性指标超过指导值，应进行核素分析和评价，判定能否饮用。

表 5-3　饮用净水水质标准

| 指　标 | 限　值 |
|---|---|
| **感官性状和一般化学指标** | |
| 色 | 5 度 |
| 浑浊度 | 0.5NTU |
| 臭和味 | 无异臭、异味 |
| 肉眼可见物 | 无 |
| pH | 6.0～8.5 |
| 总硬度(以 $CaCO_3$ 计) | 300(mg/L) |
| 铝 | 0.2(mg/L) |
| 铁 | 0.2(mg/L) |
| 锰 | 0.05(mg/L) |
| 铜 | 1.0(mg/L) |
| 锌 | 1.0(mg/L) |
| 挥发酚类(以苯酚计) | 0.002(mg/L) |
| 阴离子合成洗涤剂 | 0.2(mg/L) |
| 硫酸盐 | 100(mg/L) |
| 氯化物 | 100(mg/L) |
| 溶解性总固体 | 500(mg/L) |
| 耗氧量(以 $O_2$ 计) | 2(mg/L) |
| **毒理学指标** | |
| 砷 | 0.01(mg/L) |

续表

| 指　标 | 限　值 |
|---|---|
| 镉 | 0.003(mg/L) |
| 铬(正六价) | 0.05(mg/L) |
| 银(采用载银活性炭时测定) | 0.05(mg/L) |
| 氟化物 | 1.0(mg/L) |
| 铅 | 0.01(mg/L) |
| 汞 | 0.001(mg/L) |
| 硝酸盐(以 N 计) | 10(mg/L) |
| 硒 | 0.01(mg/L) |
| 四氯化碳 | 0.002(mg/L) |
| 氯仿 | 0.03(mg/L) |
| 溴酸盐(使用臭氧消毒时) | 0.01(mg/L) |
| 甲醛(使用臭氧消毒时) | 0.9(mg/L) |
| 亚氯酸盐(使用二氧化氯消毒时) | 0.7(mg/L) |
| 氯酸盐(使用二氧化氯消毒时) | 0.7(mg/L) |
| **细菌学指标** | |
| 细菌总数 | 50(CFU/mL) |
| 总大肠菌群 | 每 100mL 水样中不得检出 |
| 粪大肠菌群 | 每 100mL 水样中不得检出 |
| 余氯 | 0.01mg/L(管网末梢水) |
| 二氧化氯(使用二氧化氯消毒时) | 0.01mg/L(管网末梢水) |
| 臭氧(使用臭氧消毒时) | 0.01mg/L(管网末梢水) |

3) 饮水温度

(1) 开水：应将水烧至 100℃后并持续 3min，计算温度采用 100℃，饮用开水是我国采用较多的饮水方式。

(2) 冷饮水：其温度见表 5-1，国内除工矿企业(夏季劳保供应)和高级饭店外，较少采用。目前在一些星级宾馆、饭店中直接为客人提供瓶装矿泉水等饮用水。

(3) 温水：计算温度采用 50～55℃，目前我国采用较少。

(4) 生水：一般为 10～30℃，国外较多，国内一些饭店、宾馆提供这样的饮水系统。

## 5.1.2　饮水制备方法

### 1. 开水制备

通过开水炉将自来水烧开制得开水，属直接加热方式。利用热媒间接加热制备开水，属间接加热方式。这两种均为集中制备开水的方式。

制备开水不宜采用蒸汽直接加热方式。目前，常采用燃气、燃油开水炉、电加热开水炉，方便灵活。有的设备在制备开水的同时也可以制备冷饮水，较好地解决了由于气候变化引起的人们不同的需求。

## 2．冷饮水制备

冷饮水制备方式主要有三种。

(1) 自来水烧开后再冷却至饮水温度。

(2) 自来水经净化处理后再经水加热器加热至饮水温度。

(3) 自来水经净化处理后直接供给用户或饮水点。

冷饮水的常规处理方法是通过过滤和消毒去除自来水中的悬浮物、有机物和病菌。可采用活性炭过滤、砂滤、膜处理、电渗析等过滤方法；紫外线、加氯、臭氧消毒等消毒方法。

目前，很多地区、居住小区内部建立了优质水的供应站，以自来水为水源经过深度处理后，为居民提供直接饮用的优质水，如蒸馏水、纯净水等，受到了人们越来越多的关注。

# 5.1.3 饮水的供应方式

## 1．开水集中制备集中供应

在开水间集中制备，人们用容器取水饮用，如图 5-1 所示。

## 2．开水统一热源分散制备分散供应

在建筑中把热媒输送至每层，再在每层设开水间制备开水，如图 5-2 所示。

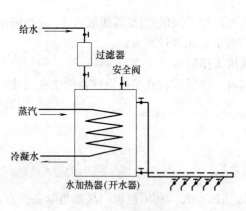

图 5-1 集中制备开水

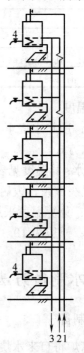

图 5-2 每层制备开水

1—给水；2—蒸汽；3—冷凝水；4—开水器

## 3．开水集中制备分散供应

在开水间统一制备开水，通过管道输送至开水取水点，这种系统对管道材质要求较高，确保水质不受污染，常采用耐腐蚀、符合食品级卫生要求的薄壁不锈钢管、薄壁铜管，允许使用工作温度大于100℃，配水水嘴宜用旋塞，如图5-3所示。

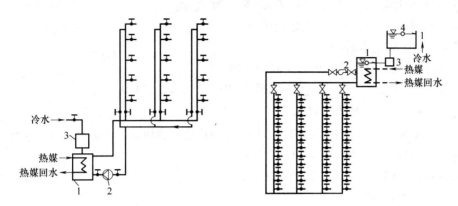

**图 5-3　管道输送开水全循环方式**

1—开水器(水加热器)；2—循环水泵；3—过滤器；4—高位水箱

### 4．冷饮水集中制备分散供应

对中小学校、体育场(馆)、车站、码头等人员流动较集中的公共场所，可以温水或自来水进行过滤或消毒集中制备，在通过管道输送至饮水点，通过饮水器饮用，如图5-4和图5-5所示。

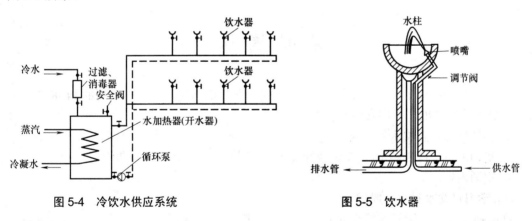

**图 5-4　冷饮水供应系统**　　　　　　**图 5-5　饮水器**

## 5.2　饮水供应的水力计算

饮用开水和冷饮水的用水量应根据饮水定额和小时变化系数计算，饮水定额和小时变化系数按表5-1选用。

最大时饮用水量计算公式如下。

$$q_{E\max} = K_k \frac{m q_E}{T} \tag{5-1}$$

式中：$q_{E\max}$——最大时饮用水量，L/h；

    $K_k$——小时变化系数；

    $q_E$——饮水定额 L/(人·d)或 L/(床·d)或 L/(观众·d)；

    $m$——用水计算单位数，人数或床位数；

    $T$——供应饮用水时间，h。

开水制备所需的最大时耗热量计算公式如下。

$$Q_k = (1.05\sim1.10)(t_k - t_L)q_{E\max} \cdot C\rho_r \tag{5-2}$$

式中：$Q_k$——最大时耗热量，kJ/h；

    $t_k$——开水温度，集中开水供应系统按100℃计，管道输送全循环系统按105℃计；

    $t_L$——冷水计算温度，按表4-4计算；

    $C$——水的比热，$C$=4.187kJ/(kg·℃)；

    $q_{E\max}$——同上式；

    $\rho_r$——热水的密度，kg/L。

冷水需要加热时，冷饮水制备所需的最大时耗热量计算公式为

$$Q_E = (1.025\sim1.10)(t_E - t_L)q_{E\max} \cdot C \cdot \rho_r \tag{5-3}$$

式中：$t_E$——冬季冷饮水的温度，一般取35~40℃；

其余符号同公式(5-2)。

管网的计算方法与步骤，以及设备选择方法与热水管网相同。但供水系统管道流速一般不大于1.0m/s，循环管道的流速可大于2.0m/s。

# 实 训 模 块

1. 实训目的：通过直饮水管道安装，使学生了解生活饮用水系统所选用的PP-R管件和管材，熟悉施工图纸，掌握安装方法。

2. 实训课题：直饮水管道安装。

3. 实训准备：施工图纸(由实训教师提供)、安装工具、PP-R管件和管材。

4. 实训内容：

(1) 学习直饮水材料一般规定。

产品质量要求：管材与管件内外壁应光滑平整、无气泡、裂口、裂纹、脱皮和明显的疤纹、凹陷，且色泽基本一致，冷水管、热水管必须有醒目的标志。管材的端面应垂直于管材的轴线。管件应完整、无缺损、无变形、无开裂。

(2) 管道连接。

a. 管材与管件连接均应采用热熔连接方式，不允许在管材与管件上直接套丝，与金属管道及用水器连接必须使用带金属嵌件的管件。

b. 热熔连接施工必须使用专用热熔工具，以确保熔接质量。

c. 施工应严格按规定的技术参数操作，在加热和插接过程中不能随意转动管材管件，应直接插入。正常熔接时，在结合面应有一均匀的熔接圈。

(3) 试压。

a. 冷水管试验压力：应为管道系统工作压力的 1.5 倍，但不得小于 1.0MPa。

b. 热水管试验压力：应为管道系统工作压力的 2.0 倍，但不得小于 1.5MPa。

c. 管道水压试验应符合下列规定：热熔连接管道，水压试验时间应在 24h 后进行；水压试验之前，管道应固定，接头须明露；管道注满水后，先排出管道内空气，进行水密性检查；加压宜用手动泵，升压时间不小于 10min，测定仪器的压力精度应为 0.01MPa；加压至规定试验压力后稳压 1h，测试压力降不得超过 0.06MPa，在工作压力的 1.15 倍状态下，稳压 2h，压力降不得超过 0.03MPa，同时检查各连接处不得渗漏。

(4) 验收。

# 思考题与习题

1. 有哪些常用的饮水供应系统？
2. 建筑内饮水设计应注意哪些问题？
3. 饮水系统中的过滤、消毒通常有哪些方法？

# 第6章　建筑内部排水系统

## 【学习要点及目标】

◆ 了解排水系统的分类、组成及排水体制。

◆ 熟悉排水管材、管件、各种卫生器具，并能正确选用。

◆ 理解排水管道的布置及敷设。

◆ 掌握排水设计秒流量的计算方法。

◆ 掌握排水系统水力计算方法。

◆ 能进行排水平面图、系统图的绘制。

◆ 能进行多层住宅排水系统设计计算。

## 【核心概念】

排水设计秒流量、排水当量、存水弯、通气管

## 【引言】

不管是生活还是生产用水，都将产生大量的污废水和臭气，该如何将其排出建筑物呢？这就是本章我们学习的内容：建筑内部排水系统及其相关知识。

# 6.1 排水系统的分类、体制和组成

## 6.1.1 排水系统的分类

按系统接纳污废水类型的不同，建筑内部排水系统可分为以下三类。

### 1．生活排水系统

生活排水系统是指排除居住建筑、公共建筑及工业企业生活污废水的系统。有时，由于污废水处理、卫生条件或杂用水水源的需要，把生活排水系统又进一步分为排除冲洗便器的生活污水排水系统和排除盥洗、洗涤废水的生活废水排水系统。生活废水经过处理后，可作为杂用水，用来冲洗厕所、浇洒绿地和道路、冲洗汽车等。

### 2．工业废水排水系统

工业废水排水系统是指排除生产工艺过程中产生的污废水的系统。为了便于污废水的处理和综合利用，按污染程度可将其分为生产污水排水系统和生产废水排水系统。生产污水污染程度较重，需要经过处理，达到排放标准后排放；生产废水污染程度较轻，如机械设备冷却水、生产废水可作为杂用水水源，也可经过简单处理后(如降温)回用或排入水体。

### 3．屋面雨水排除系统

屋面雨水排除系统是指收集排除降落到多跨工业厂房、大屋面建筑和高层建筑屋面上的雨雪水的系统。

## 6.1.2 排水体制的选择

### 1．排水体制

排水体制有分流制排水和合流制排水两种。

1) 分流制排水

将室内产生的不同性质的污、废水分别设置排水管道排出室外，称为分流制排水。

2) 合流制排水

将室内产生的不同性质的污、废水共用一套排水管道排出室外，称为合流制排水。

### 2．排水体制的选择

建筑内部排水体制的确定，应根据污水性质、污染程度，结合建筑外部排水系统的体制、是否有利于综合利用、中水系统的开发和污水的处理要求等因素综合考虑。

下列情况宜采用分流制排水。

(1) 两种污水合流后会产生有毒有害气体或其他有害物质时。

(2) 同类污染物质，但浓度差异大时。

(3) 医院污水中含有大量致病菌或含有放射性元素超过排放标准规定的浓度时。

(4) 不经处理和稍经处理后可重复利用的水量较大时。

(5) 建筑中水系统需要收集原水时。

(6) 餐饮业和厨房洗涤水中含有大量油脂时。

(7) 工业废水中含有贵重工业原料需回收利用，或含有大量矿物质或有毒和有害物质需要单独处理时。

(8) 锅炉、水加热器等加热设备排水水温超过 40℃等。

下列情况宜采用合流制排水。

(1) 城市有污水处理厂，生活废水不需回收利用时。

(2) 生产污水与生活污水性质相似时。

**3．污水排入市政排水管网的一般要求**

污水温度小于 40℃，如温度过高，会引起管道接头破坏造成漏水；污水 pH=6～9，浓度过高的酸、碱水会腐蚀管道，影响污水的进一步处理；不含大量固体物质，以防止管道阻塞；不含大量汽油或油脂等易燃液体，以免在管道中燃烧或爆炸；不含有毒有害物质。

## 6.1.3　排水系统的组成

建筑物内的排水系统设计水平关系到整个建筑物的设计质量，污水能否顺利、迅速地排出去，能否有效地防止污水管中的有毒有害气体进入室内等，是体现设计质量的重要内容，同时也是建筑内部排水系统的基本要求。建筑内部排水系统的组成如图 6-1 所示。

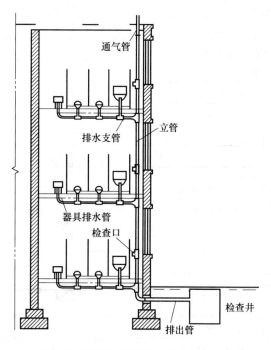

图 6-1　建筑物内部排水系统的组成

### 1. 卫生器具和生产设备受水器

卫生器具是建筑内部排水系统的起点，用以满足人们日常生活或生产过程中各种卫生要求，并收集和排出污废水的设备。设置卫生器具时，要求不透水、表面光滑、耐腐蚀、耐磨损、耐冷热、便于清扫等。

卫生器具指洗脸盆、浴盆、大便器、小便器、冲洗设备、淋浴设备、污水盆、洗涤盆等。除大便器以外，其他卫生器具都应该在排水口处设置栏栅，以防止粗大的污物进入管道系统，堵塞管道。各种卫生器具的结构、形式等各不相同，选用时应注意各种卫生器具的结构特点，以及与管道系统的配套、安装尺寸等。卫生器具的安装高度如表 6-1 所示。

表 6-1　卫生器具的安装高度

| 序　号 | 卫生器具名称 | 卫生器具边缘离地高度/mm | |
| --- | --- | --- | --- |
| | | 居住和公共建筑 | 幼儿园 |
| 1 | 架空式污水盆(池)(至上边缘) | 800 | 800 |
| 2 | 落地式污水盆(池)(至上边缘) | 500 | 500 |
| 3 | 洗涤盆(池)(至上边缘) | 800 | 800 |
| 4 | 洗手盆(至上边缘) | 800 | 500 |
| 5 | 洗脸盆(至上边缘) | 800 | 500 |
| 6 | 盥洗槽(至上边缘) | 800 | 500 |
| 7 | 浴盆(至上边缘) | 480 | — |
| | 残障人用(至上边缘) | 450 | — |
| | 按摩浴盆(至上边缘) | 450 | — |
| | 沐浴盆(至上边缘) | 100 | — |
| 8 | 蹲、坐式大便器(从台阶面至高水箱底) | 1800 | 1800 |
| 9 | 蹲式大便器(从台阶面至低水箱底) | 900 | 900 |
| 10 | 坐式大便器(至低水箱底) | — | |
| | 外露排出管式 | 510 | — |
| | 虹吸喷射式 | 470 | 370 |
| | 冲落式 | 510 | — |
| | 旋涡连体式 | 250 | — |
| 11 | 坐式大便器(至上边缘) | — | |
| | 外露排出管式 | 400 | — |
| | 旋涡连体式 | 360 | — |
| | 残障人用 | 450 | |
| 12 | 蹲便器(至上边缘) | 320 | |
| | 2 踏步 | 200～270 | |
| | 1 踏步 | | |
| 13 | 大便槽(从台阶面至冲洗水箱底) | 不低于 2000 | |
| 14 | 立式小便器(至受水部分上边缘) | 100 | |

续表

| 序　号 | 卫生器具名称 | 卫生器具边缘离地高度/mm | |
| --- | --- | --- | --- |
| | | 居住和公共建筑 | 幼儿园 |
| 15 | 挂式小便器(至受水部分上边缘) | 600 | 450 |
| 16 | 小便槽(至台阶面) | 200 | 150 |
| 17 | 化验盆(至上边缘) | 800 | — |
| 18 | 净身器(至上边缘) | 360 | — |
| 19 | 饮水器(至上边缘) | 1000 | — |

#### 2．排水管道系统

排水管道系统由器具排水管、横支管、立管、埋地横干管和排出管等部分组成。

#### 3．通气管道系统

建筑内部排水系统是水气两相流动，当卫生器具排水时，需向排水管道内补给新鲜空气，以减小气压变化，防止卫生器具水封被破坏，使水流通畅，同时也需将排水管道内的有毒有害气体排放到一定空间的大气中去，减缓金属管道的腐蚀。

#### 4．清通设备

一般有检查口、清扫口、检查井以及带有清通门(盖板)的90°弯头或三通接头等设备，作为疏通排水管道之用。

#### 5．抽升设备

民用建筑中的地下室、人防建筑物、高层建筑的地下技术层、某些工业企业车间地下或半地下室、地下铁道等地下建筑物内的污、废水不能自流排至室外时，必须设置污水抽升设备。

#### 6．污水局部处理构筑物

当建筑内部污水未经处理不允许直接排入城市下水道或污染水体时，必须设局部处理构筑物，如化粪池、隔油井(池)、降温池等。

## 6.2　排水管道中水气流动的物理现象

### 6.2.1　建筑内部排水流动特征

由于污废水中可能含有各种固体杂质，管道内实际上是气、水、固三相流动，一般情况下固体杂质所占的排水体积比较小，为简化分析，可认为排水管道内为气水两相流动，而且建筑物内各个卫生器具排放污水的时间是随机的，因此建筑内部排水管道中的水流现象比较复杂。一般来说，排水管系统的主要特点如下。

### 1．水量变化大

各种卫生器具排放污水的状况不同，但一般规律是排水历时短，瞬间流量大，高峰流量时可能充满整个管道断面，流量变化幅度大。管道不是始终充满水，流量时有时无、时小时大。在大部分时间内管道中可能没有水或者只有很小的流量。

### 2．气压变化幅度大

当卫生器具不排水时，排水管道中是气体，通过通气管与大气相连通；当卫生器具排水时，如瞬间排水量比较大，管道内的气压就会有较大幅度的变化。

### 3．水流速度变化大

在建筑内部污水排放的过程中，水流方向和速度大小都发生改变，而且变化幅度很大。污水排放的顺序是：从卫生器具排入横支管，由横支管进入排水立管，再由排水立管进入排水横干管排出室外。建筑内部横管与立管交替连接，当水流由横管流入立管中时，水流在重力作用下加速下降，气水混合；在立管最底部水流进入排水横干管时，水流突然改变方向，速度骤然减小，同时发生气水分离现象。

### 4．事故危害大

室内污、废水中含有部分固体杂质，容易使管道排水不畅，堵塞管道，造成污水外溢时，有毒有害气体可能排入室内，将使室内空气恶化，直接危害人体健康，危害比较大。

由于排水管系的水流运动很不稳定，压力变化大，排水管中的水流物理现象对于排水管的正常工作影响很大。为了合理地设计室内排水管道系统，既要保证排水系统的安全运行，又要尽量使管线短、管径小、造价低，需要对建筑内部的排水管道中的水气流动现象进行认真的研究，以保证设计合理、运行正常。

## 6.2.2 排水横管中的水流现象

排水横管包括横支管和横干管，横支管和横干管所处的位置不同，管中的水流物理现象也不同。

### 1．水封的作用

水封是利用在弯管内存有一定高度的水，利用一定高度的静水压力来抵抗排水管内气压的变化，以防止排水管内的有害气体进入室内的措施。水封通常由存水弯来实现，常用的管式存水弯有 P 形和 S 形两种，如图 6-2 所示。

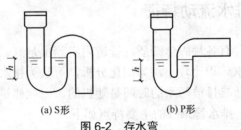

(a) S形          (b) P形

图 6-2 存水弯

存水弯中的水柱高度 $h$ 称为水封高度。存水弯靠排水本身的水流来达到自净作用。建筑内部各种卫生器具存水弯的水封深度不得小于 50mm，一般取 50～100mm。水封高度过大，抵抗管道内压力波动的能力强，但自净作用减小，水中的固体杂质不易顺利排入排水横管；水封高度过小，固体杂质不易沉积，但抵抗管内压力变化的能力差。

排水系统中水封是比较薄弱的环节，常常因静态和动态原因造成存水弯内水封高度减小，不足以抵抗管道内允许的压力变化值时($\pm 25mmH_2O$)，管道内气体进入室内的现象叫水封破坏。在一个排水系统中，只要有一个水封被破坏，整个系统的平衡就被打破。为了防止水封被破坏，存水弯的形式不断地改进，出现了很多新型的存水弯，如管式存水弯、瓶式存水弯、筒式存水弯、钟罩式存水弯、间壁式存水弯和阀式存水弯等。设计时可根据不同的使用条件，选择不同的存水弯。

### 2. 横支管中的水流现象

图 6-3 所示为连接 3 个卫生器具的横支管。当排水立管大量排水的同时，中间的卫生器具 $B$ 突然放水，在与卫生器具连接处的排水横支管内，水流呈八字形，在其前后形成水跃。$AB$ 和 $BC$ 段内气体不能自由流动形成正压，使 $A$ 和 $C$ 两个存水弯进水端水面上升，如图 6-3(a)所示。这种管内局部形成正压，使存水弯中的水面上升的现象称为回压，如果压力波动较大，还有可能出现正压喷溅，引起水封破坏。随着 $B$ 卫生器具排水的逐渐减少，在横支管坡度作用下，水流向 $D$ 点做单向运动。$AB$ 和 $BC$ 段因得不到空气补充而形成负压，$A$ 和 $C$ 存水弯内形成诱导虹吸，损失部分水量，使 $A$ 和 $C$ 存水弯内水封高度降低，如图 6-3(b)所示。如 $B$ 点流量比较大，水流充满整个管道断面，向 $D$ 点流动，在 $C$ 点处也可能形成负压抽吸，造成 $C$ 点存水弯水面下降。另外如果此时立管上还有其他卫生器具排水，大量水流沿立管下降，把 $D$ 点封闭，则 $AB$ 段和 $BC$ 段内的气体都不能自由流动，污水下落的速度比较快，动能大，压力降低，则可能导致横支管上连接的存水弯产生负压抽吸。负压抽吸和正压喷溅现象都是由于管道内的压力变化引起的，都有可能造成水封被破坏。由于生活污水排水管道设计有足够的充满度，当冲激流在短时间内形成高峰流量时，排水管道有足够的空间容纳高峰负荷，并且水流速度大，一般不会出现从卫生器具存水弯冒水的现象，同时冲激流对于横支管中的沉积物具有很强的冲刷作用，可以将固体杂质随着污水一起从管道中排除，有利于横支管的排水。同时，由于卫生器具距横支管的高差较小(小于1.5m)，污水在 $B$ 点的动能小，形成的水跃低，所以排水横支管自身排水造成的排水横支管内的压力波动不大。

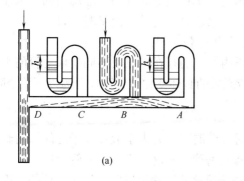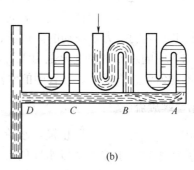

图 6-3　横支管内的压力变化

### 3. 横干管中的水流现象

横干管在立管和室外排水检查井之间，接纳的卫生器具多，存在着多个卫生器具同时排水的可能性，室内污水的排放特点是时间短、流量大，因而流速大、能量大。在立管与横干管连接处，当立管排水量过大时，在管道拐弯处受阻，形成水跃，产生冲激流。此时混掺在水流中的气体因受阻不能自由流动，并且在短时间内受到强烈压缩，从而使该处管道内的压力急剧增大，形成正压区，造成回压。在立管与横干管连接处的水平管段上产生的回压现象，有时能使污水从底层卫生器具的存水弯中喷溅出来，冲击流过后，卫生器具的水封可能被破坏。因此，在排水系统没有通气立管时，在设计中规定最底层横支管与地下横干管中心线的间距应有一个最小高度，否则最底层或排水立管的汇合层的横支管要单独排放；最低排水横支管与立管连接处距排水立管的管底垂直距离，不得小于表 6-2 所示的距离。

表 6-2　最低横支管与立管连接处至立管管底的最小垂直距离

| 立管连接卫生器具的层数 | 垂直距离/m | |
|---|---|---|
| | 仅设伸顶通气 | 设通气立管 |
| ≤4 | 0.45 | 按配件最小安装尺寸确定 |
| 5～6 | 0.75 | |
| 7～12 | 1.20 | |
| 13～19 | 3.00 | 0.75 |
| ≥20 | 3.00 | 1.20 |

注：单根排水立管的排出管宜与排水立管管径相同。

从表 6-2 中可以看出，高层建筑中的底层排水横支管一般都要单独排放。

## 6.2.3　立管中的水流现象

由于卫生器具排水的特点，污水由横支管排入立管时，初期水流水量是逐渐增加的，达到高峰后，水量递减。排水立管水流状态的基本特点是断续的、非均匀的、水流带有空气，水流下落时是水气混合的两相不稳定流。水流时断时续，流量时大时小，满流与非满流交替，因此管内的压力是波动的，正压、负压交替出现。

排水立管中的水流现象主要是由于管道内空气的存在，以及不同层横支管的水流流入立管时的不均匀状态造成的。立管中的水流现象的具体变化过程可以分为以下几个阶段。

### 1. 附壁螺旋流

由于排水立管的管道内壁粗糙，水流对管壁的附着力大于液体分子之间的内聚力，因此当排水量较小时，水流不能以水团的形式脱离管壁坠落，而是沿着管壁向下流动。由于管壁的粗糙对水流的摩擦阻力作用，水流是沿着管壁呈螺旋形向下加速流动的，因螺旋运动产生离心力，使水流密实，气液界面清晰，水流挟气现象不明显。其结果是：螺旋流状态下，水流没有充满整个管道断面，管道中心气流正常，水流下降时，不影响立管中的气压变化，管内气压稳定。

### 2．立管排水量增大——薄膜流

当排水量进一步增加时，由于空气阻力和管壁的摩擦力的共同作用，水量增大到足够覆盖住管壁时，水流由螺旋形向下运动变成沿着管壁呈一定厚度的薄膜状加速向下运动。此时水流没有离心力的作用，只受水流重力和管壁摩擦阻力的影响。气水界面不明显，水流向下运动时有挟气现象。但此时排水量比较小，管道中间的气流仍然可以正常流动，立管中的气压变化不大，但这种状态历时比较短。薄膜流状态时，水流的断面积与管道断面积的比值常常小于 1/4，随着流量的进一步增加，水流的断面积不断增大，很快就过渡到下一个状态。

### 3．等速水膜流

随着水流下降速度的进一步增加，由于空气阻力和管道壁面的摩擦力的共同作用，水流沿管壁下落运动，形成一定厚度带有横向隔膜的附壁环状水膜流。上部横向隔膜和附壁环状水膜流一起向下运动，但两者的运动方式不同。环状水膜流形成以后比较稳定，水膜下降速度与水膜的厚度近似成正比。当水膜向下运动时，受到向上的管壁的摩擦阻力与向下的重力，两者平衡时，水膜向下运动的加速度为零，即水膜的下降速度不再变化，一直以该速度下降到立管底部不再变化，水膜的厚度基本上也不变化。这一状态为等速水膜流状态，此时的水膜速度为终限速度，从排水横支管水流入口处至终限速度形成处的高度称为终限长度。横向隔膜不稳定，向下运动时，隔膜下部的管内压力增加，但压力增加值小于 245Pa(根据实验，水封不被破坏的控制压力变化范围是±245Pa)，管内气体将横向隔膜冲破，管内压力恢复正常。在水流继续下降的过程中，又形成新的横向隔膜。横向隔膜的形成和破坏在水流下降的过程中交替进行，导致立管内的压力有波动。

在没有设置专用通气管的排水立管中，处于等速水膜流状态时，水流的断面积一般占管道断面积的 1/3～1/4。这一阶段立管内的压力在一定的范围内波动，排水立管中心部分，气流仍然可以流动，此时立管的通水能力最大。管中气压的变化达到了临界状态，但未达到破坏横支管上的卫生器具的水封程度。

### 4．水塞流

当排水量继续增加,沿管壁的薄膜厚度逐渐加厚,水膜断面与立管断面之比大于 1/3 时,横向隔膜的形成与破坏越来越频繁,水膜厚度不断增加,当隔膜下部的压力不能冲破隔膜时,即形成较稳定的水塞流。水塞在立管中下落是有压力的等加速运动,随着水塞的下落,管中的气压发生激烈变化,水塞下面排气不畅,形成正压,水塞上面补气不足,被抽吸而形成负压。当管内压力波动大于±245Pa 时,会形成正压喷溅或负压抽吸而破坏水封,导致排水管道系统不能正常工作。

综上所述，在水塞没有形成之前，水膜流动或薄膜流动时，由于水流在下落的过程中携带了部分气体，水膜的厚度也不可能完全不变，所以管内气体的容积是变化的，则管内气压也是变化的，但是这种变化波动较小，对横支管上的卫生器具的水封影响不大。水塞形成以后，管内气压的剧烈波动对水封造成比较大的影响。因此，为保证排水系统的安全可靠和经济合理，排水立管设计流量的负荷极限值(允许设计流量)是按立管内的水流状态应控制在等速水膜流状态，在保证系统安全的条件下，通水能力最大的状态而确定的。

# 6.3  排水管材及附件

## 6.3.1  常用排水管材

敷设在建筑内部的排水管道要求其有足够的机械强度、抗污水侵蚀性能好、不漏水等。生活污水管道一般采用排水铸铁管或硬聚氯乙烯管；当管径小于 50mm 时，可采用钢管；生活污水埋地管道可采用带釉的陶土管。工业废水管道的管材，应根据废水的性质、管材的机械强度及管道敷设方式等因素，经技术比较后确定。

### 1. 铸铁管

1) 排水铸铁管

排水铸铁管是建筑内部排水系统目前常用的管材，常用的有排水铸铁承插口直管、排水铸铁双承直管，管径为 50～200mm。图 6-4 所示为排水铸铁承插口直管，规格如表 6-3 所示。其管件有弯管、管箍、弯头、三通、四通、瓶口大小头(锥形大小头)、存水弯、检查口等，如图 6-5 所示。排水铸铁管具有耐腐蚀性能强、使用寿命长、价格便宜等优点。

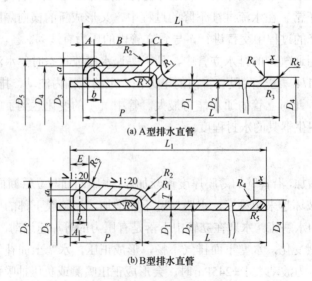

(a) A型排水直管

(b) B型排水直管

图 6-4  排水铸铁承插直管

注：承口凹槽和插口凸缘根据工艺特性或需方要求可不铸出。

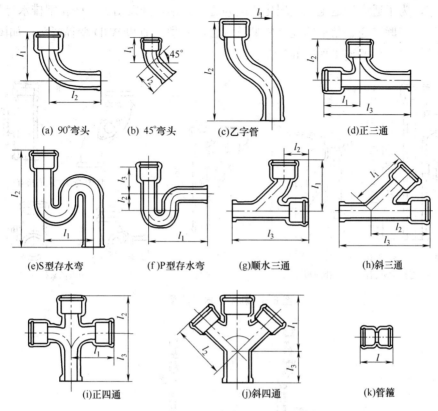

(a) 90°弯头　　(b) 45°弯头　　(c)乙字管　　(d)正三通

(e)S型存水弯　　(f)P型存水弯　　(g)顺水三通　　(h)斜三通

(i)正四通　　(j)斜四通　　(k)管箍

图 6-5　常用铸铁排水管件

表 6-3　排水直管承、插口尺寸　　　　　　　　　单位：mm

| | 公称直径 DN | 壁厚 T | 内径 $D_1$ | 外径 $D_2$ | 承口尺寸 | | | | | | | | | | | 插口尺寸 | | | |
|---|---|---|---|---|---|---|---|---|---|---|---|---|---|---|---|---|---|---|---|
| | | | | | $D_3$ | $D_4$ | $D_5$ | A | B | C | P | R | $R_1$ | $R_2$ | a | b | $D_6$ | X | $R_4$ | $R_4$ |
| A型 | 50 | 4.5 | 50 | 59 | 73 | 84 | 98 | 10 | 48 | 10 | 65 | 6 | 15 | 8 | 4 | 10 | 66 | 10 | 15 | 5 |
| | 75 | 5 | 75 | 85 | 100 | 111 | 126 | 10 | 53 | 10 | 70 | 6 | 15 | 8 | 4 | 10 | 92 | 10 | 15 | 5 |
| | 100 | 5 | 100 | 110 | 127 | 139 | 154 | 11 | 57 | 11 | 75 | 7 | 16 | 8.5 | 4 | 12 | 117 | 15 | 15 | 5 |
| | 125 | 5.5 | 125 | 136 | 154 | 166 | 182 | 11 | 62 | 11 | 80 | 7 | 16 | 9 | 4 | 12 | 143 | 15 | 15 | 5 |
| | 150 | 5.5 | 150 | 161 | 181 | 193 | 210 | 12 | 66 | 12 | 85 | 7 | 18 | 9.5 | 4 | 12 | 168 | 15 | 15 | 5 |
| | 200 | 6 | 200 | 212 | 232 | 246 | 264 | 12 | 76 | 13 | 95 | 7 | 18 | 10 | 4 | 12 | 219 | 15 | 15 | 5 |

| | 公称直径 DN | 壁厚 T | 内径 $D_1$ | 外径 $D_2$ | 承口尺寸 | | | | | | | | | | | 插口尺寸 | | | |
|---|---|---|---|---|---|---|---|---|---|---|---|---|---|---|---|---|---|---|---|
| | | | | | $D_3$ | $D_5$ | E | P | R | $R_1$ | $R_2$ | $R_3$ | A | a | b | $D_6$ | X | $R_4$ | $R_5$ |
| B型 | 50 | 4.5 | 50 | 59 | 73 | 98 | 18 | 65 | 6 | 15 | 12.5 | 25 | 10 | 4 | 10 | 66 | 10 | 15 | 5 |
| | 75 | 5 | 75 | 85 | 100 | 126 | 18 | 70 | 6 | 15 | 12.5 | 25 | 10 | 4 | 10 | 92 | 10 | 15 | 5 |
| | 100 | 5 | 100 | 110 | 127 | 154 | 20 | 75 | 7 | 16 | 14 | 25 | 11 | 4 | 12 | 117 | 15 | 15 | 5 |
| | 125 | 5.5 | 125 | 136 | 154 | 182 | 20 | 80 | 7 | 16 | 14 | 25 | 11 | 4 | 12 | 143 | 15 | 15 | 5 |
| | 150 | 5.5 | 150 | 161 | 181 | 210 | 20 | 85 | 7 | 18 | 14.5 | 25 | 12 | 4 | 12 | 168 | 15 | 15 | 5 |
| | 200 | 6 | 200 | 212 | 232 | 264 | 25 | 95 | 7 | 18 | 15 | 25 | 12 | 4 | 12 | 219 | 15 | 15 | 5 |

近几年，为了适应管道施工装配化，提高施工效率，开发出了一些新型排水异型管件，如二联三通、三联三通、角形四通、H 型透气管、Y 型三通和 WJD 变径弯头，如图 6-6 所示。各种铸铁管管件的连接如图 6-7 所示。

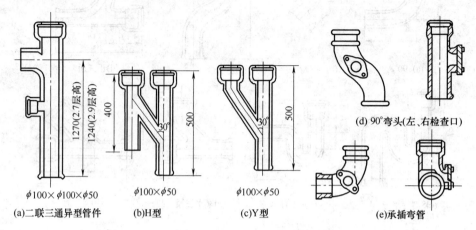

图 6-6　新型排水异型管件

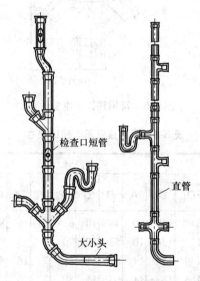

图 6-7　铸铁管管件连接

2) 柔性抗震排水铸铁管

随着高层和超高层建筑的迅速兴起，一般以石棉水泥或青铅为填料的刚性接头排水铸铁管，已不能适应高层建筑各种因素所引起的变形，尤其是有抗震设防要求的地区，对重力排水管道的抗震设防，成为最应重视的问题。

高耸构筑物和建筑高度超过 100m 的建筑物，排水立管应采用柔性接口；排水立管在 50m 以上，或在抗震设防 8 度地区的高层建筑，应在立管上每隔一层设置柔性接口；在抗震设防 9 度的地区，立管和横管均应设置柔性接口。其他建筑在条件许可时，也可采用柔性接口。

我国当前采用较为广泛的一种柔性抗震排水铸铁管是 GP-1 型，如图 6-8 所示。它采用橡胶圈密封，螺栓紧固，具有较好的曲挠性、伸缩性、密封性及抗震性能，且便于施工。

近年来，国外采用如图 6-9 所示的柔性抗震排水铸铁管，它采用橡胶圈及不锈钢带连接，具有装卸简便、易于安装和维修等优点。

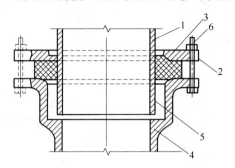

图 6-8　柔性排水铸铁管件接口

1—直管、管件直部；2—法兰压盖；3—橡胶密封圈；

4—承口端头；5—插口端头；6—定位螺栓

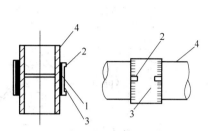

图 6-9　排水铸铁管接头

1—橡胶圈；2—卡箍螺栓；

3—不锈钢带；4—排水铸铁管

### 2．钢管

当排水管道管径小于 50mm 时，宜采用钢管，主要用于洗脸盆、小便器、浴盆等卫生器具与排水横支管间的连接短管，管径一般为 32mm、40mm、50mm。工厂车间内振动较大的地点也可采用钢管代替铸铁管。但应注意分清其排出的工业废水是否对金属管道有腐蚀性。

### 3．排水塑料管

目前在建筑内使用的排水塑料管是硬聚氯乙烯塑料管(UPVC 管)。具有重量轻、耐腐蚀、不结垢、内壁光滑、水流阻力小、外表美观、重量轻、容易切割、便于安装、节省投资和节能等优点，但塑料管也有缺点，如强度低、耐温性能差(使用温度在-5℃～+50℃之间)、线性膨胀量大、立管产生噪声、易老化、防火性能差等。排水塑料管通常标注公称外径 De，其规格如表 6-4 所示。

表 6-4　排水硬聚氯乙烯塑料管规格

| 公称直径/mm | 40 | 50 | 75 | 100 | 150 |
| --- | --- | --- | --- | --- | --- |
| 外径/mm | 40 | 50 | 75 | 110 | 160 |
| 壁厚/mm | 2.0 | 2.0 | 2.3 | 3.2 | 4.0 |
| 参考重量/(g/m) | 341 | 431 | 751 | 1535 | 2803 |

排水塑料管的管件较齐备，共有 20 多个品种、70 多个规格，应用非常方便，如图 6-10 所示。在使用 UPVC 排水管时，应注意以下几个问题。

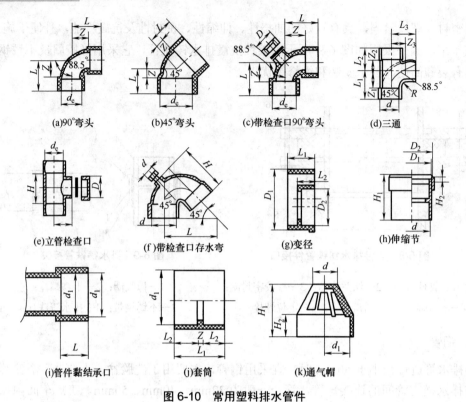

图 6-10　常用塑料排水管件

(1) UPVC 排水管的水力条件比铸铁管好，泄流能力大，确定管径时，应使用塑料排水管的参数进行水力计算或查相应的水力计算表。

(2) 受环境温度或污水温度变化引起的伸缩长度可按公式(6-1)计算：

$$\Delta L = La\Delta t \tag{6-1}$$

式中：$\Delta L$——管道温升长度，m；

$L$——管道计算长度，m；

$a$——线性膨胀系数，一般采用$(6\sim8)\times10^{-5}$，m/(m·℃)；

$\Delta t$——温差，℃。

公式(6-1)中的温差 $\Delta t$ 受两方面因素影响，即管道周围空气的温度变化和管道内水温的变化，可按公式(6-2)计算：

$$\Delta t = 0.65\Delta t_s + 0.1\Delta t_g \tag{6-2}$$

式中：$\Delta t_s$——管道内水的最大变化温度差，℃；

$\Delta t_g$——管道外空气的最大变化温度差，℃。

(3) 消除 UPVC 管道受温度影响引起的伸缩量，通常采用设置伸缩节的办法予以解决，伸缩节的设置如图 6-11 所示。伸缩节的设置应符合下列规定。

① 立管应每层设一伸缩节。

② 横支管上汇流配件至立管的直线管段大于 2m 时应设置伸缩节。

③ 横干管设置伸缩节应经计算确定。

④ 伸缩节应设置在汇合配件处，横干管伸缩节设置在汇合配件上游端。

⑤ 横管伸缩节应采用承压橡胶密封圈或横管专用伸缩节。

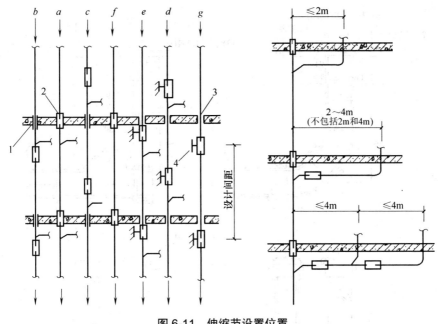

图 6-11　伸缩节设置位置

## 6.3.2　排水管道附件

### 1. 检查口与清扫口

检查口和清扫口的作用是供管道清通时使用，如图 6-12 所示。清扫口一般设在排水横管上，其构造如图 6-12(a)所示；检查口是一个带盖板的开口短管，其构造如图 6-12(b)所示，拆开盖板便可以进行管道清通，检查口一般安装在排水立管上。埋地管道上的检查口应设在检查井内，以便清通操作，检查井直径不得小于 0.7m，如图 6-12(c)所示。

(1) 在生活排水管道上，应按下列规定设置检查口和清扫口。

① 铸铁排水立管上检查口之间的距离不宜大于 10m，塑料排水立管宜每六层设置一个检查口；但在建筑物最底层和设有卫生器具的二层以上建筑物的最顶层，应设置检查口，当立管水平拐弯或有乙字弯管时，在该层立管拐弯处或乙字管的上部应设检查口。

② 在连接 2 个及 2 个以上的大便器或 3 个及 3 个以上卫生器具的铸铁排水横管上，宜设置清扫口；在连接 4 个及 4 个以上的大便器的塑料排水横管上宜设置清扫口。

③ 在水流偏转角大于 45°的排水横管上，应设检查口或清扫口(可采用带清扫口的配件替代)。

④ 当排水立管底部或排出管上的清扫口至室外检查井中心的最大长度大于表 6-5 所示的数值时，应在排出管上设清扫口。

表 6-5　排水立管或排出管上的清扫口至室外检查井中心的最大长度

| 管径/mm | 50 | 75 | 100 | 100 以上 |
|---|---|---|---|---|
| 最大长度/m | 10 | 12 | 15 | 20 |

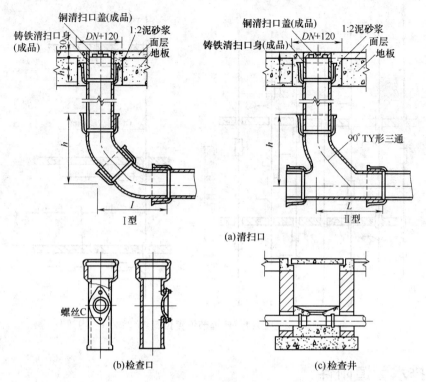

图 6-12　清通设备

⑤ 排水横管的直线管段上检查口或清扫口之间的最大距离应符合表 6-6 所示的规定。

表 6-6　排水横管的直线管段上检查口或清扫口之间的最大距离

| 管径/mm | 清扫设备种类 | 距离/m | |
| --- | --- | --- | --- |
| | | 生活废水 | 生活污水 |
| 50～75 | 检查口 | 15 | 12 |
| | 清扫口 | 10 | 8 |
| 100～150 | 检查口 | 20 | 15 |
| | 清扫口 | 15 | 10 |
| 200 | 检查口 | 25 | 20 |

(2) 在排水管道上设置清扫口应符合下列规定。

① 在排水横管上设清扫口,宜将清扫口设置在楼板或地坪上,且与地面相平。排水横管起点的清扫口与其端部相垂直的墙面的距离不得小于 0.2m(当排水横管悬吊在转换层或地下室顶板下设置清扫口有困难时,可用检查口替代清扫口)。

② 排水管起点设置堵头代替清扫口时,堵头与墙面应有不小于 0.4m 的距离(可利用带清扫口弯头的配件代替清扫口)。

③ 在管径小于 100mm 的排水管道上设置清扫口,其尺寸应与管道同径;管径大于或等于 100mm 的排水管道上设置清扫口,应采用 100mm 直径清扫口。

④ 铸铁排水管道设置的清扫口，其材质应为铜质；硬聚氯乙烯管道上设置的清扫口的材质应与管道相同。

⑤ 排水横管连接清扫口的连接管及管件应与清扫口同径，并采用45°斜三通和45°弯头或由两个45°弯头组合的管件。

(3) 在排水管上设置检查口应符合下列规定。

① 立管上设置检查口，应在地(楼)面以上1.00m，并应高于该层卫生器具上边缘0.15m。

② 埋地横管上设置检查口时，检查口应设在砖砌的井内(可采用密闭塑料排水检查井替代检查口)。

③ 地下室立管上设置检查口时，检查口应设置在立管底部之上。

④ 立管上检查口的检查盖应面向便于检查清扫的方位，横干管上的检查口应垂直向上。

## 2. 通气帽

在通气管顶端应设通气帽，以防止杂物进入管内，其型式一般有甲型和乙型两种，如图6-13所示。甲型通气帽采用20号铁丝编绕成螺旋形网罩，可用于气候较暖和的地区；乙型通气帽采用镀锌铁皮制成，适用于冬季室外温度低于-12℃的地区，它可避免因潮气结冰霜封闭网罩而堵塞通气口的现象发生。

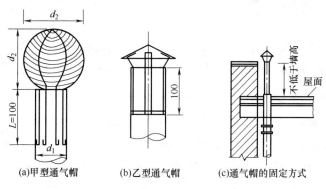

(a)甲型通气帽     (b)乙型通气帽     (c)通气帽的固定方式

图6-13 通气帽

## 3. 隔油具

隔油具通常用于厨房等场所，如图6-14所示。隔油具对排入下水道前的含油脂污水进行初步处理，隔油具装在水池的底扳下面，亦可设在几个小水池的排水横管上。

## 4. 滤毛器

理发室、游泳池、浴池的排水中往往夹带毛发等，易造成管道堵塞，所以在以上场所的排水支管上应安装滤毛器。滤毛器的构造如图6-15所示。

## 5. 存水弯

存水弯是设置在卫生器具内部或与卫生器具排水管连接、带有水封的配件。存水弯中的水封是由一定高度的水所形成，其高度不得小于50mm，用以防止排水管道系统中的有毒有害气体窜入室内。

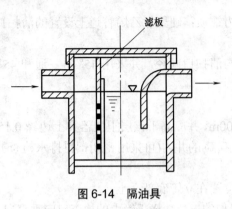

图 6-14　隔油具

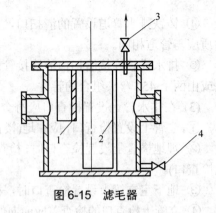

图 6-15　滤毛器

1—缓冲板；2—滤网；3—放气阀；4—排污阀

# 6.4　排水管道的布置与敷设

## 6.4.1　排水管道的布置

排水管道布置的基本原则是：技术上满足水力条件最佳，保证安全使用，不出现跑冒滴漏，保护管道不受破坏，建设投资和日常维护管理费用最低，美观、使用。

### 1．排水管道的布置要求

排水管道的布置一般应满足以下要求：应尽量使排水管道距离最短，管道转弯最少；排水立管应设置在最脏、杂质最多及排水量最大的排水点处，立管尽量不转弯；排水管道不得布置在遇水能引起爆炸、燃烧或损坏的产品和设备的上方；排水管道不得布置在食堂、饮食业厨房的操作烹调、备餐部位以及浴池、游泳池的上方；排水管道不得布置在食品和贵重物品仓库、通风小室、变配电间和电梯机房；排水管道不得穿越伸缩缝、沉降缝、烟道和风道。对于不得不穿越沉降缝时应采取预留沉降量，设置柔性连接等措施，穿越伸缩缝时应安装伸缩器；排水埋地管，不得穿越生产设备基础或布置在可能受到重物压坏处；排水管道不得穿越卧室、病房、图书馆书库等对卫生、安静要求比较高的房间，并不应靠近与卧室或图书馆书库相邻的内墙；生活饮用水水池(水箱)的上方不得布置排水管道，而且在周围 2m 以内不应有污水管道。

塑料排水管道除满足以上要求外，还应符合以下规定：避免布置在热源附近，如不能避免，应采取隔热措施，立管与家用灶具边缘的净距不得小于 0.4m；避免布置在易受机械撞击处，如不能避免，应采用设金属套管等防护措施。

### 2．同层排水问题

《建筑给水排水设计规范》(GB 50015—2003)(2009 年版)规定：住宅卫生间的卫生器具排水管不宜穿过楼板进入他户。这一规定适应了近年来对住宅建筑商品化的发展趋势，住宅作为私人空间，有拒绝他人进入的权利。为了避免下排水式的卫生器具一旦堵塞，清通时对下层住户产生影响，可采用同层排水的方式。

同层排水方式即卫生器具排水管不穿越楼层，同时能满足重力流排水和排水通畅的要求。例如，地漏或大便器采用后排水，直接排入立管，从而避免了穿越楼板，如图 6-16 所示。同层排水如需要设置地漏，则需要将卫生间的整体或局部地面楼板降低 300mm，管道在填层中敷设。这种做法的关键是要考虑面层的防水，以保证安全。

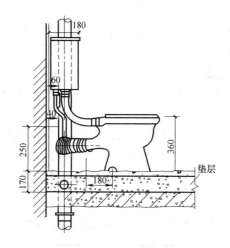

图 6-16　后排水式坐便器

同层排水设计应符合下列要求。

(1) 地漏设置应符合下列要求(一般技术要求)。

① 厕所、盥洗室等需经常从地面排水的房间，应设置地漏。

② 住宅套内应按洗衣机位置设置洗衣机排水专用地漏或洗衣机排水存水弯，排水管道不得接入室内雨水管道(一般技术要求)。

③ 带水封的地漏水封深度不得小于 50mm。

(2) 地漏的选择应符合下列要求。

① 应优先采用具有防涸功能的地漏。

② 在无安静要求和无需设置环形通气管、器具通气管的场所，可采用多通道地漏。

③ 食堂、厨房和公共浴室等排水宜设置网框式地漏。

④ 严禁采用钟罩(扣碗)式地漏(淘汰设备)。

(3) 排水管道坡度和最大设计充满度应符合表 6-14 和表 6-15 的要求。

(4) 器具排水横支管布置和设置标高不得造成排水滞留、地漏冒溢。

(5) 埋设于填层中的管道不得采用橡胶圈密封接口。

(6) 当排水横支管设置在沟槽内时，回填材料、面层应能承载器具、设备的荷载。

(7) 卫生间地坪应采取可靠的防渗漏措施。

## 6.4.2　排水管道的敷设与连接

排水管道尽量采用明装，造价低，排水管一般管径比较大，又需要经常清通、一般建筑大多采用明装。建筑物的建筑标准较高时，或有特殊要求时，可采用暗装，将管道敷设在吊顶内、管井内、管槽内，但也要便于安装和检修；底层的横支管一般埋设在地下，排出管理在底层地下或吊在地下室的顶板下。

排水管道的连接应符合下列要求。

(1) 卫生器具排水管与排水横支管垂直连接，宜采用 90° 斜三通。

(2) 排水管道的横管与立管连接，宜采用 45° 斜三通或 45° 斜四通和顺水三通或顺水四通。

(3) 排水立管与排出管端部的连接，宜采用两个 45° 弯头、弯曲半径不小于 4 倍管径的 90° 弯头或 90° 变径弯头。

(4) 排水立管应避免在轴线偏置；当受条件限制时，宜用乙字管或两个 45° 弯头连接。

(5) 当排水支管、排水立管接入横干管时，应在横干管管顶或其两侧 45° 范围内采用 45° 斜三通接入。

(6) 排水立管必须采取可靠的固定措施，宜在每层或间层管井平台处固定。

(7) 排出管穿过基础或承重墙处要预留孔洞，管顶上部的净空不得小于建筑物的沉降量，一般不小于 0.15m，以防止建筑物沉降时，排水管发生破裂。预留孔洞的尺寸如表 6-7 所示。

表 6-7　排出管穿过基础或承重墙处预留孔洞

| 排出管直径 $d$/mm | 50、75、100 | >100 |
|---|---|---|
| 预留孔洞/mm | 300×300 | 孔高($d$+300)×孔宽($d$+200) |

(8) 设备间接排水宜排入邻近的洗涤盆、地漏，无法满足时，可设置排水明沟、排水漏斗或容器。间接排水的漏斗或容器不得产生溅水、溢流，并应布置在容易检查、清洁的位置。间接排水口最小空气间隙宜按表 6-8 所示的数据确定。

表 6-8　间接排水口最小空气间隙

| 间接排水管管径/mm | ≤25 | 32～50 | >50 |
|---|---|---|---|
| 排水口最小空气间隙/mm | 50 | 100 | 150 |

## 6.4.3　排水管道的保温、防腐和防堵

排水管道设置在对防结露要求的建筑内或部位，应采取防结露措施，对常用保温材料进行绝热处理，具体可参见第 4 章的热水供应系统。

金属排水管道应进行防腐处理，常规的做法是涂刷防锈漆和面漆，面漆可按需要调配成各种颜色，具体可参见第 4 章的热水供应系统。

为避免排水系统管道堵塞，应注意以下几个方面的因素：首先是管道布置时尽量成直线，少转弯，靠近立管的大便器可直接接入；其次是尽量采用带检查口的弯头、存水弯；最后应经常加强维护管理。

# 6.5　通气管系统

## 6.5.1　通气管系统的作用

建筑内部排水管道内呈水气两相流动，要尽可能迅速安全地将污废水排到室外，必须设置通气管系统。排水通气管系统的作用是将排水管道内散发的有毒有害气体排放到一定空间的大气中去，以满足卫生要求；通气管向排水管道内补给空气，减少气压波动幅度，防止水封被破坏。

## 6.5.2　通气管系统的类型

通气管有以下几种类型，如图 6-17 所示。

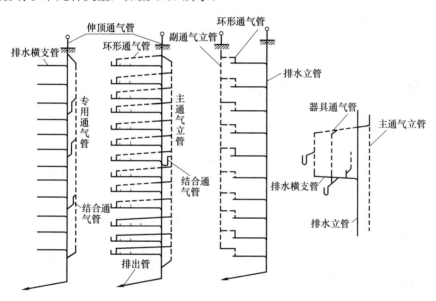

图 6-17　几种典型的通气方式

### 1．伸顶通气管

排水立管与最上层排水横支管连接处向上垂直延伸至室外作通气用的管道。

### 2．专用通气立管

专用通气立管仅与排水立管相连接，是为排水立管内空气流通而设置的垂直通气管道。

### 3．主通气立管

主通气立管是指连接环形通气管和排水立管的通气立管。

**4．副通气立管**

副通气立管仅与环形通气管相连接，是为使排水横支管内空气流通而设置的专用于通气的管道。

**5．结合通气管**

结合通气管是指排水立管与通气立管的连接管段。

**6．环形通气管**

环形通气管是指在多个卫生器具的排水横支管上，从最始端卫生器具的下游端接至通气立管的一段通气管段。

**7．器具通气管**

器具通气管是指卫生器具存水弯出口端接至主通气管的管段。

**8．汇合通气管**

汇合通气管是指连接数根通气立管或排水立管顶端通气部分，并延伸至室外大气的通气管段。

## 6.5.3　通气管的布置与敷设

通气管的管材，可采用柔性接口排水铸铁管、塑料管等。通气管系统的设置应满足下列要求。

(1) 生活排水管道的立管顶端应设置伸顶通气管。当遇特殊情况，伸顶通气管无法伸出屋面时，可设置下列通气方式。

① 当设置侧墙通气时，通气管口应符合第(5)条第(2)款的要求。

② 在室内设置成汇合通气管后应在侧墙伸出延伸至屋面以上。

③ 当在第(1)条第①、②款无法实施时，可设置自循环通气管道系统。

(2) 下列情况应设置通气立管或特殊配件单立管排水系统。

① 生活排水立管所承担的卫生器具排水设计流量，当超过表 6-19 所示的仅设伸顶通气管的排水立管最大设计排水能力时。

② 建筑标准要求较高的多层住宅和公共建筑，10 层及 10 层以上高层建筑卫生间的生活污水立管应设置通气立管。

(3) 在建筑物内不得设置吸气阀替代通气管。

(4) 通气管和排水管的连接，应遵守下列规定。

① 器具通气管应设在存水弯出口端。在横支管上设环形通气管时，应在其最始端的两个卫生器具之间接出，并应在排水支管中心线以上与排水支管呈垂直或 45° 连接。

② 器具通气管、环形通气管应在卫生器具上边缘以上不小于 0.15m 处按不小于 0.01 的上升坡度与通气立管相连。

③ 专用通气立管和主通气立管的上端可在最高层卫生器具上边缘以上不小于 0.15m 或检查口以上与排水立管通气部分以斜三通连接。下端应在最低排水横支管以下与排水立管以斜三通连接。

④ 结合通气管宜每层或隔层与专用通气立管、排水立管连接，与主通气立管、排水立管连接不宜多于 8 层。结合通气管下端宜在排水横支管以下与排水立管以斜三通连接；上端可在卫生器具上边缘以上不小于 0.15m 处与通气立管以斜三通连接。

⑤ 当用 H 管件替代结合通气管时，H 管件与通气管的连接点应设在卫生器具上边缘以上不小于 0.15m 处；

⑥ 当污水立管与废水立管合用一根通气立管时，H 管配件可隔层分别与污水立管和废水立管连接，但最低横支管连接点以下应装设结合通气管。

⑦ 自循环通气系统，当采取专用通气立管与排水立管连接时，应符合下列要求。
● 顶端应在卫生器具上边缘以上不小于 0.15m 处采用两个 90°弯头相连。
● 通气立管应每层按第(4)条第(4)、(5)款的规定与排水立管相连。
● 通气立管下端应在排水横干管或排出管上采用倒顺水三通或倒斜三通相接。

⑧ 自循环通气系统，当采取环形通气管与排水横支管连接时，应符合下列要求。
● 通气立管的顶端应按第(4)条第(7)款第一点的要求连接。
● 每层排水支管下游端接出环形通气管，应在高出卫生器具上边缘不小于 0.15m 与通气立管相接；横支管连接卫生器具较多且横支管较长并符合设置环形通气管的要求时，应在横支管上按第(4)条第(1)、(2)款的要求连接环形通气管。
● 结合通气管的连接应符合第(4)条第(4)款的要求。
● 通气立管底部应按第(4)条第(7)款中第三点的要求连接。

⑨ 建筑物设置自循环通气的排水系统时，应在其室外接户管的起始检查井上设置管径不小于 100mm 的通气管。

当通气管延伸至建筑物外墙时，通气管口应符合第(5)条第(2)款的要求；当设置在其他隐蔽部位时，应高出地面不小于 2m。

(5) 高出屋面的通气管设置应符合下列要求。

① 通气管高出屋面不得小于 0.3m，且应大于最大积雪厚度，通气管顶端应装设风帽或网罩(屋顶有隔热层时，应从隔热层板面算起)。

② 在通气管口周围 4m 以内有门窗时，通气管口应高出窗顶 0.6m 或引向无门窗一侧。

③ 在经常有人停留的平屋面上，通气管口应高出屋面 2m，当伸顶通气管为金属管材时，应根据防雷要求设置防雷装置。

④ 通气管口不宜设在建筑物挑出部分(如屋檐檐口、阳台和雨篷等)的下面。

## 6.5.4　通气管道计算

通气管的最小管径不宜小于排水管管径的 1/2，可按表 6-9 所示的数据确定。

表 6-9　通气管最小管径

| 通气管名称 | 排水管管径/mm | | | | |
|---|---|---|---|---|---|
| | 50 | 75 | 100 | 125 | 150 |
| 器具通气管 | 32 | — | 50 | 50 | — |
| 环形通气管 | 32 | 40 | 50 | 50 | — |
| 通气立管 | 40 | 50 | 75 | 100 | 100 |

注：1．表中通气立管系指专用通气立管、主通气立管、副通气立管。

2．自循环通气立管管径应与排水立管管径相等。

通气立管长度在 50m 以上时，其管径应与排水立管管径相同。通气立管长度小于等于 50m 且两根及两根以上排水立管同时与一根通气立管相连时，应以最大一根排水立管按表 6-9 所示的数据确定通气立管管径，且其管径不宜小于其余任何一根排水立管的管径。

结合通气管的管径不宜小于与其连接的通气立管管径。

伸顶通气管管径应与排水立管管径相同。但在最冷月平均气温低于-13℃ 的地区，应在室内平顶或吊顶以下 0.3m 处将管径放大一级，以免管口结霜减少断面积。

当两根或两根以上污水立管的通气管汇合连接时，汇合通气管的断面积应为最大一根通气管的断面积加上其余通气管断面积之和的 0.25 倍，其管径可按下列公式计算。

$$DN \geqslant \sqrt{d_{\max}^2 + 0.25\sum d_i^2} \tag{6-3}$$

式中：DN——汇合通气横干管和总伸顶通气管管径，mm；

$d_{\max}$——最大一根通气管管径，mm；

$d_i$——其余通气立管管径，mm。

用公式(6-3)计算出的管径若为非标准管径时，应靠上一号标准管径确定出汇合通气管的管径。

# 6.6　室内排水设计秒流量

## 6.6.1　排水定额

建筑内部排水定额有两种：一种是以每人每日为标准；另一种是以卫生器具为标准。

每人每日排放的污水量和时变化系数与气候、建筑内卫生设备的完善程度有关，出于人们在用水过程中散失水量较少，所以小区生活排水系统排水定额宜取其相应的生活给水系统用水定额的 85%～95%，小时变化系数应与其相应的生活给水系统小时变化系数相同，公共建筑生活排水定额和时变化系数与生活给水相同。

卫生器具排水定额是经过多年实测资料整理后制定的，主要用于计算各排水管段的排水设计秒流量，进而确定管径。结合计算公式需要，为便于计算，以污水盆的排水流量 0.33L/s 作为一个排水当量，将其他卫生器具的排水流量与 0.33L/s 的比值作为该种卫生器具的排水当量。同时考虑到卫生器具排水突然、迅速、流速大的特点，一个排水当量的排水流量是一个给水当量的额定流量的 1.65 倍。各种卫生器具的排水流量和当量值如表 6-10 所示。

## 6.6.2　排水设计秒流量

建筑内部排水系统设计流量常有生活污水最大时排水量和生活污水设计秒流量两类。

表 6-10　卫生器具排水的流量、当量和排水管的管径

| 序　号 | 卫生器具名称 | 排水流量/(L/s) | 当　量 | 排水管管径/mm |
|---|---|---|---|---|
| 1 | 洗涤盆、污水盆(池) | 0.33 | 1.00 | 50 |
| 2 | 餐厅、厨房洗菜盆(池)<br>　单格洗涤盆(池)<br>　双格洗涤盆(池) | <br>0.67<br>1.00 | <br>2.00<br>3.00 | <br>50<br>50 |
| 3 | 盥洗槽(每个水嘴) | 0.33 | 1.00 | 50～75 |
| 4 | 洗手盆 | 0.10 | 0.30 | 32～50 |
| 5 | 洗脸盆 | 0.25 | 0.75 | 32～50 |
| 6 | 浴盆 | 1.00 | 3.00 | 50 |
| 7 | 淋浴器 | 0.15 | 0.45 | 50 |
| 8 | 大便器<br>　冲洗水箱<br>　自闭式冲洗阀 | <br>1.50<br>1.20 | <br>4.50<br>3.60 | <br>100<br>100 |
| 9 | 医用倒便器 | 1.50 | 4.50 | 100 |
| 10 | 小便器<br>　自闭式冲洗阀<br>　感应式冲洗阀 | <br>0.10<br>0.10 | <br>0.30<br>0.30 | <br>40～50<br>40～50 |
| 11 | 大便槽<br>　≤4 个蹲位<br>　>4 个蹲位 | <br>2.50<br>3.00 | <br>7.50<br>9.00 | <br>100<br>150 |
| 12 | 小便槽(每米长)<br>　自动冲洗水箱 | <br>0.17 | <br>0.50 | <br>— |
| 13 | 化验盆(无塞) | 0.20 | 0.60 | 40～50 |
| 14 | 净身器 | 0.10 | 0.30 | 40～50 |
| 15 | 饮水器 | 0.05 | 0.15 | 25～50 |
| 16 | 家用洗衣机 | 0.50 | 1.50 | 50 |

注：家用洗衣机下排水软管直径为 30mm，上排水软管内径为 19mm。

### 1．最大时排水量

建筑内部生活污水最大时排水量的大小是根据生活给水量的大小确定的，理论上建筑内部生活给水量略大于生活污水排水量，但考虑到散失量很小，故生活污水排水定额和时变化系数完全与生活给水定额和时变化系数相同。其生活排水平均时排水量和最大时排水

量的计算方法与建筑内部的生活给水量计算方法亦相同,计算结果主要用于设计选型污水泵、化粪池、地埋式生化处理装置的型号规格等。

### 2. 设计秒流量

建筑内部排水管道的设计流量是确定各管段管径的计算依据,因此排水系统设计流量应尽量与实际的排水规律相符,而建筑内部污水排放流量与卫生器具的排水特点和同时排放的卫生器具数量有关,其特点为排水历时短、瞬时流量大、两次排水时间间隔大、每昼夜甚至每小时的排水量都不均匀。为了保证最不利时刻的最大排水量能迅速、及时、安全地排放,排水设计流量应为建筑内部最大的瞬时排水流量,即为设计秒流量。

建筑内部排水管道的设计秒流量有三种计算方法:经验法、概率法和平方根法。目前我国主要使用以下两个计算公式。

(1) 住宅、宿舍(Ⅰ、Ⅱ类)、旅馆、宾馆、酒店式公寓、医院、疗养院、幼儿园、养老院、办公楼、商场、图书馆、书店、客运中心、航站楼、会展中心、中小学教学楼、食堂或营业餐厅等建筑生活排水管道设计秒流量,应按式计算。

$$q_p = 0.12\alpha\sqrt{N_p} + q_{max} \tag{6-4}$$

式中: $q_p$——计算管段排水设计秒流量,L/s;

$N_p$——计算管段的卫生器具排水当量总数;

$\alpha$——根据建筑物用途而定的系数;

$q_{max}$——计算管段上最大一个卫生器具的排水流量(建筑类型应与给水对应),L/s。

根据建筑物用途而定的系数 $\alpha$ 值如表 6-11 所示。

表 6-11 根据建筑物用途而定的系数 $\alpha$ 值

| 建筑物名称 | 宿舍(Ⅰ、Ⅱ类)、住宅、宾馆、酒店式公寓、医院、疗养院、幼儿园、养老院的卫生间 | 旅馆和其他公共建筑的盥洗室和厕所间 |
|---|---|---|
| $\alpha$ 值 | 1.5 | 2.0~2.5 |

注: 当计算所得流量值大于该管段上按卫生器具排水流量累加值时,应按卫生器具排水流量累加值计。

(2) 宿舍(Ⅲ、Ⅳ类)、工业企业生活间、公共浴室、洗衣房、职工食堂或营业餐厅的厨房、实验室、影剧院、体育场馆等建筑的生活管道排水设计秒流量,应按下式计算。

$$q_p = \sum q_0 n_0 b \tag{6-5}$$

式中: $q_0$——同类型的一个卫生器具排水流量,L/s;

$n_0$——同类型卫生器具数;

$b$——卫生器具的同时排水百分数,按第 2 章给水百分数采用,如表 2-18~表 2-20 所示。冲洗水箱大便器的同时排水百分数应按 12%计算。

注: 当计算排水流量小于一个大便器排水流量时,应按一个大便器的排水流量计算。

## 6.7 室内排水管网的水力计算

建筑内部排水管道系统水力计算的目的是合理经济地确定管道管径、管道坡度等。

## 6.7.1　排水横管水力计算

### 1. 排水横管水力计算设计规定

鉴于排水横管中的水流特点，为保证排水管道系统良好的水力条件，稳定管内气压，防止水封破坏，在排水横支管和排出管或横干管的水力计算中，须满足下列设计规定。

1) 充满度

建筑内部排水系统的横管按非满流设计，排水系统中有毒有害气体的排出和空气流动及补充，应占有管道上部一定的过流断面，同时接纳意外的高峰流量。排水横管的最大设计充满度如表 6-12 所示。

表 6-12　排水管道的最大设计充满度

| 排水管道名称 | 管径/mm | 最大设计充满度 |
|---|---|---|
| 生活污水管道 | ≤125 | 0.5 |
| | 150～200 | 0.6 |
| 生产废水管道 | 50～75 | 0.5 |
| | 100～150 | 0.7 |
| | ≥200 | 1.0 |
| 生产污水管道 | 50～75 | 0.6 |
| | 100～150 | 0.7 |
| | ≥200 | 0.8 |

注：1. 生活污水管道在短时间内排泄大量洗涤污水时(如浴室、洗衣房污水等)，可按满流计算。

　　2. 生产废水和雨水合流的排水管道，可按地下雨水管道的设计充满度计算。

　　3. 排水沟的最大设计充满度为计算断面深度的 0.8。

2) 自清流速

污水中含有固体杂质，流速过小，会在管内沉淀，减小过流断面，造成排水不畅甚至堵塞，为此规定不同性质的污废水在不同管径和最大设计充满度的条件下的最小流速，即自清流速，如表 6-13 所示。

表 6-13　各种排水管道的自清流速值

| 污废水类别 | 生活污水在下列管径时/mm | | | 明渠(沟) | 雨水管道及合流排水管道 |
|---|---|---|---|---|---|
| | $d<150$ | $d=150$ | $d=200$ | | |
| 自清流速/(m/s) | 0.6 | 0.65 | 0.70 | 0.4 | 0.75 |

3) 管道坡度

排水管道的设计坡度与污废水性质、管径大小、充满度大小和管材有关。污废水中含有的杂质越多、管径越小、充满度越小、管材粗糙系数越大，其坡度就应越大。建筑内部生活排水管道的坡度规定有通用坡度和最小坡度两种。通用坡度为正常情况下应采用的坡度，最小坡度为必须保证的坡度。一般情况下应采用通用坡度，当排水横管过长造成坡降值过大，受建筑空间限制时，可采用最小坡度。

建筑物内生活排水铸铁管道的最小坡度和最大设计充满度宜按表 6-14 所示的数据确定。

表 6-14　建筑物内生活排水铸铁管道的最小坡度和最大设计充满度

| 管径/mm | 通用坡度 | 最小坡度 | 最大设计充满度 |
|---|---|---|---|
| 50 | 0.035 | 0.025 | |
| 75 | 0.025 | 0.015 | |
| 100 | 0.020 | 0.012 | 0.5 |
| 125 | 0.015 | 0.010 | |
| 150 | 0.010 | 0.007 | |
| 200 | 0.008 | 0.005 | 0.6 |

建筑排水塑料管黏结、熔接连接的排水横支管的标准坡度应为 0.026。胶圈密封连接排水横管的坡度可按表 6-15 所示的数据调整。

表 6-15　建筑排水塑料管排水横管的最小坡度、通用坡度和最大设计充满度

| 外径/mm | 通用坡度 | 最小坡度 | 最大设计充满度 |
|---|---|---|---|
| 50 | 0.025 | 0.0120 | |
| 75 | 0.015 | 0.0070 | |
| 110 | 0.012 | 0.0040 | 0.5 |
| 125 | 0.010 | 0.0035 | |
| 160 | 0.007 | 0.0030 | |
| 200 | 0.005 | 0.0030 | |
| 250 | 0.005 | 0.0030 | 0.6 |
| 315 | 0.005 | 0.0030 | |

4) 最小管径

大便器排水管最小管径不得小于 100mm；建筑物内排出管最小管径不得小于 50mm；多层住宅厨房间的立管管径不宜小于 75mm；当公共食堂厨房内的污水采用管道排除时，其管径应比计算管径大一级，但干管管径不得小于 100mm，支管管径不得小于 75mm；医院污物洗涤盆(池)和污水盆(池)的排水管管径，不得小于 75mm；小便槽或连接 3 个及 3 个以上的小便器，其污水支管管径不宜小于 75mm；浴池的泄水管管径宜采用 100mm。

当建筑底层无通气的排水支管与其楼层管道分开单独排出时，其排水横支管管径可按表 6-16 所示的数据确定。

表 6-16　无通气的底层单独排出的横支管最大设计排水能力

| 排水横支管管径/mm | 50 | 75 | 100 | 125 | 150 |
|---|---|---|---|---|---|
| 最大排水能力/(L/s) | 1.0 | 1.7 | 2.5 | 3.5 | 4.8 |

### 2．排水横管水力计算基本公式及方法

排水横管的水力计算应按下列公式计算。

$$q_p = Av \tag{6-6}$$

$$v = \frac{1}{n} R^{\frac{2}{3}} I^{\frac{1}{2}} \tag{6-7}$$

式中：$A$——管道在设计充满度的过水断面面积，$m^2$；

　　　$v$——速度，m/s；

　　　$R$——水力半径，m；

　　　$I$——水力坡度，采用排水管的坡度；

　　　$n$——粗糙系数(铸铁管为 0.013，混凝土管、钢筋混凝土管为 0.013～0.014，钢管为 0.012，塑料管为 0.009)。

为便于设计和计算，根据公式(6-6)和公式(6-7)及各项设计规定，编制了建筑内部排水铸铁管水力计算表(见表 6-17)和建筑内部排水塑料管水力计算表(见表 6-18)，供设计时使用。

表 6-17　建筑内部排水铸铁管水力计算表($n$=0.013)

| 坡度 | 生 产 污 水 | | | | | | | | | | | | | | | | |
|---|---|---|---|---|---|---|---|---|---|---|---|---|---|---|---|---|---|
| | $h/D$=0.6 | | | | $h/D$=0.7 | | | | | | $h/D$=0.8 | | | | | | |
| | DN=50 | | DN=75 | | DN=100 | | DN=125 | | DN=150 | | DN=200 | | DN=250 | | DN=300 | |
| | $q$ | $v$ | $q$ | $v$ | $q$ | $v$ | $q$ | $v$ | $q$ | $v$ | $q$ | $v$ | $q$ | $v$ | $q$ | $v$ |
| 0.003 | | | | | | | | | | | | | | | 52.50 | 0.87 |
| 0.0035 | | | | | | | | | | | | | 35.00 | 0.83 | 56.7 | 0.94 |
| 0.004 | | | | | | | | | | | 20.60 | 0.77 | 37.40 | 0.89 | 60.60 | 1.01 |
| 0.005 | | | | | | | | | | | 23.00 | 0.86 | 41.80 | 1.00 | 67.90 | 1.11 |
| 0.006 | | | | | | | | | 9.70 | 0.75 | 25.20 | 0.94 | 46.00 | 1.09 | 74.40 | 1.24 |
| 0.007 | | | | | | | | | 10.50 | 0.81 | 27.20 | 1.02 | 49.50 | 1.18 | 80.40 | 1.33 |
| 0.008 | | | | | | | | | 11.20 | 0.87 | 29.00 | 1.09 | 53.00 | 1.26 | 85.80 | 1.42 |
| 0.009 | | | | | | | | | 11.90 | 0.92 | 30.80 | 1.15 | 56.00 | 1.33 | 91.00 | 1.51 |
| 0.01 | | | | | | | 7.80 | 0.86 | 12.50 | 0.97 | 32.60 | 1.22 | 59.20 | 1.41 | 96.00 | 1.59 |
| 0.012 | | | | | 4.64 | 0.81 | 8.50 | 0.95 | 13.70 | 1.06 | 35.60 | 1.33 | 64.70 | 1.54 | 105.00 | 1.74 |
| 0.015 | | | | | 5.20 | 0.90 | 9.50 | 1.06 | 15.40 | 1.19 | 40.00 | 1.49 | 72.50 | 1.72 | 118.00 | 1.95 |
| 0.02 | | | 2.25 | 0.83 | 6.00 | 1.04 | 11.00 | 1.22 | 17.70 | 1.37 | 46.00 | 1.72 | 83.60 | 1.99 | 135.80 | 2.25 |
| 0.025 | | | 2.51 | 0.93 | 6.70 | 1.16 | 12.30 | 1.36 | 19.80 | 1.53 | 51.40 | 1.92 | 93.50 | 2.22 | 151.00 | 2.51 |
| 0.03 | 0.97 | 0.79 | 2.76 | 1.02 | 7.35 | 1.28 | 13.50 | 1.50 | 21.70 | 1.68 | 56.50 | 2.11 | 102.50 | 2.44 | 166.00 | 2.76 |

续表

| 坡度 | 生 产 污 水 | | | | | | | | | | | | | | | |
|---|---|---|---|---|---|---|---|---|---|---|---|---|---|---|---|---|
| | h/D=0.6 | | | | h/D=0.7 | | | | | | h/D=0.8 | | | | | |
| | DN=50 | | DN=75 | | DN=100 | | DN=125 | | DN=150 | | DN=200 | | DN=250 | | DN=300 | |
| | q | v | q | v | q | v | q | v | q | v | q | v | q | v | q | v |
| 0.035 | 1.05 | 0.85 | 2.98 | 1.10 | 7.95 | 1.38 | 14.60 | 1.60 | 23.40 | 1.81 | 61.00 | 2.28 | 111.00 | 2.64 | 180.00 | 2.98 |
| 0.04 | 1.12 | 0.91 | 3.18 | 1.17 | 8.50 | 1.47 | 15.60 | 1.73 | 25.00 | 1.94 | 65.00 | 2.44 | 118.00 | 2.82 | 192.00 | 3.18 |
| 0.045 | 1.19 | 0.96 | 3.38 | 1.25 | 9.00 | 1.56 | 16.50 | 1.83 | 26.60 | 2.06 | 69.00 | 2.58 | 126.00 | 3.00 | 204.00 | 3.38 |
| 0.05 | 1.25 | 1.01 | 3.55 | 1.31 | 9.50 | 1.64 | 17.40 | 1.93 | 28.00 | 2.17 | 72.60 | 2.72 | 132.00 | 3.15 | 214.00 | 3.55 |
| 0.06 | 1.37 | 1.11 | 3.90 | 1.44 | 10.40 | 1.80 | 19.00 | 2.11 | 30.60 | 2.38 | 79.60 | 2.98 | 145.00 | 3.45 | 235.00 | 3.90 |
| 0.07 | 1.48 | 1.20 | 4.20 | 1.55 | 11.20 | 1.95 | 20.00 | 2.28 | 33.10 | 2.56 | 86.00 | 3.22 | 156.00 | 3.73 | 254.00 | 4.20 |
| 0.08 | 1.58 | 1.28 | 4.50 | 1.66 | 12.00 | 2.08 | 22.00 | 2.44 | 35.40 | 2.74 | 93.40 | 3.47 | 165.50 | 3.94 | 274.00 | 4.40 |

| 坡度 | 生 产 废 水 | | | | | | | | | | | | | | | |
|---|---|---|---|---|---|---|---|---|---|---|---|---|---|---|---|---|
| | h/D=0.6 | | | | h/D=0.7 | | | | | | h/D=0.8 | | | | | |
| | DN=50 | | DN=75 | | DN=100 | | DN=125 | | DN=150 | | DN=200 | | DN=250 | | DN=300 | |
| | q | v | q | v | q | v | q | v | q | v | q | v | q | v | q | v |
| 0.003 | | | | | | | | | | | | | | | 53.00 | 0.75 |
| 0.0035 | | | | | | | | | | | | | 35.40 | 0.72 | 57.30 | 0.81 |
| 0.004 | | | | | | | | | | | 20.80 | 0.66 | 37.80 | 0.77 | 61.20 | 0.87 |
| 0.005 | | | | | | | | | 8.85 | 0.68 | 23.25 | 0.74 | 42.25 | 0.86 | 68.50 | 0.97 |
| 0.006 | | | | | | | 6.00 | 0.67 | 9.70 | 0.75 | 25.50 | 0.81 | 46.40 | 0.94 | 75.00 | 1.06 |
| 0.007 | | | | | | | 6.50 | 0.72 | 10.50 | 0.81 | 27.50 | 0.88 | 50.00 | 1.02 | 81.00 | 1.15 |
| 0.008 | | | | | 3.80 | 0.66 | 6.95 | 0.77 | 11.20 | 0.87 | 29.40 | 0.94 | 53.50 | 1.09 | 86.50 | 1.23 |
| 0.009 | | | | | 4.02 | 0.70 | 7.36 | 0.82 | 11.90 | 0.92 | 31.20 | 0.99 | 56.50 | 1.15 | 92.00 | 1.30 |
| 0.01 | | | | | 4.25 | 0.74 | 7.80 | 0.86 | 12.50 | 0.97 | 33.00 | 1.05 | 59.70 | 1.22 | 97.00 | 1.37 |
| 0.012 | | | | | 4.64 | 0.81 | 8.50 | 0.95 | 13.70 | 1.06 | 36.00 | 1.15 | 65.30 | 1.33 | 106.00 | 1.50 |
| 0.015 | | | 1.95 | 0.72 | 5.20 | 0.90 | 9.50 | 1.06 | 15.40 | 1.19 | 40.30 | 1.28 | 73.20 | 1.49 | 119.00 | 1.68 |
| 0.02 | 0.79 | 0.46 | 2.25 | 0.83 | 6.00 | 1.04 | 11.00 | 1.22 | 17.70 | 1.37 | 46.50 | 1.48 | 84.50 | 1.72 | 137.00 | 1.94 |
| 0.025 | 0.88 | 0.72 | 2.51 | 0.93 | 6.70 | 1.16 | 12.30 | 1.36 | 19.80 | 1.53 | 52.00 | 1.65 | 94.40 | 1.92 | 153.00 | 2.17 |
| 0.03 | 0.97 | 0.79 | 2.76 | 1.02 | 7.35 | 1.28 | 13.50 | 1.50 | 21.70 | 1.68 | 57.00 | 1.82 | 103.50 | 2.11 | 168.00 | 2.38 |
| 0.035 | 1.05 | 0.85 | 2.98 | 1.10 | 7.95 | 1.38 | 14.60 | 1.60 | 23.40 | 1.81 | 61.50 | 1.96 | 112.00 | 2.28 | 181.00 | 2.57 |
| 0.04 | 1.12 | 0.91 | 3.18 | 1.17 | 8.50 | 1.47 | 15.60 | 1.73 | 25.00 | 1.94 | 66.00 | 2.10 | 120.00 | 2.44 | 194.00 | 2.75 |
| 0.045 | 1.19 | 0.96 | 3.38 | 1.25 | 9.00 | 1.56 | 16.50 | 1.83 | 26.60 | 2.06 | 70.00 | 2.22 | 127.00 | 2.58 | 206.00 | 2.91 |
| 0.05 | 1.25 | 1.01 | 3.55 | 1.31 | 9.50 | 1.64 | 17.40 | 1.93 | 28.00 | 2.17 | 73.50 | 2.34 | 134.00 | 2.72 | 217.00 | 3.06 |
| 0.06 | 1.37 | 1.11 | 3.90 | 1.44 | 10.40 | 1.80 | 19.00 | 2.11 | 30.60 | 2.38 | 80.50 | 2.56 | 146.00 | 2.98 | 238.00 | 3.36 |
| 0.07 | 1.48 | 1.20 | 4.20 | 1.55 | 11.20 | 1.95 | 20.60 | 2.28 | 33.10 | 2.56 | 87.00 | 2.77 | 158.00 | 3.22 | 256.00 | 3.64 |
| 0.08 | 1.58 | 1.28 | 4.50 | 1.66 | 12.00 | 2.08 | 22.00 | 2.44 | 35.40 | 2.74 | 93.00 | 2.96 | 169.00 | 3.44 | 274.00 | 3.88 |

续表

| 坡度 | 生活污水 h/D=0.5 DN=50 q | v | DN=75 q | v | DN=100 q | v | DN=125 q | v | h/D=0.7 DN=150 q | v | DN=200 q | v |
|---|---|---|---|---|---|---|---|---|---|---|---|---|
| 0.003 | | | | | | | | | | | | |
| 0.0035 | | | | | | | | | | | | |
| 0.004 | | | | | | | | | | | | |
| 0.005 | | | | | | | | | | | 15.35 | 0.80 |
| 0.006 | | | | | | | | | | | 16.90 | 0.88 |
| 0.007 | | | | | | | | | 8.46 | 0.78 | 18.20 | 0.95 |
| 0.008 | | | | | | | | | 9.04 | 0.83 | 19.40 | 1.01 |
| 0.009 | | | | | | | | | 9.56 | 0.89 | 20.60 | 1.07 |
| 0.01 | | | | | | | 4.97 | 0.81 | 10.10 | 0.94 | 21.70 | 1.13 |
| 0.012 | | | | | 2.90 | 0.72 | 5.44 | 0.89 | 11.10 | 1.02 | 23.80 | 1.24 |
| 0.015 | | | 1.48 | 0.67 | 3.23 | 0.81 | 6.08 | 0.99 | 12.40 | 1.14 | 26.60 | 1.39 |
| 0.02 | | | 1.70 | 0.77 | 3.72 | 0.93 | 7.02 | 1.15 | 14.30 | 1.32 | 30.70 | 1.60 |
| 0.025 | 0.65 | 0.66 | 1.90 | 0.86 | 4.17 | 1.05 | 7.85 | 1.28 | 16.00 | 1.47 | 35.30 | 1.79 |
| 0.03 | 0.71 | 0.72 | 2.08 | 0.94 | 4.56 | 1.14 | 8.60 | 1.39 | 17.50 | 1.62 | 37.70 | 1.96 |
| 0.035 | 0.77 | 0.78 | 2.26 | 1.02 | 4.94 | 1.24 | 9.29 | 1.51 | 18.90 | 1.75 | 40.60 | 2.12 |
| 0.04 | 0.81 | 0.83 | 2.40 | 1.09 | 5.26 | 1.32 | 9.93 | 1.62 | 20.20 | 1.87 | 43.50 | 2.27 |
| 0.045 | 0.87 | 0.89 | 2.56 | 1.16 | 5.60 | 1.40 | 10.52 | 1.71 | 21.50 | 1.98 | 46.10 | 2.40 |
| 0.05 | 0.91 | 0.93 | 2.60 | 1.23 | 5.88 | 1.48 | 11.10 | 1.89 | 22.60 | 2.09 | 48.50 | 2.53 |
| 0.06 | 1.00 | 1.02 | 2.94 | 1.33 | 6.45 | 1.62 | 12.14 | 1.98 | 24.80 | 2.29 | 53.20 | 2.77 |
| 0.07 | 1.08 | 1.10 | 3.18 | 1.42 | 6.97 | 1.75 | 13.15 | 2.14 | 26.80 | 2.47 | 57.50 | 3.00 |
| 0.08 | 1.18 | 1.16 | 3.35 | 1.52 | 7.50 | 1.87 | 14.05 | 2.28 | 30.44 | 2.73 | 65.4 | 3.32 |

注：表中单位 q——L/s；v——m/s；DN——mm。

表6-18 建筑内部排水塑料管水力计算表(n=0.009)

| 坡度 | h/D=0.5 $d_e$=50 q | v | $d_e$=75 q | v | $d_e$=110 q | v | h/D=0.6 $d_e$=160 q | v |
|---|---|---|---|---|---|---|---|---|
| 0.002 | | | | | | | 6.48 | 0.60 |
| 0.004 | | | | | 2.59 | 0.62 | 9.68 | 0.83 |
| 0.006 | | | | | 3.17 | 0.75 | 11.86 | 1.04 |
| 0.007 | | | 1.21 | 0.63 | 3.43 | 0.81 | 12.80 | |
| 0.010 | | | 1.44 | 0.75 | 4.10 | 0.97 | 15.30 | 1.35 |

续表

| 坡度 | h/D=0.5 | | | | | | h/D=0.6 | |
| | $d_e$=50 | | $d_e$=75 | | $d_e$=110 | | $d_e$=160 | |
| | q | v | q | v | q | v | q | v |
| --- | --- | --- | --- | --- | --- | --- | --- | --- |
| 0.012 | 0.52 | 0.62 | 1.58 | 0.82 | 4.49 | 1.07 | 16.77 | 1.48 |
| 0.015 | 0.58 | 0.69 | 1.77 | 0.92 | 5.02 | 1.19 | 18.74 | 1.65 |
| 0.020 | 0.66 | 0.80 | 2.04 | 1.06 | 5.79 | 1.38 | 21.65 | 1.90 |
| 0.026 | 0.76 | 0.91 | 2.33 | 1.21 | 6.61 | 1.57 | 24.67 | |
| 0.030 | 0.81 | 0.98 | 2.50 | 1.30 | 7.10 | 1.68 | 26.51 | 2.33 |
| 0.035 | 0.88 | 1.06 | 2.70 | 1.40 | 7.07 | 1.82 | 28.63 | 2.52 |
| 0.040 | 0.94 | 1.13 | 2.89 | 1.50 | 8.19 | 1.95 | 30.61 | 2.69 |
| 0.045 | 1.00 | 1.20 | 3.06 | 1.59 | 8.69 | 2.06 | 32.47 | 2.86 |
| 0.050 | 1.05 | 1.27 | 3.23 | 1.68 | 9.16 | 2.17 | 34.22 | 3.01 |
| 0.060 | 1.15 | 1.39 | 3.53 | 1.84 | 10.04 | 2.38 | 37.49 | 3.30 |
| 0.070 | 1.24 | 1.50 | 3.82 | 1.98 | 10.84 | 2.57 | 40.49 | 3.56 |
| 0.080 | 1.33 | 1.60 | 4.08 | 2.12 | 11.59 | 2.75 | 43.29 | 3.81 |

注：表中单位 $q$——L/s；$v$——m/s；$d_e$——mm。

## 6.7.2 排水立管水力计算

排水立管按使用的管材可分为排水铸铁管和排水塑料管。排水立管的计算主要是根据立管的最大允许排水能力确定立管管径。设计时首先计算立管的设计秒流量，即需要及时排除的水量，然后根据排水立管最大允许排水量确定排水立管的直径。生活排水立管的最大设计排水能力应按表 6-19 所示的数据确定，立管管径不得小于所连接的横支管管径，即排水管沿着流动方向，管径应越来越大。

表 6-19 生活排水立管最大设计排水能力

| 排水立管系统类型 | | | 最大设计排水能力/(L/s) | | | | |
| | | | 排水立管管径/mm | | | | |
| | | | 50 | 75 | 100 (110) | 125 | 150 (160) |
| --- | --- | --- | --- | --- | --- | --- | --- |
| 伸顶通气 | 立管与横支管连接配件 | 90°顺水三通 | 0.8 | 1.3 | 3.2 | 4.0 | 5.7 |
| | | 45°斜三通 | 1.0 | 1.7 | 4.0 | 5.2 | 7.4 |
| 专用通气 | 专用通气管 75mm | 结合通气管每层连接 | — | — | 5.5 | | |
| | | 结合通气管隔层连接 | — | 3.0 | 4.4 | — | — |
| | 专用通气管 100mm | 结合通气管每层连接 | — | — | 8.8 | | |
| | | 结合通气管隔层连接 | — | — | 4.8 | | |
| 主、副通气立管+环形通气管 | | | | | 11.5 | | |

续表

| 排水立管系统类型 | | 最大设计排水能力/(L/s) | | | | |
| --- | --- | --- | --- | --- | --- | --- |
| | | 排水立管管径/mm | | | | |
| | | 50 | 75 | 100 (110) | 125 | 150 (160) |
| 自循环通气 | 专用通气形式 | — | — | 4.4 | — | — |
| | 环形通气形式 | — | — | 5.9 | — | — |
| 特殊<br>单立管 | 混合器 | — | — | 4.5 | — | — |
| | 内螺旋管+旋流器　普通型 | — | 1.7 | 3.5 | | 8.0 |
| | 内螺旋管+旋流器　加强型 | — | — | 6.3 | | |

注：　排水层数在 15 层以上时，宜乘以 0.9 系数。

## 6.7.3　按排水允许负荷当量总数估算管径

工程设计时常常采用估算的方法，根据建筑物的性质，以及是否设置通气管道等，查表可得出排水管道的允许负荷值，即可根据排水管段负荷当量总数，查表 6-20 所示数据确定排水管管径。

表 6-20　排水管道允许负荷卫生器具当量值　　　　　　　　单位：mm

| 建筑物性质 | 排水管道名称 | | 允许负荷当量总数 | | | |
| --- | --- | --- | --- | --- | --- | --- |
| | | | 50 | 75 | 100 | 150 |
| 住宅、公共居住<br>建筑的小卫生间 | 横支管 | 无器具通气管 | 4 | 8 | 25 | |
| | | 有器具通气管 | 8 | 14 | 100 | |
| | | 底层单独排出 | 3 | 6 | 12 | |
| | 横干管 | | | 14 | 100 | 1200 |
| | 立管 | 仅有伸顶通气管 | 5 | 25 | 70 | |
| | | 有通气立管 | | | 900 | 1000 |
| 集体宿舍、旅馆、<br>医院、办公楼、<br>学校等公共建筑<br>的盥洗室、厕所 | 横支管 | 无环形通气管 | 4.5 | 12 | 36 | |
| | | 有环形通气管 | | | 120 | |
| | | 底层单独排出 | 4 | 8 | 36 | |
| | 横干管 | | | 18 | 120 | 2000 |
| | 立管 | 仅有伸顶通气管 | 6 | 70 | 100 | |
| | | 有通气立管 | | | 1500 | 2500 |
| 工业企业生活<br>间、公共浴室、<br>洗衣房、公共食<br>堂、实验室、影<br>剧院、体育场 | 横支管 | 无环形通气管 | 2 | 6 | 27 | |
| | | 有环形通气管 | | | 100 | |
| | | 底层单独排出 | 2 | 4 | 27 | |
| | 横干管 | | | 12 | 80 | 1000 |
| | 立管(仅有伸顶通气管) | | 3 | 35 | 60 | 800 |

注：将计算管段上的卫生器具排水当量数相叠加，再查本表即可确定管径。

【**例 6-1**】图 6-18 所示为某 6 层集体宿舍男厕排水系统轴测图，管材为排水铸铁管。每层横支管设污水盆 1 个，自闭式冲洗阀小便器 2 个，自闭式冲洗阀大便器 3 个，试计算确定管径。

【**解**】按公式(6-4)计算排水设计秒流量，据表 6-11 取 $\alpha = 1.5$，卫生器具当量和排水流量按表 6-10 选取，计算结果如表 6-21 所示。

表 6-21　排水系统水力计算表

| 管段类别 | 管段编号 | 卫生器具名称数量 | | | 排水当量总数 $N_p$ | 设计秒流量计算值 /(L/s) | 设计秒流量 $q_p$ /(L/s) | 通水能力 $q$/(L/s) | 流速 $v$/(m/s) | 管径 /mm | 坡度 | 备注 |
| | | 污水盆 $N_p=1.0$ | 小便器 $N_p=0.3$ | 大便器 $N_p=3.6$ | | | | | | | | |
| 横支管 | 0～1 | 1 | | | 1.0 | 0.51 | 0.33 | 0.77 | 0.78 | 50 | 0.035 | 按公式(6-4)计算值大于卫生器具排水流量累加值时取累加值确定 $q_p$ |
| | 1～2 | 1 | 1 | | 1.3 | 0.54 | 0.43 | 0.77 | 0.78 | 50 | 0.035 | |
| | 2～3 | 1 | 2 | | 1.6 | 0.56 | 0.53 | 0.77 | 0.78 | 50 | 0.035 | |
| | 3～4 | 1 | 2 | 1 | 5.2 | 1.61 | 1.61 | 3.72 | 0.93 | 100 | 0.020 | |
| | 4～5 | 1 | 2 | 2 | 8.8 | 1.73 | 1.73 | 3.72 | 0.93 | 100 | 0.020 | |
| | 5～6 | 1 | 2 | 3 | 12.4 | 1.83 | 1.83 | 3.72 | 0.93 | 100 | 0.020 | |
| 立管 | 6～7 | 1 | 2 | 3 | 12.4 | 1.83 | 1.83 | 4.0 | | 100 | | |
| | 7～8 | 2 | 4 | 6 | 24.8 | 2.10 | 2.10 | 4.0 | | 100 | | |
| | 8～9 | 3 | 6 | 9 | 37.2 | 2.30 | 2.30 | 4.0 | | 100 | | |
| | 9～10 | 4 | 8 | 12 | 49.6 | 2.47 | 2.47 | 4.0 | | 100 | | |
| | 10～11 | 5 | 10 | 15 | 62.0 | 2.62 | 2.62 | 4.0 | | 100 | | |
| | 11～12 | 6 | 12 | 18 | 74.4 | 2.75 | 2.75 | 4.0 | | 100 | | |
| 排出管 | 12～13 | 6 | 12 | 18 | 74.4 | 2.75 | 2.75 | 3.72 | 0.93 | 100 | 0.020 | |

最下部管段排水设计秒流量：

$$q_p = 0.12 \times 1.5\sqrt{74.4} + 1.2 = 2.75(\text{L/s})$$

据表 6-14 确定各横管的坡度，本题均选用通用坡度，根据坡度查表 6-17 确定各横管管径、最大排水能力及流速。例如：由排出管总设计秒流量 2.75L/s，可得：DN=100mm，管道坡度取通用坡度 0.020、充满度为 0.5 时，允许最大流量为 3.72L/s，流速为 0.93m/s，符合要求。

查表 6-19，立管与横支管连接配件选 45° 斜三通，立管管径选用 DN=100mm，因设计秒流量 2.75L/s 小于最大允许排水流量 4.0L/s，故不需设置专用通气立管，仅设伸顶通气。

【**例 6-2**】某 9 层旅馆排水系统采用污废水分流制，管材为排水铸铁管。计算草图如图 6-19 所示。每根立管每层设洗脸盆、冲洗水箱坐便器和浴盆各 2 个，试配管。

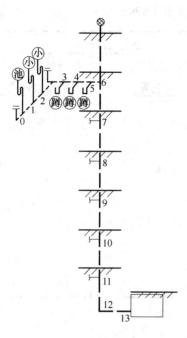

图 6-18　例 6-1 计算草图

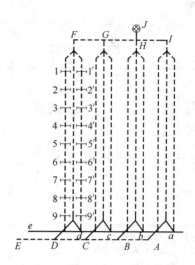

图 6-19　例 6-2 计算草图

【解】(1) 计算公式及参数。

饭店排水设计秒流量按公式(6-4)计算，取 $\alpha$ =2.5。立管 1～D 为生活污水立管，$q_{max}$=1.5 L/s；立管 1'～d 为生活废水立管，$q_{max}$=1.0L/s，其他三组相同。

(2) 计算各管段设计秒流量，查表 6-19 确定各种通气情况下的排水立管管径，分别如表 6-22 和表 6-23 所示。

表 6-22　生活污水立管水力计算表

| 管段编号 | 坐便器数量 /($N_p$=4.5) | 当量总数 /$N_p$ | 设计秒流量 $q_p$/(L/s) | 管径 DN/mm 普通伸顶通气 (45°斜三通) | 管径 DN/mm 有专用通气立管 | 管径 DN/mm 特制配件单立管 (加强型) | 备　注 |
|---|---|---|---|---|---|---|---|
| 1～2 | 2 | 9 | 2.40 | | | | |
| 2～3 | 4 | 18 | 2.77 | | | | |
| 3～4 | 6 | 27 | 3.06 | | | | 按公式(6-4) |
| 4～5 | 8 | 36 | 3.30 | 100 | | | 计算值大于 |
| 5～6 | 10 | 45 | 3.51 | | 100 | 100 | 卫生器具排 |
| 6～7 | 12 | 54 | 3.70 | | | | 水流量累加 |
| 7～8 | 14 | 63 | 3.88 | | | | 值时取累加 |
| 8～9 | 16 | 72 | 4.05 | 125 | | | 值确定 $q_p$ |
| 9～D | 18 | 81 | 4.20 | | | | |

表6-23  生活废水立管水力计算表

| 管段编号 | 卫生器具数量 | | 当量总数 /$N_p$ | 设计秒流量 $q_p$/(L/s) | 管径 DN/mm | | | 备 注 |
|---|---|---|---|---|---|---|---|---|
| | 浴盆 ($N_p$=3.0) | 洗脸盆 ($N_p$=0.75) | | | 普通伸顶通气 (45°斜三通) | 有专用通气立管 | 特制配件单立管 | |
| 1′~2′ | 2 | 2 | 7.5 | 1.82 | 100 | 75 | 100 | 按公式(6-4)计算值大于卫生器具排水流量累加值时取累加值确定 $q_p$ |
| 2′~3′ | 4 | 4 | 15 | 2.16 | | | | |
| 3′~4′ | 6 | 6 | 22.5 | 2.42 | | | | |
| 4′~5′ | 8 | 8 | 30.0 | 2.64 | | | | |
| 5′~6′ | 10 | 10 | 37.5 | 2.84 | | | | |
| 6′~7′ | 12 | 12 | 45.0 | 3.01 | | | | |
| 7′~8′ | 14 | 14 | 52.5 | 3.17 | | | | |
| 8′~9′ | 16 | 16 | 60.0 | 3.32 | | | | |
| 9′~d | 18 | 18 | 67.5 | 3.46 | | | | |

(3) 排水横干管及排出管计算。

计算各管段设计秒流量，查表6-17，选用通用坡度，计算结果如表6-24所示。

表6-24  横干管及排出管水力计算表

| 管段编号 | 卫生器具名称数量 | | | 当量总数 /$N_p$ | 设计秒流量 $q_p$/(L/s) | 管 径 /mm | 坡度 | 备 注 |
|---|---|---|---|---|---|---|---|---|
| | 坐便器 ($N_p$=4.5) | 浴盆 ($N_p$=3) | 洗脸盆 ($N_p$=0.75) | | | | | |
| A~B | 18 | — | — | 81 | 4.20 | 125 | 0.015 | 按公式(6-4)计算值大于卫生器具排水流量累加值时取累加值确定 $q_p$ |
| B~C | 36 | — | — | 162 | 5.32 | 125 | 0.015 | |
| C~D | 54 | — | — | 243 | 6.18 | 150 | 0.010 | |
| D~E | 72 | — | — | 324 | 6.40 | 150 | 0.010 | |
| a~b | — | 18 | 18 | 67.5 | 3.46 | 100 | 0.020 | |
| b~c | — | 36 | 36 | 135 | 4.49 | 125 | 0.015 | |
| c~d | — | 54 | 54 | 202.5 | 5.27 | 125 | 0.015 | |
| d~e | — | 72 | 72 | 270 | 5.93 | 125 | 0.015 | |

(4) 专用通气立管计算。

专用通气立管与生活污水和生活废水两根立管连接，生活污水立管管径为100mm，查表6-9，通气立管管径为75mm，与生活废水立管管径相同，符合要求，所以通气立管管径取75mm。

(5) 汇合通气管及总伸顶通气管计算。

HI段通气横管与通气立管相同，取75mm，FH段管径不变，按下式计算。

$$DN \geqslant \sqrt{75^2 + 0.25 \times 75^2} = 83.85(mm)$$

因此，取FH段通气管径为100mm。

总伸顶通气管管径为

$$DN \geqslant \sqrt{75^2 + 0.25 \times 3 \times 75^2} = 99.22(mm)$$

因此，取总伸顶通气管径为 100mm。

(6) 结合通气管。

结合通气管隔层连接排水立管和通气立管，结合通气立管管径为 75mm。

# 6.8　污、废水的提升和局部处理

## 6.8.1　污、废水的提升

民用和公共建筑的地下室，人防建筑及工业建筑内部标高低于室外地坪的车间和其他用水设备房间排放的污废水，若不能自流排至室外检查井，必须提升排出，以保持室内良好的环境卫生。建筑内部污废水提升包括污水泵的选择，污水集水池容积的确定和污水泵房的设计等。

### 1．污水泵及其选择

污水泵宜设置排水管单独排至室外，排出管的横管段应有坡度坡向出口。当两台或两台以上水泵共用一条出水管时，应在每台水泵出水管上装设阀门和止回阀；单台水泵排水有可能产生倒灌时，应设置止回阀。公共建筑内应以每个生活污水集水池为单元设置一台备用泵(地下室、设备机房、车库冲洗地面的排水，当有 2 台及 2 台以上排水泵时可不设备用泵)。

当集水池不能设事故排出管时，污水泵应有不间断的动力供应(当能关闭污水进水管时，可不设置不间断动力供应)。污水水泵的启闭，应设置自动控制装置。多台水泵可并联交替或分段投入运行。污水泵、阀门、管道等应选择耐腐蚀、大流通量、不易堵塞的设备器材。

污水水泵流量、扬程的选择应符合下列规定：小区污水水泵的流量应按小区最大小时生活排水流量选定；建筑物内的污水水泵的流量应按生活排水设计秒流量选定；当有排水量调节时，可按生活排水最大小时流量选定；当集水池接纳水池溢流水、泄空水时，应按水池溢流量、泄流量与排入集水池的其他排水量中大者选择水泵机组；水泵扬程应按提升高度、管路系统水头损失，另附加 2～3m 流出水头计算。

### 2．集水池

集水池设计应符合下列规定。

集水池有效容积不宜小于最大一台污水泵 5min 的出水量，且污水泵每小时启动次数不宜超过 6 次；集水池除满足有效容积外，还应满足水泵设置、水位控制器、格栅等安装、检查要求；集水池设计最低水位，应满足水泵吸水要求；当集水池设置在室内地下室时，池盖应密封，并设通气管系；室内有敞开的集水池时，应设强制通风装置；集水池底宜有不小于 0.05 坡度坡向的泵位。集水坑的深度及平面尺寸应按水泵类型而定；集水池底宜设置自冲管；集水池应设置水位指示装置，必要时应设置超警戒水位报警装置，并将信号引

至物业管理中心；生活排水调节池的有效容积不得大于 6h 生活排水平均小时流量。

### 3．污水泵房

污水泵房应有良好的通风装置，并靠近集水池。生活污水水泵应在单独的房间内，以控制和减少对环境的污染。对卫生环境要求特殊的生产厂房和公共建筑内不得设污水泵房。当水泵房在建筑物内时，应有隔振防噪声措施。

## 6.8.2 污、废水的局部处理

### 1．化粪池和生活污水局部处理

化粪池是一种利用沉淀和厌氧发酵原理去除生活污水中悬浮性有机物的最初级处理构筑物。当建筑物所在的城镇或小区内没有集中的污水处理厂，或虽然有污水处理厂但已超负荷运行时，建筑物排放的污水在进入水体或城市管网前，应进行简单处理，目前一般采用化粪池。

生活污水中含有大量粪便、纸屑、病原虫等杂质，悬浮物固体浓度为 100～350mg/L，有机物浓度 $BOD_5$ 为 100～400mg/L，其中悬浮性的有机物 $BOD_5$ 为 50～200 mg/L，污水进入化粪池经过 12～24h 的沉淀，去除 50%～60%的悬浮物。沉淀下来的污泥经过 3 个月以上的厌氧消化，使污泥中的有机物分解成稳定的无机物，易腐败的生污泥转化为稳定的熟污泥，改变了污泥的结构，降低了污泥的含水率，熟污泥定期清掏外运，填埋或用作肥料。

污水在化粪池中的停留时间是影响化粪池出水的重要因素。在一般平流式沉淀池中，污水中悬浮固体的沉淀效率在 2h 内最显著。但是，因为化粪池服务人数较少，排水量少且不连续，进入化粪池的水不均匀；矩形化粪池的长宽比和宽深比很难达到平流式沉淀池的水力条件；化粪池进出水配水不均匀，易形成短流；池底污泥厌氧消化产生的大量气体上升，破坏了水流的层流状态，干扰了颗粒的沉降。所以，化粪池的停留时间取 12～24h。

污泥清掏周期是指污泥在化粪池内的平均停留时间，一般不少于 90d。污泥清掏周期与新鲜污泥的发酵时间有关。

化粪池多设于建筑物背向大街一侧靠近卫生间的地方，应尽量隐蔽，不宜设在人们经常活动之处。化粪池宜设置在接户管的下游端，便于机动车清掏的位置。化粪池距建筑物的净距不小于 5m，因为化粪池出水处理不彻底，含有大量细菌，为防止污染水源，化粪池距地下取水构筑物不得小于 30m。

化粪池的设计主要是计算化粪池容积，按《给水排水国家标准图集》选用化粪池标准图。化粪池总容积由有效容积 $V$ 和保护层容积 $V_3$ 组成，保护层容积根据化粪池大小确定，保护层高度一般为 250～450mm。有效容积由污水所占容积 $V_w$ 和污泥所占容积 $V_n$ 组成。

$$V = V_w + V_n \tag{6-8}$$

$$V_w = \frac{mb_f q_w t_w}{24 \times 1000} \tag{6-9}$$

$$V_n = \frac{mb_f q_n t_n (1-b_x) M_s \times 1.2}{(1-b_n) \times 1000} \tag{6-10}$$

式中：$V_w$——化粪池污水部分容积，$m^3$；

$V_n$——化粪池污泥部分容积，$m^3$；

$q_w$——每人每日计算污水量，L/(人·d)，如表 6-25 所示；

表 6-25　化粪池每人每日计算污水量

| 分　类 | 生活污水与生活废水合流排入 | 生活污水单独排入 |
| --- | --- | --- |
| 每人每日污水量/L | (0.85～0.95)用水量 | 15～20 |

$t_w$——污水在池中停留时间，h，应根据污水量确定，宜采用 12h～24h；

$q_n$——每人每日计算污泥量，L/(人·d)，如表 6-26 所示；

表 6-26　化粪池每人每日计算污泥量

单位：L

| 建筑物分类 | 生活污水与生活废水合流排入 | 生活污水单独排入 |
| --- | --- | --- |
| 有住宿的建筑物 | 0.7 | 0.4 |
| 人员逗留时间大于 4 h 并小于等于 10h 的建筑物 | 0.3 | 0.2 |
| 人员逗留时间小于等于 4h 的建筑物 | 0.1 | 0.07 |

$t_n$——污泥清掏周期应根据污水温度和当地气候条件确定，宜采用 3～12 个月；

$b_x$——新鲜污泥含水率可按 95% 计算；

$b_n$——发酵浓缩后的污泥含水率可按 90% 计算；

$M_s$——污泥发酵后体积缩减系数宜取 0.8；

1.2——清掏后遗留 20% 的容积系数；

$m$——化粪池服务总人数；

$b_f$——化粪池实际使用人数占总人数的百分数，可按表 6-27 所示的数据确定。

表 6-27　化粪池使用人数百分数

| 建筑物名称 | 百分数/% |
| --- | --- |
| 医院、疗养院、养老院、幼儿园(有住宿) | 100 |
| 住宅、宿舍、旅馆 | 70 |
| 办公楼、教学楼、试验楼、工业企业生活间 | 40 |
| 职工食堂、餐饮业、影剧院、体育场(馆)、商场和其他场所(按座位) | 5～10 |

化粪池有矩形和圆形两种，化粪池的长度与深度、宽度的比例应按污水中悬浮物的沉降条件和积存数量，经水力计算来确定。但深度(水面至池底)不得小于 1.30m，宽度不得小于 0.75m，长度不得小于 1.00m，圆形化粪池直径不得小于 1.00m；双格化粪池第一格的容量宜为计算总容量的 75%；三格化粪池第一格的容量宜为总容量的 60%，第二格和第三格各宜为总容量的 20%；化粪池格与格、池与连接井之间应设通气孔洞；化粪池进水口、出水口应设置连接井与进水管、出水管相接；化粪池进水管口应设导流装置，出水口处格与格之间应设拦截污泥浮渣的设施；化粪池的池壁和池底，应防止渗漏；化粪池顶板上应设有人孔和盖板。

化粪池具有结构简单、便于管理、不消耗动力和造价低等优点，在我国已推广使用多年，实践中发现化粪池有许多缺点，如有机物去除率低，仅为 20%左右；沉淀和厌氧消化在一个池内进行，污水与污泥接触，使化粪池出水呈酸性，有恶臭。另外，化粪池距建筑物较近，清掏污泥时臭气污染空气，影响环境卫生。

### 2. 隔油井(池)

公共食堂和饮食业排放的污水中含有植物油和动物油脂。污水中含油量的多少与地区、生活习惯有关，一般为 50~150mg/L。厨房洗涤水中含油约 750mg/L。据调查，含油量超过400mg/L 的污水排入下水道后，随着水温的下降，污水中挟带的油脂颗粒便开始凝固，粘附在管壁上，使管道过水断面减小，堵塞管道。所以，公共食堂和饮食业的污水在排入水体和城市排水管网前，应去除污水中的可浮油(占总含油量的65%~70%)，目前一般采用隔油井去除。设置隔油井还可以回收废油脂，制造工业用油，变废为宝。

汽车修理厂、汽车库及其他类似场所排放的污水中含有汽油、煤油、柴油等矿物油，汽油等轻油进入管道后挥发并聚集于检查井，达到一定浓度后会发生爆炸引起火灾，破坏管道，所以也应设隔油井进行处理。

图 6-20 所示为隔油井示意图，含油污水进入隔油井后，过水断面增大，水平流速减小，污水中密度小的可浮油自然上浮至水面，收集后去除。为了提高油脂去除率，可在隔油井内曝气，气水比取 0.2m³/m³，气泡直径为 10~20μm。

隔油井设计的控制条件是污水在隔油井内停留时间 $t$ 和污水在隔油井内水平流速 $v$，取值如表 6-28 所示。隔油井设计计算按下列公式进行。

$$V = 60tQ_{max} \tag{6-11}$$

$$A = \frac{Q_{max}}{v} \tag{6-12}$$

$$L = \frac{V}{A} \tag{6-13}$$

$$B = \frac{A}{h} \tag{6-14}$$

式中：$V$ ——隔油井有效容积，m³；

　　　$Q_{max}$ ——含油污、废水设计流量，m³；

　　　$t$ ——污水在隔油井中的停留时间(查表 6-28)，min；

　　　$v$ ——污水在隔油井中的水平流速，m/s；

　　　$A$ ——隔油井中过水断面积，m²；

　　　$B$ ——隔油井宽，m；

　　　$h$ ——隔油井有效水深(取值大于 0.6m)，m。

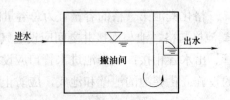

图 6-20　隔油井示意图

表 6-28　污水在隔油井中的停留时间和水平流速

| 含油污水种类 | 停留时间 $t$/min | 水平流速 $v$/(m/s) |
|---|---|---|
| 含食用油污水 | 2～10 | ≤0.005 |
| 含矿物油污水 | 0.5～1.0 | 0.002～0.010 |

当隔油井采用曝气时，污水在井中停留时间取 30min，隔油井内存油部分容积取有效容积的 25%，对夹带杂质的含油污水，应在隔油井内设有沉淀部分，生活污水和其他污水不得排入隔油井内，以保障隔油井正常工作。

隔油井(池)设计时应符合下列规定：污水流量应按设计秒流量计算；含食用油的污水在池内的流速不得大于 0.005m/s；含食用油的污水在池内停留时间宜为 2～10min；人工除油的隔油池内存油部分的容积，不得小于该池有效容积的 25%；隔油池应设活动盖板，进水管应考虑有清通的可能；隔油池出水管管底至池底的深度，不得小于 0.6m。

隔油器设计应符合下列规定：隔油器内应有拦截固体残渣装置，并便于清理；容器内宜设置气浮、加热、过滤等油水分离装置；隔油器应设置超越管，超越管管径与进水管管径应相同；密闭式隔油器应设置通气管，通气管应单独接至室外；隔油器设置在设备间时，设备间应有通风排气装置，且换气次数不宜小于 15 次/时。

### 3．降温池

温度高于 40℃的废水，在排入城镇排水管道之前应采取降温处理，否则，会影响维护管理人员的身体健康和管材的使用寿命，一般采用设于室外的降温池处理。对于温度较高的废水，宜考虑将其所含热量回收利用。

降温池降温的方法主要有二次蒸发、水面散热和加冷水降温。以锅炉排污水为例，当锅炉排出的污水由锅炉内的工作压力骤然减到大气压力时，一部分热污水汽化蒸发(二次蒸发)，减少了排污水量和所带热量，再加入冷却水与剩余的热污水混合，使污水温度降至 40℃后排放。降温采用的冷却水应尽量利用低温度水。降温池的容积与废水的排放形式有关，若废水是间断排放时，按一次最大排水量与所需冷却水量的总和计算有效容积；若废水连续排放时，应保证废水与冷却水能够充分混合。

降温池的容积应按下列规定确定：间断排放污水时，应按一次最大排水量与所需冷却水量的总和计算有效容积；连续排放污水时，应保证污水与冷却水能充分混合。

降温池管道设置应符合下列要求：有压高温污水进水管口宜装设消音设施，有两次蒸发时，管口应露出水面向上，并应采取防止烫伤人的措施；无两次蒸发时，管口宜插进水中深度 200mm 以上；冷却水与高温水混合可采用穿孔管喷洒，当采用生活饮用水做冷却水时，应采取防回流污染措施；降温池虹吸排水管管口应设在水池底部；应设通气管，通气管排出口设置位置应符合安全、环保要求。

### 4．小型沉淀池

汽车库冲洗废水中含有大量的泥沙，为防止堵塞和淤积管道，在污废水排入城市排水管网之前应进行沉淀处理，一般宜设小型沉淀池。

小型沉淀池的有效容积包括污水和污泥两部分容积，应根据车库存车数、冲洗水量和设计参数确定。

### 5．医院污水处理

医院污水必须进行消毒处理。医院污水处理后的水质，按排放条件应符合现行国家标准《医疗机构水污染物排放标准》(GB 18466)的有关规定。医院污水处理流程应根据污水性质、排放条件等因素确定，当排入终端已建有正常运行的二级污水处理厂的城市下水道时，宜采用一级处理；直接或间接排入地表水体或海域时，应采用二级处理。医院污水处理构筑物与病房、医疗室、住宅等之间应设置卫生防护隔离带。传染病房的污水经消毒后方可与普通病房的污水进行合并处理。当医院的污水排入下列水体时，除应符合现行国家标准《医疗机构水污染物排放标准》(GB 18466)的有关规定外，还应根据受水体的要求进行深度水处理：现行国家标准《地表水环境质量标准》(GB 3838)中规定的Ⅰ类、Ⅱ类水域和Ⅲ类水域的饮用水保护区和游泳区；现行国家标准《海水水质标准》(GB 3097)中规定的一类、二类海域；经消毒处理后的污水，当排入娱乐和体育用水水体、渔业用水水体时，还应符合国家现行有关标准要求。

化粪池作为医院污水消毒前的预处理时，化粪池的容积宜按污水在池内的停留时间24～36h 计算，污泥清掏周期宜为 0.5～1.0a。医院污水消毒宜采用氯消毒(成品次氯酸钠、氯片、漂白粉、漂粉精或液氯)。当运输或供应困难时，可采用现场制备次氯酸钠、化学法制备二氧化氯的消毒方式。当有特殊要求并经过技术经济比较合理时，可采用臭氧消毒法。

采用氯消毒后的污水，当直接排入地表水体或海域时，应进行脱氯处理，处理后的余氯应小于 0.5mg/L。医院建筑内含放射性物质、重金属及其他有毒、有害物质的污水，当不符合排放标准时，需进行单独处理达标后，方可排入医院污水处理站或城市排水管道。医院污水处理系统的污泥，宜由城市环卫部门按危险废物集中处置。当城镇无集中处置条件时，可采用高温堆肥或石灰消化方法进行处理。

# 实 训 模 块

### 模块一：卫生间排水平面图、系统图的绘制

1．实训目的：通过卫生间排水平面图和系统图的绘制，使学生了解其绘制方法，掌握排水管道绘制的基本技能。

2．实训课题：卫生间排水平面图、系统图的绘制。

3．实训准备：装有天正给排水系统软件的电脑、备用图纸。

4．实训内容：如图 6-21 和图 6-22 所示，根据图 6-11 所示的卫生间平面布置图，对照图 6-22 所示的排水平面图与系统图绘制示例，绘制排水平面图，并根据绘制的排水平面图绘制排水系统图。全部内容都在一张 A3 图纸上完成。图纸要求仿宋字，要求线条清晰、主

次分明、字迹工整、图面整洁。

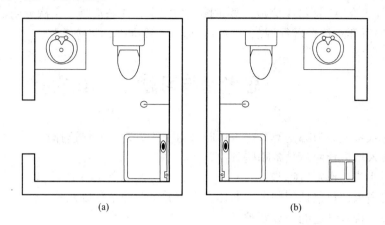

(a)　　　　　　　　　　　　(b)

图 6-21　卫生间平面图

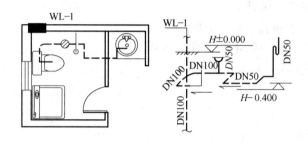

图 6-22　卫生间排水平面图、系统图绘制实例图

**模块二：多层宿舍楼排水系统设计**

1．实训目的：通过宿舍楼排水系统的设计，使学生了解室内排水系统的组成，熟悉排水平面图和系统图的绘制方法，掌握排水管道设计流量的计算方法，会进行排水系统的水力计算。

2．实训课题：学校某 5 层宿舍楼排水系统设计。

3．实训准备：装有天正给排水系统软件的电脑、宿舍楼建筑平面图、计算器、相关规范、设计手册等，涉及的相关数据由老师根据宿舍所处地区确定给出或学生自己搜集。

4．实训内容：根据图 2-53、图 2-54、图 2-55、图 2-56 给出的建筑图，抄绘成条件图，然后绘出 1 层排水平面图、2 到 5 层排水平面图和系统图，根据水力计算步骤要求，进行水力计算，确定系统的设计秒流量、管径、坡度等。

5．设计成果：

(1) 设计说明和计算书(包括设计说明、计算步骤、水力计算草图、水力计算书和参考文献等)。

(2) 设计图纸。

图纸首页(包括图纸目录、图例、设计和施工说明、主要材料和设备表等)；1 层排水平面图；2 到 5 层排水平面图；排水系统图。

6．设计要求：

全部图纸要求在 A3 图纸上完成，要求图纸仿宋字、线条清晰、主次分明、字迹工整、图面整洁。说明书要求符合现行规范，方案合理、计算准确、字迹工整。

# 思考题与习题

1．建筑排水系统分为哪几类？排水体制分为哪几类？应如何选择？

2．污水排入城市管网应具备哪些条件？

3．举例说明清通设备有哪些？

4．排水管道系统都包括哪些内容？排水系统的组合类型有哪几种？

5．简要说明排水管道的敷设要求。

6．什么是排水定额和排水设计秒流量？应如何考虑？

7．污、废水的处理分哪几类？

8．简述排水管道的布置和敷设原则。

9．排水管网中横管、立管水力计算原则是什么？

10．通气管道在计算中要考虑哪些因素？

# 第7章　屋面雨水排水

## 【学习要点及目标】

◆　了解屋面雨水排水系统的分类、组成。

◆　熟悉屋面雨水排水方式及设计要求、管道的布置与敷设。

◆　掌握雨水系统的水力计算方法。

◆　掌握雨水管道的施工安装技术。

## 【核心概念】

屋面雨水、排水技术、排水重力流、压力流、虹吸压力流

## 【引言】

选择建筑物屋面雨水排水系统时应根据建筑物类型、建筑结构形式、屋面面积大小、当地气候条件和生产生活的要求，经过技术经济比较，本着既安全又经济的原则选择雨水排水系统。本章主要讲述雨水系统的分类、组成，分析各种类型的特点及其应用环境，并讲述了雨水系统的水力计算。

# 7.1  雨水系统的分类

建筑雨水排水系统是建筑物给水排水系统的重要组成部分，它的任务是及时排除降落在建筑物屋面的雨水、雪水，避免形成屋顶积水对屋顶造成威胁，或造成雨水溢流、屋顶漏水等水患事故，以保证人们正常的生活和生产活动。

屋面雨水的排除方式按雨水管道的位置分为外排水系统和内排水系统。一般情况下，应尽量采用外排水系统或两种排水系统综合考虑。

## 7.1.1  外排水系统

外排水系统的雨水管道不设在室内，而是沿外墙敷设。这种系统的优点在于室内不会产生雨水管道的跑、冒、滴、漏等问题，而且系统简单、易于施工、工程造价低。外排水系统又分为檐沟外排水系统和天沟外排水系统。

### 1. 檐沟外排水系统(水落管排水系统)

檐沟外排水系统是由檐沟雨水斗及水落管组成，如图 7-1 所示。屋面雨水沿具有一定坡度的屋面集流到檐沟中，然后再由水落管引到地面、明沟，或经雨水口流入雨水管道。

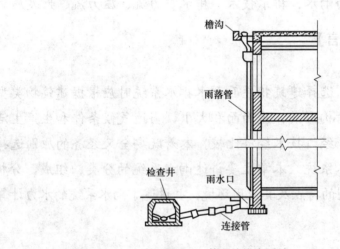

图 7-1  普通外排水系统

水落管多采用铸铁管或镀锌铁皮管，也可采用石棉水泥管、UPVC 管等，管径 75mm 或 100mm，镀锌铁皮管断面也可为矩形，断面尺寸一般为 80mm×100mm 或 80mm×120mm。根据经验，水落管的间距民用建筑为 8～16m，工业建筑为 18～24m。檐沟外排水系统适用于普通住宅、屋面面积较小的公共建筑和单跨工业厂房，但无法解决多跨厂房内跨的雨水排除问题。

## 2．天沟外排水系统

天沟外排水系统由天沟、雨水斗和雨水立管组成，如图 7-2 所示。天沟设置在两跨中间并坡向端墙，一般雨水斗设在伸出山墙的天沟末端，并与沿外墙布置的雨水立管相连接，如图 7-3 所示。屋面雨水沿坡向天沟的屋面汇集到天沟，再沿天沟流入雨水斗，经雨水立管排至地面、明沟或雨水管道。天沟断面多为矩形和梯形，天沟坡度不宜小于 0.003，一般为 0.003～0.006。为防止漏水，天沟应以建筑物的伸缩缝、沉降缝为分水线，在其两边设置。天沟单向长度一般不宜大于 50m。为避免天沟积水过多，产生溢水现象，天沟末端的端壁上(或女儿墙、山墙上)应设置溢流口，天沟外排水系统适用于长度不超过 100m 的多跨工业厂房。

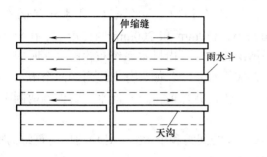

图 7-2　天沟布置示意图

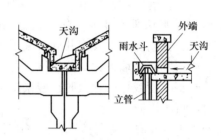

图 7-3　天沟与雨水管连接

# 7.1.2　内排水系统

内排水系统的雨水管道设置在室内，屋面雨水沿具有坡度的屋面汇集到雨水斗，经雨水斗流入室内雨水管道，最终排至室外雨水管道，如图 7-4 所示。内排水系统适用于长度特

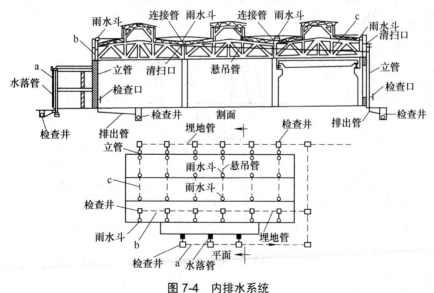

图 7-4　内排水系统

a—水落管；b—单斗系统；c—多斗系统

别大或屋面有天窗的多跨工业厂房、锯齿形或壳形屋面的建筑、大面积平屋顶建筑、寒冷地区的建筑以及对于建筑立面要求高的建筑。屋面形式变化较多的建筑，可根据具体情况，在其不同的部位设置不同的排水系统。

### 1. 内排水系统组成

内排水系统由雨水斗、连接管、悬吊管、立管和排出管等部分组成，如图 7-4 所示。

1) 雨水斗

雨水斗是一种专用装置，其组成如图 7-5 所示。设在屋面雨水由天沟进入雨水管道的入口处。雨水斗有整流格栅装置，格栅的进水孔有效面积是雨水斗下连接管面积的 2～2.5 倍，能迅速排除屋面雨水。格栅还具有整流作用，避免形成过大的旋涡，稳定斗前水位，减少掺气，并能拦隔树叶等杂物。整流格栅可以拆卸以便清理上面的杂物。雨水斗有 65 型、79 型、87 型和虹吸雨水斗等，有 75mm、100mm、150mm 和 200mm 四种规格。在阳台、花台和供人们活动的屋面及窗井处可采用平箅雨式水斗。内排水系统布置雨水斗时应以伸缩缝、沉降缝和防火墙为大沟分水线，各自自成排水系统。如果分水线两侧两个雨水斗需连接在同一根立管或悬吊管上时，应采用伸缩接头，并保证密封不漏水。防火墙两侧雨水斗连接时，可不用伸缩接头。

布置雨水斗时，除了按水力计算确定雨水斗的间距和个数外，还应考虑建筑结构特点，使立管沿墙布置，间距一般可采用 12～24m。

多斗雨水排水系统的雨水斗宜在立管两侧对称布置，其排水连接管应接至悬吊管上。悬吊管上连接的雨水斗不得多于 4 个，且雨水斗不能设在立管顶端。当两个雨水斗连接在同一根悬吊管上时，应将靠近立管的雨水斗口径减小一级。接入同一立管的雨水斗，其安装高度宜在同一标高层。

虹吸式雨水斗应设置在天构或檐沟内，天沟的宽度和深度应按雨水斗的要求确定，一般沟的宽度不小于 550 mm，沟的深度不小于 300mm。一个计算汇水面积内，不论面积大小，均应设不少于 2 个雨水斗，而且雨水斗之间的距离不应大于 20 m。

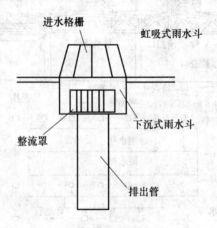

图 7-5　雨水斗的组成

2) 连接管

连接管为连接雨水斗和悬吊管的一段竖向短管，其管径一般与雨水斗短管的管径相同，但不宜小于 100mm。连接管一般采用铸铁管或钢管，并应牢固地固定在建筑物的承重结构上，其下端宜用斜三通与悬吊管连接。

3) 悬吊管

当室内地下不宜敷设雨水横管时，可采用悬吊管排水。

悬吊管承接连接管排来的雨水并将其排入雨水立管。悬吊管一般沿屋架或梁敷设，并应牢固地固定在其上。悬吊管的管径不得小于与之相连的连接管的管径，也不宜大于 300mm，其最小坡度为 0.005。为便于清通，在悬吊管端头和长度大于 15m 的悬吊管上，应装设检查口或带法兰盘的三通，其间距不大于 20m，并应靠近墙、柱敷设。悬吊管与立管的连接宜采用 45°三通或 45°四通和 90°斜三通或 90°斜四通。悬吊管一般采用铸铁管，在可能受到振动或生产工艺有特殊要求时，可采用钢管焊接连接。

4) 立管

立管承接悬吊管或雨水斗排来的雨水，并将其引入埋地管或排出管。立管管径不得小于与之相连接的悬吊管管径，也不宜大于 300mm。一根立管连接的悬吊管不应多于 2 根，并且接入同一立管的雨水斗，其安装高度一般应相同。当立管的设计流量符合规范要求时，雨水斗的标高可不同。立管上应设检查口，其中心距地面的距离宜为 1.0m。立管管材与悬吊管相同。

5) 排出管

排出管是将立管的雨水引入检查井的一段埋地横管，其管径不得小于与之相连的立管管径，管材一般采用铸铁管。排出管上不应接入其他排水管道。排出管与下游埋地管在检查井中宜采用管顶平接，水流转角不得小于 135°。

6) 埋地管

埋地管是敷设在室内地下的横管，它承接立管排来的雨水，并将其引入室外雨水管道。埋地管的最小管径为 200mm，最大不超过 600mm，其最小坡度与生产废水管道的最小坡度一致。其最小埋深参照污水管道埋深。在密闭式雨水系统中，埋地管宜采用承压铸铁管；在敞开式雨水系统中，埋地管宜采用混凝土管、钢筋混凝土管、陶土管和石棉水泥管等非金属管。

7) 附属构筑物

雨水系统的附属构筑物主要有检查井、检查口井和排气井等。

在敞开式内排水系统中，在排出管与埋地管连接处，埋地管转弯、变管径、变坡度、管道交汇等处，以及长度超过的直线管段上，均应设置检查井。检查井井深不小于 0.7m，井径不小于 1.0m，井底设置高流槽，用来疏导水流，以防溢水。检查井的构造及其他要求如图 7-6 和图 7-7 所示。靠近埋地管起端的几根排出管宜先接入放气井，水流在放气井中经过消能、气水分离后再平稳流入检查井，气体由放气管排出，这样可避免检查井冒水。放气井构造如图 7-8 所示。在密闭式内排水系统中，埋地管上应设检查口，以便检修。检查口放在检查井内，这种井称为检查口井。

## 2. 内排水系统分类

内排水系统根据一根立管连接雨水斗的个数可分为单斗、多斗雨水排水系统；根据系统是否与大气相通可分为密闭系统和敞开系统；按照雨水在管道内的流态不同可分为：重力无压流、重力伴有压流、压力流；按雨水管中水流的设计流态可分为压力流雨水系统、重力伴有压流雨水系统、压流雨水系统(虹吸式雨水系统)。

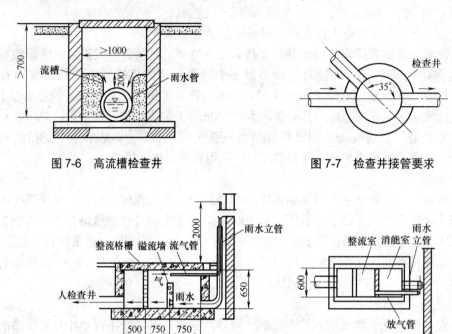

图 7-6　高流槽检查井　　　　　　　　图 7-7　检查井接管要求

图 7-8　排气井

1) 单斗和多斗雨水排水系统

根据立管连接雨水斗的个数，内排水系统分为单斗、多斗雨水排水系统。单斗系统的悬吊管只连接一个雨水斗，或不设悬吊管，而将雨水斗与立管直接相连。多斗系统悬吊管上连接的雨水斗不止一个，但不得多于 4 个。一根悬吊管上的不同位置的雨水斗的泄流能力不同，距离立管越远的雨水斗，泄流量越小，距离立管越近的雨水斗泄流量越大。由于单斗系统的雨水斗在排水时，掺气量小，排水能力大，故设计时应尽量采用单斗系统。多斗系统的排水量约为单斗的80%。

2) 敞开式和密闭式系统

按排除雨水的安全程度，内排水系统分为敞开式和密闭式两种排水系统。敞开式内排水系统利用重力排水，雨水经排出管进入普通检查井。但由于设计和施工的原因，当暴雨发生时，可能会出现检查井冒水现象，造成危害。也有在室内设悬吊管、埋地管和室外检查井的做法，这种做法虽然可避免室内冒水现象，但管材耗量大，且悬吊管外壁易结露。

密闭式内排水系统利用压力排水，埋地管在检查井内用密闭的三通连接。当雨水排泄不畅时，室内不会发生冒水现象。其缺点是不能接纳生产废水，需另设生产废水排水系统。为了安全可靠，一般宜采用密闭式内排水系统。

3) 压力流(虹吸式)、重力伴有压流和重力无压流雨水系统

按雨水管中水流的设计流态，可分为压力流(虹吸式)、重力伴有压流和重力无压流雨水系统。

压力流(虹吸式)雨水系统采用虹吸式雨水斗，管道中呈全充满的压力流状态，屋面雨水

的排泄过程是一个虹吸排水过程。工业厂房、库房、公共建筑的大型屋面雨水排水宜采用压力流(虹吸式)雨水系统。

重力伴有压流雨水系统中设计水流状态为伴有压流，系统的设计流量、管材、管道布置等考虑了水流压力的作用。

重力流状态：天沟水深比较小时，雨水进入雨水斗时呈自由堰流状态，悬吊管内空气贯通，为不满流的重力流状态。

# 7.2　雨水系统的水力计算

## 7.2.1　雨水量计算

### 1．计算公式

(1) 按当地暴雨强度计算。

$$Q_y = K_1 \frac{q_5}{10000} F \tag{7-1}$$

式中：$Q_y$—— 屋面雨水设计流量，L/s；

$F$——屋面设计汇水面积，$m^2$；

$q_5$——当地降雨历时 5min 时的暴雨强度，$L/(s \cdot 100m^2)$；

$K_1$——设计重现期为一年时的屋面宣泄能力系数，为平屋面(坡度＜2.5%)时 $K_1=1$，为斜屋面(坡度≥2.5%)时，$K_1=1.5\sim2.0$。

(2) 按小时降雨厚度 $h$(mm/h)计算。

$$Q_y = K_1 \frac{h_5}{3600} F \tag{7-2}$$

式中：$h_5$——当地降雨历时 5min 时的小时降雨厚度，mm/h。

其余符号意义同上。

### 2．屋面汇水面积计算

1) 屋面汇水面积计算

屋面的汇水面积应按屋面的水平投影面积计算。

2) 高出屋面的侧墙汇水面积计算

一面侧墙时，按侧墙面积的 5%折算成汇水面积；两面相邻侧墙时，按两面侧墙面积平方和的平方根的 50%折算成汇水面积；两面相对并且高度相等的侧墙可不计入汇水面积；两面相对不同高度的侧墙，按高出低墙部分面积的 50%外折算成汇水面积；三面和四面互不相等的情况可认为是前四种基本情况的组合再推求汇水面积。

3) 废水量换算

排入室内雨水管中的生产废水量如大于 5%的雨水量时，雨水管的设计流量应以雨水量和生产废水量之和计，一般可将废水量换算成"当量汇水面积"，即：

$$F_C = KQ \tag{7-3}$$

式中： $F_c$ ——当量汇水面积；

$Q$ ——生产废水流量，L/s；

$K$ ——换算系数， $m^2 \cdot s/L$ 。

换算系数 $K$ 如表 7-1 所示。

表 7-1　降雨强度与系数 $K$ 的关系

| 小时降雨厚度/(mm/h) | 50 | 60 | 70 | 80 | 90 | 100 | 110 | 120 | 140 | 160 | 180 | 200 |
|---|---|---|---|---|---|---|---|---|---|---|---|---|
| 系数 $K$ | 72 | 60 | 51.4 | 45 | 40 | 36 | 32.7 | 30 | 25.7 | 22.5 | 20 | 18 |

注：降雨强度介于表中两数之间时，系数 $K$ 按内插法确定。

## 7.2.2　雨水外排水系统水力计算

### 1. 普通外排水设计计算

根据屋面坡度和建筑物立面要求等情况，按经验布置立管，划分并计算每根立管的汇水面积，按公式(7-1)或公式(7-2)计算每根立管需排泄的雨水量 $Q$ 。查表 7-2 所示数据使设计雨水量不大于表中最大设计泄流量，确定雨水立管管径。

表 7-2　雨水立管最大设计泄流量

| 管径/mm | 75 | 100 | 125 | 150 | 200 |
|---|---|---|---|---|---|
| 最大设计泄流量/(L/s) | 9 | 19 | 29 | 42 | 75 |

注：75mm 管径立管用于阳台排放雨水。

### 2. 天沟外排水设计计算

1) 计算公式

雨水流量计算公式见公式(7-1)。

屋面天沟为明渠排水时，天沟水流流速可按明渠均流公式计算。

$$v = \frac{1}{n} R^{\frac{2}{3}} i^{\frac{1}{2}} \qquad (7\text{-}4)$$

$$\omega = \frac{Q}{v} \qquad (7\text{-}5)$$

$$F = LB \qquad (7\text{-}6)$$

式中： $Q$ ——天沟排除雨水流量， $m^3/s$ ；

$v$ ——天沟水流速度，m/s；

$R$ —— 水力半径，m；

$i$ ——天沟坡度；

$F$ ——屋面的汇水面积， $m^2$ ；

$\omega$ ——天沟的过水断面面积， $m^2$ ；

$L$ ——天沟长度，m；

$B$ ——厂房跨度，m；

$n$ ——天沟粗糙系数与天沟材料及施工情况有关，如表 7-3 所示。

表 7-3　各种材料天沟的 $n$ 值

| 天沟壁面材料情况 | 表面粗糙系数 $n$ 值 |
| --- | --- |
| 水泥砂浆光滑抹面混凝土槽 | 0.011 |
| 普通水泥砂浆抹面混凝土槽 | 0.012～0.013 |
| 无抹面混凝土槽 | 0.014～0.017 |
| 喷浆护面混凝土槽 | 0.016～0.021 |
| 表面不整齐的混凝土槽 | 0.020 |
| 豆砂沥青玛碲脂混凝土槽 | 0.025 |

2）天沟断面尺寸

天沟断面多是矩形或梯形，其尺寸应由计算确定。为了排水安全可靠，天沟应有不小于 100 mm 的保护高度，天沟起点水深不应小于 80 mm。

3）天沟排水立管

天沟排水立管的管径可按表 7-2 选用。

4）溢流管

天沟末端山墙、女儿墙上设置溢流口，用以排泄立管来不及排除的雨水量，其排水能力可按宽顶堰计算。

$$Q = mb(2g)^{\frac{1}{2}} H^{\frac{3}{2}} \tag{7-7}$$

式中：$Q$ ——流水量，L/s；

$b$ ——堰口宽度，m；

$H$ ——堰上水头，m；

$m$ ——流量系数，可采用 320。

## 7.2.3　雨水内排水系统水力计算

传统屋面雨水内排水系统的计算包括雨水斗、连接管、悬吊管、立管、排出管和埋地管等的选择、计算。

### 1. 雨水斗

雨水斗的汇水面积与其泄流量的大小有直接关系，雨水斗的汇水所积水可用下式计算：

$$F = KQ \tag{7-8}$$

式中：$F$ ——雨水斗的汇水面积，m$^2$；

$Q$ ——雨水斗的泄流量，L/s，如表 7-4 所示；

$K$ ——换算系数，取决于降雨强度，可用 $K = \dfrac{3600}{h}$ 计算；

$h$——小时降雨厚度，mm/h。

根据公式(7-8)和表 7-4 所示数据，对于不同的小时降雨厚度，可计算出单斗的最大汇水面积，如表 7-5 所示，以及多斗的最大汇水面积如表 7-6 所示。

表 7-4　屋面雨水斗最大泄流量(试验值)

| 斗　数 | 雨水斗规格/mm | 最大试验泄流量/(L/s) |
|---|---|---|
| 单斗 | 75 | 9.5 |
| | 100 | 15.5 |
| | 150 | 31.5 |
| | 200 | 51.5 |
| 多斗 | 75 | 7.9 |
| | 100 | 12.5 |
| | 150 | 25.9 |
| | 200 | 39.2 |

表 7-5　单斗系同一个雨水斗最大允许汇水面积

| 雨水斗形式 | 雨水斗直径/mm | 降雨厚度/(mm/h) | | | | | | | | | | | |
|---|---|---|---|---|---|---|---|---|---|---|---|---|---|
| | | 50 | 60 | 70 | 80 | 90 | 100 | 110 | 120 | 140 | 160 | 180 | 200 |
| 79 型 | 75 | 884 | 570 | 489 | 428 | 380 | 342 | 311 | 285 | 244 | 214 | 190 | 174 |
| | 100 | 1116 | 930 | 797 | 698 | 620 | 568 | 507 | 465 | 399 | 349 | 310 | 279 |
| | 150 | 2268 | 1890 | 1520 | 1418 | 1260 | 1134 | 1031 | 945 | 810 | 709 | 630 | 567 |
| | 200 | 3703 | 3090 | 2647 | 2318 | 2060 | 1854 | 1685 | 1545 | 1324 | 1158 | 1030 | 927 |
| 65 型 | 100 | 1116 | 930 | 797 | 698 | 620 | 568 | 507 | 465 | 399 | 349 | 310 | 279 |

表 7-6　多斗系统一个斗的最大允许汇水面积

| 雨水斗形式 | 雨水斗直径/mm | 降雨厚度/(mm/h) | | | | | | | | | | | |
|---|---|---|---|---|---|---|---|---|---|---|---|---|---|
| | | 50 | 60 | 70 | 80 | 90 | 100 | 110 | 120 | 140 | 160 | 180 | 200 |
| 79 型 | 75 | 569 | 474 | 406 | 356 | 316 | 284 | 259 | 237 | 203 | 178 | 158 | 142 |
| | 100 | 929 | 774 | 663 | 581 | 516 | 464 | 422 | 387 | 332 | 290 | 258 | 232 |
| | 150 | 1865 | 1554 | 1331 | 1166 | 1036 | 932 | 847 | 777 | 666 | 583 | 518 | 466 |
| | 200 | 2822 | 2352 | 2016 | 1764 | 1568 | 1411 | 1283 | 1176 | 1008 | 382 | 784 | 706 |
| 65 型 | 100 | 929 | 774 | 663 | 581 | 516 | 464 | 422 | 387 | 332 | 290 | 258 | 232 |

### 2．连接管

一般情况下，一根连接管上接一个雨水斗，因此连接管的管径不必计算，可采用与雨水斗出口的直径相同即可。

## 3. 悬吊管

悬吊管的排水流量与连接雨水斗的数量和雨水斗至立管的距离有关。连接雨水斗的数量多，则水斗掺气量大，水流阻力大；雨水斗至立管远，则水流阻力大，所以悬吊管的排水流量小。一般单斗系统的泄水能力可比同样情况下的多斗系统大 20%左右。

悬吊管的最大汇水面积如表 7-7 所示。表中数值是按照小时降雨强度 100mm/h，臂道充满度 0.8，敷设坡度不得小于 0.005 和管内壁粗糙系数 $n$=0.013 计算的。如果设计小时降雨厚度与此不同，则应将屋面汇水面积换算成相当 100mm/h 的汇水面积，然后再查表 7-7 确定所需管径。

表 7-7　多斗雨水排水系统中悬吊管最大允许汇水面积

| 管　坡 | 管径/mm | | | | |
|---|---|---|---|---|---|
| | 100 | 150 | 200 | 250 | 300 |
| 0.007 | 152 | 449 | 967 | 1751 | 2849 |
| 0.008 | 163 | 480 | 1034 | 1872 | 3046 |
| 0.009 | 172 | 509 | 1097 | 1986 | 3231 |
| 0.010 | 182 | 536 | 1156 | 2093 | 3406 |
| 0.012 | 199 | 587 | 1266 | 2298 | 3731 |
| 0.014 | 215 | 634 | 1368 | 2477 | 4030 |
| 0.016 | 230 | 678 | 1462 | 2648 | 4308 |
| 0.018 | 244 | 719 | 1551 | 2800 | 4569 |
| 0.020 | 257 | 758 | 1635 | 2960 | 4816 |
| 0.022 | 270 | 795 | 1715 | 3105 | 5052 |
| 0.024 | 281 | 831 | 1791 | 3243 | 5276 |
| 0.026 | 293 | 865 | 1864 | 3375 | 5492 |
| 0.028 | 304 | 897 | 1935 | 3503 | 5699 |
| 0.030 | 315 | 929 | 2002 | 3626 | 5890 |

注：1. 本表计算中 $h/D$=0.8。

　　2. 管道的 $n$=0.013。

　　3. 小时降雨厚度为 100mm。

## 4. 立管

掺气水流通过悬吊管流入立管形成极为复杂的流态，使立管上部为负压，下部为正压，因而立管处于压力流状态，其泄水能力较大。但考虑到降雨过程中经常有可能超过设计重现期及水流掺气占有一定的管道容积，泄流能力必须留有一定的余量，以保证运行安全。不同管径的立管最大允许汇水面积如表 7-8 所示。

表 7-8 的数据是按照降雨厚度 100mm/h 列出的最大允许汇水面积。如设计降雨厚度不同，则可用换算成相当于 100 mm/h 的汇水面积，再来确定其立管管径。

表 7-8　立管最大允许汇水面积

| 管径/mm | 75 | 100 | 150 | 200 | 250 | 300 |
|---|---|---|---|---|---|---|
| 汇水面积/m² | 360 | 720 | 1620 | 2880 | 4320 | 6120 |

### 5. 排出管

排出管的管径一般与立管管径相同，不必另行计算。如果加大一号管径，可以改善管道排水的水力条件，减小水头损失，增加立管的泄水能力，对整个架空管系排水有利。

为了改善埋地管中水力条件，减小水流掺气，可在埋地管的起端几个检查井的排出管上设放气井，散放水中分离的空气，稳定水流，对防止冒水有一定的作用。

### 6. 埋地管

因架空管道系统流过来的雨水掺有空气，抵达检查井时，水流速度降低，放出部分掺气，则会阻碍水流排放。为了使排水畅通，埋地管中应留有过气断面面积，采用建筑排水横管的计算方法，控制最大计算充满度和最小坡度。此外，在起端几个检查井的排出管上设置放气井，以防检查井冒水。

埋地管的水力计算也可采用如表 7-9 所示数据进行，该表是按重力流，降雨强度为100mm/h，按规定的最大充满度和坡度制成的。

表 7-9　埋地管最大允许汇水面积　　　　单位：m²

| 管径/mm<br>水力坡度 | 充满度 | | | | | | | | | | |
|---|---|---|---|---|---|---|---|---|---|---|---|
| | 0.50 | | | | | | 0.65 | | | 0.80 | |
| | 75 | 100 | 150 | 200 | 250 | 300 | 350 | 400 | 450 | 500 | 600 |
| 0.0010 | 13 | 27 | 81 | 174 | 315 | 512 | 1155 | 1863 | 2277 | 3902 | 6346 |
| 0.0015 | 15 | 33 | 98 | 212 | 385 | 625 | 1427 | 2037 | 2789 | 4779 | 7772 |
| 0.0020 | 18 | 39 | 114 | 245 | 445 | 723 | 1648 | 2352 | 3220 | 5519 | 8974 |
| 0.0025 | 20 | 43 | 127 | 274 | 487 | 809 | 1842 | 2630 | 3600 | 6170 | 10034 |
| 0.0030 | 22 | 47 | 140 | 300 | 545 | 886 | 2018 | 2881 | 3944 | 6769 | 10991 |
| 0.0035 | 24 | 51 | 150 | 325 | 588 | 957 | 2180 | 3112 | 4260 | 7300 | 11872 |
| 0.0040 | 25 | 55 | 161 | 345 | 629 | 1023 | 2330 | 3327 | 4554 | 7806 | 12692 |
| 0.0045 | 27 | 57 | 171 | 368 | 667 | 1085 | 2471 | 3529 | 4830 | 8298 | 13461 |
| 0.0050 | 28 | 61 | 180 | 388 | 703 | 1144 | 2605 | 3719 | 5092 | 8725 | 14190 |
| 0.0055 | 30 | 64 | 189 | 407 | 738 | 1200 | 2732 | 3900 | 5340 | 9152 | 14882 |
| 0.0060 | 31 | 67 | 197 | 423 | 771 | 1253 | 2854 | 4074 | 5578 | 9559 | 15544 |
| 0.0065 | 32 | 69 | 205 | 442 | 802 | 1304 | 2970 | 4241 | 5809 | 9949 | 16178 |
| 0.0070 | 33 | 72 | 219 | 459 | 832 | 1353 | 3084 | 4401 | 6025 | 10325 | 16789 |
| 0.0075 | 35 | 74 | 220 | 475 | 861 | 1400 | 3190 | 4555 | 6236 | 10687 | 17379 |
| 0.0080 | 36 | 77 | 228 | 491 | 890 | 1447 | 3295 | 4705 | 6441 | 11038 | 17949 |

续表

| 管径/mm 水力坡度 | 充 满 度 | | | | | | | | | | |
|---|---|---|---|---|---|---|---|---|---|---|---|
| | 0.50 | | | | | | 0.65 | | | 0.80 | |
| | 75 | 100 | 150 | 200 | 250 | 300 | 350 | 400 | 450 | 500 | 600 |
| 0.0085 | 37 | 79 | 235 | 506 | 917 | 1491 | 3397 | 4850 | 6639 | 11377 | 18501 |
| 0.0090 | 38 | 82 | 242 | 520 | 944 | 1535 | 3495 | 4990 | 6832 | 11707 | 19037 |
| 0.010 | 40 | 86 | 255 | 549 | 995 | 1618 | 3684 | 5260 | 7201 | 12341 | 20067 |
| 0.011 | 42 | 91 | 267 | 575 | 1043 | 1697 | 3984 | 5517 | 7553 | 12943 | 21047 |
| 0.012 | 44 | 95 | 279 | 601 | 1090 | 1772 | 4035 | 5762 | 7888 | 13519 | 21983 |
| 0.013 | 46 | 99 | 290 | 626 | 1134 | 1844 | 4200 | 5997 | 8210 | 14070 | 22880 |
| 0.014 | 47 | 102 | 301 | 649 | 1177 | 1914 | 4359 | 6224 | 8520 | 14602 | 23744 |
| 0.015 | 49 | 106 | 312 | 678 | 1218 | 1981 | 4512 | 6442 | 8820 | 15114 | 24577 |
| 0.016 | 51 | 109 | 322 | 694 | 1258 | 2046 | 4660 | 6654 | 9109 | 15610 | 25383 |
| 0.017 | 52 | 113 | 332 | 715 | 1297 | 2109 | 4804 | 6858 | 9389 | 16090 | 25164 |
| 0.018 | 54 | 116 | 342 | 736 | 1335 | 2170 | 4943 | 7057 | 9661 | 16557 | 26923 |
| 0.019 | 55 | 119 | 351 | 756 | 1371 | 2230 | 5078 | 7250 | 9926 | 17010 | 27661 |
| 0.020 | 57 | 122 | 360 | 776 | 1407 | 2288 | 5210 | 7439 | 10184 | 17452 | 28379 |
| 0.021 | 58 | 125 | 369 | 795 | 1442 | 2344 | 5339 | 7623 | 10435 | 17883 | 29080 |
| 0.022 | 59 | 128 | 378 | 814 | 1475 | 2399 | 5465 | 7802 | 10681 | 18304 | 29765 |
| 0.023 | 61 | 131 | 385 | 832 | 1509 | 2453 | 5587 | 7977 | 10921 | 18715 | 30433 |
| 0.024 | 62 | 134 | 395 | 850 | 1541 | 2506 | 5708 | 8149 | 11156 | 19118 | 31086 |
| 0.025 | 63 | 137 | 403 | 867 | 1573 | 2558 | 5825 | 8317 | 11386 | 19512 | 31729 |
| 0.026 | 64 | 139 | 411 | 885 | 1604 | 2608 | 5941 | 8482 | 11611 | 19900 | 32357 |
| 0.027 | 66 | 142 | 419 | 902 | 1635 | 2658 | 6054 | 8643 | 11833 | 20278 | 32974 |
| 0.028 | 67 | 145 | 426 | 918 | 1665 | 2707 | 6165 | 8802 | 12050 | 20650 | 33579 |
| 0.029 | 68 | 147 | 434 | 934 | 1694 | 2755 | 6274 | 8958 | 12263 | 21015 | 34173 |
| 0.030 | 69 | 150 | 441 | 950 | 1723 | 2802 | 6381 | 9111 | 12473 | 21375 | 34757 |
| 0.031 | 70 | 152 | 449 | 966 | 1751 | 2848 | 6487 | 9261 | 12679 | 21728 | 35388 |
| 0.032 | 72 | 155 | 458 | 981 | 1779 | 2894 | 6591 | 9410 | 12882 | 22076 | 35897 |
| 0.033 | 73 | 157 | 463 | 997 | 1807 | 2938 | 6693 | 9555 | 13081 | 22418 | 36454 |
| 0.034 | 74 | 159 | 470 | 1012 | 1834 | 2983 | 6793 | 9699 | 13278 | 22755 | 37002 |
| 0.035 | 75 | 162 | 477 | 1026 | 1861 | 3026 | 6893 | 9841 | 13472 | 23087 | 37542 |
| 0.036 | 76 | 164 | 483 | 1040 | 1887 | 3069 | 6990 | 9980 | 13663 | 23415 | 38075 |
| 0.037 | 77 | 166 | 490 | 1055 | 1918 | 3111 | 7087 | 10118 | 13852 | 23738 | 38600 |
| 0.038 | 78 | 168 | 497 | 1070 | 1939 | 3153 | 7182 | 10254 | 14038 | 24056 | 39118 |
| 0.039 | 79 | 171 | 503 | 1083 | 1965 | 3195 | 7276 | 10388 | 14221 | 24370 | 39630 |
| 0.040 | 80 | 173 | 510 | 1097 | 1990 | 3235 | 7368 | 10520 | 14402 | 24681 | 40134 |

续表

| 管径 /mm | 充满度 | | | | | | | | | | |
| --- | --- | --- | --- | --- | --- | --- | --- | --- | --- | --- | --- |
| | 0.50 | | | | | | 0.65 | | | 0.80 | |
| 水力坡度 | 75 | 100 | 150 | 200 | 250 | 300 | 350 | 400 | 450 | 500 | 600 |
| 0.042 | 82 | 177 | 522 | 1124 | 2039 | 3315 | 7550 | 10780 | 14758 | 25291 | 41126 |
| 0.044 | 84 | 181 | 534 | 1151 | 2087 | 3393 | 7728 | 11034 | 15105 | 25886 | 42093 |
| 0.046 | 86 | 185 | 546 | 1177 | 2133 | 3470 | 7902 | 11282 | 15445 | 26468 | 43039 |
| 0.048 | 88 | 189 | 558 | 1202 | 2179 | 3544 | 8072 | 11524 | 15777 | 27037 | 43905 |
| 0.050 | 90 | 193 | 570 | 1227 | 2224 | 3617 | 8238 | 11762 | 16102 | 27594 | 44872 |
| 0.055 | 94 | 202 | 597 | 1287 | 2333 | 3793 | 8640 | 12336 | 16888 | 28941 | 47062 |
| 0.060 | 98 | 212 | 624 | 1344 | 2437 | 3962 | 9024 | 12884 | 17639 | 30228 | 49154 |
| 0.065 | 102 | 220 | 650 | 1399 | 2536 | 4124 | 9393 | 13410 | 18358 | 31462 | 51161 |
| 0.070 | 106 | 228 | 674 | 1451 | 2632 | 4280 | 9747 | 13917 | 19052 | 32650 | 53093 |
| 0.075 | 110 | 236 | 698 | 1502 | 2724 | 4430 | 10090 | 14405 | 19721 | 33796 | 54956 |
| 0.080 | 113 | 244 | 720 | 1552 | 2813 | 4575 | 10420 | 14878 | 20368 | 34904 | 56758 |

注：本表降雨强度按 100mm/h 计算，管道粗糙系数取 0.0014。

## 7.2.4 压力流排水系统设计计算

压力流排水系统，同一系统的雨水斗应在同一水平面上，长天沟外排水系统宜按单斗压力流设计；密闭式内排水系统，宜按压力流排水系统设计；单斗压力流排水系统，应采用 65 型和 79 型雨水斗；多斗压力流排水系统，应采用多斗压力流排水型雨水斗，其排水负荷和状态应符合表 7-10 所示的要求。

表 7-10 多斗压力流负荷和状态表

| DN/mm | 50 | 75 |
| --- | --- | --- |
| 排水负荷/(L·s⁻¹) | 6 | 12 |
| 排水状态 | 雨水斗淹没泄流的斗前水位≤4cm | |

压力流排水系统宜采用内壁较光滑的带内衬的承压排水铸铁管、承压塑料管和钢塑复合管等，其管材工作压力应大于建筑物净高度产生的静水压。用于压力流的塑料管，其管材抗环变形外力应大于 0.15 MPa。

**1. 单斗压力流排水管系设计负荷按公式**

$$Q = 0.75 \frac{\pi}{4} D^2 \sqrt{\frac{2gH}{\lambda \frac{L}{D} + \sum \zeta}} \tag{7-9}$$

式中：$Q$——压力流管道负荷，L/s；

$D$——管道计算内径，m；

$H$——雨水管系进、出口几何高差，m；

$L$——计算管道长度，m；

$g$——重力加速度，9.81m/s$^2$；

$\zeta$——局部阻力系数，65 型、79 型雨水斗 $\zeta=1.00$；

$\lambda$——沿程阻力系数，按下式计算。

$$\lambda=1.27\frac{gn^2}{D^{1/3}} \tag{7-10}$$

式中：$D$——管道计算内径，m；

$g$——重力加速度，9.81m/s$^2$；

$n$——管道内壁粗糙系数。

### 2．多斗压力流排水系统计算

多斗压力流排水系统设计计算的基本要求与单斗压力流排水系统相同，但多斗压力流排水管系各节点的上游不同支路的计算水头损失之差，在管径≤DN75 时，不应＞10 kPa；在管径≥DN100 时，不应＞5 kPa。

(1) 多斗压力流排水管道沿程水头损失计算。

$$h_y=\frac{10.67q_y^{1.852}L}{C^{1.852}D^{4.87}} \tag{7-11}$$

式中：$h_y$——管道沿程水头损失，kPa；

$q_y$——设计流量，m$^3$/s；

$L$——计算管段长度，m；

$D$——管径，m；

$C$——海澄·威廉公式的流速系数，塑料管 $C=130$，水泥内衬铸铁管 $C=110$，铸铁管、焊接钢管 $C=100$。

(2) 多斗压力流排水管道局部水头损失计算。

$$h_j=\sum\zeta\frac{V^2}{2g} \tag{7-12}$$

式中：$h_j$——管道局部水头损失，kPa；

$V$——管道内的平均水流速度，一般指局部阻力后的流速，m/s；

$g$——重力加速度，9.81m/s$^2$；

$\zeta$——局部阻力系数，按表 7-11 选用。

表 7-11　局部阻力系数

| 管件名称 | 内壁涂塑铸铁或钢管 | 塑料管 |
| --- | --- | --- |
| 90°弯头 | 0.8 | 1 |
| 45°弯头 | 0.3 | 0.4 |
| 干管上斜三通 | 0.5 | 0.35 |

续表

| 管件名称 | 内壁涂塑铸铁或钢管 | 塑料管 |
|---|---|---|
| 支管上斜三通 | 1 | 1.2 |
| 转变为重力流处出口 | 1.8 | 1.8 |
| 压力流(虹吸式)雨水斗 | 厂商提供 | |

# 实 训 模 块

## 模块 1：虹吸式屋面雨水排水系统设计

1. 实训目的：通过设计，使学生能够巩固所学理论知识，熟练掌握虹吸式雨水排水系统设计的要点、方法和步骤，提高分析和解决实际问题的能力。

2. 实训题目：学校所在地某宿舍楼虹吸式屋面雨水排水系统设计。

3. 设计资料：本建筑位于选用本教材学校地区，建筑模型平面图参见图 2-53、图 2-54、图 2-55、图 2-56。

4. 实训内容：本设计屋面雨水排水系统及屋面雨水排水总平面设计。

5. 提交成果：

(1) 方案设计说明书(包括设计说明、计算步骤、水力计算草图、水力计算书、参考文献等)。

(2) 图纸 3 张(屋面排水系统系统图、屋面雨水排水总平面图、雨水斗安装详图)。

6. 成绩评定：能准确运用设计资料 20 分，设计程序正确、选择计算公式正确 20 分，正确选择供水方式 20 分，完成计算书、完成要求的绘图 30 分，服从指导老师要求、遵守纪律 10 分。

## 模块 2：屋面雨水斗安装

1. 实训目的：熟悉雨水排水雨水斗，掌握雨水排水雨水斗安装的操作技术及连接方法，了解雨水排水雨水斗安装与土建施工之间的相互协调。

2. 实训要求：能正确、熟练地根据设计图纸及说明选择适合工程的雨水斗，能对各种雨水斗按设计图纸进行安装实训，具有较强的分析、解决实际问题的能力；动手操作能力强，实训成果符合验收规范；回答问题时，能正确地利用所学的理论知识，思路清晰，具有良好的理论基础。

3. 实训指导：

(1) 雨水斗安装工艺。

刷防锈层安装→找线定位→安装→固定→刷泊漆。

(2) 雨水斗安装要点。

① 雨水斗安放在屋面事先预留的孔洞上。

② 雨水斗下的短管应牢固地固定在屋面承重结构上，防止水流冲击和连接管自重的作用造成防水层连接处漏水。

根据建筑结构选择合适型号的雨水斗，雨水斗有两种形式(65 型和 79 型)。

③ 安装在伸缩缝或沉降缝两侧的雨水斗，如连接在同一根立管或悬吊管上时，应采用密封的伸缩接头。

④ 雨水斗安装应符合下列要求：雨水斗水平高差不大于 5mm，雨水斗排水口与雨水管连接处，雨水管上端面应留有 6～10mm 的伸缩量；雨水斗边缘与屋面相连接处应严密不漏水；雨水斗安装后，随着雨水管的明露表面刷面漆。

4. 成绩评定：雨水斗安装程序和方法正确 50 分，写实训总结报告 30 分，遵守纪律、服从指导 20 分。

# 思考题与习题

1. 屋面雨水排水系统有哪些？
2. 内排水系统通常使用在哪些建筑上？
3. 如何选择屋面雨水排水系统？
4. 长天沟外排水系统对天沟的设置有何要求？
5. 内排水系统由哪些部分组成？
6. 怎么选择雨水斗？
7. 如何减少雨水排水系统的掺气量？
8. 怎样确定雨水排水系统的管径？

# 第8章 特殊用途建筑给水排水

## 【学习要点及目标】

◆ 了解水景的作用、组成、造型和控制方式及水景的给水排水系统，能进行简单的水景布置。

◆ 了解游泳池的类型和规格、水质、水温和给水系统、排水系统。

◆ 掌握游泳池中水的循环、净化、消毒和加热。

◆ 了解游泳池附属装置和洗净设施。

◆ 了解洗衣房的组成，掌握洗涤工作量的计算方法、洗衣房的给水排水设计。

◆ 了解健身休闲设施的分类，掌握各类设施的特点。

## 【核心概念】

水景工程、游泳池、洗衣房、健身休闲设施给水排水

## 【引言】

在工程项目中常常会遇到除各类住宅建筑给水排水工程之外的特殊用途建筑给排水工程问题，这些特殊用途建筑给排水的作用、构成、水质标准、水量计算的方法、给排水设施与我们所熟悉的建筑给水排水有很大的不同，需要根据各自的特点分别加以掌握。本章主要介绍这五类特殊用途的建筑给水排水的有关知识。

# 8.1 水景工程

## 8.1.1 水景的作用和构成

水景是指运用水流的形式、姿态和声音组成的美化环境,点缀风景的水体。利用水景工程制造水景(亦称喷泉),我国在 18 世纪中期已开始兴建。形状各异、多姿多彩的水景,在现代城镇建设中日益增多,几乎成了城市中不可缺少的景观。随着现代电子技术的发展,赋予了水景以新的活力,它与灯光、绿化、雕塑和音乐之间的巧妙配合,构成了一幅五彩缤纷、华丽壮观、悦耳动听的美景,给人们带来了清新的环境和诗情画意般的遐想,赢得了人们的广泛喜爱。因此,水景已经成为城镇规划、旅游建筑、园林景点和大型公共建筑设计中极为重要的内容之一,在现代物业中也起着举足轻重的作用。此外,水景还可以起到增加空气的湿度、增加负氧离子浓度、净化空气、降低气温等改善小区气候的作用,也能兼作消防、冷却喷水的水源。

### 1. 水景工程的作用

1) 美化环境

水景本身能构成一个景区的主体,成为景观的中心。水景也可以装点、衬托其他景观。建筑配以动态水景,能达到静动结合,使之更加生动活泼、丰富多彩;配以静止的水景,可使其更加宁静平稳,映衬互补,避免平淡、单调。各种变形水景、声光水景使景区具有美感,富有观赏价值和趣味性。

2) 净化空气

水景工程可以增加周围环境的空气湿度,尤其在炎热的夏季作用更加明显;可以大大减少周围空气中的含尘量,起到除尘净化的作用;还可以增加附近空气中负氧离子的浓度,改善空气的卫生条件,使水景周围的空气更加洁净、凉爽、清新、湿润,使人感觉如临海滨、如置森林,心情愉悦。

3) 其他功能

降温作用:水景工程可以兼作循环冷却水的喷水降温池,通过喷头喷水起到降温作用。

贮水作用:水景工程的水池比较大,水流喷水循环,可以起到充氧、防止水质腐败的作用,可兼作消防贮水池或绿化贮水池。

养鱼池:水流循环有充氧作用,可以兼作养鱼池。

戏水池:水流的形态变化多端,适合儿童好奇、亲水、好动的特点,可以兼作儿童戏水池。

### 2. 水景工程的构成

图 8-1 所示为一个典型水景工程,按系统可由如下几部分构成。

(1) 土建部分。即水泵房、水景水池、管沟、泄水井和阀门井等。

(2) 管道系统。即给水管道、排水管道。

(3) 造景工艺器材与设备。即配水器、各种喷头、照明灯具和水泵等。

(4) 控制装置。即阀门、电气自动控制设备和音控设备等。

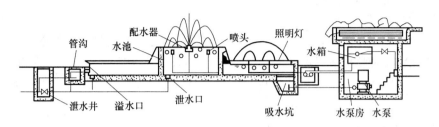

图 8-1　典型水景工程的组成

## 8.1.2　水景的造型、基本形式和控制方式

### 1. 水景的造型

1) 池水式的水景造型

池水式的水景造型以静取胜的镜池，水面宽阔而平静，可将水榭、山石、树木和花草等映入水中形成倒影，可增加景物的层次和美感；以动取胜的浪池，既可以制成鳞纹细波，也可制成惊涛骇浪，它具有动感和趣味性，还能增强池水的充氧效果，防止水质腐败。

2) 漫流式的水景造型

漫流式的水景造型灵活巧妙地利用地形地物，将溪流、漫流和叠流等有机地配合应用，使山石、亭台、小桥、花木等恰当地穿插其间，使水流平跃曲直、时隐时现、水流淙淙、水花闪烁、欢快活泼、变化多端。

3) 迭水式的水景造型

迭水式的水景造型利用峭壁高坎或假山，构成飞流瀑布、雪浪翻滚、洪流跌落、水雾腾涌的壮景或凌空飘垂的水幕，让人感到气势宏大；孔流的水柱纤细透明、轻盈、别具一格，活泼可爱。

4) 喷水式的水景造型

喷水式的水景造型是借助水压和多种形式的喷头所构成，具有更广阔的创作天地。

(1) 射流水柱造型。射流水柱可喷得高低远近不同，喷射角度也可任意设置和调节，它是水景工程中最常用的造景手段。

(2) 膜状水流造型。膜状水流新颖奇特、噪声低、充氧强，但易受风的干扰，宜在室内和风速较小的地方采用。

(3) 气水混合水柱。这种造型水柱较粗，颜色雪白，形状浑厚壮观，但噪声和能耗较大，它也是水景工程常用的形态。

(4) 水雾。水雾是将少量的水喷洒到很大的范围内，形成水汽腾腾、云雾蒙蒙的景象，配以阳光或白炽灯的照射，还可呈现彩虹映空的美景，其他水流辅以水雾烘托，水景的效果和气氛更为强烈。

5) 涌水式的水景造型

大流量的涌水犹如趵突泉，涌水水面的高度虽不大，但粗壮稳健、气势宏大，激起的粼粼波纹向四周散扩，赏心悦目。

小流量的涌水可从清澈的池底冒出串串闪亮的气泡，犹如珍珠颗颗(故称珍珠泉)，池底玉珠迸涌，水面觳波细碎，给人以幽静之感。

6) 组合式水景造型

常见的大中型水景工程，是将各种水流形态组合搭配，其造型变幻万千，无穷无尽。组合式的水景将各种喷头恰当地搭配编组，按一定的程序依次喷水。若辅以彩灯变换照射，就构成程控彩色喷泉。若再利用音乐声响控制其喷水的高低、角度变化，就构成彩色音乐喷泉。

### 2．水景工程的基本形式

水景工程可根据环境、规模、功能要求和艺术效果，灵活地设置成多种形式。

1) 固定式

大中型水景工程一般都是将构成水景工程的主要组成部分固定设置，不能随意移动，常见的有河湖式、水池式、浅碟式和楼板式等。

2) 半移动式

半移动式是指水景工程中的土建部分固定不变，而其他主要设备(如潜水泵、部分管道、配水器、喷头和水下灯具等)可以移动。通常是将主要设备组装在一起或搭配成若干套路，再按一定的程序控制各套的开停，实现常变常新的水景效果。

3) 全移动式

全移动式就是将包括水池在内的所有水景设备，全部组合并固定在一起，可以整体任意搬动，这种形式的水景设施能够定型生产制作成成套设备，可以放置在大厅、庭园内，更小型的可摆在厨窗内、柜台上或桌子上。

### 3．水景工程的控制方式

为了改善和增强水景变幻莫测、丰富多彩的观赏效果，就需使水景的水流姿态、光亮照度、色彩变异随着音乐的旋律、节奏和声响的强弱而产生协调同步变化，这就要求采取较复杂的控制技术与措施。目前常用的控制方式有以下几种。

1) 手动控制

手动控制是指把水景设备分成若干组或只设定为一组，分别设置控制阀门(或专用水泵)，根据需要可开启一组、几组或全部，将水景姿态调节满意之后就不再变换。

2) 电动控制

电动控制是指将水景设备(喷头、灯具、阀门、水泵等)按水景造型进行分组，每组分别设置专控电动阀、电磁阀或气动阀，利用时间继电器或可编程序控制器，按照预先输入的程序，使各组设备依编组循环运行，去实现变化多端的水景造型。

3) 音响控制

音响控制是指在各组喷头的给水干管上设置电动调节阀(或气动调节阀)以及在照明电路中设置电动开关，并在适当的位置设置声波转换器，将声响频率、振幅转换成电信号，去控制电动调节阀的开启、开启数量与开启程度等，从而实现水景姿态的变换。

音响控制的具体方式有：人声直接控制方式、录音带音乐控制方式、直接音乐音响控制方式、间接音响控制方式和混合控制法等。

## 8.1.3　水景给水水质和水量

### 1. 水质

水景可以采用城市给水、清洁的生产用水和天然水，以及再生水作为供水水源，水质宜符合《生活饮用水卫生标准》(GB 5749—2006)中规定的生活饮用水水质标准的感官性状指标，再生水水质的控制指标应按表 8-1 所示的规定执行。

表 8-1　景观环境用水的再生水水质控制指标　　　　　　　　　单位：mg/L

| 序号 | 项　目 | 观赏性景观环境用水 | | | 娱乐性景观环境用水 | | |
|---|---|---|---|---|---|---|---|
| | | 河道类 | 湖泊类 | 水景类 | 河道类 | 湖泊类 | 水景类 |
| 1 | 基本要求 | 无漂浮物、无令人不愉快的嗅和味 | | | | | |
| 2 | pH | 6～9 | | | | | |
| 3 | 五日生化需氧量(BOD₅)≤ | 10 | 6 | | 6 | | |
| 4 | 悬浮物(SS)≤ | 20 | 10 | | — | | |
| 5 | 浊度(NTU)≤ | — | | | 5.0 | | |
| 6 | 溶解氧≥ | 1.5 | | | 2.0 | | |
| 7 | 总磷(以 P 计)≤ | 1.0 | 0.5 | | 1.0 | 2.0 | |
| 8 | 总氮≤ | 15 | | | | | |
| 9 | 氨氮(以 N 计)≤ | 5 | | | | | |
| 10 | 粪大肠菌群/(个)≤ | 10000 | | 2000 | 500 | | 不得检出 |
| 11 | 余氯≥ | 0.05 | | | | | |
| 12 | 色度/度≤ | 30 | | | | | |
| 13 | 石油类≤ | 1.0 | | | | | |
| 14 | 阴离子表面活性剂≤ | 0.5 | | | | | |

注：1. 氯接触时间不应低于 30min 的余氯，对于非加氯消毒方式无此项要求。

2. 对于需要通过管道输送再生水的非现场回用情况必须加氯消毒；而对于现场回用情况则不限制消毒方式。

3. 若使用未经过除磷脱氮的再生水作为景观环境用水，则鼓励使用本标准的各方在回用地点积极探索通过人工培养具有观赏价值水生植物的方法，使景观水体的氮磷含量要求，使再生水中的水生植物有经济合理的出路。

### 2. 水量

(1) 初次充水量。充水量应视水景池的容积大小而定，充水时间一般按 24～8h 考虑。

(2) 循环水量。循环水量应等于各种喷头喷水量的总和。

(3) 补充水量。水景工程在运行过程中，由于风吹、蒸发以及溢流、排污和渗漏等因素，要消耗一定的水量，也称水量损失。对于水量损失，一般按循环流量或水池容积的百分数计算。其数值如表 8-2 所示。

表 8-2　水量损失

| 项目　水景形式 | 风吹损失 | 蒸发损失 | 溢流、排污损失(每天排污量占水池容积的百分比%) |
|---|---|---|---|
| | 占循环流量的百分比% | | |
| 喷泉、水膜、冰塔、孔流 | 0.5～1.5 | 0.4～0.6 | 3～5 |
| 水雾类 | 1.5～3.5 | 0.6～0.8 | 3～5 |
| 瀑布、水幕、叠流、涌泉 | 0.3～1.2 | 0.2 | 3～5 |
| 镜池、珠泉 | — | 按公式(8-2)计算 | 2～4 |

注：水量损失的大小，应根据喷射高度、水滴大小、风速等因素选择。

对于镜池、珠泉等静水景观，每月应排空换水 1～2 次，或按表 8-2 中的数据溢流、排污百分率连续溢流、排污，同时不断补充等量的新鲜水。为了节约用水，镜池、珠泉等静水景观也可采用循环给水方式。

## 8.1.4　水景工程的主要器材与设备

### 1. 喷头

喷头是制造人工水景的重要部件。它应当耗能低、噪声小、外形美，在长期运行环境中不锈蚀、不变形、不老化。喷头制作材质一般是铜、不锈钢、铝合金等，少数也有用陶瓷、玻璃和塑料等制成的。根据造景需要，喷头的形式很多，常用的有以下几种。

(1) 直流式喷头。直流式喷头是形成喷泉射流的喷头之一，一般采用类似消防喷枪的形式，构造简单，价格便宜，在同样的水压下，可获得较高或较长的射流水柱，水声小，适用范围广，是喷头的基本形式。

(2) 吸气(水)式喷头。吸气(水)式喷头是利用喷嘴射流形成的负压，使水柱掺入大量的气泡，喷出冰塔形态的水柱。

(3) 水雾喷头。水雾喷头有旋流式和碰撞式等，是制造水雾形态的喷头。

(4) 隙式喷头。隙式喷头有缝隙式和环隙式等，是能够喷平面、曲面和环状水膜的喷头。

(5) 折射式喷头。折射式喷头是使水流在喷嘴外经折射形成水膜的喷头。

(6) 回转型喷头。回转式喷头是利用喷嘴喷出的压力水的反作用(或利用其他动力带动回转)，使喷头不停地旋转运动，形成动感的喷水造型。这些喷头的形式如图 8-2 所示。

除上述几种喷头外，还有多孔型喷头、组合式喷头、喷花型喷头等几十种喷头。

### 2. 水泵

固定式水景工程常选用卧式或立式离心泵和管道泵。半移动式水景工程宜采用潜水泵，最好是采用卧式潜水泵，如用立式潜水泵，则应注意满足吸水口要求的最小淹没深度。移动式水景工程，因循环的流量小，常采用微型泵和管道泵。

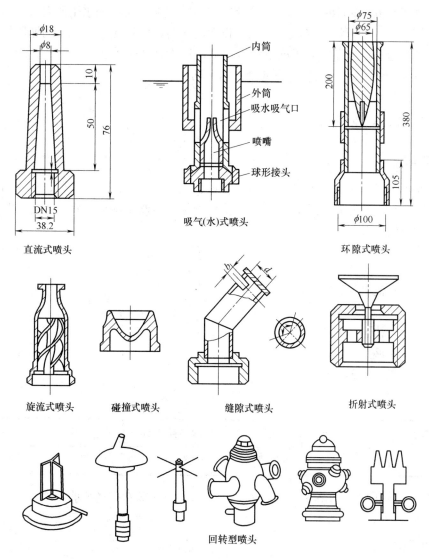

图 8-2　部分喷头

### 3．控制阀门

对于电控和声控的水景工程，水流控制阀门是关键装置之一。对它的基本要求是能够适时、准确地控制(即准时地开关和达到一定的开启程度)，保证水流形态的变化与电控讯号和声频讯号同步，并保证长时间反复动作不失误，不发生故障。选择电动阀门时要求开启的程度与通过的流量呈线性关系为好。采用电磁阀控制水流，一般只有开关两个动作，不能通过开启程度不同去调节流量，故只适用于电控方式而不适用于声控方式。

### 4．照射灯具

水景工程的彩光装饰有陆地照射和水下照射两种方式。对于反射效果较好的水流形态(如冰塔、冰柱等夹气水流)，采用陆上彩色探照灯照明照度较强，着色效果良好，并且易于安装、控制和检修，但应注意避免灯光直接照射到观赏者的眼睛中。

对于透明水流形态(如射流、水膜等)宜采用水下照明。常用的水下照射灯具有白炽灯和气体放电灯。白炽灯可作聚光照射，也可作散光照射，它灯光明亮，起动速度快，适合自动控制与频繁起动，但在相同照度下耗电较多。气体放电灯耗电少，发热量小(也可在陆上使用)，但有些产品起动时间长，不适合频繁起动。

## 8.1.5  水景水池构造

### 1. 平面尺寸

水池平面尺寸首先应满足喷头、池内管道、水泵、进水口、溢流口、泄水口、吸水坑等布置要求，同时应保证在设计风速下水滴不致被大量吹出池外。水滴在风力作用下漂移的距离可用下式计算。

$$L = 0.0296\frac{Hu^2}{d} \tag{8-1}$$

式中：$L$——水滴漂移距离，m；

$H$——水滴的最大升空高度，m；

$u$——设计平均风速，m/s；

$d$——水滴直径，mm。

水滴直径如表 8-3 所示。

表 8-3  水滴直径表

| 喷头形式 | 水滴直径/mm | 喷头形式 | 水滴直径/mm | 喷头形式 | 水滴直径/mm |
|---|---|---|---|---|---|
| 直流式 | 3.0～5.0 | 旋流式 | 0.25～0.50 | 碰撞式 | 0.25～0.50 |

设计时，为了保证回落到水面的水滴不会大量溅至池外，水池的平面尺寸边沿应比计算值再加大 0.5～1.0m。

### 2. 水池的深度

水深应按设备、管道的布置要求确定，一般采用 0.4～0.6m，水池的超高一般采用 0.2～0.3m。如设有潜水泵时，应保证吸水口的淹没深度不小于 0.5m；如在池内设有水泵吸水口时，应保证吸水的淹没深度不少于 0.5m(可设置集水坑或加拦板以减少水池深度)。

浅碟式集水，最小深度不宜小于 0.1m。

### 3. 溢水口

溢水口有堰口式、漏斗式、管口式和联通式等，可依据具体情况选择。大型水池可均匀设置若干个溢水口，溢水口的设置不应影响美观，要便于集污和疏通，溢流口处应设格栅和格网。

### 4. 泄水口

为了便于水池的清洗、检修和防止停用时水质变坏或结冰，需设泄水口。一般应尽量采用重力泄水，如不可能时，可利用水泵的吸水口兼作泄水口，利用水泵泄水。池底应有不小于 0.01 的坡度坡向泄水口，泄水口上应设格栅或格网。

### 5. 水池的结构

小型和临时性水景水池可采用砖结构，但要做素混凝土基础，用防水砂浆砌筑和抹面。对于大型水景水池，常用钢筋混凝土结构，如设有伸缩缝和沉降缝，这些构造缝应设止水带或用柔性防漏材料堵塞。水池底和壁面穿越管道处、水池与管沟或水泵房等连接处都应进行防漏处理。

## 8.1.6　给水排水管道布置

### 1. 池外管道

水景工程水池之外的给水排水管道布置，应视水池、水源、泵房、排水管网入口位置以及周边环境确定。由于管道较多，一般在水池周围和水池与泵房之间设专用管廊或管沟，以便维护检修。当管道很多时，可设通行或半通行管廊(沟)。管廊(沟)地面应有不小于 0.005 的坡度坡向水泵或集水坑。集水坑内宜设水位信号装置，以便及时发现漏水现象。管廊(沟)的结构要求与水池相近。

### 2. 池内管道

大型水景工程的管道可布置在专用管廊(沟)内。一般水景工程的管道可直接设在池内放置在池底上。小型水池也可埋入池底。为保持每个喷头水压基本一致，宜采用环状配管或对称配管。配水管道的接头应严密平滑，变径处应采用渐缩异径管，转弯处应采用曲率半径大的光滑弯头，以尽量减小水头损失，水力坡度一般采用 $5\sim10mmH_2O/m$。

### 3. 其他

每个喷头前宜设阀门以便调节，每组喷头前也应设调节阀，其阀口应设在能看到射流的泵房或附近控制室内的配水干管上。对于高远射程的喷头，喷头前应尽量保证有较长(20倍管径)的直线管段或加设整流器。

循环加压泵房应靠近水池，以减少管道的长度。

用自来水为补充水源时，应防止倒流污染，需设置补水池(箱)并保持一定的空气隔断间隙。

# 8.2　游泳池的给水排水

## 8.2.1　游泳池的类型和规格

### 1. 游泳池的类型

游泳池是供人们进行游泳比赛、训练、跳水、水球等项目的运动场所，也可作为水上娱乐的设施。游泳池的类型较多,按环境可分为天然游泳池、室外人工池、室内人工池、海水游泳池等;按使用对象可分为教学用、竞赛用、娱乐用、医疗康复用、练习用游泳池等;按项目可分为游泳池、跳水池、潜水池、水球池、造浪池、戏水池等。

### 2. 游泳池的规格

游泳池的长度一般为 12.5m 的整倍数,宽度由游道的数量决定,每条泳道的宽度一般为 2.0~2.5m,边道另加 0.25~0.5m。正规比赛泳道宽度为 2.5m,边道另加 0.5m。各类游泳池的水深、平面尺寸如表 8-4 所示。

表 8-4　游泳池的水深及平面尺寸

| 游泳池类别 | 水深/m | | 池长度/m | 池宽度/m | 备注 |
|---|---|---|---|---|---|
| | 最浅端 | 最深端 | | | |
| 比赛游泳池 | 1.8~2.0 | 2.0~2.2 | 50 | 21,25,26 | |
| 水球游泳池 | ≥2.0 | ≥2.0 | | | |
| 花样游泳池 | ≥3.0 | ≥3.0 | 21,25 | | |
| 跳水游泳池 | 跳板(台)高度<br>0.5<br>1.0<br>3.0<br>5.0<br>7.5<br>10.0 | 水深<br>≥1.8<br>≥3.0<br>≥3.5<br>≥3.8<br>≥4.5<br>≥5.0 | 12<br>17<br>21<br>21<br>21,25<br>21,25 | 12<br>17<br>21<br>21<br>25<br>25 | |
| 训练游泳池<br>运动员用<br>成人用<br>中学生用 | 1.4~1.6<br>1.2~1.4<br>≤1.2 | 1.6~1.8<br>1.4~1.6<br>≤1.4 | 50<br>50,33.3<br>50,33.3 | 21,25<br>21,25<br>21,25 | 含大学生 |
| 公共游泳池 | 1.8~2.0 | 2.0~2.2 | 50,25 | 25,21,12.5,10 | |
| 儿童游泳池 | 0.6~0.8 | 1.0~1.2 | 平面形状和尺寸视具体情况由设计定 | | 含小学生 |
| 幼儿戏水池 | 0.3~0.4 | 0.4~0.6 | | | |

游泳池的水面面积应根据实际使用人数计算,普通游泳池约有 2/3 的入场人数在水中活动,约有 1/3 的入场人数在岸上活动或休息。各种游泳池的水面指标可按表 8-5 所示数据选用。

表 8-5　各种游泳池的水面面积指标

| 游泳池类别 | 比赛池 | 跳水池 | 游泳跳水合建池 | 公共池 | 练习池 | 儿童池 | 幼儿池 | 水球池 |
|---|---|---|---|---|---|---|---|---|
| 面积指标/(m²/人) | 10 | 3~5 | 10 | 2~5 | 2~5 | 2 | 2 | 25~42 |

## 8.2.2　游泳池的水质、水温、用水量

### 1. 游泳池的水质要求

游泳池的水质要求，根据游泳池的建设标准不同而有所不同。游泳池的水直接与人的皮肤、眼、耳、口、鼻接触，游泳池水质的好坏直接关系到游泳者的健康，如游泳池水质出现问题将可能引起流行性角膜炎、中耳炎、痢疾、伤寒、皮肤病以及其他较严重的疾病迅速传播，造成严重后果。因此游泳池的设计应保证其水质符合相应的卫生标准。

世界级比赛，如奥林匹克运动会、世界锦标赛、世界杯赛竞赛用的游泳池，循环水净化后进入游泳池的水质，应符合国际游泳协会(FINA)关于游泳池池水水质卫生标准的规定。

国家级比赛，如全国运动会、全国大学生运动会等竞赛活动用游泳池以及学校的游泳池等，循环水净化后进入游泳池的水质，可以参照国际游泳协会(FINA)关于游泳池池水水质卫生标准的规定执行。

其他游泳池的池水水质标准应符合表 8-6 所示的要求。

表 8-6　人工游泳池池水水质卫生标准

| 序　号 | 项　目 | 标　准 |
|---|---|---|
| 1 | 水温 | 22～26℃ |
| 2 | pH 值 | 6.5～8.5 |
| 3 | 浑浊度 | ≤5 (NTU) |
| 4 | 尿素 | ≤3.5mg/L |
| 5 | 游离性余氯 | ≤0.3～0.5mg/L |
| 6 | 细菌总数 | 1000 个/mL |
| 7 | 大肠菌数 | ≤18 个/mL |
| 8 | 有毒物质 | 按地面水中有害物质的最高允许浓度 |

注：当地卫生防疫部门有规定时，按当地卫生防疫部门的规定执行。

游泳池或水上游乐池的初次充水和正常使用过程中的补充水水质都应符合国家现行的《生活饮用水卫生标准》的规定。

游泳池或水上游乐池的饮水、淋浴等生活用水水质，应符合国家现行的《生活饮用水卫生标准》的规定。

### 2. 游泳池的水温要求

游泳池和水上游乐池的池水设计水温，应根据使用性质、使用对象、用途等因素确定，一般按表 8-7、表 8-8 所示的数据进行设计。

表 8-7　室内游泳池和水上游乐池的池水设计温度

| 序　号 | 游泳池类型 | 池水设计温度 | 池水使用温度 |
|---|---|---|---|
| 1 | 竞赛游泳池 | 25～27℃ | 26℃±1℃ |
| 2 | 训练游泳池、跳水池 | 26～28℃ | 27℃±1℃ |
| 3 | 俱乐部、宾馆内游泳池 | 26～28℃ | 27℃±1℃ |
| 4 | 公共游泳池 | 26～28℃ | 27℃±1℃ |
| 5 | 儿童池、幼儿戏水池 | 28～30℃ | 28℃±1℃ |
| 6 | 滑道池 | 28～29℃ | 28℃ |
| 7 | 按摩池 | 不高于40℃ | 40℃ |

表 8-8　露天游泳池和水上游乐池的池水设计温度

| 序　号 | 游泳池类型 | 池水设计温度 | 备　注 |
|---|---|---|---|
| 1 | 设有加热装置 | 26～28℃ | — |
| 2 | 无加热装置 | 22～23℃ | 最低温度 |

### 3. 用水量

#### 1) 充水和补水

游泳池的初次充水时间，主要受游泳池的使用性质和当地给水条件的制约，一般作为正式比赛训练用或营业游泳池，因其使用性质比较重要，充水时间应短一些；对于公共游泳池、学校内使用的游泳池，因主要作为锻炼身体和娱乐或消夏之用，充水时间可适当长一些。如果水源紧张，充水时影响到周围其他单位的正常用水，充水时间宜长一些。充水时间主要以池水因突然发生传染病菌等事故，池水泄空后再次充水所需的时间为主要依据。游泳池和水上游乐池的初次充水时间，应根据使用性质、城镇给水条件等确定，游泳池不宜超过48h，水上游乐池不宜超过72h。

游泳池运行后补充水量主要用于游泳池水面蒸发损失、排污损失、过滤设备反冲洗排水量以及游泳者人体在池内挤出去的水面溢流损失等。大型游泳池和水上游乐池应采用平衡水池或补充水箱间接补水。游泳池和水上游乐池的补充水量如表8-9所示。

表 8-9　游泳池和水上游乐池的补充水量

| 序　号 | 池的类型和特征 | | 每日补充水量占池水容积的百分数/% |
|---|---|---|---|
| 1 | 比赛池、训练池、跳水池 | 室内 | 3～5 |
| | | 室外 | 5～10 |
| 2 | 公共游泳池、游乐池 | 室内 | 5～10 |
| | | 室外 | 10～15 |

续表

| 序　号 | 池的类型和特征 | | 每日补充水量占池水容积的百分数/% |
|---|---|---|---|
| 3 | 儿童池、幼儿戏水池 | 室内 | 不小于 15 |
| | | 室外 | 不小于 20 |
| 4 | 按摩池 | 专用 | 8～10 |
| | | 公用 | 10～15 |
| 5 | 家庭游泳池 | 室内 | 3 |
| | | 室外 | 5 |

注：游泳池和水上游乐池的最小补充水量应保证一个月内池水全部更新一次。

2）其他用水量

在游泳场内，还应根据游泳池的用途、设备完善条件等计算其他用水量，如运动员淋浴、便器冲洗用水等，可按表 8-10 所示的数据计算各项用水量。

游泳池运行后，每天总用水量应为补充水量和其他用水量之和，但在选择给水设施时，还应满足初次充水时的用水要求。

表 8-10　游泳场其他用水量用水定额

| 项　目 | 单　位 | 定　额 | 项　目 | 单　位 | 定　额 |
|---|---|---|---|---|---|
| 强制淋浴 | L/(人·场) | 50 | 运动员饮用水 | L/(人·d) | 5 |
| 运动员淋浴 | L/(人·场) | 60 | 观众饮用水 | L/(人·d) | 3 |
| 入场前淋浴 | L/(人·场) | 20 | 大便器冲洗用水 | L/(h·个) | 30 |
| 工作人员用水 | L/(人·场) | 40 | 小便器冲洗用水 | L/(h·个) | 180 |
| 绿化和地面洒水 | L/(m²·d) | 1.5 | 消防用水 | — | 按消防规范 |
| 池岸和更衣室地面冲洗 | L/(m²·d) | 1.0 | — | — | — |

## 8.2.3　游泳池供水系统

游泳池按设计要求分为浅水游泳池、训练游泳池和娱乐池等。浅水游泳池主要供儿童或幼儿园使用，使儿童习惯于水，多为圆形或椭圆形，且多配备泳具，如滑台、喷水设备等。训练游泳池一般供各种比赛用，如跳水、水球比赛和水中芭蕾等。娱乐池是指配备有丰富娱乐设施的游泳池。

游泳池的池水使用有定期换水、定期补水、直流供水、定期循环供水、连续循环供水等多种方式。由于水资源是十分宝贵的，节约用水是节约能源的一个重要组成部分，通常情况下游泳池的池水均应循环使用。

给水系统供水方式一般常用定期换水、直流供水和循环供水三种供水方式。

### 1. 定期换水

定期换水是指每隔一定时间将池水放空换入新水，一般 2～3d 换水一次，每天应清除池底和表面脏物，并投加漂白粉或漂白精等进行消毒。这种供水方式具有系统简单、投资省、维护管理方便等优点，但因卫生条件不能保证池水水质，目前我国不推荐采用这种供水方式。

### 2. 直流供水

直流供水是指连续向池内补充新水，同时不断地从泄水口和溢流口排走被沾污的水。为了保证水质，每小时的补充水量应为池水容积的 15%～20%。每天应清除池底和水面污物，并用漂白粉或漂白精等进行消毒。这种供水方式具有系统简单、投资省、维护简便等优点，在有充足清洁的水源时应优先采用这种供水方式。

### 3. 循环供水

循环供水是指设置专用净化系统，对池水进行循环、净化、消毒、加热等处理，可以保证循环池水的水质，符合卫生要求。这种供水方式具有运行费用低、耗水量少的优点，但系统较复杂，投资费用大，维护管理较麻烦，适合各类池。目前我国多采用这种供水形式。

游泳池和水上游乐池的池水净化系统，应优先选用循环净化给水系统；水源充沛的地区，仅夏天使用的露天游泳池和水上游乐池经过技术经济环境效益等比较后，可以采用直流净化给水系统；幼儿戏水池和儿童游泳池，宜采用直流给水系统或直流净化给水系统。

## 8.2.4 游泳池池水的循环

### 1. 循环方式

游泳池池水的循环方式是保证池水水质卫生的重要因素，对循环供水方式应满足下列基本要求。

(1) 应保证配水均匀，不出现短路、涡流、死水区，以防止局部水质恶化。

(2) 有利于池水的全部交换和更新。

(3) 有利于施工安装、运行管理和卫生保持。

常用的循环方式有顺流式循环方式、逆流式循环方式和混流式循环方式。

#### 1) 顺流式循环方式

顺流式循环方式是指全部循环水量从游泳池两端壁或两侧壁(也可采用四壁)上部对称进水，由深水处的底部回水，底部回水口可以与排污口合用。这种方式可以使每个进水口的流量和流速基本保持一致，有利于防止形成涡流和死水区，目前国内游泳池多采用这种方式。图 8-3 所示为顺流式循环方式原理图。

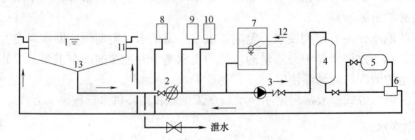

**图 8-3 顺流式循环方式原理图**

1—游泳池；2—毛发聚集器；3—循环水泵；4—过滤器；5—加热器；6—混合器；
7—补水箱；8—消毒剂投加器；9—混凝剂投加器；10—中和剂(除藻剂)投加器；
11—池壁布水口；12—补水管；13—回水口

2) 逆流式循环方式

逆流式循环方式是指在池底均匀布置进水口，循环水从底部向上供水，周边溢流回水。这种方式配水均匀，底部沉积物少，利于池水表面的污物去除，是国际泳联推荐的循环方式，但基建投资费用比较高。图 8-4 所示为逆流式循环方式原理图。

3) 混流式循环方式

混流式循环方式是指水从游泳池的底部和两端进水，从两侧溢流回水。这种方式的水流比较均匀，池底沉积物少，图 8-5 所示为混流式循环方式原理图。

游泳池和水上游乐池的循环方式，应根据池子的形状、池水深度、池水体积、使用性质、池内设施等因素综合分析比较以后确定。一般情况下，竞赛游泳池、训练游泳池、宾馆游泳池、多功能池等应采用逆流循环方式或混流式循环方式；公共游泳池、露天游泳池宜采用顺流式循环方式；水上游乐池宜采用混流式循环方式。

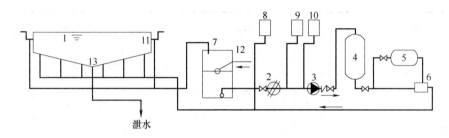

图 8-4　逆流式循环方式原理图

1—游泳池；2—毛发聚集器；3—循环水泵；4—过滤器；5—加热器；6—混合器；
7—均衡水池；8—消毒剂投加器；9—混凝剂投加器；10—中和剂(除藻剂)投加器；
11—池底布水口；12—补水管；13—泄水口

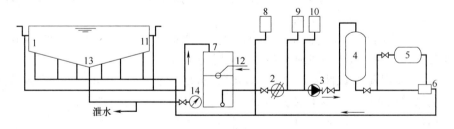

图 8-5　混流式循环方式原理图

1—游泳池；2—毛发聚集器；3—循环水泵；4—过滤器；5—加热器；6—混合器；
7—平衡水池；8—消毒剂投加器；9—混凝剂投加器；10—中和剂(除藻剂)投加器；
11—池底布水器；12—泄水口；13—泄水口；14—水表

### 2. 循环流量

游泳池的循环流量是选用净化处理设备的主要依据，一般应按下式计算：

$$Q_X = \alpha V / T \tag{8-2}$$

式中：$Q_X$——游泳池池水的循环流量，$m^3/h$；

$\alpha$——管道和过滤设备水容积附加系数，一般为 $1.1\sim1.2$；

$V$——游泳池的水容积，$m^3$；

$T$——游泳池水的循环周期，应根据游泳池的使用性质、游泳人数、池水容积、水面面积和池水净化设备运行时间等因素确定，一般可按表 8-11 所示数据选用。如游泳池采用间歇式循环时，应按游泳池开放前后将全部池水各循环一次计算。

### 3. 循环系统的设置

游泳池池水循环系统的设计，是保证池水水质标准的关键因素，应保证以下基本要求：给水口和回水口的布置，应保证池中水流分布均匀、不发生短路、不产生旋涡、不出现死水区，防止局部水质恶化；保证被净化的水与池内的水能够有序地交换更新；有利于施工安装、运行管理等。

表 8-11 游泳池水的循环周期

| 游泳池类别 | 循环周期 $T$/h | 循环次数 $N$/(次/d) |
| --- | --- | --- |
| 比赛池，训练池 | $6\sim10$ | $4\sim2.4$ |
| 跳水池，私用游泳池 | $8\sim12$ | $3\sim2$ |
| 公共池 | $6\sim8$ | $4\sim3$ |
| 跳水、游泳合用池 | $8\sim10$ | $3\sim2.4$ |
| 儿童池 | $4\sim6$ | $6\sim4$ |
| 幼儿戏水池 | $1\sim2$ | $24\sim12$ |

#### 1) 循环水泵

游泳池给水系统应设置循环水泵，将游泳池中的池水抽吸出来，压送到过滤净化以及加热装置，净化过滤后再送回游泳池。

使用性质相近的水上游乐池，可以合并设置池水循环水泵；不同使用要求的游泳池，其循环水泵应各自独立设置，以避免各池不同时使用时运行管理的困难。

循环水泵应选用耐腐蚀性能好的低转数水泵，并应按不少于 2 台水泵同时工作确定数量。

循环水泵的设计应符合以下要求。

(1) 应设计成自灌式。

(2) 循环水泵应尽量靠近游泳池，水泵吸水管的水流速度宜采用 $1.0\sim1.2m/s$，水泵出水管内的水流速度宜采用 $1.5\sim2.0m/s$，水泵机组的设置和管道的敷设要考虑减振和降低噪音措施。

(3) 水泵泵组宜靠近平衡水池、均衡水池、游泳池及水上游乐池等的吸水口。

(4) 对用途不同的游泳池的循环水泵宜单独设置，以避免各池在不同时使用时造成的管理困难。

(5) 备用水泵宜按过滤设备反冲洗时，工作泵与备用泵并联运行确定备用泵的容量。

(6) 设计扬程应根据管路、过滤设备、加热设备等的阻力和安装高度差计算确定。

#### 2) 循环管道

循环给水管道的材质应选用 PVC 塑料管或 ABS 塑料管。有特殊要求的加热器出水管口与未被加热水混合处之间的管道，应选用铜管或不锈钢管，其工作压力宜为 1.0MPa，并应考虑水温升高的管道，其允许承压能力会卜降的因素。

逆流式游泳池循环系统，池两侧的回水管应分别接至均衡池，其管径应经过计算确定。回水管应有 0.002 的坡度坡向均衡水池。

循环水供、回水管道，如沿着水池周边埋地敷设时，管道应采取防腐和不被压坏的防护措施。

循环给水管道中的水流速度，不得超过 2.0m/s，循环回水管中的水流速度宜为 0.7～1.0m/s。

3) 平衡水池、均衡水池

平衡水池的作用是平衡池水水位。采用顺流式、混流式循环给水方式的游泳池和水上游乐池应设置平衡水池，循环水泵无条件设计成自灌式时亦应设置平衡水池。

平衡水池的有效容积，不应小于循环水系统的管道和过滤、加热设备的水容积，且不应小于循环水泵 5min 的出水量。平衡水池的最高水面应与游泳池或游乐池的池水表面相一致。

均衡水池的作用是平衡池水水量。采用逆流式循环给水方式的游泳池和水上游乐池应设置均衡水池，回收溢流回水，均衡游泳池或游乐池的水量浮动，同时可以贮存过滤器反冲洗用水和间接补水。

均衡水池的最高水表面应低于游泳池或游乐池溢流回水管管底 300mm 以上。

## 8.2.5　游泳池池水的净化处理

游泳池池水净化系统的处理效果直接关系到池水的水质和游泳者的健康，因此池水的水质必须达到相应的水质标准。游泳池池水需经过预净化、过滤、加药和消毒处理，必要时还需进行加热等过程后循环使用，以节约用水。

### 1．预净化

为防止游泳池池水中的固体杂质(如毛发、纤维、树叶等)影响后续循环和处理设备正常运行，在池水进入水泵和过滤设备前，应予以去除。预净化装置为毛发聚集器，一般装设在水泵的吸水管上。一般毛发聚集器可为铸铁或钢制，设置在循环水泵的吸水管上。毛发聚集器外壳应为耐压、耐腐蚀材料；过滤筒孔眼的直径宜采用 3～4mm，过滤网眼宜采用 10～15 目，且应为耐腐蚀的铜、不锈钢或塑料材料所制成；过滤筒(网)孔眼的总面积不小于连接管道截面面积的 2 倍，以保证循环流量不受影响；毛发聚集器的过滤网(筒)应能经常清洗或更换，如有两台循环水泵时宜采用交替运行的方式对滤网交替清洗或更换。

### 2．过滤

过滤主要是去除水中的浊度。由于游泳池回水浊度不高且水质比较稳定，一般可采用接触过滤处理工艺。为简化处理流程，减小净化设备机房占地面积，一般采用水泵加压一次提升的循环方式，过滤设备采用压力过滤器。季节性使用的露天游泳池及中小型水上游乐场所，可以使用重力式过滤。

过滤器的型式，应根据游泳池的使用规模、性质、人数负荷环境条件等因素确定，滤速是保证过滤效果的一个重要参数，主要取决于滤料以及原水水质。压力式过滤器一般应符合以下要求。

(1) 过滤器的滤速应根据游泳池类别、滤料种类确定，低速过滤器的滤速不宜大于 10m/h，中速过滤器的滤速宜为 10～25m/h，多层滤料过滤器的滤速宜为 20～30m/h。

(2) 过滤器的个数及单个过滤器的面积，应根据循环流量的大小、运行维护等情况，通过技术经济比较确定，且不宜少于 2 个，当一台发生故障时，另一台在短时间内采用提高滤速的方法继续工作，一般不必考虑备用过滤器。

(3) 过滤器宜采用水进行反冲洗，冲洗管道不得与市政给水管道直接连接。

(4) 对于不同用途的游泳池和水上游乐池，过滤器应分开设置，有利于系统管理和维修，过滤器宜按 24h 连续运行设计。

(5) 一般采用立式压力过滤器，有利于水流分布均匀和操作方便；当直径大于 2.6m 时采用卧式压力过滤器。

(6) 压力过滤应设置进水、出水、冲洗、泄水和放气等配管，还应设有检修孔、观察孔、取样管和差压计。

一般重力式过滤器和对池水浑浊度有严格要求的压力过滤器，宜选用低速过滤速度；竞赛池、训练池、公共池、学校用游泳池和水上游乐池等，宜采用中速过滤速度；宾馆游泳池、家庭游泳池和水力按摩池等，可采用高速过滤速度。

重力式过滤器一般低于泳池的水面，一旦停电可能造成溢流淹没机房等事故，所以应有防止池水溢流事故的措施。

过滤器内的滤料应该具备比表面积大、孔隙率高、截污能力强、使用周期长、不含杂物和污泥、不含有毒和有害物质、化学稳定性能好、机械强度高、耐磨损、抗压性能好等要求。目前压力过滤器滤料有石英砂、无烟煤、聚苯乙烯料珠、硅藻土等，我国游泳池过滤采用的滤料主要是石英砂。

压力过滤器的滤料、滤料厚度、承托层级配和滤速应经过水质试验后确定，如有困难时，可按表 8-12 和表 8-13 所示数据选用。

过滤器在工作过程中由于污物积存于滤料中，使滤速减小，循环流量不能保证，池水水质达不到要求，必须进行反冲洗，即利用水流剪力和流态化滤层造成滤料颗粒间碰撞摩擦的双重作用，把截留在滤料层中的杂质从滤料表面剥落下来，然后被冲洗水带出滤池。

冲洗周期通常按照压力过滤器的水头损失和使用时间来决定。过滤器应用水进行反冲洗，有条件时宜采用气、水组合反冲洗。反冲洗水源可利用城市生活饮用水或游泳池池水，冲洗管道不得与市政给水管道直接连接。

压力过滤器采用水反冲洗时的反冲洗强度和反冲洗时间应符合如表 8-14 所示的规定；重力式过滤器的反冲洗应按有关标准和厂商的要求进行；气水混合冲洗时根据实验数据确定。

表 8-12 压力过滤器的滤料组成和过滤速度

| 序号 | 滤料类型 | 滤料组成粒径/mm | | | 过滤速度 /(m/h) | 备 注 |
| --- | --- | --- | --- | --- | --- | --- |
| | | 粒径/mm | 不均匀系数 $K_{90}$ | 厚度/mm | | |
| 1 | 单层石英砂 | $D_{min}=0.5$ $D_{max}=1.0$ | ≤2.0 | ≥700 | 10～15 | — |

续表

| 序号 | 滤料类型 | | 滤料组成粒径/mm | | | 过滤速度 /(m/h) | 备 注 |
|---|---|---|---|---|---|---|---|
| | | | 粒径/mm | 不均匀系数 $K_{90}$ | 厚度/mm | | |
| 1 | 单层石英砂 | | $D_{min}=0.6$ $D_{max}=1.2$ | ≤2.0 | ≥700 | 10～15 | — |
| 2 | 双层石英砂 | | $D_{min}=0.5$ $D_{max}=0.85$ | ≤1.7 | ≥700 | 15～25 | — |
| | | | $D_{min}=0.5$ $D_{max}=0.7$ | ≤1.4 | >900 | 30～40 | |
| 3 | 双层 滤料 | 无烟煤 | $D_{min}=0.8$ $D_{max}=1.6$ | ≤2.0 | 300～400 | 14～18 | — |
| | | 石英砂 | $D_{min}=0.6$ $D_{max}=1.2$ | ≤1.7 | 300～400 | | |
| 4 | 多层 滤料 | 沸石 | $D_{min}=0.75$ $D_{max}=1.2$ | ≤1.7 | 350 | 20～30 | 适用于过滤及剩余臭氧吸附过滤一体化系统 |
| | | 活性炭 | $D_{min}=1.2$ $D_{max}=2.0$ | ≤1.7 | 600 | | |
| | | 石英砂 | $D_{min}=0.8$ $D_{max}=1.2$ | ≤1.5 | 400 | | |
| 5 | 硅藻土 | | 36～38 44～46 | — | ≥2 | 6～10 | 此数据为可逆式压力过滤器数据 |

表 8-13  压力过滤器采用大阻力配水系统的承托层粒径和厚度

| 层次(自上而下) | 材  料 | 粒径/mm | 承托层厚度/mm |
|---|---|---|---|
| 1 | 卵石 | 2～4 | 100 |
| 2 | 卵石 | 4～8 | 100 |
| 3 | 卵石 | 8～16 | 100 |
| 4 | 卵石 | 16～32 | 100(从配水系统管顶算起) |

表 8-14  压力过滤器的反冲洗强度和反冲洗时间

| 序 号 | 滤料类别 | 反冲洗强度/(L/(s·m²)) | 膨胀率/% | 冲洗时间/min |
|---|---|---|---|---|
| 1 | 单层石英砂 | 12～15 | 40～45 | 7～5 |
| 2 | 双层滤料 | 13～16 | 45～50 | 8～6 |
| 3 | 三层滤料 | 16～17 | 50～55 | 7～5 |

注：1. 没有表面冲洗装置时，取下限值。

2. 采用城市生活饮用水冲洗时，应根据水温变化适当地调整冲洗强度。

3. 膨胀率数值仅作压力过滤器设计计算之用。

### 3．加药

为保证游泳池和水上游乐池池水的过滤和消毒效果，如采用石英砂或无烟煤过滤器，对池水进行循环过滤处理时，在净化过程中应投加下列药剂。

(1) 过滤前投加混凝剂。

(2) 根据消毒剂品种，宜在消毒前投加 pH 值调节剂。

(3) 根据气候条件和池水水质变化，不定期地间断式投加除藻剂。

(4) 根据池水的 pH 值、总碱度、钙硬度、总溶解固体等水质参数，投加水质平衡药剂(水质平衡应保证池水的水质符合卫生标准要求)。

### 4．消毒

消毒杀菌是游泳池水处理中极重要的步骤。游泳池池水因循环使用，水中细菌会不断地增加，为保证池水的卫生与安全，必须投加消毒剂以减少水中细菌的数量，使水质符合卫生要求。

消毒剂选择、消毒方法、投加量等应根据游泳池和水上游乐池的使用性质确定。竞赛用游泳池一般采用臭氧并辅以氯消毒；公共游泳池、滑道池等宜采用氯消毒；家庭、宾馆等小型专用池宜采用氯消毒。游泳池和水上游乐池如采用氯消毒时，室内池一般优先选用成品次氯酸钠消毒剂，消毒剂的投加量一般应按有效氯为 1～3mg/L 进行设计，并根据池水中的余氯量调整消毒剂的投加量。

氯气是很有效的消毒剂。在我国，大型游泳池以往都采用氯气消毒，虽然保证了消毒效果，但也带来了一些难以克服的问题：氯气是有毒气体，在处理、贮存和使用的过程中必须注意安全问题；使用瓶装氯气消毒时，严禁将氯气直接注入游泳池水中的投加方式；加氯间应设置防毒、防火和防爆装置，并符合有关现行规范的规定。

采用臭氧消毒，投加量应根据水温确定；池水温度低于 28℃时，投放量宜为 0.6～0.8mg/L；池水温度等于 28℃时，投放量宜为 1.0mg/L。

采用紫外线照射消毒，紫外线光谱应为 253.7nm，进入消毒器的池水浊度不大于 3NTU，而且必须辅以长效消毒剂(如氯气或氯制品)消毒，紫外线消毒器的工作压力不得小于循环水泵最高扬程的两倍。

### 5．加热

为适应各类游泳池对池水温度的要求，提高游泳池的利用率，游泳池的补充水和循环水都需要进行加热处理。池水加热所需的热量为：池水表面蒸发损失的热量、池壁池底传导损失的热量、管道和净化水设备损失的热量以及补充新鲜水加热所需的热量等的总和，应经计算确定。

游泳池和水上游乐池池水的加热可采用间接加热或直接加热方式，有条件的地区也可采用太阳能加热方式，应根据热源情况和使用性质确定。间接加热方式具有水温均匀、无噪声、操作管理方便等优点。竞赛用游泳池应采用间接加热方式。将蒸汽接入循环水直接混合加热的直接加热方式具有热效率高的优点，但是应有保证汽水混合均匀和防噪声的措施，有热源条件时可用于公共游泳池。中、小型游泳池可采用燃气、燃油热水机组及电热水器直接加热方式。

　　池水的初次加热时间直接影响加热设备的规模，应考虑能源条件、热负荷和使用要求等因素，一般采用 24～48h。对于比赛用游泳池，或能源丰富、供应方便的地区，或池水加热与其他热负荷(如淋浴加热、采暖供热)不同时使用时，池水的初次加热时间宜短些，否则可以适当延长。

　　将池水的一部分循环水加热，然后与未加热的那部分循环水混合，达到规定的循环水出口温度时供给水池，这是国内外大多采用的分流式加热系统。被加热的循环水量一般不少于全部循环水量的 20%～25%，被加热循环水的温度不宜超过 40℃，应有充分混合被加热水与未被加热水的有效措施。

## 8.2.6　游泳池的排水

### 1．岸边清洗

　　游泳池岸边如有泥沙、污物，可能会被涌起的池水冲入池内而污染池水。为防止这种现象，池岸应装设冲洗水龙头，每天至少冲洗两次，冲洗水应流至排水沟。

### 2．溢流与泄水

1) 溢流水槽

　　溢流水槽用于排除由于各种原因而溢出游泳池的水体，避免溢出的水回流到池中而带入泥沙和其他杂物。溢水管不得与污水管直接连接，且不得装设存水弯，以防污染及堵塞管道；溢水管宜采用铸铁管、镀锌钢管或钢管内涂环氧树脂漆以及其他新型管道。

2) 泄水口

　　泄水口用于排空游泳池中的水体。泄水口应与池底回水口合并设置在游泳池底的最低处；泄水管按 4～6h 将全部池水泄空计算管径，如难以达到时，则最长不得超过 12h。应优先采用重力泄水，但应有防污水倒流产生污染的措施。重力泄水有困难时，采用压力泄水。可利用循环泵泄水，泄水口的构造与回水口相同。

### 3．排污与清洗

1) 排污

　　游泳池每天开放之前，将沉积在池底的污物清除，在开放期间，对于池中的漂浮物、悬浮物应随时清除。常用的清除方法如表 8-15 所示。

表 8-15　常用的清除方法

| 清除方法 | 清除物 |
|---|---|
| 漂浮物、悬浮物 | 采用人工拣、捞的方法予以清除 |
| 池底沉积物 | 管道排污、移动式潜污泵法、虹吸排污法、人工排污法 |

2) 清洗

　　游泳池换水时，应对池底和池壁进行彻底刷洗，不得残留任何污物，必要时应用氯液刷洗杀菌，一般采用棕板刷刷洗和压力水冲洗。清洗水源采用自来水或符合《生活饮用水

卫生标准》的其他水。

#### 4．游泳池辅助设施给水排水

游泳池应配套设置更衣室、厕所、泳后淋浴设施、休息室及器材库等辅助设施，这些设施的给水排水与建筑给水排水相同。

### 8.2.7 游泳池的运行管理

#### 1．给水系统的运行管理

防止二次供水的污染，对水、水箱定期消毒，保持其清洁卫生。

对供水管道、阀门、水表、水泵、水箱进行经常性维护和定期检查，确保供水安全。

发生跑水、断水故障时，应及时抢修。

消防水泵要定期试泵，至少每年进行一次。

要保持电气系统正常工作，水泵正常上水，消火栓设备配套完整，检查报告应送交当地消防部门备案。

#### 2．给水管道的维修养护

给水管道的维修养护人员应十分熟悉给水系统，经常检查给水管道及阀门(包括地上、地下、屋顶等)的使用情况，经常注意地下有无漏水、渗水、积水等异常情况，如发现有漏水现象，应及时进行维修。在每年冬季来临之前，维修人员应注意做好室内外管道、阀门、消火栓等的防冻保温工作，并根据当地气温情况，分别采用不同的保温材料，以防其冻坏。对已发生冰冻的给水管道，宜浇以温水逐步升温或包上保温材料，让其自然化冻；对已冻裂的水管，可根据具体情况，采取电焊或换管的方法处理。

漏水是给水管道及配件的常见故障，明装管道沿管线检查即可发现渗漏部位；对于埋地管道，首先进行观察，对地面长期潮湿、积水和冒水的管段进行听漏，同时参考原设计图纸和现有的阀门箱位，准确地确定渗漏位置，进行开挖修理。

#### 3．设备的维修养护

喷头、阀门、水泵、补水箱、灯具、供配电、自动控制系统等每半年应进行一次全面养护。养护内容主要有：检查水泵轴承是否灵活，如有阻滞现象，应加注润滑油；如有异常摩擦声响，则应更换同型号规格轴承；如有卡住、碰撞现象，则应更换同规格水泵叶轮；如轴键槽损坏严重，则应更换同规格水泵轴；检查压盘根处是否漏水成线，如是，则应加压盘根；清洁水泵外表，若水泵脱漆或锈蚀严重，应彻底铲除脱落层油漆，重新刷油漆；检查电动机与水泵弹性联轴器有无损坏，如损坏则应更换；检查机组螺栓是否紧固，如松弛则应拧紧。

对加热设备定期检查加热油耗或加热器，检查温控装置。

#### 4．水池、水箱的维修养护

水池、水箱的维修养护应每半年进行一次，若遇特殊情况可增加清洗次数。清洗的程序如下。

(1) 首先关闭进水总阀和连通阀门，开启泄水阀，抽空水池、水箱中的水。

(2) 泄水阀处于开启位置，用鼓风机向水池、水箱吹 2h 以上，排除水池、水箱中的有毒气体，吹进新鲜空气。

(3) 将燃着的蜡烛放入池底，观察其是否会熄灭，以确定空气是否充足。

(4) 打开水池、水箱内照明设施或设临时照明。

(5) 清洗人员进入水池、水箱后，对池壁、池底洗刷不少于三遍。

(6) 清洗完毕后，排除污水，然后喷洒消毒药水。

(7) 关闭泄水阀，注入清水。

#### 5．排水系统的管理

定期对排水管道进行养护、清通；教育住户不要把杂物投入下水道，以防堵塞；下水道发生堵塞时应及时清通；定期检查排水管道是否有生锈、渗漏等现象，发现隐患时应及时处理；室外排水沟渠应定期检查和清扫，及时清除淤泥和污物。

#### 6．排水管道的疏通

排水管道堵塞会造成流水不畅、排泄不通，严重的还会在地漏、水池等处流淌。造成堵塞的原因多为使用不当所致，例如有硬杂物进入管道，停滞在排水管中部、拐弯处或末端，或在管道施工过程中将砖块、木块、砂浆等遗弃在管道中。修理时，可根据具体情况判断堵塞物的位置，在靠近的检查口、清扫口、屋顶通气管等处采用人工或机械疏通，如无效时可采用"开天窗"的办法，进行大开挖，以排除堵塞。

# 8.3　洗衣房给水排水

## 8.3.1　洗衣房洗涤的分类

洗衣房一般采用机械化洗涤方式，分为水洗和干洗衣物两种方式。床单、被单、桌布、浴巾、毛巾、工作服等棉、麻织品，以及该类的混合纺织品用水洗方式洗涤；西服、中山服、大衣、毛衣和羊毛衫等毛织品和丝绸纺织品，以及该类的混合纺织品主要采用干洗方式。

## 8.3.2　洗衣房的合理选址

在宾馆、公寓、医院、环卫单位等公共建筑中常附设洗衣房，以洗涤床上用品、卫生间的织品、各种家具套和罩、窗帘、衣服、工作服、餐桌台布等。洗衣房常附设在建筑物地下室的设备用房内，也可单独设在建筑物附近的室外。由于洗衣房消耗动力和热力大，所以宜靠近变电室、热水和蒸汽等供应源、水泵房；位置应便于被洗物的接收运输和发送；远离对卫生和安静程度要求较高的场所，以防机械噪声和干扰。

### 8.3.3 洗衣房的组成与布置

洗衣房由以下用房组成。

(1) 生产车间：是指洗涤、脱水、烘干、烫平、压平、干洗、整理、消毒等工作所占用的房间。

(2) 辅助用房：是指脏衣物分类、编号、贮存，洁净衣服存放、折叠整理，织补，洗涤剂库房，水处理、水加热、配电、维修等用房。

(3) 生活办公用房：是指办公、会议、更衣、淋浴、卫生间等用房。

洗衣房的工艺布置应以洗衣工艺流程通畅、工序完善且互不干扰、尽量减小占地面积、降低劳动强度、改善工作环境为原则。织品的处理应按收编号、脏衣存放、洗涤、脱水、烘干(或烫平)、整理折叠、洁衣发放的流程顺序进行；未洗织品和洁净织品不得混杂，沾有有毒物质或传染病菌的织品应单独放置、消毒；干洗设备与水洗设备应设置各自独立的用房，并考虑运输小车行走和停放的通道和位置。

### 8.3.4 洗衣房工作量计算

#### 1. 水洗织品的数量计算

水洗织品的数量应由使用单位提供数据，也可根据建筑物性质参照表 8-16 所示数据确定。水洗织品的单件重量可按表 8-17 所示数据确定。

表 8-16　各种建筑水洗织品的数量

| 序　号 | 建筑物名称 | 计算单位 | 干织品数量/kg | 备　注 |
|---|---|---|---|---|
| 1 | 居民 | 每人每月 | 6.0 | 参考用 |
| 2 | 公共浴室 | 每 100 席位每日 | 7.5 | — |
| 3 | 理发室 | 每一技师每月 | 40.0 | — |
| 4 | 食堂 | 每 100 席位每日 | 15~20 | — |
| 5 | 旅馆<br>六级<br>四~五级<br>三级<br>一~二级<br>集体宿舍 | 每床位每月<br>每床位每月<br>每床位每月<br>每床位每月<br>每床位每月 | 10~15<br>15~30<br>45~75<br>120~180<br>8.0 | 旅馆等级见 JG62—90《旅馆建筑设计规范》 |
| 6 | 医院<br>100 病床以下的综合医院<br>内科和神经科<br>外科、妇科和儿科<br>妇产科 | 每一病床每月<br>每一病床每月<br>每一病床每月<br>每一病床每月 | 50.0<br>40.0<br>60.0<br>80.0 | 参考用 |
| 7 | 疗养院 | 每人每月 | 30.0 | — |
| 8 | 休养院 | 每人每月 | 20.0 | — |
| 9 | 托儿所 | 每一小孩每月 | 40.0 | — |
| 10 | 幼儿园 | 每一小孩每月 | 30.0 | — |

表 8-17　水洗织品单件重量

| 序　号 | 织品名称 | 规　格 | 单　位 | 干织品重量/kg | 备　注 |
|---|---|---|---|---|---|
| 1 | 床单 | 200cm×235cm | 条 | 0.8～10 | |
| 2 | 床单 | 167cm×200cm | 条 | 0.75 | |
| 3 | 床单 | 133cm×200cm | 条 | 0.50 | |
| 4 | 被套 | 200cm×235cm | 件 | 0.9～1.2 | |
| 5 | 罩单 | 215cm×300cm | 件 | 2.0～2.15 | |
| 6 | 枕套 | 80cm×50cm | 只 | 0.14 | |
| 7 | 枕巾 | 5cm×55cm | 条 | 0.30 | |
| 8 | 枕巾 | 60cm×45cm | 条 | 0.25 | |
| 9 | 毛巾 | 55cm×35cm | 条 | 0.08～0.1 | |
| 10 | 擦手巾 | | 条 | 0.23 | |
| 11 | 面巾 | | 条 | 0.03～0.04 | |
| 12 | 浴巾 | 160cm×80cm | 条 | 0.2～0.3 | |
| 13 | 地巾 | | 条 | 0.3～0.6 | |
| 14 | 毛巾被 | 200cm×235cm | 条 | 1.5 | |
| 15 | 毛巾被 | 133cm×200cm | 条 | 0.9～1.0 | |
| 16 | 线毯 | 133cm×200cm | 条 | 0.9～1.4 | |
| 17 | 桌布 | 135cm×135cm | 件 | 0.3～0.45 | |
| 18 | 桌布 | 165cm×165cm | 件 | 0.5～0.65 | |
| 19 | 桌布 | 185cm×185cm | 件 | 0.7～0.85 | 平均值 |
| 20 | 桌布 | 230cm×230cm | 件 | 0.9～1.4 | 平均值 |
| 21 | 餐巾 | 50cm×50cm | 件 | 0.05～0.06 | |
| 22 | 餐巾 | 56cm×56cm | 件 | 0.07～0.08 | |
| 23 | 小方巾 | 28cm×28cm | 件 | 0.02 | |
| 24 | 家具套 | | 件 | 0.5～1.2 | |
| 25 | 擦布 | | 条 | 0.02～0.08 | |
| 26 | 男上衣 | | 件 | 0.2～0.4 | |
| 27 | 男下衣 | | 件 | 0.2～0.3 | |
| 28 | 工作服 | | 套 | 0.5～0.6 | |
| 29 | 女罩衣 | | 条 | 0.2～0.4 | |
| 30 | 睡衣 | | 件 | 0.3～0.6 | |
| 31 | 裙子 | | 件 | 0.3～0.5 | |
| 32 | 汗衫 | | 件 | 0.2～0.4 | |
| 33 | 衬衣 | | 件 | 0.25～0.3 | |
| 34 | 衬裤 | | 件 | 0.1～0.3 | |
| 35 | 绒衣、绒裤 | | 件 | 0.75～0.85 | |
| 36 | 短裤 | | 件 | 0.1～0.2 | |
| 37 | 围裙 | | 条 | 0.1～0.1 | |
| 38 | 针织外衣裤 | | 件 | 0.3～0.6 | |

### 2. 干洗织品的数量

宾馆、公寓等建筑的干洗织品的数量可按 0.25kg/(床·d)计算，干洗织品的单件重量可参照表 8-18 所示数据选用。

表 8-18 干洗织品单件质量

| 序 号 | 织品名称 | 规 格 | 单 位 | 干织品重量/kg | 备 注 |
|---|---|---|---|---|---|
| 1 | 西服上衣 | | 件 | 0.8～1.0 | |
| 2 | 西服背心 | | 件 | 0.3～0.4 | |
| 3 | 西服裤 | | 条 | 0.5～0.7 | |
| 4 | 西服短裤 | | 条 | 0.3～0.4 | |
| 5 | 西服裙 | | 条 | 0.6 | |
| 6 | 中山装上衣 | | 件 | 0.8～1.0 | |
| 7 | 中山装裤 | | 条 | 0.7 | |
| 8 | 外衣 | | 件 | 2.0 | |
| 9 | 夹大衣 | | 件 | 1.5 | |
| 10 | 呢大衣 | | 件 | 3.0～3.5 | |
| 11 | 雨衣 | | 件 | 1.0 | |
| 12 | 毛衣、毛线衣 | | 件 | 0.4 | |
| 13 | 制服上衣 | | 件 | 0.25 | |
| 14 | 短上衣(女) | | 件 | 0.30 | |
| 15 | 毛针织线衣 | | 套 | 0.80 | |
| 16 | 工作服 | | 套 | 0.9 | |
| 17 | 围巾、头巾、手套 | | 件 | 0.1 | |
| 18 | 领带 | | 条 | 0.05 | |
| 19 | 帽子 | | 顶 | 0.15 | |
| 20 | 小衣件 | | 件 | 0.10 | |
| 21 | 毛毯 | | 条 | 3.0 | |
| 22 | 毛皮大衣 | | 件 | 1.5 | |
| 23 | 皮大衣 | | 件 | 1.5 | |
| 24 | 毛皮 | | 件 | 3.0 | |
| 25 | 窗帘 | | 件 | 1.5 | |
| 26 | 床罩 | | 件 | 2.0 | |

### 3. 工作量

旅馆附设洗衣房的综合洗涤量(单位为 kg/d)包括：客房用品洗涤量、职工工作服洗涤量、餐厅及公共场所洗涤量和客人衣物洗涤量等，可按下列规定采用。

(1) 床位数、餐厅餐桌数应与土建设计相一致。

(2) 客房床位出租率按 90%～95%计。

(3) 织品更换周期按下列数据采用。

① 一、二级旅馆按 1d 计。

② 三级旅馆按 2～3d 计。

③ 四、五级旅馆按 4～7d 计。

④ 六级旅馆按 7～10d 计。

(4) 宾客送洗织品数量,每日按总床位数的 5%～10%计。

(5) 职工工作服平均每 2d 换洗一次。

(6) 每天宜按一班次工作制度计算。

#### 4．洗衣设备

洗衣设备主要有洗涤脱水机、烘干机、烫平机、各种功能的压平机、干洗机、折叠机、化学去污工作台、熨衣台及其他辅助设备。洗涤设备的容量应按洗涤量的最大值确定,工作设备数目不少于 2 台,可不设备用。烫平、压平及烘干设备的容量应与洗涤设备的生产量相协调。

洗衣设备可根据下列规定进行选择。

(1) 洗衣机设备的容量,应按所洗涤织品的最大量选择,一般不设备用,但设备不宜小于两台,且大小容量的设备应互相搭配,以适应洗涤织品的种类、数量、颜色及急件的需要(一、二、三级旅馆应设衣物急件洗涤)。

(2) 洗衣房每日洗涤织品的数量可按下式计算:

$$G = \sum G_i N_i \frac{1}{d} \tag{8-3}$$

式中: $G$ ——洗衣房每日洗涤织品的数量,kg/d;

　　　$G_i$ ——洗衣房服务对象每一单位每月洗涤干织品的数量,kg/月;

　　　$N_i$ ——服务对象单位数(房间、床位、席位、人数等);

　　　$d$ ——洗衣房每月工作天数。

再按每日工作小时数计算出小时洗涤织品量。

注: 在计算时可根据具体工程确定客房出租率、餐厅织品更换次数以及职工制服更换周期等。

(3) 烫平、压平及烘干设备应与洗衣机的生产率相协调。旅馆洗衣房可按下述比例分配选择: 烫平 65%;烘干 30%;压平 5%。

(4) 辅助设备按本条(1)、(2)项已选设备的生产率确定。

(5) 设洗涤池 2～3 个。

## 8.3.5　洗衣房的给水排水设计

洗衣房的给水水质应符合生活饮用水水质标准的要求,硬度超过 100mg/L($CaCO_3$)时考虑软化处理。洗衣房给水管宜单独引入。给水管道一般采用明装,管道设计流量可按每千克干衣的给水流量为 6.0L/min 估算。给水管宜采用镀锌钢管或塑料管,软化后的给水管道采用塑料管。洗衣设备的给水管、热水管、蒸汽管上应装设过滤器和阀门,给水管和热水管接入洗涤设备时必须设置防止倒流污染的真空隔断装置。管道与设备之间应用软管连接。

洗衣房的热水用水量可按冷水为 3/5，热水为 2/5 的比例来计算，亦可按 0.05m³/(d·床)估算。热水制备宜采用容积式水加热器，以适应用水不均匀的情况，如采用半即热式热交换器时，应增设贮罐。水温宜采用 60℃。热水采用直流式热水供应的管道系统。

一般在洗衣房附近设置专用贮水池和热水加热器，否则会由于洗衣房大量使用热水而造成客房热水水温急剧下降的恶果。洗衣房专用贮水池可按洗涤总用水量(包括热水量)的40%计算。

洗衣房的排水宜采用带格栅或穿孔盖板的排水沟，洗涤设备排水出口下宜设集水坑，以防止泄水时外溢。排水管径不小于 100mm。集水池的容积按一次洗涤用水量计，专用水泵的排水量按 20 分钟排完为设计依据。设备有蒸汽凝结水排除要求时，应在设备附近设地漏或靠近排水沟排除。

洗衣房设计应考虑蒸汽和压缩空气供应。蒸汽量可按 1kg/(h·kg 干衣)估算，无热水供应时按 2.5～3.5kg/(h·kg 干衣)估算，蒸汽压力以用汽设备要求为准或参照表 8-19 所示数据。

表 8-19　各种洗衣设备要求蒸汽压力

| 设备名称 | 洗衣机 | 熨衣机、人像机、干洗机 | 烘干机 | 烫平机 |
|---|---|---|---|---|
| 蒸汽压力/MPa | 0.147～0.196 | 0.392～0.588 | 0.490～0.687 | 0.588～0.785 |

压缩空气的压力和用量应按设备要求确定，也可按 0.49～0.98MPa 和 0.1～0.3m³/(h·kg 干衣)估算，蒸汽管、压缩空气管及洗涤液管宜采用铜管。

# 8.4　健身休闲设施给水排水

## 8.4.1　健身休闲设施分类

健身休闲设施是指利用水蒸气、水的冲击力或蒸汽温度来达到健身、康复的理疗方法，包括桑拿浴、蒸气浴、水力按摩浴、多功能按摩淋浴及嬉水设施(水滑梯、造波池、瀑布、喷泉、暗河、儿童嬉水和趣味设施以及小型游泳池等组成)。由于健身休闲设施是利用水的冲击力或蒸汽温度达到健身、休闲等目的，因此一般根据水的温度和是否有水力按摩来分类，如表 8-20 所示。

这些设施一般由专业设计公司或设备承包商提供设计、设备安装及调试。本节提供的有关技术原则和数据可作为给水排水专业人员配合工作时的参考。设计时所需数据和资料应以专业设计公司提供的为准。

表 8-20　各种浴池水温和空气湿度

| 浴池名称 | 水温/℃ | 空气湿度/% |
|---|---|---|
| 桑拿浴 | | |
| 低温 | 70～80 | 100 |
| 高温 | 100～110 | 100 |

续表

| 浴池名称 | 水温/℃ | 空气湿度/% |
|---|---|---|
| 再生浴 | | |
| 低温 | 37～39 | 40～50 |
| 高温 | 55～65 | 40～50 |
| 蒸气浴 | 45～55 | 100 |
| 水力按摩池 | | |
| 冷水池 | 8～13 | |
| 温水池 | 35～40 | |
| 热水池 | 40～45 | |
| 中药池 | 依药液而定 | |

## 8.4.2 桑拿浴

桑拿浴源于芬兰语,意为高热气浴,所以也被称为芬兰浴、热气浴或干蒸,是发汗浴形式之一。

热对人体有较强的物理刺激作用。它能使疲劳后的肌肉松弛,加速血液循环,加大汗液的排泄,从而加快机体生化反应中排泄物随汗液排放的速度,改善人体新陈代谢机能。水具有很高的热容性和很强的导热性,在水中,人们能忍耐的最高温度为48～50℃,而在湿度较小的干热空气中,可达95℃甚至更高。桑拿浴可以向使用者提供一个空气温度为80～90℃,相对湿度为10%～15%的人工小气候。

桑拿浴是利用设在桑拿房内的发热炉(即桑拿炉)产生热空气,并不断地将水注入炉内,经过高温烧烤在石头上的水产生大量蒸汽,目前使用较多的是电加热炉。木制(白松木)的桑拿房有隔热层,条缝形木板下设有地漏,发热炉外壳亦有隔热层,且有防灼伤保护及自动熄灭功能。桑拿房内应有通风、照明设施,房外设淋浴喷头,浴房的平面尺寸根据使用人数和建筑空间条件确定。桑拿浴的设计数据如表8-21所示。

### 表8-21 桑拿浴设计数据

| 外形尺寸(长×宽×高)/(mm×mm×mm) | 额定人数 | 电炉功率/kW | 电压/V |
|---|---|---|---|
| 930×910×2000 | 1 | 2.4 | 220 |
| 930×910×2000 | 1 | 3.0 | 380 |
| 1220×1220×2000 | 2 | 3.6 | 380 |
| 2000×1400×2050 | 4 | 7.2 | 380 |
| 2400×1700×2050 | 6 | 7.2 | 380 |
| 2400×2000×2050 | 8 | 10.8 | 380 |
| 2500×2350×2050 | 10 | 10.8 | 380 |

**1．桑拿炉和桑拿房的选择**

(1) 桑拿浴的热耗量直接影响管理及成本，设计时应选用发热量大、耗电量低的桑拿发热炉。

(2) 发热炉达到危险温度时，需有自动熄灭功能，而不致引起火情。

(3) 发热炉应有防灼伤保护，前后外壳应有隔热层，温度不应超过 40℃。

(4) 炉内宜有空气加湿水槽，水注入槽内可以提高室内湿度。

(5) 室内温度达到指定温度，衡温器能自动调节，以降低电耗，达到节电的要求。

(6) 桑拿房宜选用白松木，有隔热层。木地板下设 DN50mm 排水地漏。

**2．桑拿浴通风要求**

(1) 桑拿房门应与炉设在同一墙面，以利空气流通循环。

(2) 进风口设在发热炉下方，家庭桑拿进风口面积 100cm$^2$；公共桑拿进风口面积 300cm$^2$。桑拿房外宜设淋浴喷头。

(3) 排风口应远离进风口，宜对角设置。

(4) 公共桑拿浴应装可调通风口，通风量保持 6~8m$^3$/(人·h)。

**3．灭火要求**

大、中型桑拿中心设有自动喷水灭火系统时，应设释放温度 141℃的自动喷洒头。

## 8.4.3 再生浴

再生浴分高温和低温两种。再生浴的温度、湿度有别于桑拿浴。其浴房设计条件与桑拿浴房相同。再生浴的发热炉和温控器应配套选用。

## 8.4.4 蒸汽浴

桑拿浴和蒸汽浴都是传统的排除人体内毒素的自然健身法，沐浴者享受高温蒸烤至全身出汗，加速新陈代谢，使体内毒素随汗液排出。

蒸汽浴是由蒸汽发生器、蒸汽器、蒸汽浴房及其管件组成。蒸汽发生器产生的蒸汽由蒸汽管输送至蒸汽浴房内，使浴室内空气湿度达 100%。蒸汽发生器设置在蒸汽浴房附近的机房内，可放置在机房的地面上或架空在墙壁上。蒸汽发生器的选用与蒸汽浴房的容积有关，如表 8-22 所示。蒸汽浴房由玻璃纤维板件组合而成，浴房内蒸汽出口安装在距地面 0.30m 以上，浴房地面设置地漏以排除蒸汽的凝结水。浴房外还应设通风装置和淋浴喷头、冷水水嘴，浴室内亦可有自动清洗器，以排除浴室内多余的蒸汽。

在大、中型公共浴室中与桑拿浴、蒸汽浴配套的洗浴设施还有淋浴间、卫生间、按摩浴盆或按摩浴池(包括热水、温水、冰水池)。设计蒸汽浴时应在进发生器之前的给水管道上设过滤器和阀门，并安装信号装置。过滤器的功能是防止水中可能混有的颗粒污物进入发生器内，信号装置要保证断水时及时切断电源。蒸汽管道为铜管，管道上应避免锐角，以免发生噪声，管道上不允许设阀门，管道长度宜小于 3m，如大于 6m 或环境温度低于 4℃，则应有保温措施；发生器上的安全阀和排水口应将蒸汽和水接至安全地方，以避免烫伤；

蒸汽机房内地面设不小于 DN50 的排水地漏。

表 8-22 蒸汽房和蒸汽发生炉关系表

| 长×宽×高<br>/(mm×mm×mm) | 蒸汽炉<br>功率/kW | 长×宽×高<br>/(mm×mm×mm) | 蒸汽炉<br>功率/kW | 长×宽×高<br>/(mm×mm×mm) | 蒸汽炉<br>功率/kW |
|---|---|---|---|---|---|
| 1400×1300×2200 | 4 | 2200×1400×2100 | 6 | 2200×2600×2100 | 9 |
| 1550×1550×2200 | 6 | 2200×2200×2100 | 9 | 2200×3200×2100 | 9 |

## 8.4.5　水力按摩浴

近年来水力按摩浴发展很快，一般分为成品浴盆和土建式温池两类。成品浴盆又可分为家用浴盆和公共浴盆，池水容量为 900～3500L，一般由浴盆、循环水泵、气泵、按摩喷嘴、控制附件和给排水管道等组成，配套设备及性能分别如图 8-6、表 8-23 和表 8-24 所示。土建式温池也有两种：二温池(热水池水温 40℃左右、温水池水温 35～38℃)和三温池(热水池、温水池和冷水池水温 8～11℃)，池水容量一般为 6～10m³。

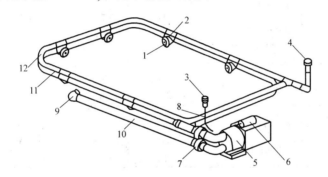

图 8-6　标准型水力按摩池管道配件图

1—水力按摩喷嘴；2—水力按摩喷嘴本体；3—空气按钮；4—无声空气控制器；
5—按摩水泵；6—空气开关；7—连接件；8—空气传动管；9—吸水口管件；
10—吸水管 DN50mm；11—供水管 DN25mm；12—空气管 DN25mm

循环系统有水循环和水过滤共用一台水泵的单水泵循环(见图 8-7(a))和水循环和水过滤各由一台水泵分别完成双水泵循环(见图 8-7(b))两种循环系统。

单水泵循环方式体积小，占地小，但循环水量小，在家庭水力按摩浴盆中采用较多；双泵循环方式可根据各自的要求，分别配套设备，其调控容易，但占地大，多用于水容量较大的浴盆和土建式温池。

循环水泵的吸水口一般位于浴盆侧壁下方，吸水管管径不宜小于 DN50，压水管管径不宜小于 DN25，管道应对称布置成环，以保证水力按摩喷头处的压力相近，不同孔径喷头的出水量如表 8-25 所示。循环水泵应根据喷头数量和喷头出水量确定，或根据配套水泵流量大小来配置合理的喷头数量。循环管道的布置计算与水景中喷泉配水管的布置计算有相似的要求。为降低噪声，减轻水泵、气泵的振动，易于拆除，循环管道的压力管路(水和气)

宜用软管。

表 8-23　家用浴盆配套设备性能(不连续使用)

| 设备性能<br>浴盆水容量 | 过滤罐直径 | 过滤水泵 | 按摩泵 | 热交换器 | 气泵 |
|---|---|---|---|---|---|
| 最大 1200L | φ350mm<br>5000L/h | 1/3H.P.<br>(0.25kW)<br>5000L/h | H.P.<br>(0.75kW)<br>16000L/h | 6kW | 1.5H.P.<br>(1.10vW)<br>100m³/h |
| 最大 2200L | φ500mm<br>9000L/h | 1/2H.P.<br>(0.37kW)<br>9000L/h | 1.0H.P.<br>(0.75kW)<br>16000L/h | 6kW | 1.5H.P.<br>(1.10kW)<br>100m³/h |

表 8-24　公共浴盆配套设备性能(连续使用)

| 设备性能<br>浴盆水容量 | 过滤罐直径 | 过滤水泵 | 按摩泵 | 热交换器 | 气泵 |
|---|---|---|---|---|---|
| 最大 1200L | φ450mm<br>8000L/h | 1/3H.P.<br>(0.25kW)<br>8000L/h | 1.0H.P.<br>(0.75kW)<br>16000L/h | 6kW | 1.5H.P.<br>(1.10kW)<br>100m³/h |
| 最大 2200L | φ450mm<br>8000L/h | 1/2H.P.<br>(0.37kW)<br>8000L/h | 1.5H.P.<br>(0.75kW)<br>16000L/h | 6kW | 1.5H.P.<br>(1.10kW)<br>150m³/h |
| 最大 2500L | φ650mm<br>13000L/h | 3/4H.P.<br>(0.55kW)<br>13000L/h | 1.5H.P.<br>(1.10kW)<br>21000L/h | 6kW | 1.5H.P.<br>(1.10kW)<br>150m³/h |

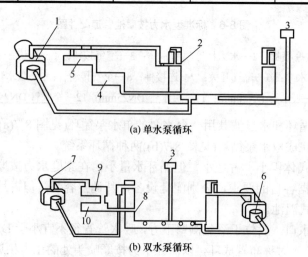

(a) 单水泵循环

(b) 双水泵循环

图 8-7　循环系统

1—单泵；2—喷嘴；3—气泵；4—加热器；5—过滤器；

6—按摩水泵；7—过滤水泵；8—撤沫器；9—过滤缸；10—热交换器

表 8-25　不同孔径的出水量

| 压力 ＼ 孔径 | 出水量/(m³/h) | | | |
|---|---|---|---|---|
| | 7mm | 8mm | 9mm | 10mm |
| 70kPa | 2.04 | 2.46 | 3.06 | 3.90 |

## 8.4.6　嬉水设施

嬉水设施主要包括冲浪池(人工造浪游泳池)、50m 标准游泳池、跳水池、潜水池、水滑道、环流池(暗河)、探险池、按摩池、儿童池、瀑布、喷泉、逆流池,嬉水乐园基本上是由水上和陆上两部分组成,陆地面积与水上面积之比一般为 6∶4 左右。

嬉水乐园在布局上一般按照从浅水区到深水区;从惊险性小到惊险性大;从低处到高处;池与池相连,加强水池的连贯性的原则。

为了保证卫生和观赏要求,嬉水乐园应设有水处理系统。嬉水乐园水处理系统的水质标准应比一般游泳池高,如浊度定为 1～1.5 度。室内外大池水循环周期提高到 2～3h;水滑道为 0.5h;大小按摩池为 0.15h,以保证池水的清澈透明。从目前国内水处理消毒技术的发展来看,考虑到造价适中、成本低、效果好,以采用次氯酸钠或二氧化氯为宜,在经济可能的条件下,亦可采用臭氧和氯协同工作的消毒设备。

造浪机有机械推板式、空气压缩式和真空式三种。为了安全起见,冲浪池高度峰谷差建议在 0.3～0.6m 之间,宜采用空气压缩式造浪机。空气压缩机宜选两台,每台电量约 30kW 的鼓风机,建议设四个空气小室,交替工作。

滑道设施应选用表面光滑、质量好,皮肤触感良好,耐久性强、质轻、强度高的玻璃钢制品,并应设提升水泵供滑道用水。选择水滑道的提升水泵时,其流量不仅与滑道使用对象、用途、滑道宽度等有关,还与滑道坡度有关。一般情况下,根据滑道用途、形状宽度、滑道的坡度(除快速滑道等外的滑道坡度一般为 10%)可查表 8-26 所示的数据估算水泵流量。

表 8-26　各种水滑道需水量

| 滑道名称 | 最小水量 |
|---|---|
| 宽 1000mm 水滑道 | 2000L/min |
| 宽 2000mm 家庭滑道 | 1500 L/min |
| 宽 4000mm 家庭滑道 | 2000 L/min |
| 宽 1400mm 浮筏滑道 | 4000～6000 L/min |
| 管状滑道 $\phi$800mm | 1500 L/min |
| 管状元滑道 $\phi$1200mm | 2000 L/min |
| 快速滑道(高度 15m, $i$=90%) | 2000 L/min |
| 隧道和管状滑道 $\phi$1300mm, $i$=11% | 2 台 14000 L/min 或 3 台 7000 L/min |
| 三峡滑道 2000～3000mm | 20000 L/min |

水泵的扬程按实际高程和管道水阻力计算。水泵可选多台，便于流量调节。

为了保证池水循环和配水均匀，标准游泳池、冲浪池和跳水池的池水循环和配水，宜采用底部布置可调式进水口的底部进水和池周边用溢水回水的方法。

根据池体大小，水循环系统设计分大循环系统(如冲浪池、标准游泳池、跳水池)和小循环系统(如滑道、嬉水、按摩、瀑布、景观喷泉、暗河、天池等)。

大、小水池水处理系统的滤罐、带毛发过滤器的循环水泵、加热装置、消毒设备(包括自动加氯设备和控制仪表)及平衡水池(补水箱)均可设在靠近池周边的地下室水处理机房内。为了减少机房面积，选用高滤速石英砂滤料和罐体材质为轻质的缠绕式玻璃钢过滤罐。为了操作方便，减少阀门，选用多通道阀。为了确保处理后的水质，管道材料宜用优质 PVC、ABS 或 PE 等塑料管。

喷泉的选型应根据工程性质而定。健身游乐用游泳池，根据需要，池中可增设气泡系列设施(水底气泡、水中气泡躺席和坐席)、喷嘴系列设施(逆流喷嘴、池壁多孔水力按摩及扁型喷嘴和水幕等)，以及儿童滑梯、儿童嬉水池中设有趣味水帘、喷水、卡通动物等项目，管道和设备应单独配合设计。各池水温要求，除按摩池保持 40～42℃外，其余各水池均为26～28℃。嬉水乐园入口处，设通过式脚消毒池，宜设强制淋浴，无强制淋浴时也宜设一般淋浴。池水排水至室外下水道，应考虑设防倒流措施。

水池水面的蒸发，水处理反冲洗及人体带走的水，为保持稳定的水面，须向嬉水池补充水，水池的补水量约为总水容积的 10%～15%。

嬉水乐园不允许因设备故障而停水或中断使用，在选用设备时，建议留有备用量，多台水泵时可满足 1/3 备用。

# 实 训 模 块

1. 实训目的：通过实地参观水景系统，了解水景系统的组成，绘制水景系统图。
2. 实训题目：绘制水景系统图。
3. 实训准备：由实训教师带领学生参观校园或附近社区、广场等地的水景。
4. 实训内容：
(1) 实地参观水景。
(2) 认识系统各部分组成。
(3) 根据实地参观水景系统，绘制水景系统图。
(4) 编制实习报告。

# 思考题与习题

1. 常用的水景造型有哪些型式？
2. 水景的控制方式有哪几种？

3．制造水景常用的设备和器材有哪些？

4．水景工程中给水排水管道的布置有哪些特殊要求？

5．游泳池的给水方式有哪几种？

6．游泳池的水质净化有哪些方式？

7．游泳池的附属装置有哪些？

8．游泳池为什么要设置洗净设施？洗净设施一般有哪些？

9．游泳池的污物清除有哪些方法？各有什么特点？

10．洗衣房的工作量如何计算？

11．健身休闲设施的种类有哪些？特点是什么？

12．防空地下室战时生活饮用水水质标准是如何规定的？

13．防空地下室排水管管材应符合哪些要求？

# 第9章 建筑中水工程及居住小区给水排水

## 【学习要点及目标】

◆ 掌握中水系统的概念和用途。

◆ 掌握中水系统的类型及组成。

◆ 了解居住小区、组团的概念及居住小区给水排水的特点。

◆ 掌握居住小区给水排水管道设计的计算方法。

◆ 熟悉居住小区给水加压泵站及设施。

◆ 熟悉居住小区污水排放要求和污水处理要求。

## 【核心概念】

建筑中水、中水原水系统、中水原水处理系统、中水供水系统、居住组团、居住小区、居住区、居住小区设计用水量、居住小区供水方式

## 【引言】

我国正在大力建设资源节约型、环境友好型社会，针对水资源的节能减排工作，建筑中水系统、城市居住小区得到了广泛应用。如何将中水系统和前几章学的几大系统合理应用于居住小区，满足人们更高的用水需求，是本章我们学习的主要内容。

# 9.1 建筑中水技术概述

## 9.1.1 建筑中水的概念

建筑中水是建筑物中水和小区中水的总称，是指以建筑的冷却水、淋浴用水、盥洗排水、洗衣排水及雨水等为水源，经过物理、化学方法的工艺处理后用于冲洗便器、绿化、洗车、道路浇洒、空调冷却及水景等的供水系统。"中水"一词来源于日本，为节约水资源和减轻环境污染，20世纪60年代日本设计出了中水系统。中水是指各种排水经处理后，达到规定的水质标准。中水水源可取自建筑物的生活排水和其他可利用的水源，其水质比生活用水水质差，比污水、废水水质好。当中水用作城市杂用水时，其水质应符合《城市污水再生利用城市杂用水水质》(GB/T 18920—2002)的规定；当中水用于景观环境用水，其水质应符合《城市污水再生利用景观环境用水水质》(GB/T 18921—2002)的规定；中水用于食用作物、蔬菜浇灌用水时，应符合《农田灌溉水质标准》(GB 5084—2005)的水质要求。中水系统是由中水原水的收集、储存、处理和中水供给等工程设施组成的有机结合体，是建筑物或建筑小区的功能配套设施之一。

中水系统在日本、美国、以色列、德国、印度、英国等国家都有广泛应用，近年来我国也加大了对中水技术的研究利用，先后在北京、深圳、青岛等大中城市开展了中水技术的应用，并制定了《建筑中水设计规范》(GB 50336—2002)，促进了我国中水技术的发展和建设，对节水节能、缓解用水矛盾、保持经济可持续发展十分有利。

## 9.1.2 建筑中水的用途

建筑中水的用途如下。

(1) 冲洗厕所：用于各种便溺卫生器具的冲洗。

(2) 绿化：用于各种花草树木的浇灌。

(3) 汽车冲洗：用于汽车的冲洗保洁。

(4) 道路的浇洒：用于冲洗道路上的污泥脏物或防止道路上的尘土飞扬。

(5) 空调冷却：用于补充集中式空调系统冷却水蒸发和漏失。

(6) 消防灭火：用于建筑灭火。

(7) 水景：用于补充各种水景因蒸发或漏失而减少的水量。

(8) 小区环境用水：用于小区垃圾场地冲洗、锅炉的湿法除尘等。

(9) 建筑施工用水。

## 9.1.3　建筑中水的类型

### 1．建筑中水系统

建筑中水系统的原水取自建筑物内的排水，经处理达到中水水质指标后回用，是目前使用较多的中水系统。考虑到水量的平衡，可利用生活给水补充中水水量。建筑中水系统具有投资少、见效快的优点，如图 9-1 所示。

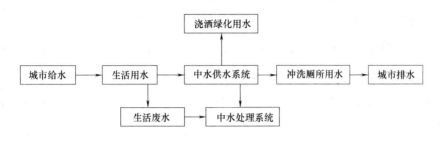

图 9-1　建筑中水系统

### 2．建筑小区中水系统

建筑小区中水系统的原水取自居住小区的公共排水系统(或小型污水处理厂)，经处理后回用于建筑小区。在建筑小区内建筑物较集中时，宜采用该系统，并可考虑设置雨水调节池或其他水源(如地面水或观赏水池等)，以达到水量平衡，如图 9-2 所示。

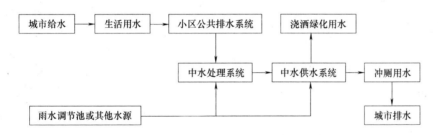

图 9-2　建筑小区中水系统

### 3．城市区域中水系统

城市区域中水系统是将城市污水经二级处理后再进一步经深度处理，然后作为中水使用，目前采用较少。该系统的原水主要来自城市污水处理厂、雨水或其他水源作为补充水，如图 9-3 所示。

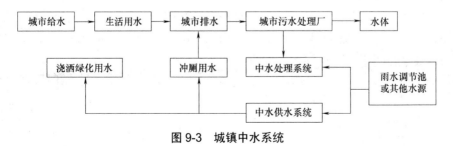

图 9-3　城镇中水系统

### 9.1.4　建筑中水系统的组成

建筑中水系统由中水原水系统、中水原水处理系统和中水供水系统组成。

#### 1. 中水原水系统

中水原水是指被选作中水水源而未经处理的水。中水原水系统包括室内生活污、废水管网、室外中水原水集流管网及相应分流、溢流设施等。

#### 2. 中水原水处理系统

中水原水处理系统包括原水处理系统设施、管网及相应的计量检测设施。

#### 3. 中水供水系统

中水供水系统包括中水供水管网及相应的增压、储水设备，如中水储水池、水泵、高位水箱等。

# 9.2　居住小区给水排水工程

## 9.2.1　居住小区概述

居住小区是指含有教育、医疗、文体、经济、商业服务及其他公共建筑的城镇居民住宅建筑区。根据《城市生活居住区规划设计规范》，我国城镇居民居住用地组织的基本构成单元为三级。

(1) 居住组团：最基本的构成单元，占地面积小于 $10×10^4\text{m}^2$，居住 300～800 户，居住人口为 1000～3000 人范围内。

(2) 居住小区：由若干个居住组团构成，占地面积为 $10×10^4\text{m}^2$～$20×10^4\text{m}^2$，居住 2000～3000 户，居住人口 7000～13000 人。

(3) 居住区：由若干个居住小区组成，居住 7000～10000 户，居住人口为 25000～35000人。居住区面积大，居住人口多，其用水和排水特点已经和城市给水排水的特点相同，属于市政工程范围。本章只研究居住小区级。在一个居住小区内，除了住宅外，还应包括为小区内居民提供生活、娱乐、休息和服务的公共设施，如医院、邮局、银行、影剧院、运动场馆、中小学、幼儿园、各类商店、饮食服务业、行政管理及其他设施。居住小区内还应有道路、广场、绿地等。

居住小区给水排水管道，是建筑给水排水管道向市政给水排水管道的过渡管段，其服务范围不同，给水、排水的不均匀系数也不相同，所以，居住小区给水、排水的设计流量与建筑内部和城市给水、排水设计流量的计算方法均不相同。

居住小区给水排水工程包括给水工程(含生活给水、消防给水)、排水工程(含污水管网、废水管网、雨水管网和小区污水处理)和中水工程。

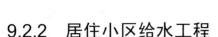

## 9.2.2  居住小区给水工程

### 1. 居住小区给水水源

　　居住小区位于市区或厂矿区供水范围内时，应采用市政或厂矿给水管网作为给水水源，以减少工程投资；若居住小区离市区或厂矿较远，不能直接利用现有供水管网，需铺设专门的输水管线时，可经过技术经济比较，确定是否自备水源。若自备水源，居住小区供水系统应独立，一般不能与城镇生活饮用水管网直接连接。若需连接，以城镇管网为备用水源时，需经当地供水部门同意。在远离城镇或厂矿的居住小区，可自备水源。在严重缺水的地区，应考虑建设居住小区中水工程，用中水来冲洗厕所、浇洒绿地和道路。

### 2. 居住小区设计用水量

1) 设计用水量的内容

　　居住小区设计用水量含居民生活用水量、公共建筑用水量、绿化用水量、水景和娱乐设施用水量、道路与广场用水量、公用设施用水量、未预见用水量及管网漏失水量和消防用水量(其中消防用水量仅用于校核管网计算，不计入正常用水量)。其中居民生活用水量包括日常生活所需的饮用、洗涤、沐浴和冲厕等用水量。

　　居住小区的居民生活用水量应按小区人口和表 2-9 所示规定的住宅最高日生活用水定额经计算确定；居住小区内的公共建筑用水量，应按其使用性质、规模，并采用表 2-10 中的用水定额经计算确定；绿化浇灌用水定额应根据气候条件、植物种类、土壤理化性状、浇灌方式和管理制度等因素综合确定。当无相关资料时，小区绿化浇灌用水定额可按浇灌面积 $1.0\sim3.0L/(m^2 \cdot d)$ 计算，干旱地区可酌情增加；公共游泳池、水上游乐池和水景用水量可按现行建筑给水排水设计规范相关规定确定；居住小区道路、广场的浇洒用水定额可按浇洒面积 $2.0\sim3.0L/(m^2 \cdot d)$ 计算；居住小区内的公用设施用水量应由该设施的管理部门提供用水量计算参数，当无重大公用设施时，不另计用水量；居住小区管网漏失水量和未预见水量之和可按最高日用水量的 10%~15%；居住小区消防用水量和水压及火灾延续时间，应按现行的国家标准《建筑设计防火规范》(GB 50016)及《高层民用建筑设计防火规范》(GB 50045)确定。

2) 设计用水量的计算

(1) 居住小区最高日用水量。

居住小区最高日用水量按下式计算：

$$Q_d = (1.1\sim1.15)\sum Q_{di} \tag{9-1}$$

式中：$Q_d$——最高日用水量，$m^3/d$；

　　　　$Q_{di}$——小区内各项设计用水的最高日用水量，$m^3/d$；

　　　　$1.1\sim1.15$——小区内未预见用水和管网漏损系数。

(2) 居住小区最大小时用水量。

居住小区内最大小时用水量按下式计算：

$$Q_h = \frac{Q_d}{24}K_h \tag{9-2}$$

式中：$Q_h$——最大小时用水量，$m^3/h$；

$K_h$——小区时变化系数。

(3) 居住小区生活用水设计秒流量。

居住小区生活用水设计秒流量计算可套用建筑物室内给水设计秒流量计算公式。

### 3. 供水方式

居住小区供水方式应根据小区内建筑物的类型、建筑高度、市政给水管网的水头和水量等因素综合考虑来确定，做到技术先进合理、供水安全可靠、投资省、节能、便于管理。

对于多层建筑的居住小区，当城镇管网的水压和水量满足居住小区使用要求时，应充分利用现有管网的水压，采用直接供水方式。当水量、水压周期性或经常性不足时，应采用调蓄增压供水方式。对于高层建筑小区一般采用调蓄增压供水方式。对于多层建筑和高层建筑混合居住小区，应采用分压供水方式，以节省动力消耗。

调蓄增压系统设置应根据高层建筑的数量、分布、高度、用途、管理及供水安全可靠性等因素，经技术经济比较后确定。当居住小区内只有一幢高层建筑或幢数不多且各幢所需压力相差很大时，宜分散设置即每幢建筑物单独设调蓄增压设施。当小区内若干幢高层建筑高度和所需供水压力相近、布置较集中时，可共用一套调蓄增压设施采用分片集中设置方式。当居住小区内所有建筑的高度和所需水压都相近时，可集中设置，即整个小区共用一套调蓄增压设施。

多层建筑居住小区中 7 层及 7 层以下建筑一般不设室内消防给水系统，由室外消火栓和消防车灭火，应采用生活和消防共用的给水系统。高层建筑居住小区宜采用生活和消防各自独立的供水系统。

对于严重缺水的地区，可采用生活饮用水和中水的分质供水方式。无合格水源的地区可考虑采用深度处理水(供饮用)和一般处理水(供洗涤、冲厕等)的分质供水方式。

居住小区供水方式的选择受许多因素的影响，应根据城镇供水现状、小区规模及用水要求，对各种供水方式的技术指标(如先进性、供水可靠性、水质保证、调节能力、操作管理、压力稳定程度等)、经济指标(如基建投资、动力消耗、供水成本、节能等)和社会环境指标(如环境影响、施工方便程度、占地面积、市容美观等)经综合评判确定。

### 4. 管道布置和敷设

居住小区给水管道有小区干管、小区支管和接户管三类，在布置小区给水管网时，应按干管、支管、接户管的顺序进行。

小区干管布置在小区道路或城市道路下，与城市管网连接。小区干管应沿用水量大的地段布置，以最短的距离向大用户供水。为了提高小区供水安全可靠程度，在小区内干管应布置成环状或与城市管网连成环状，与城市管网的连接管不少于 2 根。

小区支管布置在居住组团的道路下，与小区干管连接，一般为枝状。接户管布置在建筑物周围人行便道或绿地下，与小区支管连接，向建筑物内供水。

小区给水管道宜与道路中心线或主要建筑物平行敷设，并尽量减少与其他管线的交叉。不可避免时，给水管应在排水管上面，给水管与其他管线和构筑物间的最小水平、垂直净距如表 9-1 所示。

表 9-1　地下管线(构筑物)间最小净距

| 净距/m　种类　种类 | 给水管 | | 污水管 | | 雨水管 | |
|---|---|---|---|---|---|---|
| | 水　平 | 垂　直 | 水　平 | 垂　直 | 水　平 | 垂　直 |
| 给水管 | 0.5~1.0 | 0.1~0.15 | 0.8~1.5 | 0.1~0.15 | 0.8~1.5 | 0.1~0.15 |
| 污水管 | 0.8~1.5 | 0.1~0.15 | 0.8~1.5 | 0.1~0.15 | 0.8~1.5 | 0.1~0.15 |
| 雨水管 | 0.8~1.5 | 0.1~0.15 | 0.8~1.5 | 0.1~0.15 | 0.8~1.5 | 0.1~0.15 |
| 低压煤气管 | 0.5~1.0 | 0.1~0.15 | 1.0 | 0.1~0.15 | 1.0 | 0.1~0.15 |
| 直埋式热水管 | 1.0 | 0.1~0.15 | 1.0 | 0.1~0.15 | 1.0 | 0.1~0.15 |
| 热力管沟 | 0.5~1.0 | — | 1.0 | — | 1.0 | — |
| 乔木中心 | 1.0 | — | 1.5 | — | 1.5 | — |
| 电力电缆 | 1.0 | 直埋 0.5 穿管 0.25 | 1.0 | 直埋 0.5 穿管 0.25 | 1.0 | 直埋 0.5 穿管 0.25 |
| 通信电缆 | 1.0 | 直埋 0.5 穿管 0.15 | 1.0 | 直埋 0.5 穿管 0.15 | 1.0 | 直埋 0.5 穿管 0.15 |
| 通信及照明电杆 | 0.5 | — | 1.0 | — | 1.0 | — |

注：1. 净距是指管外壁距离，管道交叉设套管时指套管外壁距离；直埋埋式热力管是指保温管壳外壁距离。

　　2. 电力电缆在道路的东侧(南北方向的路)或南侧(东西方向的路)，通信电缆在道路的西侧或北侧，均应在人行道下。

给水管道与建筑物基础的水平净距与管径有关，管径为 100~150mm 时，不宜小于 1.5m；管径为 50~75mm 时，不宜小于 1.0m。给水管道的埋深应根据土壤的冰冻深度、外部荷载、管道强度及与其他管线交叉等因素来确定。

为了便于小区管网的调节和检修，应在与城市管网连接处的小区干管上、与小区干管连接处的小区支管上、与小区支管连接处的接户管上及环状管网需调节和检修处设置阀门。阀门应设在阀门井内。居住小区内城市消火栓保护不到的区域应设室外消火栓，设置数量和间距应按现行的《建筑设计防火规范》和《高层民用建筑设计防火规范》执行。当居住小区绿地和道路需要洒水时，可设洒水栓，其间距不宜大于 80m。

**5. 小区给水管网的水力计算**

居住小区给水管道水力计算的目的是确定各管段的管径，校核消防时和事故时的流量，选择升压及贮水设备。

1) 设计流量的确定。

(1) 居住组团(人数 3000 人以内)范围内的生活给水管道设计流量，按其负担的卫生器具总数，采用建筑内部生活给水设计秒流量公式计算(见第 3 章)。

(2) 当居住小区规模在 3000 人及以上时，生活给水干管的设计流量按居民生活用水量、公共建筑用水量、浇洒道路和绿化用水量、管网漏失和未预见水量之和的最高日最大时用水量计算，其中公共建筑用水量以集中流量计算。小区干管管径不得小于支管管径。

2) 居住小区给水管道水力计算

管段设计流量确定后，确定管道直径和压力损失，其方法与建筑给水管道计算基本相同。管内水流速度可取 0.9~1.5m/s，消防时可为 1.5~2.5m/s。给水管道的局部压力损失除水表和止回阀等需要单独计算外，其他可按沿程压力损失的 15%~20%计算。

3) 居住小区给水管校核

当生活给水管道上设有室外消火栓时，管道直径应按生活给水流量和消防给水流量之和进行校核。如果采用低压给水系统，管道的压力应保证灭火时最不利消火栓水压从地面算起不低于 0.1MPa。如给水管网上设有两条及两条以上的管道与城市给水管网连成环状时，应保证一条检修关闭时，其余连接管应能供应 70%的生活给水量。

4) 居住小区给水系统水压

居住小区从城镇给水管网直接供水时，给水管道的管径应根据管道的设计流量、城镇给水管网能保证的最低水压和最不利配水点所需水压确定。如果居住小区给水系统设有水泵、贮水池和水塔(高位小箱)时，水泵选取和水塔高度的确定应能保证最不利配水点所需的水压。

## 6．小区给水加压站

当市政管网供水压力不足时，小区内用户供水需经小区加压泵站加压后供给。小区内给水加压站一般由泵房、蓄水池、水塔和附属构筑物等组成。

小区给水加压站按其功能可分为给水加压站和给水调蓄加压站。给水加压站从城镇给水管网直接抽水或从吸水井中抽水直接供给小区用户；给水调蓄加压站应布置蓄水池和水塔，除加压作用外，还有流量调蓄的作用。小区加压站按加压技术可分为设有水塔的加压站、气压给水加压站和变频调速给水加压站三种。

1) 加压站的设计流量与扬程

(1) 流量。

加压站服务范围为整个居住小区时，如果无水塔或高位水箱，则应按小区最大小时流量作为设计流量并进行选泵；如果有水塔或高位水箱，应根据调节容积的情况，水泵流量可在最高日平均小时流量和最大小时流量之间确定。加压站服务范围为居住组团或组团内若干幢建筑时，如果无水塔或高位水箱，则应按服务范围内担负的卫生器具总数计算出生活用水设计秒流量作为设计流量并进行选泵；如果有水塔或高位水箱，应根据调节容积的情况，水泵流量不应小于最大时用水量。加压站同时负担有消防给水任务时，水泵出流量应以消防工况校核。

(2) 扬程。

扬程可按下式计算：

$$H_P = H_C + H_Z + \sum H_n + \sum H_s \tag{9-3}$$

式中：$H_P$——加压站设计扬程，kPa；

$H_C$——小区内最不利供水点所需自由水头，kPa；

$H_Z$——小区内最不利供水点至加压站内泵房吸水井最底水位之间所需静水压，kPa；

$\sum H_{\mathrm{n}}$——小区内最不利供水点至加压站之间的给水管网在设计流量时的水头损失之和，kPa；

$\sum H_{\mathrm{s}}$——加压站内水泵吸水管、压水管在设计流量时的水头损失之和，kPa。

2) 泵房

小区内泵房形式一般为地上式、半地下式及自灌式泵房。泵房组成包括水泵机组、动力设备、吸水和压水管路以及附属设备等。小区内给水泵房的水泵多选用卧式离心泵，为减小泵房面积，可选用立式离心泵，当扬程高时可选用多级离心泵。水泵机组应设备用泵，备用泵的供水能力不应小于最大一台运行水泵的供水能力，并应自动切换交替运行。对于小区加压泵站，当给水管网无调节设施时，宜采用调速泵组或额定转速泵编组运行供水。

3) 水池

水池的有效容积，应根据居住小区生活用水的调蓄贮水量、安全贮水量和消防贮水量确定：

$$V = V_1 + V_2 + V_3 \tag{9-4}$$

式中：$V$——水池的有效容积，$\mathrm{m}^3$；

$V_1$——生活用水调蓄贮水量，按城镇给水管网的供水能力、小区用水曲线和加压站水泵运行规律计算确定，在缺乏资料时，可按居住小区最高日用水量的 15%～20%确定，$\mathrm{m}^3$；

$V_2$——安全贮水量，一般按 2h 用水量计算(重要建筑按最大小时用水量，一般建筑按平均小时用水量，其中淋浴用水量按 15%计算)，$\mathrm{m}^3$；

$V_3$——消防贮水量，$\mathrm{m}^3$。

4) 水塔和高位水箱

水塔和高位水箱的位置应根据总体布置，选择在靠近用水中心、地质条件好、地形较高和便于管理之处。其容积可按下式计算。

$$V = V_{\mathrm{d}} + V_{\mathrm{x}} \tag{9-5}$$

式中：$V$——水塔的容积，$\mathrm{m}^3$；

$V_{\mathrm{d}}$——生活用水调节贮水量，$\mathrm{m}^3$；可根据小区用水曲线和加压站水泵运行规律计算确定，如缺乏资料可按表 9-2 所示数据确定；

$V_{\mathrm{x}}$——消防贮水量，$\mathrm{m}^3$。

表 9-2  水塔和高位水箱(池)生活用水的调蓄贮水量

| 居住小区最高日用水量/$\mathrm{m}^3$ | <100 | 101～300 | 301～500 | 501～1000 | 1001～2000 | 2001～4000 |
|---|---|---|---|---|---|---|
| 调蓄贮水量占最高日用水量的百分数 | 30%～20% | 320%～15% | 15%～12% | 12%～8% | 8%～6% | 6%～4% |

## 9.2.3  居住小区排水工程

### 1. 排水体制

居住小区排水体制分为分流制和合流制，采用哪种排水体制，主要取决于城市排水体制和环境保护要求，同时，也与居住小区是新区建设还是旧区改造以及建筑内部排水体制有关。新建小区一般应采用雨污分流制，以减少对水体和环境的污染。居住小区内需设置中水系统时，为了简化中水处理工艺，节省投资和日常运行费用，还应将生活污水和生活废水分质分流。当居住小区设置化粪池时，为减小化粪池容积，也应将污水和废水分流，生活污水进入化粪池，生活废水直接排入城市排水管网、水体或中水处理站。

### 2. 排水管道的布置与敷设

居住小区排水管道应根据小区总体规划、道路和建筑物布置、地形标高、污水、废水和雨水的去向等实际情况，按照管线短、埋深小、尽量自流排出的原则来布置。一般排水管道应沿道路或建筑物平行敷设，尽量减少与其他管线的交叉，如不可避免时，与其他管线的水平和垂直最小距离应符合表 9-1 的要求。排水管道与建筑物基础间的最小水平净距与管道的埋设深浅有关，当管道的埋深浅于建筑物基础时，最小水平净距不小于 1.5m，否则，最小水平间距不小于 2.5m。

小区排水管道的覆土厚度应根据外部荷载、管材强度和土层冰冻因素，结合当地实际经验确定。在车行道下，管道的覆土厚度不小于 0.7m，不受冰冻和外部荷载影响时，覆土厚度不小于 0.3m。管道的基础和接口应根据地质条件、布置位置、施工条件、地下水位、排水性质等因素确定。

小区排水管与室内排出管连接处，管道交汇、转弯、跌水、管径或坡度改变处以及直线管段上一定距离应设检查井，检查井井底应设流槽。直线管段上检查井最大间距如表 9-3 所示。雨水口的形式和数量应根据布置位置、雨水流量和雨水口的泄流能力经计算确定。雨水口一般布置在道路交汇处，建筑物单元出入处附近，外排水建筑物的水落管附近，建筑物前后空地和绿地的低洼处。沿道路布置的雨水口间距宜为 20～40m。雨水连接管长度不宜超过 25m，每根连接管上最多连接 2 个雨水口。平箅雨水口的箅口宜低于道路路面 30～40mm，低于土地面 50～60mm。

表 9-3　检查井最大间距

| 管径/mm | 最大间距/m | |
|---|---|---|
| | 污水管道 | 雨水管和合流管道 |
| 150(160) | 20 | 20 |
| 200～300(200～315) | 30 | 30 |
| 400 | 30 | 40 |
| ≥500 | — | 50 |

### 3. 居住小区排水量

1) 污水设计流量的确定

(1) 居住小区住宅生活污水设计流量 $Q_1$：

$$Q_1 = \frac{qNK}{24 \times 3600} \tag{9-6}$$

式中： $Q_1$——居住小区住宅生活污水设计流量，L/s；

    $q$——居住区住宅最高日生活污水量定额(可按表2-9值的85%～95%选取)，L/(人·d)；

    $N$——设计人口数，人；

    $K$——生活污水量时变化系数，见表2-9。

(2) 居住小区公共建筑生活污水量。

居住小区内公共建筑生活污水量是指医院、中小学校、幼托、浴室、饭店、食堂、影剧院等排水量较大的公共建筑排出的生活污水量。计算时，常将这些建筑的污水量作为集中流量单独计算。公共建筑生活污水量 $Q_2$ 的计算方法可参照公式(2-5)。

(3) 居住小区内生活污水的设计流量 $Q$ 应按住宅生活排水最大小时流量 $Q_1$ 和公共建筑生活污水最大小时流量 $Q_2$ 之和确定，即 $Q=Q_1+Q_2$。

2) 雨水设计流量的确定

居住小区雨水设计流量的计算与城市雨水相同，其中设计重现期应根据地形条件和地形特点等因素确定，一般宜选用0.5～1.0年。径流系数按表9-4所示选取，经加权平均后确定。

表9-4 径流系数

| 地面种类 | 径流系数 |
|---|---|
| 各种屋面、混凝土和沥青路面 | 0.90 |
| 块石等铺砌路面 | 0.60 |
| 级配碎石路面 | 0.45 |
| 干转及碎石路面 | 0.40 |
| 非铺砌路面 | 0.30 |
| 公园绿地 | 0.15 |

小区综合径流系数也可以根据建筑稠密程度按0.5～0.8选用，建筑稠密取上限，反之取下限。设计降雨历时包括地面集水时间和管内流行时间两部分，地面集水时间根据距离长短、地面坡度和地面覆盖情况而定，一般取5～10min。小区雨水干管的折减系数 $m$ 的取值与室外排水相同。小区支管和接户管属于小区雨水排水系统起始部分的管段，雨水流行时上游管段的空隙很小，为避免造成地面积水，折减系数 $m$ 取1。

居住小区排水系统采用合流制时，设计流量为生活排水流量与雨水设计流量之和。生活排水量可取平均流量。雨水设计流量计算时，设计重现期宜高于同一情况下分流制雨水排水系统的设计重现期。

## 4．水力计算

根据城镇排水管网的位置，市政部门同意的小区污水和雨水排出口的个数和位置、小区的地形坡度，布置小区排水管网，确定管道流向，最后进行水力计算。水力计算的目的是确定排水管道的管径、坡度以及需提升的排水泵站设计。

居住小区生活排水管道按非满流设计，最大设计充满度如表9-5所示，管道自净流速为

0.6m/s。在设计生活污水接户管和居住组团内的排水支管时，按排水定额和时变化系数计算设计流量偏小，在满足自净流速和最大设计充满度的情况下，查水力计算图或水力计算表确定的管径偏小，容易发生管道堵塞。这时，不必进行详细的水力计算，按最小管径和最小坡度进行设计。

表 9-5　居住小区室外排水管道最小管径、最小设计坡度和最大设计充满度

| 排水管道类别 | | 管　材 | 最小管径/mm | 最小设计坡度 | 最大设计充满度 |
|---|---|---|---|---|---|
| 污水管 | 接户管 | 埋地塑料管 | 160 | 0.005 | 0.5 |
| | | 混凝土 | 150 | 0.007 | |
| | 支管 | 埋地塑料管 | 160 | 0.005 | |
| | | 混凝土 | 200 | 0.004 | |
| | 干管 | 埋地塑料管 | 200 | 0.003 | 0.55 |
| | | 混凝土 | 300 | 0.004 | |
| 合流管道 | 接户管 | 埋地塑料管 | 200 | 0.003 | |
| | 支管 | | | | |
| | 干管 | 埋地塑料管 | 300 | 0.003 | |
| 雨水管 | 接户管 | 铸铁管、钢 | 200(225) | 0.005 | 1.0 |
| | | 塑料管 | | 0.003 | |
| | 支干管 | 铸铁管、钢 | 300(315) | 0.003 | |
| | | 塑料管 | | 0.0015 | |
| | 雨水口连接管 | 铸铁管、钢 | 200(225) | 0.01 | |
| | | 塑料管 | | 0.01 | |

雨水和合流制排水管道按满流设计，因管道内含有泥砂，为防止泥砂沉淀，自净流速为 0.75m/s。雨水和合流制排水系统的接户管、支管等位于系统的起端，接纳的汇水面积较小，计算的设计流量偏小，按设计流量确定管径排水不安全，因此也规定了最小管径和最小坡度。

居住小区排水接户管管径不应小于建筑物排水管管径，下游管段的管径不应小于上游管段的管径，有关居住小区排水管网水力计算的其他要求和内容，可按现行《室外排水设计规范》执行。

### 5．污水处理

居住小区污水的排放应符合现行的《污水排放城市下水道水质标准》和《污水综合排放标准》的要求。居住小区污水处理设施的建设应由城镇排水工程总体规划统筹确定，并尽量纳入城镇污水集中处理工程范围。当城镇已建成或规划了污水处理厂时，居住小区不宜再设污水处理设施，若新建小区远离城镇，小区污水无法排入城镇管网时，在小区内可设置分散或集中的污水处理设施。目前，我国分散的污水处理设施是化粪池，由于管理不善，清掏不及时，达不到处理效果，今后将逐步被按二级生物处理要求设计的分散设置的

地埋式小型污水净化装置所代替。当几个居住小区相邻较近时，也可考虑几个小区规划共建一个集中的污水处理厂(站)。污水处理方法和设计参见排水工程。

# 实 训 模 块

实训项目：管道井管道水压试验。

实训目的：通过管道井管道水压试验，使学生了解试验步骤和要求。

实训准备：试压泵、试压管道、管件。

实训内容：

1．管道井试压分 2 次，第一次在立管完成后，第二次在支管和用水设备安装完毕后。

2．试压用压力表已经校验，并在检定周期以内，其精度不得低于是 1.5 级，表的满刻度值应为被测最大压力的 1.5～2 倍，压力表不得少于两块。

3．与设备相连接的部位必须采取用盲板或其他方法断开，以免损坏设备。

4．管道系统注水。

水压试验是以水为介质，可用自来水，也可用未被污染的、无杂质、无腐蚀性的清水为介质。向管道系统注水时，应采用由下而上的顺序送水，当注水压力不足时，可采用增压措施。注水时需将给水管道系统最高处用水点的阀门打开，待管道系统内的空气全部排净见水后，再将阀门关闭，此时表明管道系统注水已满(可反复关闭数次进行验证)。

5．管道系统加压。

管道系统注满水后，启动加压泵使系统内水压逐渐升高，升至工作压力后，停泵检查，当各部位无破裂、无渗漏时，再将压力升至试验压力，在试验压力下，10min 内，压力降不大于 50kPa，表明管道系统强度试验合格。然后再将试验压力缓慢降至工作压力，稳压 24h，此时全系统的各部位仍无渗漏，则管道系统的严密性为合格。最后将工作压力逐渐降为零。至此，管道系统试压全过程才算结束。

6．泄水：给水管道系统试压合格后，应及时将系统低处的存水泄掉，防止积水。

7．试压记录：填写管道系统试压记录时，应如实填写试压实际情况，并经现场确认后，存入档案。

# 思考题与习题

1．什么是建筑中水系统，它的用途有哪些？

2．建筑中水系统的类型有哪些？

3．什么是居住小区、建筑小区，居住用地分级控制规模是如何划分的？

4．如何选取小区给水方式？

5．居住小区给水管道如何布置？布置形式有哪些？各有何优缺点？

6．居住小区给水系统设计流量如何计算？如何进行管道水力计算？

7．居住小区污水管道布置有哪些要求？　如何确定污水管道覆土厚度？

# 参 考 文 献

1. 建筑给水排水设计规范(GB50015—2003). 北京：中国计划出版社，2009
2. 给水排水制图标准(GB/T 50106—2001). 北京：中国计划出版社，2001
3. 生活饮用水卫生标准(GB 5749—2006). 北京：中国计划出版社，2006
4. 建筑设计防火规范(GB 50016—2006). 北京：中国计划出版社，2006
5. 高层民用建筑设计防火规范(GB 50045—95)(2005年版). 北京：中国计划出版社，2005
6. 自动喷水灭火系统设计规范(GB 50084—2001)(2005年版). 北京：中国计划出版社，2001
7. 自动喷水灭火系统施工及验收规范(GB 50261—2005). 北京：中国计划出版社，2005
8. 建筑给水排水及采暖工程施工质量验收规范(GB 50242—2002). 北京：中国建筑工业出版社，2002
9. 建筑灭火器配置设计规范(GB 50140—2005). 北京：中国计划出版社，2005
10. 饮用净水水质标准(CJ 94—2005). 北京：中国建筑工业出版社，2005
11. 管道直饮水系统技术规程(CJJ 110—2006). 北京：中国建筑工业出版社，2006
12. 王增长. 建筑给水排水工程. 北京：高等教育出版社，2004
13. 张健. 建筑给水排水工程. 北京：中国建筑工业出版社，2006
14. 李平，邓爱华. 建筑给水排水. 北京：科学出版社，2006
15. 汤万龙，刘玲. 建筑设备安装识图与施工工艺. 北京：中国建筑工业出版社，2004
16. 张英，吕鉴. 新编建筑给水排水工程. 北京：中国建筑工业出版社，2004
17. 谷峡. 建筑给水排水工程. 哈尔滨：哈尔滨工业大学出版社，2001
18. 张宝军，陈思荣. 建筑给水排水工程. 武汉：武汉理工大学出版社，2009
19. 徐鹤生，周广连. 消防系统工程. 北京：高等教育出版社，2004